防灾减灾系列教材

岩体力学

苏占东　孙进忠　张明磊　编著

应急管理出版社
·北　京·

内 容 提 要

本书主要介绍了岩体的地质与结构特征、岩石的物理力学性质、结构面的力学性质、岩体的力学性质、工程岩体分类、岩体中天然应力的分布规律及测量方法、岩体边坡稳定性分析、地下硐室围岩稳定性分析以及地基岩体稳定性分析等内容。

本书可作为地质工程、防灾减灾科学与工程、城市地下空间工程以及水利水电等专业的本科生教材，也可作为土木建筑、铁道交通工程、国防工程、水利水电工程等领域技术人员的参考书。

“防灾减灾系列教材”编审委员会

主　任　任云生

副主任　洪　利

委　员（按姓氏笔画排序）

万永革　丰继林　王福昌　刘　彬　刘小阳
刘庆杰　刘晓岚　池丽霞　孙治国　李　平
李　君　沈　军　周振海　姜纪沂　袁庆禄
唐彦东　蔡建美　廖顺宝

《岩体力学》编写人员

苏占东　孙进忠　张明磊

前　　言

岩体力学是地质学、工程学和力学等学科交叉所产生的边缘学科，是研究岩体变形和破坏规律的一门应用性基础学科。岩体力学相关理论在道路交通工程、水利水电工程、采矿工程、国防工程等领域都有广泛的应用。几十年来，随着国内外岩体工程的不断增多，以及工程规模和复杂程度的不断加大，岩体力学的研究工作得到了飞速发展，取得了丰富的实践经验和显著的理论成果。这些成果为本书的编写提供了丰富的材料。

本书是编著者在总结多年教学实践及参考其他院校同类教材基础上编写的。通过本课程学习，学生可以全面掌握岩体的基本概念、岩体物理和力学指标的测试方法、岩体的变形特性、强度理论等岩体力学的核心原理以及工程岩体的质量分级方法，能对岩体工程中岩体稳定性问题做出合理判断；学会分析岩体中天然应力的分布规律，初步具备解决岩体边坡、硐室围岩，以及地基岩体的变形和稳定性等复杂岩体工程问题的综合能力和高阶思维。

本书由苏占东、孙进忠和张明磊共同编著。具体分工如下：孙进忠、苏占东撰写第一章和第五章；孙进忠撰写第二章；苏占东撰写第三章、第四章和第八章；张明磊撰写第六章和第十章；张明磊、苏占东撰写第七章；孙进忠、张明磊撰写第九章。硕士研究生张涛、牛耀、周思哲、张昊、曾扬农、李梦园、王鸷文、林淇七和吴雪丽等完成了本书的文字编辑和图表修改。另外，本书的编写凝聚了众多前辈的心血，在此一并表示衷心感谢！

由于编著者学识所限，书中如有错误和不妥之处，恳请广大读者批评、指正。

编著者

2023 年 4 月

目　次

第一章 绪 论

岩体力学（Rock mass mechanics）早期称为岩石力学（Rock mechanics）。由于认识的不断深化，岩体和岩石已有严格区别。岩体是由岩石块体和结构面网络组成的结构体，岩石是构成岩体的物质材料，结构面则是岩体中不容忽视的结构要素。不同尺度、不同规模的结构面网络将岩石分割成不同规模、不同尺度的岩石块体，岩石块体和结构面网络共同构成了具有一定结构的岩体。结构面的存在不仅破坏了岩体的完整性，更对岩体的力学性质起着重要的控制作用。因此，将岩石力学改称岩体力学更切合实际。本章主要介绍岩体力学的学科定义及其研究任务目标、岩体力学的研究内容和研究方法、岩体力学的发展概况及发展趋势。

第一节 岩体力学的学科定义及其研究任务目标

一、岩体力学的学科定义

岩体（Rock mass）是在地质历史过程中形成、由岩石块体和结构面网络组成、具有一定的岩石成分和结构并赋存于一定的天然地应力状态和地下水等地质环境中的地质体。岩体力学是研究各种力场作用导致的各类岩体变形与破坏规律理论及工程应用的科学。岩体力学是土木工程、工程地质和工程力学等学科交叉形成的边缘学科，也是一门应用型基础学科。

图 1－1 对岩体的概念和岩体力学性质进行了较为形象的诠释。图 1－2 阐释了岩体力

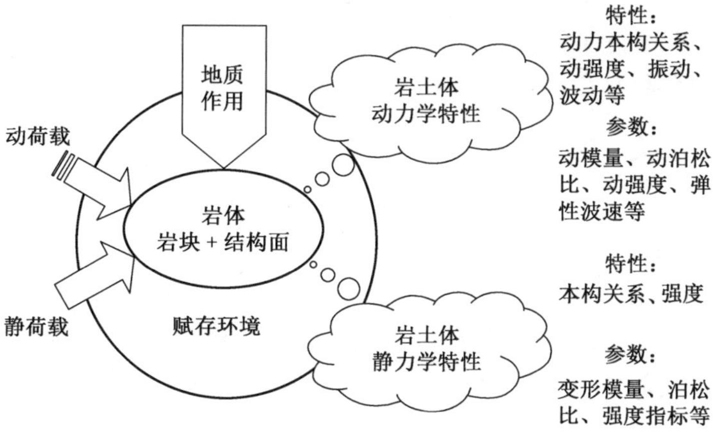

图 1－1 岩体及岩体的力学性质

学与主要相关学科的关系及岩体力学的学科地位。

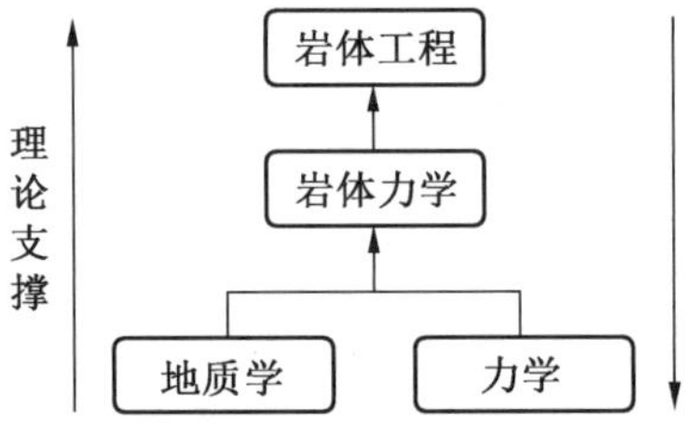

图1-2　岩体力学与主要相关学科的关系及岩体力学的学科地位

岩体力学的研究对象是各类岩体。大体上可以从地质成因和工程特性两个方面对岩体类型进行划分。在相同的力场作用下，不同类型岩体的变形和破坏规律有显著差异。

按地质成因，岩体可划分为岩浆岩体、沉积岩体和变质岩体三大类。岩体的地质成因分类是从根本上了解岩体物理力学特性的有效途径。不同成因类型的岩体地质建造不同，具有不同的岩性岩相组合和原生次生结构面类型，不同类型的岩性岩相组合具有不同的矿物成分和结构构造，从而使构成岩体的物质材料具有不同的力学特性；不同类型的原生次生结构面也会具有不同的几何特征和力学特性，从而影响岩体的力学性质。

按工程特性，可以将岩体划分为不同的工程类别。岩体工程类别划分的主要目的是概括不同类型岩体质量优劣，预测可能发生的岩体力学问题，从而为工程设计施工提供依据。岩体工程特性主要分两个方面：一方面是岩石材料的软硬程度；另一方面是岩体结构的完整程度。刻画岩石材料软硬程度的指标主要是岩石的力学强度，描述岩体结构完整程度的指标主要是结构面的空间发育密度，岩石强度和结构面密度可以通过不同的具体参数定量描述。除了岩体中岩石的软硬程度和结构面的发育密度这两个岩体自身特性条件外，岩体所处的地质环境（主要是岩体所处的地应力场强度和地下水贫富程度）也会对岩体的工程特性产生影响，这也是岩体工程分类中需要考虑的影响因素。

各类岩体力学特性（变形、强度和破坏规律）的研究成果在不同类型岩体工程实践中应用，为工程设计和施工提供科学依据，既是工程建设对岩体力学需求的反映，也是岩体力学这门应用型学科存在价值的体现。

二、岩体力学研究的任务目标

从岩体力学的学科定义看，岩体力学要对各种力场作用导致的各类岩体的变形和破坏规律展开研究，并将这些规律应用于有需求的工程之中，从而显现出岩体力学研究的理论意义和工程价值。这实际上从两个层次规定了岩体力学研究的任务目标：一个层次是理论研究；另一个层次是工程应用。为充分发挥岩体力学的研究价值，按不同的工程需求所形成的问题，岩体力学展开有针对性的研究，从而就形成了岩体力学不同的任务目标。

从工程应用领域（岩体力学的服务对象）看，可概括出三类岩体力学问题：“承载”

岩体力学问题、“切割”岩体力学问题、“效应”岩体力学问题。

“承载”岩体力学所要研究的工程问题主要有工程活动引起的岩体应力重分布（譬如，硐室围岩应力重分布以及深切峡谷岸坡卸荷应力分布等问题）、工程岩体的变形与稳定等。与这些问题有关的工程领域包括工程建筑、交通工程、采矿工程、国防工程、地质灾害评价与防治工程等。这些工程领域中涉及的硐室开挖和支护、边坡稳定性评价和失稳防护等工程问题都属于“承载”岩体力学的研究范畴。这些研究和各类工程建设密切相关，因此“承载”岩体力学也可称为工程岩体力学。

“切割”岩体力学针对工程钻进、硐室开挖、削坡填方等工程项目中涉及的岩体切割、破碎、开挖等问题，对岩体抗冲击、抗切割等性能展开研究，为相关岩体工程施工提供科学依据。与这些问题相关的工程领域包括矿产资源（包括石油天然气、地下水资源）的勘察与开发利用，交通工程、矿山开采工程和国防工程中的洞库开挖、隧道钻爆掘进等工程领域。这些工程领域中涉及岩体“切割”的方法和效率等方面的工程问题都是“切割”岩体力学的研究范畴。

“效应”岩体力学关注岩体受力变形与破坏的过程及其可能的后果，特别关注岩体受力变形与破坏过程中的力学机制，以及根据相关机制对岩体受力后果的判断。譬如，深部岩体变形与断裂机制，高温、高压环境中岩体的变形与破坏规律，与岩体特性和赋存环境相关的岩体流变特性等，都是“效应”岩体力学所关注的问题。“效应”岩体力学可以为区域地壳变形与稳定性研究、断裂活动性研究以及地震活动性研究即地震预报提供理论支撑。

总之，针对不同工程领域中的不同工程问题，形成了岩体力学的不同研究范畴，产生了岩体力学有针对性的研究任务和目标。譬如，工程岩体力学研究的任务目标就是，准确预测岩体在各种力场作用下的变形与稳定性，选择相对优良的工程场址，防止重大事故发生，为工程设计和施工提供岩体力学方面的科学依据。

本教材将以工程岩体力学为重点，展开岩体力学的教学。希望能通过工程岩体力学的教学活动，帮助学生举一反三，掌握岩体力学的核心理论方法和专业思维方式，具备从更深入、更广泛的领域中应用岩体力学的理论方法，解决相关工程问题的能力。

第二节 岩体力学的研究内容和研究方法

本教材以工程岩体力学为重点，展开对岩体力学基本理论和基本方法的教学。

一、研究内容

1. 岩石、岩体的地质特征研究

（1）岩石的物质组成和结构特征。

（2）结构面特征及其对岩体力学性质的影响。

（3）岩体结构及其力学特征。

（4）岩体工程分类。

2. 岩石的物理、水理及热学性质研究

（1）岩石的密度和空隙性质。

（2）岩石的水理性质。

（3）岩石的热学性质。

3. 岩块力学性质研究

（1）岩块变形和强度特征及力学参数的实验测试技术。

（2）荷载、时间、温度等条件对岩块变形和强度的影响。

（3）岩块变形破坏机理、本构方程及强度理论。

4. 结构面力学性质研究

（1）结构面在法向压应力及剪应力作用下的变形特征及其参数确定。

（2）结构面的抗剪强度特征及测试技术。

5. 岩体力学性质研究

（1）岩体变形与强度特征及原位测试技术与方法。

（2）岩体力学参数的弱化处理与经验估算。

（3）荷载、时间等因素对岩体变形与强度的影响。

（4）岩体中地下水的赋存、运移规律及岩体的水力学特征。

6. 岩体中天然应力分布规律及测量方法的研究

（1）岩体中天然应力的分布特征。

（2）岩体中天然应力的测量方法。

（3）岩体中天然应力的估算。

7. 边坡岩体、地基岩体及地下硐室围岩等工程岩体稳定性研究

（1）各类工程岩体中重分布应力的大小与分布特征。

（2）各类工程岩体在重分布应力作用下的变形与破坏特征。

（3）各类工程岩体的稳定性分析与评价。

二、研究方法

1. 工程地质分析

从工程问题需要出发，研究岩石、岩体的地质特征，为进一步的岩体力学研究提供地质资料和地质模型。主要包括以下方面：

（1）岩矿成分鉴定——对岩体的岩石类型、矿物组成及结构的构造特征进行测定和辨别。

（2）地层构造分析——对岩体成因、空间分布及岩体中各种结构面发育进行勘察和分析。

（3）水文地质勘察——对工程岩体水文地质条件进行勘察，揭示岩体中地下水的形成、赋存和运移规律。

2. 实验测试

利用岩体力学试验测试，为岩体变形和稳定性分析计算提供必要的物理力学参数。某些试验成果（模拟试验或者监测成果）可以（直接）评价岩体的变形和稳定性，以及探讨岩体力学理论问题。

（1）岩石样品及岩块实验测试。

（2）原位岩体实验测试。

（3）原位岩体监测。

（4）模型模拟试验。

（5）天然应力测量。

3. 数学力学分析

建立岩体力学模型，采用适当的分析方法，预测岩体在各种力场作用下的变形与稳定性，为设计和施工提供定量依据。

（1）力学模型——刚体力学、弹性及弹塑性力学、断裂力学、损伤力学、流变力学等理论模型的建立。

（2）分析方法——块体极限平衡法、有限元、有限差分、离散元等数值分析方法、模糊聚类分析、概率分析等方法。

（3）新方法应用探索——系统论、信息论、人工智能专家系统、灰色系统等在岩体力学中的应用。

4. 综合分析

采用多种方法，考虑多种因素进行综合分析和综合评价，从而得出符合实际情况的正确结论，是岩体力学研究中极为重要的工作方法。

第三节 岩体力学的发展概况

一、岩体力学学科的形成与发展

岩体力学是在岩石力学的基础上发展起来的。

在国际岩石力学学会（ISRM）成立前，尤其是第二次世界大战之后，为适应经济发展的迫切需要，各国相继建立了一些机构对岩石力学问题进行专题研究。如美国的科罗拉多矿业学院（Colorado School of Mines）、德国的卡尔斯鲁大学（University of Karlsruhe）、奥地利的国际岩石力学研究所（Interfels）等。这期间，国际上没有统一的岩石力学学术组织，国际学术交流主要是在国际土力学与基础工程学会（ISSMFE）、国际工程地质协会（IAEG）、国际理论与应用力学联合会（IUTAM）主办的学术会议上进行。

岩石力学形成于20世纪50年代末。通常认为，1957年法国的塔罗勃（J. Talobre）所著《岩石力学》的出版与1962年国际岩石力学学会（ISRM）的成立，是岩石力学形成的显著标志。对岩体力学形成与发展具有重要影响的事件追述如下：

1951年，奥地利岩石力学家缪勒（L. Muller）教授与地质学家斯蒂尼（J. Stini）教授发起并组织了国际上第一个岩石力学学术团体——奥地利地质力学学会（Osterrichische Geoellschaftfur Geomechanik，OGG），该学术团体每年在奥地利的萨尔斯堡（Salzburg）召开学术年会，由此形成了岩石力学的奥地利学派。奥地利学派认为，岩体的力学性质主要取决于结构面及其组合特征。

1951年召开的国际大坝会议设立了岩石力学分会。

1956 年美国召开了第一次岩石力学讨论会，随后每年举行学术年会。

1957 年，由塔罗勃（J. Talobre）编著的全球第一本《岩石力学》专著在法国出版。

1959 年法国马尔帕塞坝因左坝肩岩体沿软弱结构面滑移而溃决，震惊岩石力学界，这一事件引起了岩石力学学者的关注与研究，大力推动了岩体力学的发展。

1962 年在奥地利地质力学学会第 13 届学术讨论会上，由缪勒（L. Muller）教授倡导，成立了国际岩石力学学会（ISRM，International Society for Rock Mechanics and Rock Engineering），会上推选缪勒教授担任第一届国际岩石力学学会主席。

1963 年意大利瓦伊昂（Vajont）水库左岸岩体大滑坡，再次震惊岩石力学界，同时也引起了岩石力学学者的关注。

1966 年第一届国际岩石力学大会（1st ISRM Congress）在葡萄牙的里斯本召开，岩石力学家罗哈（M. Rocha）担任主席，来自全世界 40 个国家和地区的学者参加了本次会议，此后每隔 4 年召开一次大会，这同时也反映了当时国际岩石力学的发展水平。国际岩石力学学会（ISRM）现有奥地利、巴西、加拿大、中国、法国、德国、印度、日本、俄罗斯、英国、美国等 40 多个国家小组。自 1967 年以来，先后成立了 28 个专业委员会及工作委员会（ISRM Commission），如隧道及其他永久硐室工况委员会、岩石及岩体分类委员会、岩石力学教学委员会等，主要从事与学会工作有关的科学、技术及管理方面的专题研究。国际岩石力学学会有采矿组织、放射性废料处理组织、石油组织三个专业组织（Interest groups），同时学会先后设立了罗哈奖（Rocha Medal）与缪勒奖（Muller A-ward），分别奖励岩石力学领域的优秀博士生与全世界范围内杰出的岩石力学与岩石工程专家。

中国岩石力学与工程学会成立于 1985 年，学会前身是国际岩石力学学会中国小组（1978 年，NG China，ISRM）。2005 年 5 月在捷克布尔诺举行的国际岩石力学学会（ISRM）年会理事大会上，中国赢得了 2011 年第 12 届国际岩石力学大会（ISRM 2011）的举办权。这是“国际岩石力学学会的一个重要里程碑”，标志着我国岩石力学与工程界在国际上占据了重要位置。随着我国大型和超大型水利水电工程、铁路工程、交通工程和能源与矿山工程等岩体和地下工程的兴建，我国的岩体力学与工程领域的发展已令世界瞩目。

下面回顾我国的岩体力学发展历程。

20 世纪 50—60 年代，为我国岩体力学发展的萌芽阶段，主要建设了一些中、小型岩体工程，进行了与之相适应的岩体力学试验研究工作。该时期，我国岩体力学理论与试验研究与国外相似，就是运用材料力学、土力学、弹塑性理论对岩体力学问题展开研究。1958 年，三峡岩基组成立，我国开始了全国岩体力学研究的系统规划与实施。

20 世纪 60 年代中期至 70 年代中期，为我国岩体力学发展的低谷时期，国内当时的政治环境造成大部分工程停工或缓建，使得岩体力学发展非常缓慢。

20 世纪 70 年代中期以后，我国岩体力学进入了成长与发展阶段。三峡工程、南水北调、西气东输、万家寨引黄工程、青藏铁路等重大工程项目陆续启动，为岩体力学提供了大量与工程问题密切相关的研究课题，推动了中国岩体力学的发展与进步，获得了一系列与工程建设密切相关的重大研究成果。

二、工程实践对岩体力学发展的推动

岩体力学的发展与人类工程实践活动息息相关。

人类社会发展初期，由于工程建筑数量及规模较小，同时受到当时技术水平的限制，人们往往是凭经验来解决问题。随着工程建筑事业的发展，工程规模越来越大，所遇到的地质条件越来越复杂，加上一些重大工程事故的发生，推动了岩体力学的蓬勃发展。

回顾历史上发生过的与工程岩体失稳破坏有关的一些重大工程事故：1928 年美国圣·弗朗西斯重力坝失事，主要是由于坝基软弱、岩层崩解、遭受冲刷和滑动引起；1959 年法国马尔帕塞薄拱坝溃决，则是过高的水压力使坝基岩体沿一个倾斜的软弱结构面滑动所致；1963 年意大利瓦依昂（Vajont）水库左岸岩体大滑坡，更是举世震惊，2.5×10^8 m^3（25000 万立方米）的滑动岩体以 28 m/s 的速度下滑，激起 250 m 高的巨大涌浪，溢过坝顶冲向下游，造成 2500 多人丧生。类似的例子在国内也不少，例如，1980 年湖北远安盐池河磷矿的山崩，是由于采矿引起岩体变形，使上部岩体顺坡向节理被拉开，约 1×10^6 m^3 的岩体急速崩落，摧毁了矿务局和坑口全部建筑物，造成 280 人死亡。这些重大工程事故的惨痛教训一方面使人们认识到了岩体力学研究的重要意义，另一方面也为岩体力学研究提供了宝贵的案例，从而推动了岩体力学研究的发展。

如今，由于世界上在地质灾害隐患排查、能源开发以及地球动力学研究方面的需要，对岩体力学提出了更多更高的要求。区域地壳稳定性分析中对地壳变形研究涉及的深度达 50 ~ 60 km、温度在 1000 ℃以上，考虑的时间效应为几百万年；当前，国际上建设的大坝高达 325 m，水电站地下厂房的跨度达 51 m，地下矿井的开挖深度超过 3000 m，露天开采深度达 300 ~ 500 m，石油开采深度已达 9000 m；另外，世界上的一些超巨型工程，如巴西伊泰普（Itaipu）水电站（装机容量达 1260 万 kW，为世界最大）、日本青函（Seizkan）跨海铁路隧洞（总长 53830 m，海水面以下最大深度为 240 m，海底以下最大深度为 140 m）的修建，都为岩体力学的发展提供了实践基础，使岩体力学得到了快速发展。

第四节 岩体力学的发展趋势

随着科学技术的飞速发展，各学科都将以更快的速度向前发展，岩体力学也不例外。近年来岩体力学发展迅速，学术交流活动频繁，不断引入相关学科的新思想、新理论和新方法，探讨问题的深度和广度都有新的突破，测试技术水平不断提高，与工程勘探和设计施工的结合日趋紧密。下面，从理论方法研究和工程应用研究两个方面对岩体力学值得进一步给予关注的课题以及岩体力学的发展趋势进行简述。

一、岩体力学理论与方法研究

（一）岩体力学理论研究

1. 本构模型研究

国内外学者已提出了数十个岩体本构模型，但还没有一个得到工程界的普遍认可，试图建立能适用于各类岩体工程的理想本构模型是不可能的。所以，开展岩体本构模型研究

应从两个方向努力：一是针对具体工程建立用于解决实际岩体工程问题的实用模型；二是建立能进一步反映某些岩体应力应变特性的理论模型。

2. 非线性科学和系统论方法在岩体工程领域中的应用研究

岩体工程问题大多都具有非线性特点。现代数理科学的耗散结构论、协同论、分形几何、分叉和混沌理论以及突变理论、人工智能等，可用于认识和解释岩体力学的各种复杂过程。此外，系统论关注复杂事物的多层次、多因素及相互关联和相互作用的特征，从系统论的观点分析复杂的岩体工程问题，必将推动岩体工程稳定性分析理论和方法的发展。

3. 岩体工程问题中的不确定性理论研究

由于岩体组构及岩体赋存状态、赋存条件的复杂性和多变性，加之工程性质和工程环境的多样性，致使岩体工程问题存在很大的不确定性。现代科学技术手段，如模糊数学、灰色理论、非线性理论和人工智能等，为岩体工程问题中的不确定性研究提供了必要的理论支撑和方法手段。

（二）岩体力学方法研究

1. 信息综合集成方法

世界上许多灾难性岩体工程事故大都是由于对工程地质条件、岩体工程特性认识判断失误导致的。因此，在岩体工程问题研究中，综合工程地质、岩体力学和系统科学的专业认知和理论方法，加强工程地质实践，探索岩体工程信息综合集成的系统方法及相应的配套技术，同时，在重视工程实例总结分析的基础上建立具有信息积累、分析判断功能的岩体工程专家系统，将为岩体工程的安全建设和运行提供更切实的保障。

2. 数值仿真模拟方法

随着电子计算机科学的迅猛发展，作为岩体工程计算分析重要手段的数值方法的进展必将神速。功能越来越强大的数值计算软件和新的数值计算方法将不断涌现，包括有限元法、有限差分法、离散单元法、拉格朗日元法、流形元法、无网格法、不连续变形分析法、半解析元法、极限数值法、概率数值法、遗传算法、蚁群算法、细胞发生器算法、模拟退火算法、岩土工程反分析法等。随着岩体工程的需求发展，岩体工程问题与数值仿真模拟方法的进步也将是必然的趋势。

3. 岩体力学统计方法和岩体结构精细描述分析方法

由于岩体力学性质的非均质性、不连续性和各向异性，岩体力学统计方法在解决复杂岩体工程稳定性评价方面的研究将得到重视。另外，针对岩体结构起控制作用的工程岩体稳定性等问题，岩体结构精细化描述分析是岩体力学方法研究中亟待推进的课题。

4. 岩体测试新技术

岩体工程设计和岩体稳定性分析对岩体性能测试提出了更高的要求，岩体物理力学性能测试技术的发展是一个从不过时的方向。以光、电、声波、遥感、核磁共振等物理原理为基础的测试新技术的探索，将为岩体物理力学性能以及地应力和地下水环境探测和测试提供有效的方法手段，并为岩体力学研究和岩体工程建设提供更加有力的支撑。

二、岩体力学工程应用研究

1. 边坡岩体加固与变形控制技术

自然界存在大量的岩质斜坡，人类开挖活动又形成不同类型的人工岩质边坡。在边坡岩体稳定性分析的基础上，探索新的边坡岩体加固方法，研发超强承载力（单锚极限承载力 10 MN 以上）的防腐长锚索以及配套技术等，将会给岩质边坡防护提供强有力的技术保障。

2. 软弱破碎岩石地基加固技术

在软弱、破碎、风化岩体上进行工程建设将面临地基变形和承载力不均匀、地下水突出等地质问题。软弱破碎岩石地基加固处理新方法研究，新型灌浆材料和灌浆技术的开发，将有助于解决软弱破碎岩石地基问题。

3. 地下工程围岩加固与支护技术

采矿工程、水利水电工程、交通工程和国防工程等工程领域中超深、超长、超大空间地下空间的开挖，地下硐室处在高地应力、高温、富水的复杂地质环境中，硐室开挖工程面临硐室围岩软岩大变形、冲击地压和岩爆、突水突泥等复杂的地质问题。新型高承载力锚杆、可缩性锚杆和防腐锚杆及配套技术研发，新型注浆材料和注浆技术研究，围岩二次支护方法技术探索，都是当前地下工程建设亟须开展的研究工作。

总之，岩体力学虽然发展很快，但这门学科远未非常成熟，现有的理论和方法在解决工程实际问题中还面临很多挑战。因此，大力加强岩体力学研究，更快地推动这门学科的发展，是工程实践的客观要求。

练习题

1. 简述岩体力学的含义。
2. 岩体工程的主要研究问题有哪些?
3. 岩体力学的研究内容主要包括什么?
4. 岩体力学的研究方法是什么?

第二章　岩体的地质与结构特征

岩体是地质作用的产物，其物理力学性质在很大程度上受形成和改造岩体的各种地质作用过程所控制，常表现出非均匀、非连续、各向异性和多相性特征。因此研究岩体物理力学性质需要清晰地认识影响岩体物理力学性质的主要地质因素。岩体是由岩石块体和结构面网络组成的地质体，因此，先要了解岩石块体和结构面的地质特征，进而才能更全面、更深入地认识岩体的地质与结构特征。

第一节　岩石及其特征

岩石（Rock）是指不含显著结构面的岩石块体，是组成岩体的基本物质单元。不考虑岩体所处的地质环境，从物质成分和结构构造的角度看，不含显著结构面的岩块就等同于岩石材料，基本上也可以反映完整岩体的特征。岩石是由具有一定结构构造的矿物（结晶和非结晶）集合体组成。新鲜岩石的力学性质主要取决于组成岩石的矿物成分及其连接特性，风化岩石的力学性质则受到风化程度的影响。因此，本节从岩石的物质组成、结构与构造和风化程度三个方面讨论岩石的特征及其对力学性质的影响。

一、岩石的物质组成

岩石由矿物组成，自然界常见的造岩矿物有含氧盐、氧化物类矿物、卤化物、硫化物以及自然元素五大类，其中含氧盐中的硅酸盐、碳酸盐以及氧化物类矿物构成了几乎99.9%的地壳岩石。硅酸盐类矿物主要有长石、辉石、角闪石、橄榄石、云母、黏土矿物等，这类矿物除云母和黏土矿物外，硬度大，呈粒柱状。因此，含这类矿物多的岩石，如花岗岩、闪长岩及玄武岩等，强度高，抗变形性能好。但该类矿物多生成于高温环境，与地表自然环境相差较大，易风化成高岭石、伊利石等。尤以橄榄石、基性斜长石等抗风化能力最差，长石、角闪石次之；黏土矿物属于层状硅酸盐类矿物，主要有高岭石、伊利石及蒙脱石三类，具薄片状或鳞片状构造，硬度小。因此含这类矿物多的岩石，如黏土岩、黏土质岩，物理力学性质差，并具有不同程度的胀缩性，特别是含蒙脱石多的膨胀岩，其物理力学性质更差。碳酸盐类矿物主要有 $CaCO_3$、$MgCO_3$、酸不溶物，碳酸盐类矿物是灰岩和白云岩类的主要造岩矿物。岩石的物理力学性质取决于岩石中 $CaCO_3$、$MgCO_3$ 及酸不溶物的含量。$CaCO_3$、$MgCO_3$ 含量越高，如纯灰岩、白云岩等，强度高、抗变形和抗风化性能都比较好。泥质含量高的，如泥质灰岩、泥灰岩等，力学性质较差。但随岩石中硅质含量的增高，岩石性质将不断变好。另外，在碳酸盐类岩体中，常发育各种岩溶现象，使岩体性质趋于复杂化。氧化物类矿物主要有石英，其硬度大，化学性质稳定，岩块的强度和抗变形能力随石英含量的增加而增大。

岩块的矿物组成与岩石的成因及类型密切相关。岩浆岩多以硬度大的粒柱状硅酸盐、石英等矿物为主，所以其岩块物理力学性质一般都很好。沉积岩中的粗碎屑岩，碎屑多为硬度大的颗粒状矿物（砂砾岩等），岩块的力学性质除与碎屑成分有关外，很大程度上取决于胶结物成分及其类型。细碎屑岩以片状黏土矿物为主（页岩、泥岩等），其岩块力学性质很差。变质岩的矿物组成与母岩类型及变质程度有关，浅变质的副变质岩（如千枚岩、板岩）多含片状矿物，岩块力学性质较差；而深变质岩（片麻岩、混合岩、石英等）一般以粒柱状矿物为主，其岩块力学性质好。

二、岩石的结构与构造

（一）岩石的结构

岩石的结构是指岩石内矿物颗粒的大小、形状和排列方式，是微结构面发育情况与粒间联结方式等反映在岩石构成上的特征。岩石的结构特征，尤其是矿物颗粒间连接及微结构面的发育特征对岩石的力学性质影响很大。

1. 粒间连接

（1）结晶联结，主要通过共用原子或离子使不同晶粒紧密接触，相互嵌合。大部分变质岩、部分沉积岩具有这种联结。结晶愈细愈均匀，非晶质成分愈少，岩石强度愈高。

（2）胶结联结，矿物颗粒通过胶结物联结在一起，如碎屑岩等具有这种联结方式。胶结联结的岩石强度取决于胶结物成分及胶结类型。胶结物质一般有硅质胶结、铁质胶结、钙质胶结、泥质胶结，岩石强度依次降低；胶结类型有基底式胶结、孔隙式胶结和接触式胶结，岩石强度依次降低。

2. 微结构面

微结构面指矿物颗粒内部或颗粒间的软弱面或缺陷，包括矿物解理、晶格缺陷、微裂隙及片理、片麻理等。微结构面导致岩石强度降低和各向异性。

（二）岩石构造

岩石构造是指矿物集合体之间及其他组分之间的排列组合方式。比如岩浆岩中的流线、流面构造；沉积岩中的微层状构造；变质岩中的片状和片麻状构造。这些宏观构造的存在不仅使岩石力学性质存在明显的各向异性，而且使岩石力学性质趋于复杂化。

三、岩石的风化程度

风化作用是指在大气条件下，岩石的物理性状和化学成分发生变化的作用。作用的营力有太阳辐射、水、气体和生物等。自然界赋存的岩石容易产生不同程度的风化，从而对岩石的力学性质产生明显影响。对于风化作用的描述主要有定性指标和定量指标，其中定性指标包括颜色、矿物蚀变程度、破碎程度以及开挖锤击技术特征等，而定量指标主要包括风化空隙率指标、波速比和风化系数。根据《岩土工程勘察规范（2009 年版）》（GB 50021—2001），岩石按风化程度可分为六大类，见表 2－1。

（1）风化空隙率 I_w：快速浸水后风化岩石吸入水的质量与干燥岩石质量之比。

（2）波速比 k_v 和风化系数 k_f：

$$\begin{cases} k_v = \dfrac{V_{cp}}{V_{rp}} \\ k_f = \dfrac{\sigma'_{cw}}{\sigma_{cw}} \end{cases} \tag{2-1}$$

式中 k_v——波速比，无量纲；

V_{cp}——风化岩石的纵波速度，km/s；

V_{rp}——新鲜岩石的纵波速度，km/s；

k_f——风化系数，无量纲；

σ'_{cw}——风化岩石的饱和单轴抗压强度，MPa；

σ_{cw}——新鲜岩石的饱和单轴抗压强度，MPa。

表2-1 岩石按风化程度分类

风化程度	野外特征	风化程度参数指标	
		波速比 k_v	风化系数 k_f
未风化	岩质新鲜，偶见风化痕迹	0.9~1.0	0.9~1.0
微风化	结构基本未变，仅节理面有渲染或略有变色，有少量风化裂隙	0.8~0.9	0.8~0.9
中等风化	结构部分破坏，沿节理面有次生矿物，风化裂隙发育，岩体被切割成岩块。用镐难挖，岩芯钻方可钻进	0.6~0.8	0.4~0.8
强风化	结构大部分破坏，矿物成分显著变化，风化裂隙很发育，岩体破碎，用镐可挖，干钻不易钻进	0.4~0.6	<0.4
全风化	结构基本破坏，但尚可辨认，有残余结构强度，可用镐挖，干钻可钻进	0.2~0.4	—
残积土	组织机构全部破坏，已风化成土状，锹镐易挖掘，干钻易钻进，具可塑性	<0.2	—

注：1. 岩石的风化程度，除按表列野外特征和定量指标划分外，也可根据当地经验划分。

2. 花岗岩类岩石，可采用标准贯入试验划分，$N \geq 50$ 为强风化，$30 \leq N < 50$ 为全风化，$N < 30$ 为残积土。

3. 泥岩和半成岩，可不进行风化程度划分。

第二节 结构面及其特征

结构面（Structural plane）是指地质历史发展过程中形成的，在岩体内具有一定延伸方向和长度，厚度相对较小的地质界面（或带）。结构面包括物质分异面和不连续面，如层面、不整合面、节理面、断层、片理面等。结构面对工程岩体的完整性、渗透性、物理力学性质及应力传递等都有显著影响，是造成岩体非均质、非连续、各向异性和非线弹性的本质原因之一。全面、深入、细致地研究结构面的特征，是岩体力学中的一个重要课题。

一、结构面分类

（一）地质成因类型

按照地质成因不同，可以将广泛发育于岩体中的各种结构面分为原生结构面、构造结构面和次生结构面三种类型，见表2－2。

表2－2 结构面类型（按地质成因分类）

<table>
<tr><th colspan="2">结构面类型</th><th>典型结构面</th></tr>
<tr><td rowspan="11">原生结构面</td><td rowspan="4">沉积结构面</td><td>层理层面</td></tr>
<tr><td>软弱夹层</td></tr>
<tr><td>不整合面、假整合面</td></tr>
<tr><td>沉积间断面</td></tr>
<tr><td rowspan="3">岩浆结构面</td><td>侵入体与围岩接触面</td></tr>
<tr><td>岩脉墙接触面</td></tr>
<tr><td>原生冷凝节理</td></tr>
<tr><td rowspan="4">变质结构面</td><td>片理</td></tr>
<tr><td>片岩软弱夹层</td></tr>
<tr><td>片麻理</td></tr>
<tr><td>板理及千枚理</td></tr>
<tr><td colspan="2" rowspan="4">构造结构面</td><td>节理（X型节理、张节理）</td></tr>
<tr><td>断层（正断层、逆断层、横断层）</td></tr>
<tr><td>层间错动</td></tr>
<tr><td>羽状裂隙、劈理</td></tr>
<tr><td colspan="2" rowspan="4">次生结构面</td><td>卸荷裂隙</td></tr>
<tr><td>风化裂隙、风化夹层</td></tr>
<tr><td>泥化夹层</td></tr>
<tr><td>次生夹泥层</td></tr>
</table>

（二）力学成因类型

按力学成因不同，可将结构面分为张性结构面和剪性结构面。

1. 张性结构面

张性结构面是由拉应力作用形成的，其具有张开度大、连续性差、形态不规则、面粗糙、起伏度大及破碎带较宽等特征。因此，张性结构面常含水丰富，导水性强。

2. 剪性结构面

剪性结构面是由剪应力作用下破裂面两侧岩体产生相对滑移形成的，其具有连续性好、面较平直、剪切面平整、延伸较长等特征，且有擦痕、镜面等现象发育。

二、结构面的规模与分级

按结构面的规模（延伸长度、切割深度、破碎带宽度）及其力学效应，将结构面分为五级。

1. Ⅰ级

分布规模：大规模断层或区域性断层，一般延伸数公里至数十公里以上，破碎带宽数米至数十米乃至几百米以上。

力学效应：区域性活动断裂影响山体稳定性及岩体稳定性乃至区域地壳稳定性，给工程建设带来很大危害。

2. Ⅱ级

分布规模：延伸长、宽度不大的区域性地质界面，一般数百米至数千米，破碎带宽 10 cm 至数米，如较大的断层、层间错动、不整合面及原生软弱夹层等。

力学效应：控制工程区的山体稳定性或岩体稳定性，影响工程布局。

3. Ⅲ级

分布规模：长度数十米至数百米的断层、区域性节理、延伸较好的层面及层间错动等，宽度为数厘米至 1 m。

力学效应：影响或控制工程岩体，如危及地下硐室围岩及边坡岩体的稳定性。

4. Ⅳ级

分布规模：延伸较差的节理、层面、次生裂隙、小断层及较发育的片理、劈理面等，长度一般为 10 cm 至 20 ~ 30 m，小者仅数厘米至十几厘米，宽度为 0 至数厘米。

力学效应：破坏岩体的完整性，影响岩体的物理力学性质及应力分布状态。该级结构面数量多、分布具有随机性，主要影响岩体的完整性和力学性质，是岩体分类及岩体结构研究的基础，也是结构面统计分析和模拟的对象。岩石中不含显著结构面指的就是Ⅳ级结构面。

5. Ⅴ级

分布规模：微结构面，包括隐节理、微层面、微裂隙及不发育的片理、劈理等，规模小，连续性差，常包括在岩石内。

力学效应：主要影响岩块的物理力学性质。

不同规模结构面的力学效应（对岩体力学性质的影响）：在上述 5 级结构面中，Ⅰ、Ⅱ级结构面又称为软弱结构面，Ⅲ级结构面多数也为软弱结构面，Ⅳ、Ⅴ级结构面为硬性结构面。不同级别的结构面对岩体力学性质的影响及在工程岩体稳定性中所起的作用不同。

相对于工程岩体而言，Ⅲ级以上结构面分布数量少，甚至没有且规律性强，容易搞清楚，而Ⅳ级结构面数量多且具有随机性，其分布规律不太容易搞清楚，需要用统计方法进行研究，而且Ⅳ级结构面主要控制岩体的结构、完整性和物理力学性质，是岩体结构研究的重点，也是难点。

三、结构面特征及其对岩体性质的影响

岩性完全相同的两种岩体，由于结构面的空间方位、连续性、密度、形态、张开度及其组合关系等的不同，在外力作用下将呈现出完全不同的力学特征。以下主要讨论Ⅳ级结构面。

（一）产状

在地质学研究中，结构面的产状常用走向、倾向和倾角表示。由于岩体的力学性质与应力环境密切相关，所以，在岩体力学研究中，结构面产状采用结构面法线方向与最大主应力 σ_1 之间的夹角 β［等同于图 2－1 所示的结构面与最大主应力作用面（即最大主平面）之间的夹角］表示。结构面产状对岩体破坏机理的影响如图 2－1 所示。

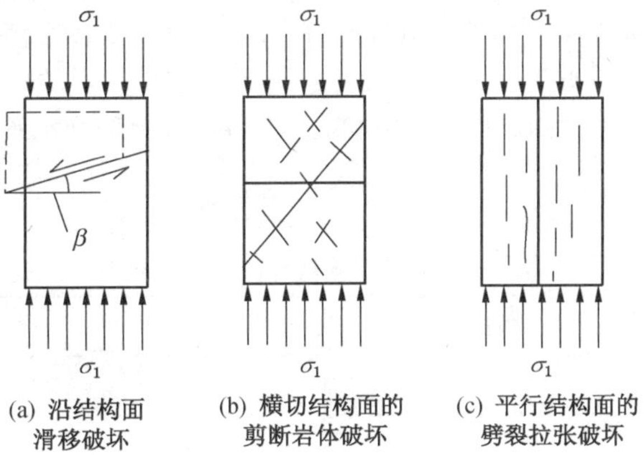

图 2－1　结构面产状对岩体破坏机理的影响示意图

（1）当结构面与最大主平面的夹角 β 为锐角时，岩体将沿结构面滑移破坏（图 2－1a）。

（2）当 $\beta=0°$时，表现为横切结构面的剪断岩体破坏（图 2－1b）。

（3）当 $\beta=90°$时，表现为平行结构面的劈裂拉张破坏（图 2－1c），随破坏方式不同，岩体强度也发生变化。

（二）连续性

结构面的连续性反映了结构面的贯通度，常用线连续性系数、迹长和面连续性系数表示。

（1）线连续性系数：沿结构面延伸方向上，结构面的各段长度之和（$\sum a_i$）与测线长度（$\sum a_i + \sum b_i$）的比值（图 2－2）。

$$K_1 = \frac{\sum a_i}{\sum a_i + \sum b_i} \qquad (2-2)$$

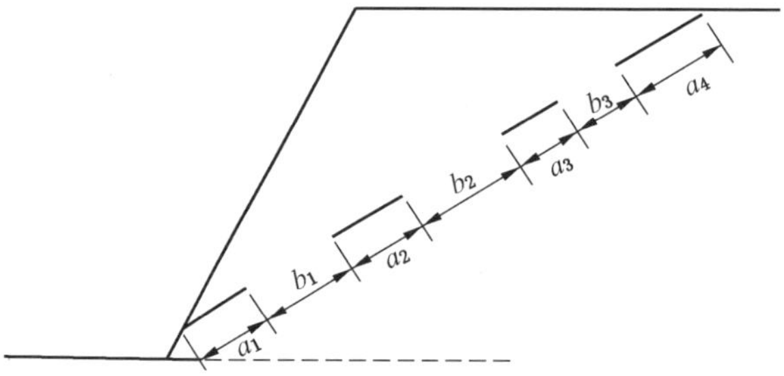

图2-2 结构面的线连续性系数计算示意图

式中 K_1——线连续性系数，无量纲；

$\sum a_i$、$\sum b_i$——结构面及完整岩石长度之和，m。

$0 \leqslant K_1 \leqslant 1$，$K_1$ 越大，结构面的连续性越好；$K_1 = 1$ 时，结构面完全贯通。

（2）迹长：结构面与露头面交线的长度，结构面越长，对岩体的影响越大。国际岩石力学学会（ISRM）主张用结构面的迹长来描述和评价结构面的连续性，并制定了相应的分级标准（表2-3）。

表2-3 结构面连续性（迹长）分级

描 述	迹长/m	描 述	迹长/m
很低的连续性	<1	高连续性	10~20
低的连续性	1~3	很高的连续性	>20
中等连续性	3~10		

（3）面连续性系数：指结构面延伸方向，结构面面积之和与被测岩体总面积的比值。

（三）密度

结构面的密度反映了结构面发育的密集程度，结构面的密度常用线密度、间距等指标表示。

（1）线密度：结构面法线方向单位测线长度上交切结构面的条数。

（2）间距：同一组结构面法线方向两相邻结构面的平均距离。

按照定义有：

$$\begin{cases} K_d = \dfrac{n}{L} \\ d = \dfrac{L}{n} \end{cases} \tag{2-3}$$

式中 K_d——线密度，条/m；

n——测线切的结构面条数，条；

L——结构面法线方向上测线的长度，m；

d——两相邻结构面的平均间距，m。

因此，可得线密度与间距间的关系为：$K_d = \frac{1}{d}$，即二者互为倒数关系。

结构面的密度控制着岩体的完整性和岩石的块度，进而导致岩体的力学性质和渗透性变化。一般来说，结构面发育越密集，岩体的完整性越差、块度越小，进而导致岩体的力学性质变差，渗透性增强。

为统一描述结构面密度，国际岩石力学学会（ISRM）规定了结构面密度、间距分级标准，见表2-4。

表2-4　结构面密度、间距分级

密度描述	间距/mm	密度描述	间距/mm
极密集的间距	<20	宽的间距	600~2000
很密集的间距	20~60	很宽的间距	2000~6000
密集的间距	60~200	极宽的间距	>6000
中等的间距	200~600		

（四）张开度

结构面张开度是指结构面两壁面间的距离，常用 e 表示，单位为 cm。结构面两壁一般不是紧密接触，而是呈点接触或局部接触，接触点大部分位于起伏或者锯齿状的凸起点。这种情况下，结构面张开，实际接触面积减少，必导致其黏聚力下降；当结构面张开，并被外来物质填充，其强度将由填充物决定。此外，结构面的张开度对岩体渗透性有很大影响。在层流条件下两壁平行的平直结构面的渗透系数可表示为

$$K_f = \frac{ge^2}{12\eta} \tag{2-4}$$

式中　K_f——在层流条件下两壁平行的平直结构面的渗透系数，cm/s；

g——重力加速度，cm/s^2；

e——结构面张开度，其描述语和分级标准见表2-5，cm；

η——水的运动黏滞系数，cm^2/s。

表2-5　结构面张开度的描述语和分级标准

描　述	结构面张开度/cm	分　类
很紧实	<0.1	闭合结构面
紧密	0.1~0.25	
部分张开	0.25~0.5	

表2-5（续）

描　　述	结构面张开度/cm	分　　类
张开	0.5～2.5	裂开结构面
中等宽的	2.5～10	
宽的	>10	
很宽的	10～100	张开结构面
极宽的	100～1000	
似洞穴的	>1000	

(五) 形态

(1) 结构面的形态（图2-3）可以从侧壁的起伏形态及粗糙度两方面研究。

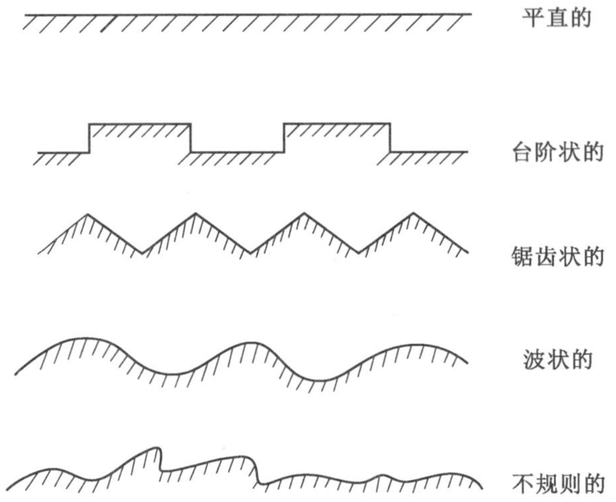

图2-3　结构面侧壁起伏形态示意图

(2) 侧壁的起伏程度可用起伏角表示（图2-4）。

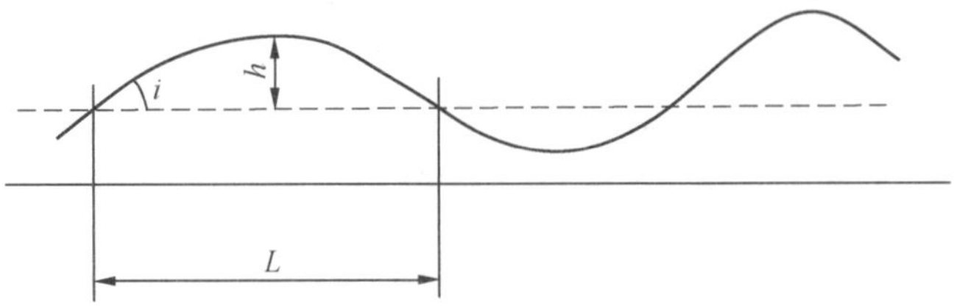

图2-4　结构面侧壁起伏角示意图

$$i = \arctan\left(\frac{2h}{L}\right) \tag{2-5}$$

式中 i——起伏角，(°)；

h——平均起伏差，m；

L——平均基线长度，m。

（3）粗糙度系数 *JRC*（Joint Roughness Coefficient）。用纵剖面仪测出结构面的粗糙剖面，然后与巴顿（Barton，1977）10 级标准剖面（图 2－5）对比，即可求得结构面的粗糙度系数 *JRC*。

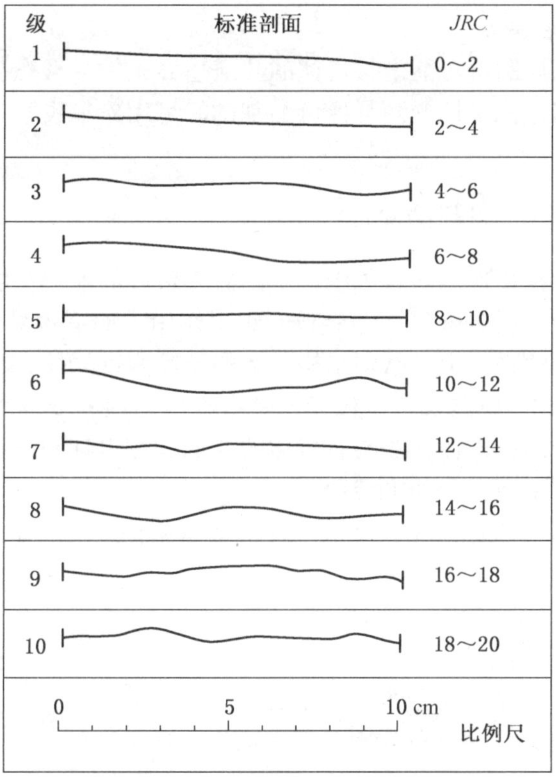

图 2－5 巴顿 10 级标准剖面

（六）胶结填充特征

1. 胶结

结构面力学性质有所改善。改善程度因胶结成分不同而异，随胶结物由泥质和易溶盐到铁硅质，改善程度由低到高逐渐提升。

2. 填充

结构面的力学性质取决于填充物成分、厚度、含水性及壁岩的性质等。

1）填充物

砂质、砾质等粗粒填充的结构面性质最好，黏土质和易溶盐的结构面性质最差。

2）填充物厚度和连续性

（1）薄膜填充：结构面两壁附着一层极薄的矿物膜，厚度多小于 1 mm，多为应力矿物和蚀变矿物等。厚度虽薄，但多为性质不良矿物，因而结构面性质（强度）明显降低。

（2）断续填充：填充物不连续且厚度小于结构面的起伏差，结构面的力学性质与填充物性质、壁岩性质及结构面的形态有关。

（3）连续填充：填充物分布连续，且厚度大于结构面的起伏差，结构面的力学性质主要取决于填充物性质。

（4）厚层填充：填充物厚度远大于结构面的起伏差，大者可达数十厘米以上，结构面的力学性质很差，岩体往往易于沿这种结构面滑移而失稳。

（七）结构面的组合关系

结构面的组合关系控制着可能滑移岩体的几何边界条件、形态、规模、滑动方向及滑移破坏类型，是工程岩体稳定性预测与评价的基础。可用赤平投影、立体投影和三角几何计算等方法进行分析。

四、软弱结构面（Ⅰ、Ⅱ级结构面）

原生软弱夹层是指构造作用在岩体中产生的破碎带，而泥化夹层则是指在原生结构面的基础上后期地质作用（譬如断层活动导致的碾压作用、地下水淋滤或化学分解作用等）产生的夹泥层等。在力学强度上，软弱结构面远弱于其两壁岩体，它们实际上是岩体中具有一定厚度的软弱带（层），与两盘岩体相比具有高压缩性和低强度等特征，在产状上多属缓倾角结构面。软弱结构面往往控制着岩体的变形破坏机理和稳定性，其中最常见、危害较大的是泥化夹层，主要具备如下特性：

（1）由原岩的超固结胶结式结构变成了泥质散状结构或泥质定向结构。

（2）黏粒含量很高。

（3）含水量接近或超过塑限，密度比原岩小。

（4）常具有一定的胀缩性。

（5）力学性质比原岩差、强度低、压缩性高。

（6）由于其结构疏松、抗冲刷能力差，因而在渗透水流的作用下易产生渗透变形。

第三节 岩体结构与成因特征

与人类工程活动密切相关的地壳表层岩体，长期受到各种地质作用，形成了不同类型和规模的结构面网络交切和切割的结构体，对岩体的物理力学性质有显著影响。此外，原位岩体赋存在复杂的天然应力状态和地下水等地质环境中，岩体的力学性质必然会受到地质环境的影响。因此，研究岩体在外力作用下的力学习性及其稳定性时，必须综合考虑岩体的两个显著特征：岩体的结构以及天然应力状态和地下水等地质环境的影响。

一、岩体的结构特征

岩体结构（Rock mass structue）是指岩体中结构面与结构体的排列组合关系。具有两个要素（结构单元）：结构面、结构体。

1. 结构体（Structural element）的概念

结构体是指岩体中被不同级别结构面切割围限的岩石块体。不同级别的结构面所切割围限的岩体规模不同，结构的复杂程度也不同。按切割围限岩石块体的结构面规模，可以划分出规模由大到小四个级序的结构体：Ⅰ级结构体规模可达数平方公里，甚至更大，称为地块或断块，其中含有很多更次一级的结构体；Ⅱ、Ⅲ级结构体规模相应减小，也必然包含很多以不同成因、不同排列组合的次级结构体；Ⅳ级结构体规模最小，已经不再包含显著的结构面。

Ⅳ级结构面切割围限的Ⅳ级结构体已不含显著结构面，与岩块等同（岩块：不含显著结构面的岩石块体），是构成岩体的最小结构单元和物质（岩石）单元。

2. 结构体的特征

（1）结构体的规模常用单位体积内的Ⅳ级结构体个数（块度模数）表示，也可用结构体的体积表示。

（2）常见结构体形状有柱状、板状、楔形及菱形等。在强烈破碎部位，还有片状、鳞片状、碎块状及碎屑状。

（3）结构体产状一般用结构体的长轴方向表示。

3. 岩体的结构类型

为概括反映岩体中结构面和结构体的成因、特征及排列组合关系，将岩体结构划分为五大类：整体块状结构、块状结构、层状结构、碎裂状结构、散体状结构。

不同结构类型的岩体，其岩石类型、结构体和结构面的特征不同，岩体的工程地质性质与变形破坏机理也不同。根本区别在于结构面的性质及发育程度。

二、岩体成因与岩体特征

按成因，岩体可分为岩浆岩、沉积岩和变质岩三大类。

（一）岩浆岩

岩浆岩可分为深成岩、浅成岩和喷出岩。

1. 深成岩

（1）岩体结构多为巨大的侵入体（岩基、岩株），岩性均一。岩体呈整体状或块状结构，在边缘相岩体中存在流线、流面和各种原生节理。

（2）岩石结构相对较简单，多为中粗粒结构，颗粒均匀，致密坚硬，空隙率低，力学性质好，强度高。

（3）该类岩体不足之处是抗风化能力弱，风化带厚度较大，常有同期或后期岩脉穿插。

2. 浅成岩

（1）岩体结构呈岩床、岩墙和岩脉等小型侵入体。

（2）岩石结构多为斑状结构，均一性较差。

（3）该类岩体力学性质较好，抗风化能力强。

3. 喷出岩

（1）往往与火山碎屑岩相间分布，呈似层状产出。

（2）岩石多呈玻璃质，结构致密，气孔构造、杏仁构造或流动构造（流线、流面）及原生节理较发育。

（3）结构较复杂，均一性差，各向异性显著，有软弱夹层（带）发育，力学性质差。

（二）沉积岩

沉积岩具有层理构造，岩体呈层状结构，包括他生沉积岩和自生沉积岩。

1. 他生沉积岩

（1）陆源碎屑岩：各种砾岩、砂岩、粉砂岩和泥质岩，其性质主要取决于胶结物成分、胶结方式、碎屑成分。比如胶结物是硅质、铁质、钙质、泥质，岩体的力学强度和抗水性依次降低；砾岩和砂岩的碎屑以石英等坚硬矿物为主，强度较高；而角砾岩由灰岩和砂岩等碎块构成，力学性质较好，但易受溶蚀。

（2）火山碎屑岩：物质源于火山喷发作用。按颗粒粗细可分为集块岩、火山角砾岩、凝灰岩。该类岩体结构变化复杂、性质差异大，其中凝灰岩和凝灰质页岩结构疏松，强度低，抗风化与抗水性差，工程地质性质最差，其他岩类则相对较好。

2. 自生沉积岩

化学、生物化学沉积岩，以石灰岩和白云岩最为常见，此类岩石多致密坚硬、强度较高，是良好的建筑石材，但易被水溶蚀形成各种岩溶现象，使岩体的完整性和力学强度降低。

（三）变质岩

变质岩的成因比较复杂，其物理力学性质变化大。多数岩石变质后都经历了不同程度的重结晶作用，结构较致密、抗水性增强、孔隙率较低、透水性弱、抗变形性能好以及强度高。因此与沉积岩相比，变质岩的性质一般要好些。特别是泥质岩变质后性质大为改善。但是，变质岩中常发育有片理及片麻理等结构面，使岩石的联结力减弱并呈现明显的各向异性。变质岩按其成因不同可分为接触变质岩、动力变质岩及区域变质岩三类。

1. 接触变质岩

出现在岩浆岩与围岩的接触部位。重结晶作用明显，挤压破碎效应不显著。

2. 动力变质岩

构造地质作用形式，又称构造岩，主要沿较大断层分布。构造岩可分为碎块岩、压碎岩、断层角砾岩、糜棱岩、断层泥。特点：构造破碎，胶结不良，裂隙发育，岩体呈碎裂结构或散体结构，常构成软弱结构面（带）。

3. 区域变质岩

范围较广、厚度大，在一定范围内变质程度均一。区域变质岩按其变质程度可分为深变质岩、中变质岩和浅变质岩三种。

（1）深变质岩。高温高压条件下形成，包括各类片麻岩、麻粒岩和混合岩。岩石重结晶程度高，结晶较粗，岩体较完整坚硬，呈块状或整体状，强度高，抗水性好，但片麻理等结构面会使岩体呈各向异性，使岩体强度降低。

（2）中变质岩。各类片岩种类多，如石英片岩、角闪石片岩、云母片岩、绿泥石片岩等，强度依次降低。突出特点：具有发育完善的片理构造。

（3）浅变质岩。主要包括板岩、千枚岩等。具备不完整的片理构造，鳞片状矿物（如绢云母、绿泥石等）富集。力学性质比原岩有所提高，但力学性质仍较差，强度低，抗水性差。

练习题

1. 何为岩体、岩石和结构面？试比较岩石和岩体的区别。
2. 按岩体力学的观点，岩体具有什么样的力学特征？
3. 简要说明泥化夹层的特性。
4. 岩体有哪几种结构类型？各结构类型分别适用何种力学理论方法？
5. 通常用哪些指标评价岩体的风化程度？
6. 如何确定结构面的粗糙度系数 *JRC*？
7. 在我国，通常将结构面分为哪几级？在工程中主要涉及哪几级？
8. 自然界岩石按成因分为几大类？各自有何力学特征？

第三章 岩石的物理力学性质

岩体是由岩块和结构面网络组成的结构体，岩石是构成岩块乃至岩体的物质（材料）基础。无论是从采样研究角度看，还是从岩体构成角度看，对岩石物理力学性质的研究等同于对岩块物理力学性质的研究。既然岩石是构成岩体的物质基础，所以，要想了解岩体的性质，必须先从研究岩石的性质入手。岩石的性质可近似代替整体状或块状岩体的性质，此外，岩石的物理力学特性指标可以作为评价建材和岩体工程分类的重要指标。

岩石的物理性质指的是岩石的物质组构及其与所处的环境因素相互作用所表现出来的物理状态。岩石的物理性质主要包括反映岩石物质组成的密度、岩石与水体相互作用表现出来的水理性质以及岩石在温度场中发生的物理力学效应。岩石的物理性质与岩石的力学性质密切相关。研究岩石物理性质的目的在于了解它们的变化对岩石力学性质乃至岩体力学性质的影响，进而为岩体工程设计提供科学依据。

岩石的力学性质主要包括两个方面：①岩石的受力变形特征，即岩石在各种荷载作用下的变形规律，与岩石自身的物质组构和受力状态密切相关，因此描述岩石受力变形规律的关系又称为本构关系；②岩石的强度特征，即岩石在荷载作用下破坏时的最大应力及其与破坏之间的关系，反映了岩石抵抗破坏的能力和破坏规律。

本章主要认识岩石的物理性质，熟悉岩石的变形性质和岩石的强度性质以及相关的强度理论。

第一节 岩石的物理性质

岩石的物理性质是指岩石由于三相组成的相对比例关系不同所表现的物理性态，即岩石物质成分（矿物颗粒组成）和结构构造（矿物颗粒之间的排列和连接方式及疏密程度等），简称岩石的组构，在一定环境（譬如水环境或温度场）中的外在表现。岩石的物理性质主要包括岩石的密度、空隙性、水理性质及热学性质等。

一、岩石的密度

岩石的密度（Rock density）是指单位体积内岩石的质量，单位为 g/cm^3。岩石的密度分为块体密度和颗粒密度。

1. 块体密度（岩石密度）

岩石的块体密度是指单位体积岩石的质量，按岩石试件的含水状态可分为干密度、饱和密度和天然密度。未指明含水状态时，一般是指岩石的天然密度。三种岩石密度的定义为

$$\begin{cases}\rho_d = \dfrac{m_s}{V} \\ \rho_{sat} = \dfrac{m_{sat}}{V} \\ \rho = \dfrac{m}{V}\end{cases} \tag{3-1}$$

式中　ρ_d——干密度，g/cm³；

m_s——岩石的干质量，g；

V——岩石的体积，cm³；

ρ_{sat}——饱和密度，g/cm³；

m_{sat}——岩石的饱和质量，g；

ρ——天然密度，g/cm³；

m——岩石的天然质量，g。

块体密度可采用规则试件的量积法和不规则试件的蜡封法测定。量积法就是把岩石加工成形状规则（圆柱体、方柱体或立方体）的试件，用卡尺测量试件的尺寸，求出体积，并用天平称取试件的质量，然后根据式（3－1）计算岩石的块体密度。蜡封法是将已知质量的小块岩石浸入融化的石蜡中，使试件沾有一层石蜡外壳，保持完整的外形。通过分别测得带有石蜡外壳的试件在空气中和水中的质量，然后根据阿基米德原理，计算试件的体积和密度。

量积法不适用于遇水崩解、溶解和干缩湿胀性岩石；软弱岩石、风化岩石及遇水易崩解、溶解的岩石通常采用蜡封法测定。块体密度还可采用水中称量法进行测定。

岩石的饱和密度，一般采用测定吸水率与饱和吸水率的试件并与其同时进行测定。

2. 颗粒密度

岩石的颗粒密度是指岩石的固相质量与固相体积之比。

颗粒密度不包括岩石的空隙，因而其大小取决于组成岩石的矿物密度及其在岩石中的相对含量，一般为2.5～3.2 g/cm³。常见岩石密度与颗粒密度见表3－1。

表3－1　常见岩石密度与颗粒密度　　g/cm³

序号	岩石类型	岩石密度	颗粒密度	序号	岩石类型	岩石密度	颗粒密度
1	花岗岩	2.30～2.80	2.50～2.84	8	石英岩	2.40～2.80	2.53～2.84
2	大理岩	2.60～2.70	2.80～2.85	9	泥质板岩	2.30～2.80	2.70～2.85
3	砂岩	2.20～2.71	2.60～2.75	10	玄武岩	2.50～3.10	2.60～3.30
4	灰岩	2.30～2.77	2.48～2.85	11	闪长岩	2.52～2.96	2.60～3.10
5	页岩	2.30～2.77	2.57～2.77	12	辉绿岩	2.53～2.97	2.60～3.10
6	泥灰岩	2.10～2.70	2.70～2.80	13	辉长岩	2.55～2.98	2.70～3.20
7	砾岩	2.40～2.66	2.67～2.71	14	安山岩	2.30～2.70	2.40～2.80

表3-1（续） g/cm³

序号	岩石类型	岩石密度	颗粒密度	序号	岩石类型	岩石密度	颗粒密度
15	玢岩	2.40~2.80	2.60~2.84	18	片麻岩	2.30~3.00	2.63~3.01
16	白云岩	2.10~2.70	2.60~2.90	19	石英片岩	2.10~2.70	2.60~2.80
17	凝灰岩	2.29~2.50	2.56~2.78	20	千枚岩	2.71~2.86	2.81~2.96

岩石的颗粒密度常用比重瓶法进行测定。岩石固体部分的质量，采用烘干岩石的粉碎试样，用精密天平测得；相应的固体体积，一般采用排开与试样同体积之液体的方法测得。该方法测试的关键是保证岩石所排开的液体体积确能代表固体颗粒的真实体积，因此试样中含有的气体必须排尽，否则会影响测试精度。

二、岩石的空隙性

岩石的空隙性比土复杂得多，即除了孔隙外，还有裂隙或空隙存在。这是因为，岩石是具有较多缺陷的介质，在岩石地质作用过程中更是发育有诸如原生裂隙、风化裂隙和构造裂隙等各种成因的裂隙。根据岩石空（孔）隙的连通以及与大气相通与否，岩石中的空（孔）隙可分为开型空隙和封闭空隙，与大气相通的岩石空隙，称为开型空隙；有些被封闭在固体物质之中与大气隔绝，称为封闭空隙。开型空隙按其开启程度又可分为大开型空隙和小开型空隙。岩石的上述特征称为岩石的空隙性，是岩石的重要结构特征。

岩石的空隙性常用空隙率来表示，即岩石中空隙体积与岩石总体积之比。根据岩石空隙类型的不同，将岩石空隙率分为五种：总空隙率、总开型空隙率、大开型空隙率、小开型空隙率和封闭空隙率。

总空隙率以百分率表示为

$$n=\frac{V_{\mathrm{v}}}{V}\times 100\% =\left(1-\frac{\rho_{\mathrm{d}}}{\rho_{\mathrm{s}}}\right)\times 100\% \tag{3-2}$$

总开型空隙率以百分率表示为

$$n_{\mathrm{o}}=\frac{V_{\mathrm{o}}}{V}\times 100\% \tag{3-3}$$

大开型空隙率以百分率表示为

$$n_{\mathrm{b}}=\frac{V_{\mathrm{b}}}{V}\times 100\% \tag{3-4}$$

小开型空隙率为小开型空隙体积与岩石体积之比，以百分率表示，可由总开型空隙率与大开型空隙率之差计算求得。

$$n_{1}=\frac{V_{1}}{V}\times 100\% =n_{\mathrm{o}}-n_{\mathrm{b}} \tag{3-5}$$

封闭空隙率为封闭空隙体积与岩石体积之比，以百分率表示，可由总空隙率与总开型空隙率之差计算求得。

$$n_c = \frac{V_c}{V} \times 100\% = n - n_o \tag{3-6}$$

式中　n——总空隙率,%;

V_v——岩石中空隙总体积，cm^3;

V——岩石体积，cm^3;

ρ_d——干密度，g/cm^3;

ρ_s——岩石的颗粒密度，g/cm^3;

n_o——总开型空隙率,%;

V_o——开型空隙的总体积，cm^3;

n_b——大开型空隙率,%;

V_b——大开型空隙体积，cm^3;

n_1——小开型空隙率,%;

V_1——小开型空隙体积，cm^3;

n_c——封闭空隙率,%;

V_c——封闭空隙体积，cm^3。

一般提到的岩石空隙率，是指岩石的总空隙率。通常不能实测岩石的空隙性指标，只能通过密度与吸水性等指标进行换算。常见岩石的空隙率与吸水率指标值见表3-2。

表3-2　常见岩石的空隙率与吸水率

序号	岩石类型	空隙率/%	吸水率/%	序号	岩石类型	空隙率/%	吸水率/%
1	花岗岩	0.4~0.5	0.1~4.0	11	闪长岩	0.2~0.5	0.3~5.0
2	大理岩	0.1~6.0	0.1~1.0	12	辉绿岩	0.3~5.0	0.8~5.0
3	砂岩	1.6~28.0	0.2~9.0	13	辉长岩	0.3~4.0	0.5~4.0
4	灰岩	0.5~27.0	0.1~4.5	14	安山岩	1.1~4.5	0.3~4.5
5	页岩	0.4~10.0	0.5~3.2	15	玢岩	2.1~5.0	0.4~1.7
6	泥灰岩	1.0~10.0	0.5~3.0	16	白云岩	0.3~25.0	0.1~3.0
7	砾岩	0.8~10.0	0.3~2.4	17	凝灰岩	1.5~7.5	0.5~7.5
8	石英岩	0.1~8.7	0.1~1.5	18	片麻岩	0.7~2.2	0.1~0.7
9	泥质板岩	0.1~0.5	0.1~0.3	19	石英片岩	0.7~3.0	0.1~0.3
10	玄武岩	0.5~7.2	0.3~2.8	20	千枚岩	0.4~3.6	0.5~1.8

岩石的空隙比是指岩石中空隙体积与固体体积的比值，通常用密度指标进行换算，即：

$$e = \frac{V_v}{V_s} = \frac{\rho_s}{\rho_d} - 1 \tag{3-7}$$

空隙比与空隙率存在如下关系：

$$e=\frac{n}{1-n} \tag{3-8}$$

式中　e——岩石的空隙比，无量纲；

V_v——岩石空隙体积，cm^3；

V_s——固体体积，cm^3；

ρ_s——岩石的颗粒密度，g/cm^3；

ρ_d——干密度，g/cm^3。

n——空隙率，%。

三、岩石的水理性质

岩石在含水或浸水等条件下体现出来的与水作用有关的性质，统称为岩石的水理性质，主要包括吸水性、软化性、抗冻性、透水性等。

（一）岩石的吸水性

岩石的吸水性是指岩石在一定的试验条件下吸收水分的能力，常用吸水率、饱和吸水率与饱水系数等指标表示。

1. 吸水率

吸水率是指岩石试件在室温、常压（一般大气压）条件下自由吸水质量与岩样干质量之比，用百分数表示，即：

$$w_a=\frac{m_{w1}}{m_s}\times 100\% \tag{3-9}$$

式中　w_a——吸水率，%；

m_{w1}——岩石试件在室温、常压（一般大气压）条件下自由吸水质量，g；

m_s——岩样干质量，g。

测定时先将岩样在105～110 ℃温度下烘干并称干质量，然后浸水饱和。由于试验是在常温常压下进行的，岩石浸水时，水只能进入大开型空隙，而小开型空隙和封闭型空隙水不能进入。因此可用吸水率来计算岩石的大开型空隙率 n_b，即：

$$n_b=\frac{V_b}{V}\times 100\%=\frac{\dfrac{m_{w1}}{\rho_w}}{\dfrac{m_s}{\rho_d}}\times 100\%=\frac{\rho_d w_a}{\rho_w}=\rho_d w_a \tag{3-10}$$

式中　n_b——大开型空隙率，%；

V_b——大开型空隙体积，cm^3；

V——岩石体积，cm^3；

ρ_d——干密度，g/cm^3；

w_a——吸水率，%；

ρ_w——水的密度，通常取1 g/cm^3。

岩石的吸水率大小主要取决于岩石中孔隙和裂隙的数量、大小及其开启程度，同时还受岩石成因、时代及岩性的影响。大部分岩浆岩和变质岩的吸水率为0.1% ~2.0%，沉积岩的吸水性较强，其吸水率多在0.2% ~7.0%之间变化。常见岩石的吸水率见表3-3。

2. 饱和吸水率

饱和吸水率是指岩石试件在高压（一般压力为15 MPa）或真空条件下吸入水的质量与岩样干质量之比，用百分数表示，即：

$$w_p = \frac{m_{w2}}{m_s} \times 100\% \tag{3-11}$$

在高压（或真空）条件下，一般认为水能进入所有开空隙中，因此岩石的总开型空隙率可表示为

$$n_o = \frac{V_w}{V} \times 100\% = \frac{\rho_d w_p}{\rho_w} = \rho_d w_p \tag{3-12}$$

式中　w_p——饱和吸水率,%；

m_{w2}——岩石试件在高压（一般压力为15 MPa）或真空条件下吸入水的质量，g；

m_s——岩样干质量，g；

n_o——总开型空隙率,%；

V_w——水的体积，cm^3；

V——岩石体积，cm^3；

ρ_d——干密度，g/cm^3；

ρ_w——水的密度，通常取1 g/cm^3。

岩石的饱和吸水率是表示岩石物理性质的一个重要指标，它反映了岩石总开型空隙的发育程度，可间接地用来判定岩石的抗风化能力和抗冻性。常见岩石的饱和吸水率见表3-3。

3. 饱水系数

岩石的吸水率 w_a 与饱和吸水率 w_p 之比，称为饱水系数（k_s）。它反映了岩石中大、小开型空隙的相对比例关系。一般来说，饱水系数愈大，岩石中的大开型空隙相对愈多，而小开型空隙相对愈少。另外，饱水系数大，说明常压下吸水后余留的空隙就愈少，岩石愈易被冻胀破坏，因而其抗冻性差。常见岩石的饱水系数见表3-3。

表3-3　几种岩石的吸水性指标值

岩石名称	吸水率/%	饱和吸水率/%	饱水系数
花岗岩	0.46	0.84	0.55
石英闪长岩	0.32	0.54	0.59
玄武岩	0.27	0.39	0.69
基性斑岩	0.35	0.42	0.83
云母片岩	0.13	1.31	0.10

表3-3（续）

岩石名称	吸水率/%	饱和吸水率/%	饱水系数
砂岩	7.01	11.99	0.60
石灰岩	0.09	0.25	0.36
白云质灰岩	0.74	0.92	0.80

（二）岩石的软化性

岩石的软化性是指岩石浸水饱和后强度降低的性质，用软化系数表示。软化系数定义为岩石试件的饱和单轴抗压强度与试件干抗压强度的比值，即：

$$K_R = \frac{\sigma_{cw}}{\sigma_c} \tag{3-13}$$

式中 K_R——软化系数，无量纲；

σ_{cw}——岩石试件的饱和单轴抗压强度，MPa；

σ_c——干燥岩石试件的单轴抗压强度，MPa。

显然，K_R 愈小，则岩石软化性愈强。研究表明：岩石的软化性取决于岩石的矿物组成与空隙性。当岩石中含有较多的亲水性和可溶性矿物，且含大开型空隙较多时，岩石的软化性较强，软化系数较小。如黏土岩、泥质胶结的砂岩、砾岩和泥灰岩等岩石，软化性较强，软化系数一般为0.4～0.6，甚至更低。岩石的软化系数一般都小于1.0，说明岩石均具有不同程度的软化性。一般认为，当软化系数 $K_R>0.75$ 时，岩石的软化性弱，同时也说明岩石的抗冻性和抗风化能力强。而软化系数 $K_R \leq 0.75$ 的岩石则是软化性较强和工程地质性质较差的岩石。

软化系数是评价岩石力学性质的重要指标，特别是在水工建设中，对评价坝基岩体稳定性具有重要意义。

（三）岩石的抗冻性

岩石的抗冻性是指岩石抵抗冻融破坏的能力，常用抗冻系数、质量损失率和强度损失率来表示。

1. 抗冻系数

抗冻系数指岩石试件经反复冻融后的干抗压强度与冻融前干抗压强度之比，用百分数表示，即：

$$R_d = \frac{\sigma_{c2}}{\sigma_{c1}} \times 100\% \tag{3-14}$$

式中 R_d——抗冻系数，%；

σ_{c2}——经反复冻融后干燥岩石试件的单轴抗压强度，MPa；

σ_{c1}——冻融前干燥岩石试件的单轴抗压强度，MPa。

2. 质量损失率

质量损失率指冻融试验前后试样干质量之差与试验前干质量之比，用百分数表示，即：

$$K_m = \frac{m_{s1} - m_{s2}}{m_{s1}} \times 100\% \tag{3-15}$$

式中 K_m——质量损失率,%；

m_{s1}——冻融试验前干燥岩石的质量，g；

m_{s2}——冻融试验后干燥岩石的质量，g。

3. 强度损失率

强度损失率指冻融试验前后抗压强度之差与试验前的抗压强度之比，用百分数表示，即：

$$R_L = \frac{\sigma_{c1} - \sigma_{c2}}{\sigma_{c1}} \times 100\% \tag{3-16}$$

式中 R_L——强度损失率,%；

σ_{c1}——冻融试验前岩石的单轴抗压强度，MPa；

σ_{c2}——冻融试验后岩石的单轴抗压强度，MPa。

冻融试验：要求先将岩石试件浸水饱和，然后在 −25 ~ +25 ℃（−20 ~ +20 ℃）温度条件下反复冻融 25 次以上（冻融次数和温度视工程地区的气候条件选定）。

岩石在冻融作用下强度降低和破坏的原因主要有：①岩石中各组分（矿物）的体膨胀系数不同以及在岩石变冷时不同层中温度的强烈不均匀性，产生内部应力；②岩石空隙中冻结水的冻胀作用使岩石的结构和联结遭受破坏。

岩石的抗冻性取决于造岩矿物的热物理性质和强度、粒间联结、开型空隙的发育情况以及含水率等因素。一般认为：$R_d > 75\%$，$K_m < 2\%$，$R_L < 25\%$ 时，岩石抗冻性较高。另外，当 $w_a < 5\%$，$K_R > 0.75$，$k_s < 0.8$ 时，岩石的抗冻性也相当高。

（四）岩石的透水性

在一定的水力梯度或压力差作用下，岩石能被水透过的性质称为透水性。一般认为，水在岩石中的渗透服从线性渗流规律——达西定律，即：

$$U = KJ \tag{3-17}$$

式中 U——渗透流速，cm/s 或 m/d；

K——渗透系数，数值上等于水力梯度 $J = 1$ 时的渗透流速，cm/s 或 m/d；

J——水力梯度，无量纲。

渗透系数（Permeability coefficient）是表征岩石透水性的重要指标，其大小取决于岩石中空隙的数量、规模及连通情况，可在室内根据达西定律测定。岩石的渗透性远小于相应岩体的渗透性，见表 3−4。对于裂隙岩体，不仅其透水性远比岩石大，而且水在岩体中

表 3−4 某些岩石的渗透系数 K 值

岩 石 名 称	空隙发育情况	渗透系数 $K/(cm \cdot s^{-1})$
花岗岩	较致密、微裂隙	$1.1 \times 10^{-12} \sim 9.5 \times 10^{-11}$
	含微裂隙	$1.1 \times 10^{-11} \sim 2.5 \times 10^{-11}$
	微裂隙及部分粗裂隙	$2.8 \times 10^{-9} \sim 7.0 \times 10^{-8}$

表3-4（续）

岩 石 名 称	空隙发育情况	渗透系数 $K/(\mathrm{cm \cdot s^{-1}})$
辉绿岩、玄武岩	致密	$<1.0\times10^{-13}$
流纹斑岩	致密	$<1.0\times10^{-13}$
砂岩	较致密	$1.0\times10^{-13}\sim2.5\times10^{-11}$
	空隙发育	5.5×10^{-6}
石灰岩	致密	$3.0\times10^{-12}\sim6.0\times10^{-10}$
	微裂隙、孔隙	$2.0\times10^{-9}\sim3.0\times10^{-6}$
	空隙较发育	$9.0\times10^{-5}\sim3.0\times10^{-4}$
页岩	微裂隙发育	$2.0\times10^{-10}\sim8.0\times10^{-9}$
片岩	微裂隙发育	$1.0\times10^{-9}\sim5.0\times10^{-8}$
片麻岩	致密	$<1.0\times10^{-13}$
	微裂隙	$9.0\times10^{-8}\sim4.0\times10^{-7}$
	微裂隙发育	$2.0\times10^{-6}\sim3.0\times10^{-5}$
石英岩	微裂隙	$1.2\times10^{-10}\sim1.8\times10^{-10}$

的渗流规律也比达西定律所表达的线性渗流复杂，因此，必须用裂隙岩体渗流理论来解决其水力学问题。

四、岩石的热学性质

岩石内部，岩石与外界的热交换方式主要有传导、对流、辐射。交换过程中的能量转换与守恒等服从热力学原理。传导几乎是整个地壳岩石的热交换方式；对流主要发生在地下水渗流带内；辐射仅发生在地表面。在深埋隧洞、高寒地区及地温异常区的工程建设、地热开发、核废料处理和石质文物保护等问题中，岩石的热学性质都具有重要的实际意义。常用于描述岩石热学性质的指标有比热容 C、导热系数 k、热扩散率 λ 和热膨胀系数（线膨胀系数 α、体积膨胀系数）等。

1. 岩石的比热容

根据热学第一定律，外界传给岩石的热量可转换为岩石内部热能的改变（温度变化）和引起岩石膨胀所做的功，即：$\Delta Q=\Delta E+A$。$A\ll\Delta E$，即传导给岩石的热量主要用于岩石的升温上。设一定质量的岩石由温度 T_1 升高到 T_2 所需的热量为

$$\Delta Q=\Delta E+A=Cm(T_2-T_1) \tag{3-18}$$

式中 ΔQ——岩石由温度 T_1 升高到 T_2 所需的热量，J；

ΔE——岩石内部热能，J；

A——引起岩石膨胀所做的功，J；

C——岩石的比热容，其含义是使单位质量的岩石温度升高 1 K 时所需要的热量（J），J/(kg · K)。C 的大小取决于岩石的矿物组成、有机物质含量和含水状态；

m——岩石的质量，g；

T_1、T_2——温度，K。

多孔且含水的岩石常具有较大的比热容，因为水的比热容比岩石大得多［水的比热容 $C_w = 4.19 \times 10^3$ J/(kg · K)］。

设干重为 m_s 的岩石中含有 m_w 的水分，则含水岩石的比热容为

$$C_{湿} = \frac{C_d m_s + C_w m_w}{m_s + m_w} \tag{3-19}$$

式中 $C_{湿}$——含水岩石的比热容，J/(kg · K)；

C_d——干燥岩石的比热容，J/(kg · K)；

m_s——岩石的干质量，kg；

C_w——水的比热容，J/(kg · K)；

m_w——水的质量，kg。

2. 岩石的导热系数

岩石传导热量的能力称为热传导性，常用导热系数 k（Thermal conductivity）表示，也叫热导率。根据热学第二定律，物体内的热量通过热传导作用不断地从高温向低温流动，使物体内温度逐步均一化。设面积为 A 的平面上，温度仅沿 X 方向变化，这时通过 A 的热流量（Q）与温度 T 的空间变化率（温度梯度）$\frac{dT}{dX}$及时间 dt 成正比，即：

$$Q = -kA\frac{dT}{dX}dt \tag{3-20}$$

式中 Q——热流量，W；

k——导热系数，含义为温度梯度$\frac{dT}{dX}=1$ 时，单位时间内通过岩石内单位截面上的热量，即在稳定传热条件下，1 m 厚的材料，两侧表面的温差为 1 K，在 1 s 的时间内，通过 1 m^2 面积传递的热量，单位为 W/(m · K)（此处的 K 也可以用℃代替）；

A——面积，m^2。

导热系数是岩石重要的热学性质指标，其大小取决于岩石的矿物组成、结构及含水状态。常见岩石的导热系数见表 3-5。由表可知，常温下岩石的 $k = 1.61 \sim 6.07$ W/(m · K)。另外，多数沉积岩和变质岩的热传导性具有各向异性，即沿层理方向的导热系数比垂直层理方向的导热系数平均高 10% ~30% 。

3. 岩石的热扩散率

岩石的热扩散率是指热导率（k）除以岩石密度（ρ）和比热容（C）之积，它是表征岩石在环境温度变化时本身温度变化速度的一个物理量：

$$\lambda = \frac{k}{\rho C} \tag{3-21}$$

式中 λ——岩石的热扩散率，m^2/s；

k——导热系数，$W/(m \cdot K)$；

ρ——岩石密度，kg/m^3；

C——岩石的比热容，$J/(kg \cdot K)$。

热扩散率反映了岩石对温度变化的敏感程度，λ 越大，岩石对温度的变化反应越快，且受温度的影响也变大。

表3-5 几种岩石的热学特性参数

岩石	比热容 C/ $(J \cdot kg^{-1} \cdot K^{-1})$	导热系数 k/ $(W \cdot m^{-1} \cdot K^{-1})$	线膨胀系数 α/ $(10^{-3}K^{-1})$	热应力系数 s_e/ $(MPa \cdot K^{-1})$
辉长岩	720.1	2.01	0.5~1.0	0.4~0.5
辉绿岩	699.2	3.35	1.0~2.0	0.4~0.5
花岗岩	782.9	2.68	0.6~6.0	0.4~0.6
片麻岩	879.2	2.55	0.8~3.0	0.4~0.9
石英岩	799.7	5.53	1.0~2.0	0.4
页岩	774.6	1.72	0.9~1.5	0.4~0.6
石灰岩	908.5	2.09	0.3~3.0	0.2~1.0
白云岩	749.4	3.55	1.0~2.0	0.4

4. 岩石的热膨胀系数

岩石在温度升高时体积膨胀，温度降低时体积收缩，这种程度称为岩石的热膨胀性，用线膨胀（收缩）系数或体积膨胀（收缩）系数表示。

当岩石试件的温度从 T_1 升高至 T_2 时，由于膨胀使试件伸长 ΔL，伸长量可由下式计算：

$$\Delta L = \alpha L(T_2 - T_1) \tag{3-22}$$

式中 ΔL——试件伸长长度，cm；

α——线膨胀系数，K^{-1}；

L——试件初始长度，cm；

T_1、T_2——温度，K。

岩石的体膨胀系数大致为线膨胀系数的3倍。某些岩石的线膨胀系数见表3-5，多数岩石的线膨胀系数为（0.3~3.0）$\times 10^{-3}$ K^{-1}。另外，层状岩石具有热膨胀各向异性，同时岩石的线膨胀系数和体积膨胀系数都随压力的增大而减小。

5. 温度对岩石特性的影响

人类在开发地下资源及工程建设的过程中，都会遇到高温或低温（0 ℃以下）条件下的岩体力学问题，这时有必要研究岩石的热学性质及温度对岩石特性的影响。温度对岩石特性的影响主要包括两方面：一是温度对岩体力学性质的影响；二是由于温度变化引起热应力的影响。在国内，由于液化天然气的储存、复杂地质条件下的冻结施工及核废料处理等工程的需要，温度的影响问题已逐渐为人们所重视。

岩石在低温条件下，其力学性质都有不同程度的改善，各种岩石的抗压强度与变形模量随温度降低而逐渐提高。但其改善程度则取决于冻结温度、岩石的空隙性及其力学性质。在高温条件下，岩石特性甚至有某些化学上的变化，目前这方面的研究还很少。就已有资料来看，随着温度的增高，花岗岩的塑性加大，屈服点降低，强度也降低。三种不同岩石在围压为 500 MPa，温度从 25 ℃升高到 800 ℃时应力－应变特征如图 3－1 所示。

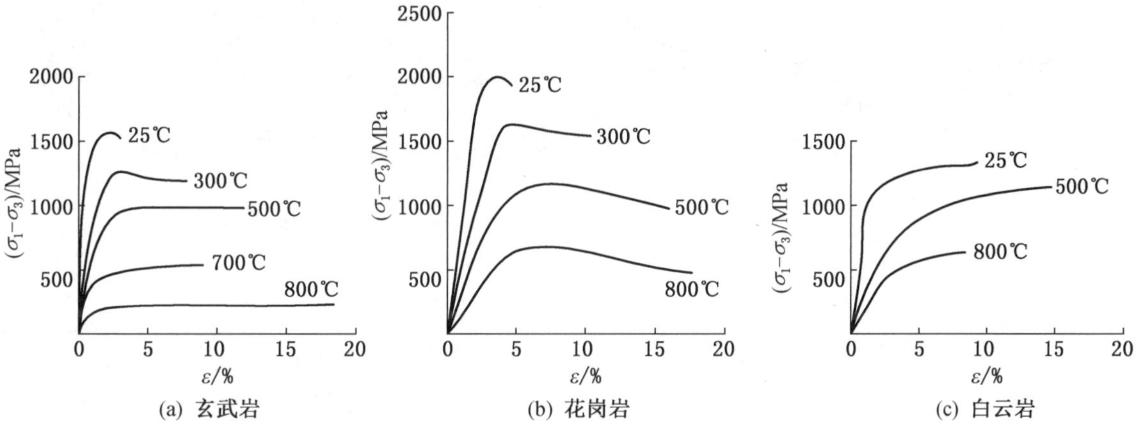

图 3－1 温度对高压下岩石变形的影响

另外，温度的变化在岩石中产生热应力效应，使岩石遭受破坏。研究表明：在较高的温度作用下，温度改变 1 ℃，可在岩石内产生 0.4～0.5 MPa 的热应力变化。

第二节 岩石的变形性质

岩石的力学性质包括岩石的变形性质和强度性质两部分，岩石的力学性质与岩石的物理组构密切相关。岩石的变形性质是岩体力学研究的一个重要方面。岩石在外荷载作用下会发生体积或形状的变化，简称受力变形。荷载强度随时间的不断增加，或在具有一定强度的恒定荷载作用下随着时间的推移，岩石变形会逐渐发展，当变形达到或超过某一定限度时，将导致岩石破坏。和普通材料一样，岩石变形也有弹性变形、塑性变形和流变变形之分，但由于岩石的矿物组成和结构构造的复杂性，致使岩石变形性质比普通材料要复杂得多。岩石力学（受力变形）试验是揭示岩石力学性质的基本方法。可通过岩石受力变形试验得到应力－应变－时间关系及变形模量、泊松比等参数，进而了解岩石的变形性质。本节主要介绍单轴压缩与三轴压缩条件下的岩石变形性质以及岩石的流变性质等。

由于处于地表以下的岩石绝大多数是承受压应力，因此，在岩体力学中对应力应变正负号的规定不同于一般的材料力学或弹性力学。岩体力学中对应力应变正负号的规定如下：

（1）以压应力为正，拉应力为负；压缩应变为正，拉伸应变为负。

（2）剪应力使物体产生逆时针转动为正，反之为负；对应地，逆时针剪应变为正，反之为负。

预备知识：弹性、塑性、黏性；延性、脆性

1. 弹性、塑性、黏性

1）弹性（Elasticity）

物体受力产生变形，在外力撤除后能够恢复其原有形状和尺寸的性质称为弹性。可分为线弹性和非线弹性：线弹性表现为应力应变呈直线关系，称为胡克型弹性或理想弹性；非线弹性表现为应力应变呈非直线关系。

2）塑性（Plasticity）

物体受力产生变形，在外力撤除后不能完全恢复原状的性质称为塑性。不能恢复的变形称为塑性变形（也叫残余变形、永久变形）。

弹性与塑性是具有共同关注点的一对概念。弹性、塑性关注的共同点是：物体发生破坏之前的变形是否可以恢复。

3）黏性（Viscosity）

物体受力后变形不能瞬时完成，且应变速率随应力增加而增加的性质称为黏性。

图3－2展示了塑性材料与黏性材料的区别。材料的黏性是独立于弹性、塑性的一个材料属性，这一属性最为关键的一点就是材料变形与时间的相关性。材料的黏性是材料流变（蠕变、松弛、弹性滞后）发生的根本原因。深入思考后可知，材料的黏性或许与塑性有一定关联，但是塑性关心的是变形是否可以恢复，并不关注变形与时间的关联，研究层次只到应力－应变关系（$\sigma-\varepsilon$）；而黏性更关注变形与时间的相关性，研究层次进一步深入到了应力－应变速率（$\sigma-\dot{\varepsilon}$）。

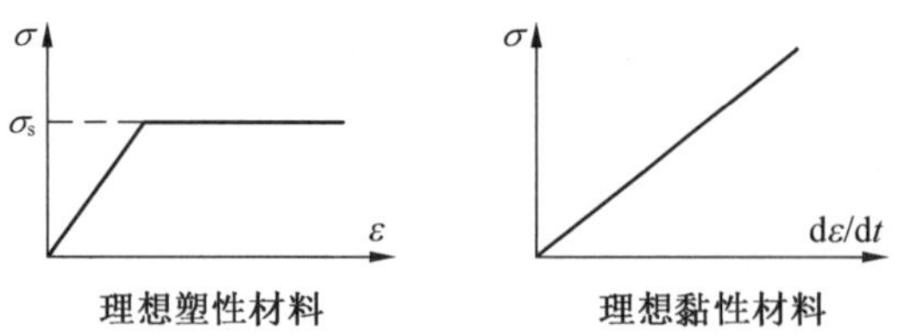

σ—应力；σ_s—屈服应力；ε—应变；$d\varepsilon/dt$—应变速率

图3－2　塑性材料与黏性材料的区别

图3－3展示了黏性程度不同（或者说黏稠程度不同）的材料在地球重力场中的表现（对重力作用的响应），希望能更直观地阐释黏性的概念。

2. 脆性、延性

1）脆性（Brittle）

物体受力后，在变形很小时就发生破坏的性质称为脆性。

图3-3　不同黏性材料黏度大小的比较

2）延性（Ductile）

物体能承受较大塑性变形而不丧失其承载能力的性质称为延性。

脆性与延性是具有共同关注点的一对概念。脆性、延性关注的共同点是：物体发生破坏之前的变形大小。

3）脆性与延性的划分

按材料受力破坏前的总应变和全应力应变曲线负坡坡降划分：破坏前总应变小、负坡陡为脆性，反之为延性。赫德（Heard，1963）提出的总应变划分标准：以总应变3%、5%为划分界限值——总应变<3%，脆性；总应变为3%～5%，半脆性；总应变>5%，延性。

图3-4对脆性程度不同的材料受拉变形破坏的表现进行了示意比较，以便更直观地理解材料的脆性、延性对材料受力变形性质的影响。

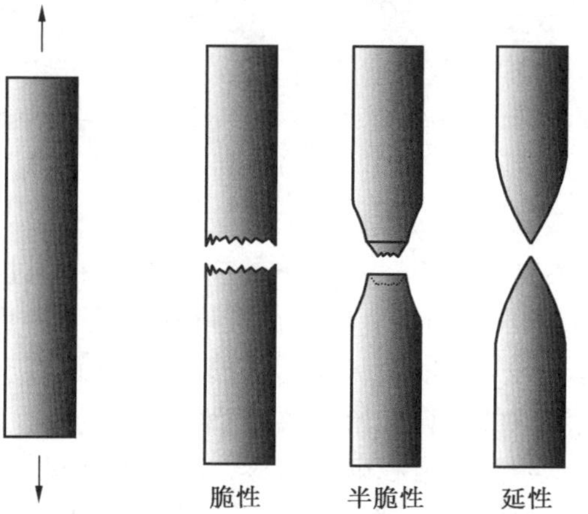

图3-4　不同程度脆性材料受力变形的表现

除了上述有关弹性、塑性、黏性以及延性、脆性的预备知识外，学习本章还需要充分理解以下概念：外力，内力；应力、应变状态；变形，应变；强度，破坏。另外，还需要了解若干力学分析的基本原理和方法，譬如，叠加原理、圣维南原理、应力莫尔圆的理论和方法等。

一、单轴压缩条件下岩石的变形性质

（一）连续加载的变形性质（单调加载）

按加载方式可分为等加载速率加载和等应变速率加载。

在单轴连续加载条件下，可以测定各级荷载下岩石试件的轴向应变（Axial strain）和侧向应变（Lateral strain），并进一步推算其体积应变：

$$\varepsilon_v = \varepsilon_a - 2\varepsilon_l \tag{3-23}$$

式中 ε_v——体积应变，无量纲；

ε_a——岩石试件的轴向应变，无量纲；

ε_l——岩石试件的侧向应变，无量纲。

需要注意的是，式中 ε_a 和 ε_l 代表所测应变数值，利用试验数据可绘制出反映岩石变形特征的应力－应变曲线。

用含微裂隙且不太坚硬的岩石制成试件，在刚性压力机上进行试验，可得到如图 3－5 所示的应力－应变全过程曲线。

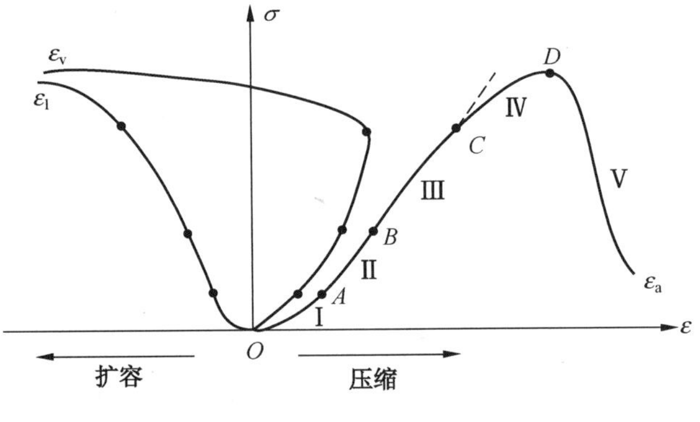

图 3－5 岩石的应力－应变（$\sigma-\varepsilon$）全过程曲线

1. 应力－应变曲线上变形阶段的划分及特征应力

岩石在单轴加压（正常加载速率）条件下的应力－应变全过程大致可分为 5 个阶段：

（1）*OA* 段——孔隙裂隙压密阶段。随着荷载增加，试件中原有张开性结构面或微裂隙逐渐闭合，岩石被压密，形成早期的非线性变形，$\sigma-\varepsilon$ 曲线凹向上，曲线斜率随应力增加而逐渐增大，表明微裂隙的闭合开始较快，随后逐渐减慢。该阶段变形对裂隙化岩石来说比较明显，而对坚硬少裂隙的岩石则不明显，甚至不显现。

（2）*AB* 段——弹性变形阶段。该阶段的 $\sigma-\varepsilon$ 曲线呈近似线性关系，变形随应力成比例增加，很大程度上表现为可恢复的弹性变形，*B* 点的应力称为比例极限。

（3）*BC* 段——微破裂稳定发展阶段。该阶段变形主要表现为塑性变形，试件内开始出现新的微破裂，并随应力增加而逐渐发展，当荷载保持不变时，微破裂也停止发展。由于微破裂的出现，试件体积压缩速率减缓，$\sigma-\varepsilon$ 曲线开始偏离直线，特别是 $\sigma-\varepsilon_v$ 曲线，自 *B* 点开始其斜率随 σ 的增大而变陡直至反向，岩石的体积由压缩转为膨胀。相应于 *C* 点的应力值称为屈服极限。

（4）*CD* 段——非稳定破坏发展阶段（或称累进性破裂阶段）。该阶段微破裂发展出现了质的变化。由于破裂过程中所造成的应力集中效应显著，即使外荷载保持不变，破裂仍会不断发展，并在某些薄弱部位首先破坏，应力重新分布，某些结果又引起次薄弱部位的破坏，依次发展，直至试件完全破坏。试件由压缩转为扩容（$\sigma-\varepsilon_v$ 曲线反向），$\sigma-\varepsilon_a$ 曲线斜率迅速减小，变形随应力增加迅速增长。至 *D* 点应力达到最大值，*D* 点对应的应力值称为峰值强度或单轴极限抗压强度，用 σ_c 表示。

（5）*D* 后——破坏后阶段。该阶段也称为负坡段，该阶段岩石内部结构完全破坏，但试件仍基本保持整体状。裂隙快速发展、交叉、归并，形成宏观断裂面。之后，岩体变形主要表现为沿宏观断裂面的块体滑移。试件承载力迅速下降，但并不降到零，此时所具有的应力值称为残余强度。

以上岩石典型的变形全过程曲线反映了岩石变形的一般规律。由于自然界中的岩石矿物组成及结构构造不同，并非所有岩石都可明显划分出以上 5 个变形阶段，从而表现出不同类型的 $\sigma-\varepsilon$ 曲线。

2. 岩石轴向应力 – 应变曲线基本类型和变形指标

1）峰值前变形阶段

岩石峰值前 $\sigma-\varepsilon_a$ 曲线可归纳为 4 个基本类型，如图 3 – 6 所示。

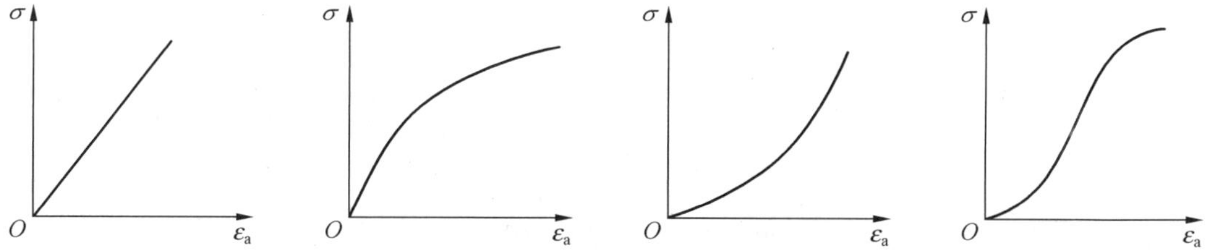

图 3 – 6　岩石峰值前变形的基本类型

（1）直线型。该类曲线主要描述具有很明显的弹性特性的岩石，且绝大多数有很强的脆性特征，一些结构致密、岩性坚硬的岩石（如石英岩、玄武岩等）多属此类。该类曲线不具压密段（*OA* 段），曲线斜率陡，比例极限和屈服极限十分接近，且很快达到峰值。主要为弹性形变。

（2）下凹型。该曲线主要描述具有较明显的塑性变形的岩石。石灰岩和粉砂岩是该类曲线的代表性岩石。该类曲线的特点是：开始为直线，至末端则出现非线性屈服段。变形没有明显的阶段，随压力的增大不断增大，卸载后变形不能恢复。$\sigma-\varepsilon_a$ 斜率不是常数，随应力的增加而变小。

（3）上凹型。该曲线主要反映压密、硬化型岩石的变形。如花岗岩、砂岩及平行片理加载的片岩等坚硬而有裂隙发育的岩石常表现如此。该类曲线常表现为开始是上凹曲线，随后变为直线，没有明显的屈服段。

（4）S 型。该曲线是以裂纹行为主导的变形曲线，是某些压缩性较高的岩石如垂直片理加载的片岩常见的曲线类型。其实质是上凹型与下凹型变形特性相结合，表明该类岩石既具有多孔隙性又具有明显的塑性。

2）变形参数

根据应力－应变曲线可以确定岩石的变形指标（参数）。工程中最常用的岩石变形指标是变形模量和泊松比。

（1）变形模量（Deformation modulus）：指单轴压缩条件下轴向压应力和轴向应变之比。当轴向应力－应变为直线关系时，岩石的变形模量为

$$E = \frac{\sigma_{\mathrm{i}}}{\varepsilon_{\mathrm{i}}} \tag{3-24}$$

式中 E——岩石的变形模量，MPa；

σ_{i}——应力－应变曲线上任一点的轴向应力，MPa；

ε_{i}——应力－应变曲线上任一点的轴向应变，无量纲。

当应力－应变为直线关系时，此时岩石的变形模量为常量，数值上等于直线的斜率。由于其变形多为弹性变形，所以又称为弹性模量（Elastic modulus）。当应力－应变为非直线关系时，岩石的变形模量为变量，即不同应力段上的模量不同，可用以下几种模量表示岩石的变形特征：

a）初始模量（Initial modulus）：应力－应变曲线原点处切线的斜率，即

$$E_{\mathrm{i}} = \frac{\mathrm{d}\sigma}{\mathrm{d}\varepsilon}\bigg|_{\varepsilon=0} \tag{3-25}$$

b）切线模量（Tangent modulus）：应力－应变曲线上任一点（M）处切线的斜率，即

$$E_{\mathrm{t}} = \frac{\mathrm{d}\sigma}{\mathrm{d}\varepsilon}\bigg|_{\varepsilon=\varepsilon_{\mathrm{M}}}$$

可用 M 点附近曲线的增量，近似代替上式中的微分，从而有：

$$E_{\mathrm{t}} = \frac{\Delta\sigma}{\Delta\varepsilon} \tag{3-26}$$

c）割线模量（Secant modulus）：曲线上某点 M 与原点连线的斜率，即

$$E_{\mathrm{s}} = \frac{\sigma_{\mathrm{M}}}{\varepsilon_{\mathrm{M}}}$$

通常取单轴抗压强度 1/2 处的点（σ_{50}，ε_{50}）与原点连线的斜率，即

$$E_{\mathrm{s}} = \frac{\sigma_{50}}{\varepsilon_{50}} \tag{3-27}$$

式中 E_{t}——切线模量，MPa；

E_{s}——割线模量，MPa；

σ——轴向应力，MPa；

ε——轴向应变，无量纲；

σ_M——M 点的轴向应力，MPa；

ε_M——M 点的轴向应变，无量纲。

σ_{50}——单轴抗压强度 1/2 处点的轴向应力，MPa；

ε_{50}——单轴抗压强度 1/2 处应力对应的轴向应变，无量纲。

（2）泊松比（Poisson's ratio）：指单轴压缩条件下，横向应变（垂直于轴向的应变，或称侧向应变）与轴向应变之比的绝对值，即

$$\nu = \left|\frac{\varepsilon_h}{\varepsilon_a}\right| \tag{3-28}$$

式中　ν——泊松比，无量纲；

ε_h——单轴压缩条件下的横向应变，无量纲；

ε_a——单轴压缩条件下的轴向应变，无量纲。

实际工作中常采用单轴抗压强度的一半的应力值（$\sigma=\sigma_c/2$）对应的横向应变值与轴向应变值计算岩石的泊松比。在弹性范围内，岩石的泊松比一般为常数，但超越弹性范围以后，泊松比将随应力的增大而增大。在弹性范围内，泊松比的最大值为 $\nu=0.5$（这一点可以利用广义胡克定律加以证明）。岩石的变形模量和泊松比受岩石矿物组成、结构构造、风化程度、空隙性、含水率、微结构面及其与荷载方向的关系等多种因素的影响，变化较大。试验表明，岩石的变形模量与泊松比常具有各向异性。表 3－6 列出了常见岩石的变形模量和泊松比的经验值。

表 3－6　常见岩石的变形模量和泊松比

岩石名称	变形模量/10^4 MPa		泊松比	岩石名称	变形模量/10^4 MPa		泊松比
	初始	弹性			初始	弹性	
花岗岩	2～6	5～10	0.2～0.3	片麻岩	1～8	1～10	0.22～0.35
流纹岩	2～8	5～10	0.1～0.25	千枚岩、片岩	0.2～5	1～8	0.2～0.4
闪长岩	7～10	7～15	0.1～0.3				
安山岩	5～10	5～12	0.2～0.3	板岩	2～5	2～8	0.2～0.3
辉长岩	7～11	7～15	0.12～0.2	页岩	1～3.5	2～8	0.2～0.4
辉绿岩	8～11	8～15	0.1～0.3	砂岩	0.5～8	1～10	0.2～0.3
玄武岩	6～10	6～12	0.1～0.35	砾岩	0.5～8	2～8	0.2～0.3
石英岩	6～20	6～20	0.1～0.35	石灰岩	1～8	5～10	0.2～0.35
大理岩	1～9	1～9	0.2～0.35	白云岩	4～8	4～8	0.2～0.35

当垂直于层理、节理等微结构面方向加载时，变形模量最小，而平行于微结构面加载时，其变形模量最大，两者的比值，沉积岩一般为 1.08～2.05，变质岩为 2.0 左右。除

变形模量和泊松比外，还有一些从不同角度反映岩石变形性质的参数，如剪切模量、弹性抗力系数、拉梅常数和体积模量等。根据弹性力学，这些参数与变形模量及泊松比之间的关系为

$$\begin{cases} G = \dfrac{E}{2(1+\nu)} & K = \dfrac{E}{(1+\nu)R_0} \\ \lambda = \dfrac{E\nu}{(1+\nu)(1-2\nu)} & K_V = \dfrac{E}{3(1-2\nu)} \end{cases} \tag{3-29}$$

式中 G——剪切模量，MPa；

E——弹性模量，MPa；

ν——泊松比，无量纲；

K——弹性抗力系数，MPa/cm；

R_0——地下硐室半径，cm；

λ——拉梅常数，MPa；

K_V——体积模量，MPa。

3）峰值后变形阶段

传统单轴压缩试验普遍存在试验机“刚度效应”，即普通材料试验机，以力作为控制变量，加载速度恒定，试验机反力系统刚度不够，就会储存大量变形能，随变形增加，岩石承载能下降到一定程度时，试验机反力系统储存的变形能突然释放，试件在瞬间完全破坏。所以，一般很难获取峰值后试样真实变形曲线。

然而，刚性试验机的反力系统具有足够的刚度，不会储存很大的变形能，从而可以获得岩石试样应力峰值后的变形曲线。常见的刚性试验机有：Bilinski 试验机，刚度达 1.85×10^5 MPa（一般为 0.9×10^5 MPa）；热控刚性试验机，当试件受压达 50% ~70% 峰值应力时，改用热控加载系统控制应变速率；伺服控制刚性试验机，以岩石试件变形作为控制变量，反馈控制机器压板的位移速率或加载速率，使试件保持恒定的变形速率，从而控制岩石的瞬间破坏。

峰值后岩石应变值难以测得，一般用荷载－位移曲线代替峰值后变形曲线。葛修润等根据自行研制的电液伺服自适应控制式岩石试验机作出了不同试验材料的荷载－变形全过程曲线（图 3－7），由此可总结出岩石应力－应变全过程曲线新模型（图 3－8）。

在保持轴向应变率不变的情况下，绝大部分岩石的峰后曲线都位于过峰点 P 的竖线之右，只不过随岩石脆性程度不同，曲线的陡度不同。越脆的岩石，其峰后曲线越陡（越靠近 P 点竖线），且曲线上有明显的台阶。

（二）循环荷载条件下的变形特征

1. 单次加、卸载的岩石变形

单次加、卸载过程中，①若卸载点 P 的应力低于岩石的弹性极限 A，则卸载曲线基本上沿加载曲线回到原点，表现为弹性恢复（图 3－9a）；②当卸载点 P 的应力高于岩石的弹性极限 A 时，卸载曲线偏离原加载曲线，也不再回到原点，变形不能完全恢复（图 3－9b）；③若卸载后大部分变形很快恢复，但还有一部分变形要经过一段时间才能恢复，则卸载曲线与加载曲线不重合。这种现象称为弹性滞后，它与岩石的黏性有关（图 3－9c）。

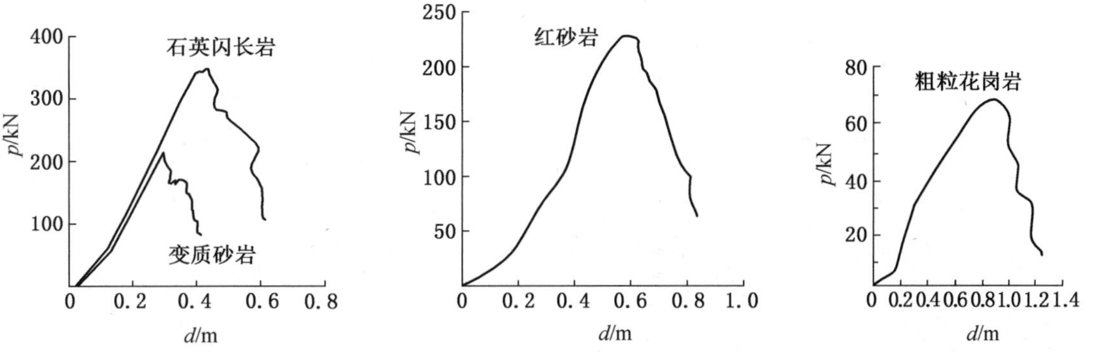

(a) 石英闪长岩、变质砂岩荷载-变形全过程曲线

(b) 红砂岩荷载-变形全过程曲线

(c) 粗粒花岗岩荷载-变形全过程曲线

图 3-7 几种岩石的荷载-变形全过程曲线（轴向应变率 $\varepsilon = 5 \times 10^{-5}$/s）

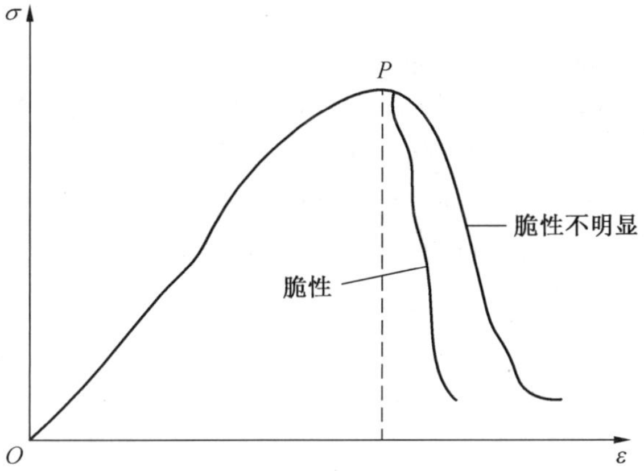

图 3-8 岩石应力-应变全过程曲线新模型

不能恢复的变形称为残余变形（ε_p），也可称为塑性变形，而能够恢复的弹性变形用 ε_e 表示。岩石的弹性模量和变形模量可用下式确定：

$$E_e = \frac{\sigma}{\varepsilon_e} \tag{3-30}$$

$$E = \frac{\sigma}{\varepsilon_e + \varepsilon_p} = \frac{\sigma}{\varepsilon} \tag{3-31}$$

式中 E_e——岩石的弹性模量，MPa；

σ——轴向应力，MPa；

E——岩石的变形模量，MPa；

ε_e——弹性应变，无量纲；

ε_p——塑性应变，无量纲；

ε——轴向应变，无量纲。

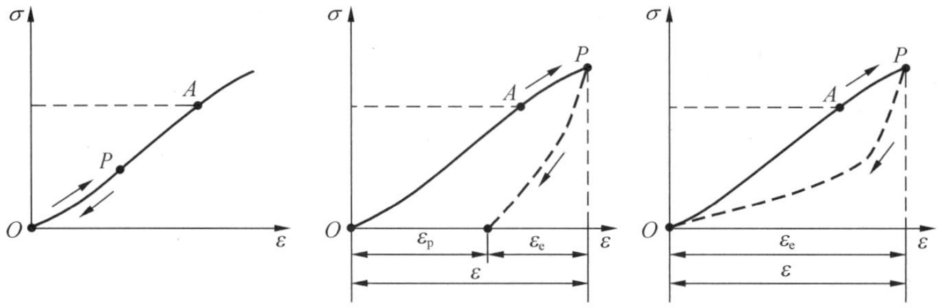

(a) 卸载点在弹性极限点以下的应力-应变曲线
(b) 卸载点在弹性极限点以上的应力-应变曲线
(c) 弹性滞后的应力-应变曲线

图3-9 岩石单次加、卸载应力-应变曲线

2. 多次加、卸载的岩石变形

在多次反复加、卸载时，每一次重新加载曲线都与前一次的卸载曲线不在一条直线上，这两条曲线形成了一个封闭回环，称为回滞环或者塑性环。回滞环说明了卸载时弹性变形恢复的滞后现象，回滞环的面积随多次加、卸载而有所扩大。多次反复加、卸载，周而复始，循环进行，就形成了多个回滞环。所以多次反复加、卸载又可称为循环加载。循环加载可分为逐级循环加载和反复循环加载，前者是指当荷载加到一定值时，将荷载全部卸除，然后又加载至比原来卸载点高的压力值，再卸载，如此不断循环反复；后者是指在同一压力水平上反复加、卸载。

1）逐级循环加载条件下岩石的变形

逐级循环加载所形成的一系列回滞环的外包络线，基本上与岩石在单次连续加载（等应变速率控制）条件下形成的应力-应变全过程曲线一致。在外包络线峰值前和峰值后，加、卸载曲线的表示有所不同。

（1）峰值前：每一次卸载曲线及重新加载曲线斜率都要比原先加载曲线斜率大，一般把它称为应变强化现象。当荷载回升到开始卸载时的荷载值后，变形曲线就不再按重新加载的斜率上升，而是按初次加载曲线上升，好像岩石有记忆能力一样，称为岩石的“记忆”。岩石的“记忆”机理是指岩石在受压过程中，内部脆弱部分破坏，微小孔隙压塌，应力不断调整到较坚硬的骨架上，强化了岩石的受力结构。所以，再加载曲线的斜率比初次加载曲线大。只要应力水平不超过卸载时的应力，重新加载曲线就继续反映这种强化了的受力结构。当应力达到卸载时的应力并持续加载时，那些在原来应力水平下未破坏的较脆弱部分，在新的应力水平下又继续破坏，从而加载曲线再次回到初次持续加载曲线的轨迹上，以较小的斜率上升。

同时，如图3-10所示，重新加载曲线与卸载曲线不在一条直线上，形成一个封闭环，称为“回滞环”或“塑性环”。对大多数岩石，回滞环可能与岩石中闭合裂纹之间的摩擦有关（图3-11）。这可能是由于加、卸载时岩石的变形方向不同，裂纹两侧岩石介质会发生反向运动。反向运动之初先要克服闭合裂纹面上的摩擦阻力，然后才能有较显著的运动，所以，卸载曲线在初期较陡而后期较缓，加之重加载曲线斜率较大（曲线较陡），从而卸载－重加载曲线就构成了一个封闭的“回滞环”。“回滞环”反映了卸载－重加载循环中损耗于闭合裂纹面摩擦的能量。对塑性岩石，“回滞环”反映了矿物晶格之间或黏土矿物聚片体之间滑移所消耗的能量。

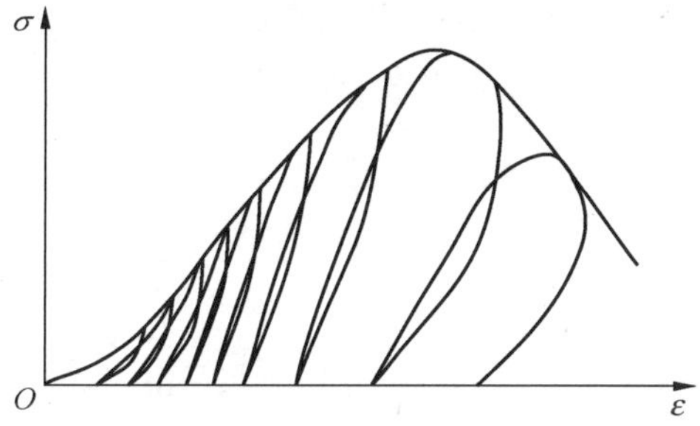

图3－10 多次逐级加、卸载应力－应变曲线

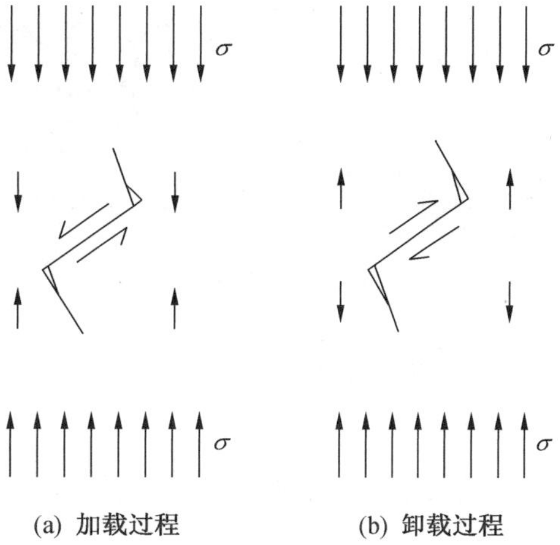

图3－11 加、卸载时闭合裂纹面上摩擦力方向的变化示意图

（2）峰值后：岩石在峰值后并未完全失去承载能力，卸载时一部分变形仍可恢复，但曲线的斜率随加、卸载次数而逐渐降低，说明岩石刚度随破裂程度的增加而减低。另外，峰值后每一条加载曲线均有一个比峰值低的极大点，每一条加载曲线和峰值后曲线衔接起来，都可看成具有一定程度破裂的岩石应力－应变全过程曲线。

2）岩石在反复循环荷载作用下的变形及强度

单调加载时，岩石应力－应变全过程曲线如图3－12中的 *Oabcde*。在某一应力水平上反复加、卸载，从 *b* 点开始，对岩石施加同一应力水平的循环荷载，则岩石变形不断增大，直到 *d* 点与峰后曲线衔接，再沿 *de* 发展下去，直至破坏。即在循环荷载作用下，岩石会在比峰值应力（*c* 点）低的应力水平（*bd*）下破坏，这种现象称为岩石的疲劳。使岩石发生变形疲劳破坏的循环荷载应力水平大小，称为岩石的疲劳强度。疲劳强度不是一个定值，它与循环荷载持续的时间（循环次数）有关，持续时间越长（循环次数越多），疲劳强度越小。

试验证明，存在一个最低极限应力水平 σ_{min}，当循环荷载的最大应力低于这一应力水平时，无论循环荷载重复多少次，应变也只能达到有限值，不会导致岩石破坏，因此 σ_{min} 称为最小疲劳强度。如图中自 *a* 点施加循环荷载，变形增长至 *f* 点后不再增长。图中 *Of* 曲线即为在低于极限应力水平的各级循环荷载作用下岩石变形稳定时应力与最终应变曲线。

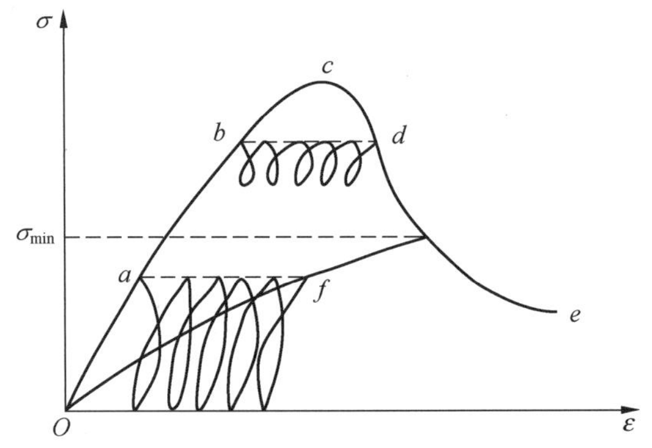

图 3－12　岩石在循环荷载作用下应力－轴向应变曲线

（三）加载速率的影响

1. 加载速率划分的荷载类型

在压缩试验中，加载速率可以用应力速率$\frac{d\sigma}{dt}$表示，也可以用应变速率$\frac{d\varepsilon}{dt}$表示。通常按岩石受力时的应变速率$\frac{d\varepsilon}{dt}$的大小划分荷载的动态类型，见表 3－7。

表 3－7　按应变速率$\frac{d\varepsilon}{dt}$划分的荷载类型

应变速率$\frac{d\varepsilon}{dt}$	$<10^{-6}$/s	$10^{-6}\sim10^{-1}$/s	$>10^{-1}$/s
荷载类型	蠕变荷载	静荷载	动荷载

以下讨论$\frac{d\varepsilon}{dt}$在 $10^{-6}\sim10^{-1}$/s 范围内变化对岩石变形和强度的影响。

2. 岩石变形的加载速率效应

（1）岩石强度随加载速率的增加而增大，但加载速率在同一数量级范围内变化时，对强度的影响不大。豪佩特（Houpert）指出，花岗岩抗压强度（峰值应力）与加载速率存在以下关系：

$$\sigma_c = 1450 + 100\lg\frac{d\sigma}{dt} \tag{3-32}$$

式中　σ_c——花岗岩抗压强度，MPa。

（2）岩石抗压强度对应变速率的敏感程度随岩性不同而不同。绝大多数岩石的强度在由静荷载（$<10^{-1}$/s）变为动荷载（$>10^{-1}$/s）时，强度急剧上升。

（3）对大部分岩石，加载速率的影响在岩石弹性变形阶段不明显，而一旦进入裂纹扩展阶段，就表现出加载速率快、强度增大的特点。

二、三轴压缩条件下岩石的变形性质

工程岩体一般处于三向应力状态中。三轴压缩条件下的岩石变形与强度性质主要通过三轴试验进行研究。按试验时的应力状态可将三轴试验分为两种：①常规三轴试验：$\sigma_1 > \sigma_2 = \sigma_3$，主要研究围压（$\sigma_2 = \sigma_3$）的影响；②真三轴（三轴不等应力）试验：$\sigma_1 > \sigma_2 > \sigma_3$，主要研究 σ_2 的影响。

（一）常规三轴试验条件下岩石的变形

1. 围压对岩石刚度的影响

围压对岩石变形模量的影响因岩性不同而异。

（1）致密坚硬岩石的弹性模量并不因围压的不同而有明显变化，如图 3－13a 所示的辉长岩的（$\sigma_1 - \sigma_3$）$- \varepsilon_a$ 曲线（图中 σ_1 为轴向应力，σ_3 为围压，ε_a 为轴向应变），其曲线斜率受围压影响很小。

（2）软弱多裂隙的岩石，弹性模量随围压 σ_3 的增大而增大，如图 3－13b 所示的砂岩的（$\sigma_1 - \sigma_3$）$- \varepsilon_a$ 曲线，其曲线斜率随围压的增加而明显变陡。

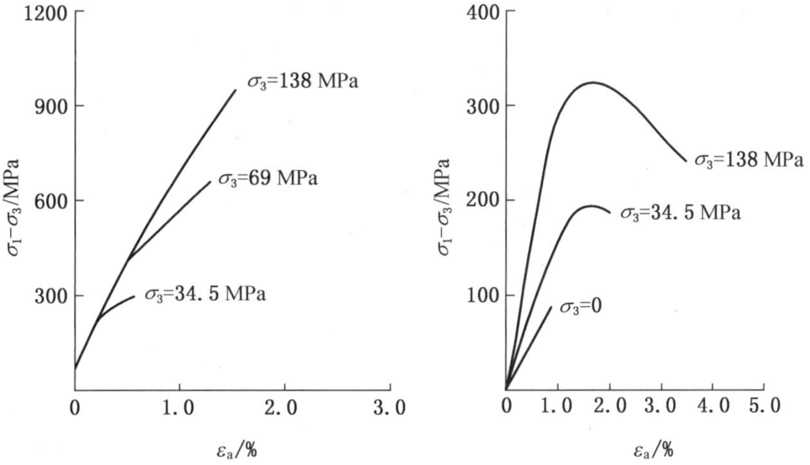

(a) 辉长岩　　(b) 砂岩

图 3－13　两种岩石在不同围压作用下的（$\sigma_1 - \sigma_3$）$- \varepsilon_a$ 曲线

2. 围压对岩石变形破坏方式的影响

岩石的两种主要破坏方式包括脆性破坏和延性破坏，其中脆性破坏是指岩石在变形很小时，由弹性形变直接发展为急剧、迅速的破坏，破坏后的应力降较大；而延性破坏和延性流动是指岩石发生较大的永久变形后导致破坏，且破坏后的应力降很小，岩石在应力作用下应变持续不断增长而不出现破裂，即所谓只有屈服而无破裂的延性流动。

图 3－14 所示为大理岩在不同围压 σ_3 作用下的应力－应变曲线。由该图可见，随着围压 σ_3 的增大，岩石的（$\sigma_1 - \sigma_3$）$- \varepsilon_a$ 曲线呈以下三种形式：

（1）围压较小时，曲线屈服点不明显。应力达到峰值时应变值很小，峰值后迅速破坏，破坏时应力急剧下降，应力降大，如图 3－14 中围压 $\sigma_3 \leqslant 60$ MPa 时的曲线。

（2）围压较大时，岩石先发生塑性变形，然后才破坏。破坏后有一定应力降，但比（1）时小得多，如图 3－14 中围压 $\sigma_3=(85\sim105)$MPa 时的曲线。

（3）围压很大时，岩石屈服后发生很大的变形。随变形的发展，应力几乎保持不变（或缓慢增大），无明显应力降，如图 3－14 中围压 $\sigma_3 \geqslant 145$ MPa 时的曲线。

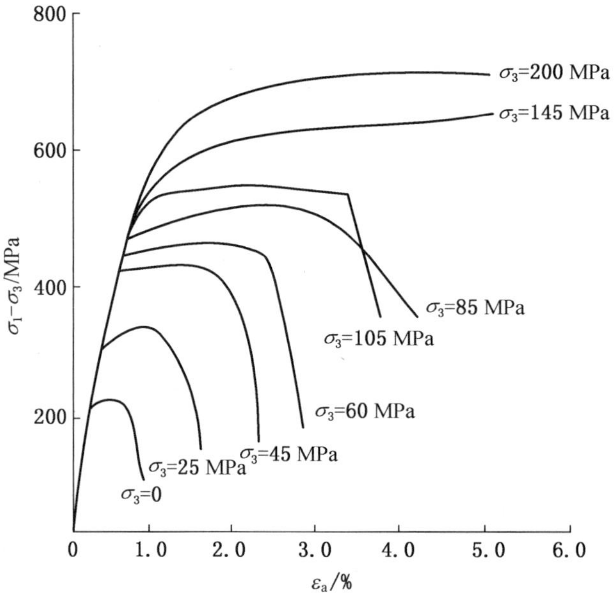

图 3－14　大理岩在不同 σ_3 作用下的 $(\sigma_1-\sigma_3)-\varepsilon_a$ 曲线

围压的增大改变了岩石试件在三向压缩应力作用下的破坏形态。若从变形特性的角度分析，围压的增大使岩石从脆性材料逐渐变为塑性材料，其破坏也由脆性破坏逐渐过渡到塑性流动破坏。通常把岩石由脆性转化为延性的临界围压称为转化压力。岩石越坚硬，转化压力越大。

3. 围压对岩石强度的影响

脆性破坏的岩石，其极限强度随围压增长很快，多呈直线增长；而延性破坏的岩石，极限强度随围压增长缓慢。

（二）真三轴试验条件下岩石的力学特征

真三轴试验始于 20 世纪 60 年代末，在三个正交方向上施加不等的力，以获得 $\sigma_1>\sigma_2>\sigma_3$ 的应力状态，主要研究 σ_2 对岩石力学特性的影响。

张金铸对中细砂岩的试验表明：岩石三轴极限强度 σ_{1p} 随 σ_2 的变化存在一个极大值（图 3－15），σ_2 对岩石弹性模量 E 的影响有类似的规律。

在低侧压真三轴条件下，岩石破坏可分为剪切、拉剪、拉裂三类，见表 3－8。

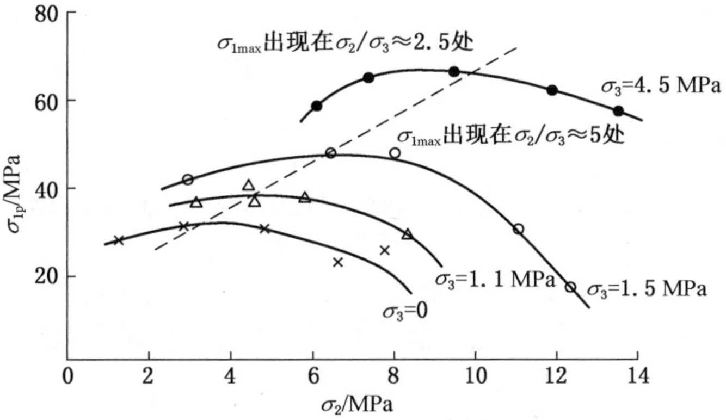

图 3－15　中细砂岩在不同 σ_2 作用下的 σ_{1p} 的关系

表 3－8　不同 σ_2 状态下岩石的破坏类型

σ_2/σ_3	<4	4～8	>8
破坏类型	剪切	拉剪	拉裂
破坏角 θ/(°)	22	15	0

注：θ 为破坏面与 σ_1 的夹角。

表 3－8 中，随 σ_2 由 $\sigma_2=\sigma_3$ 向 $\sigma_2=\sigma_1$ 发展，应力状态由三轴不等压转化为类似于两向应力的双轴应力状态，使岩石脆性增长。综合图 3－15 和表 3－8 的信息可见，σ_2 对各向异性岩石强度（σ_{1p}）和破坏方式的影响明显。

总之，σ_2 对三轴压缩强度 σ_{1p} 和变形特性有影响，但比围压 σ_3 的影响小，对各向异性的岩石影响大。

（三）应力路径对岩石变形及强度的影响

应力路径指岩体中某点（或岩石试件）的应力变化过程（应力曲线变化的轨迹）。

如图 3－16a 所示，试件先受均匀围压至 d 点，然后保持围压不变，增加轴压 σ_1 至破坏；如图 3－16b 所示，试件先受均匀围压至 d 点，然后增加 σ_1 至 e，最后降低围压至 f 破坏。

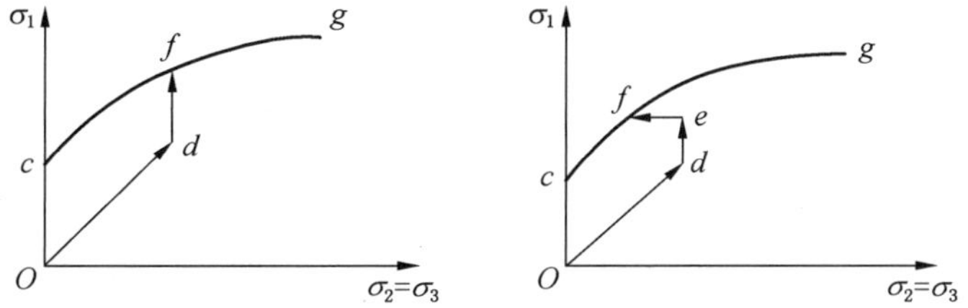

(a) *Odf* 应力路径　　(b) *Odef* 应力路径

图 3－16　常规三轴试验的两种应力路径（*cfg* 为强度包线）

研究应力路径对岩石变形、强度的影响十分有意义。这方面的研究还不够，应力路径的影响还不太清楚，需要结合工程实际应力加载路径，进行更多深入研究。

三、岩石的流变

流变性质指材料的应力－应变随时间而变化的特征。在外部条件不变的情况下，岩石的应力或变形随时间变化的现象称为流变。岩石的流变主要有蠕变、松弛和弹性后效。蠕变是指在恒定应力条件下变形随时间逐渐增大的现象；松弛是指应变一定，应力随时间逐渐减小的现象；而弹性后效是指加（卸）载后，变形须经过一段时间才能发生或恢复的现象。

（一）岩石的蠕变（流动）特征

1. 岩石的蠕变曲线

对一组性质相同的岩石试件分别施加不同大小的恒定荷载，测定不同时刻各试件的变形量值，即可得到一组变形量相对于时间而变化的蠕变曲线，如图3－17所示。根据所测定变形值，蠕变曲线可分为 $\varepsilon-t$、$\gamma-t$ 或 $d-t$ 三种类型。其中，ε—正应变，γ—剪应变，d—位移，t—时间。

因恒定荷载大小不同，蠕变曲线可分为两种类型：①趋于稳定的蠕变——岩石在较小的恒定荷载持续作用下，其变形量随时间增大，但蠕变的变形速率随时间减小，最终变形趋于一个稳定的极限值；②趋于不稳定的蠕变——岩石所受恒定荷载超过某一极限时，变形随时间不断增长而最终导致破坏。

典型的蠕变曲线通常是不稳定蠕变（图3－17中应力作用强度为 σ_3 对应的蠕变曲线），根据应变速率的特点，典型的蠕变过程可分为4个阶段：

（1）瞬时变形（Ⅰ）：在加载瞬间发生的变形，属于弹性变形 ε_e。

（2）减速蠕变（Ⅱ）：又称阻尼蠕变、初始蠕变，可记为 $\varepsilon_d(t)$。在这一阶段，总体上应变速率随时间增加而减小。在此阶段中，岩石的减速蠕变是在前一阶段的弹性变形基础上继续发展的，所以有 $\varepsilon_e+\varepsilon_d(t)$。在此阶段中的某点 P 卸载，应变沿 PQR 下降至零，其中 PQ 基本为瞬间恢复段，QR 为滞后恢复段（这种应变恢复滞后于应力的现象称为弹性后效）。

（3）等速蠕变（Ⅲ）：应变随时间呈近等速增长，记为 $M\cdot t$，其中 M 为定常的应变速率。此阶段的岩石变形值是在前两个阶段变形结果的基础上继续发展的，所以此阶段岩石的总应变量为 $\varepsilon_e+\varepsilon_d(t_d)+M\cdot t$。在此阶段中的某点 T 卸载，应变沿 TUV 下降，TU 为瞬间恢复段，UV 为滞后恢复段，最后会残留永久应变 ε_p（塑性形变）。

（4）加速蠕变（Ⅳ）：应变速率迅速增加直至岩石破坏，加速蠕变的应变可记为 $\varepsilon_a(t)$。此阶段的岩石变形值是在前三个阶段岩石变形的基础上继续发展的，所以此阶段岩石的总应变量为 $\varepsilon_e+\varepsilon_d(t_d)+M\cdot t+\varepsilon_a(t)$。

并非所有的岩石蠕变过程都会出现等速蠕变阶段，只有蠕变过程中岩石的软化和硬化达到动态平衡，才会保持不变。更进一步说，典型蠕变4个阶段的变形过程在实际岩石样品（岩块）试验中未必都会出现，各阶段是否会出现，取决于岩石自身的物理力学特性以及岩石样品所受到的恒荷载作用强度的大小。

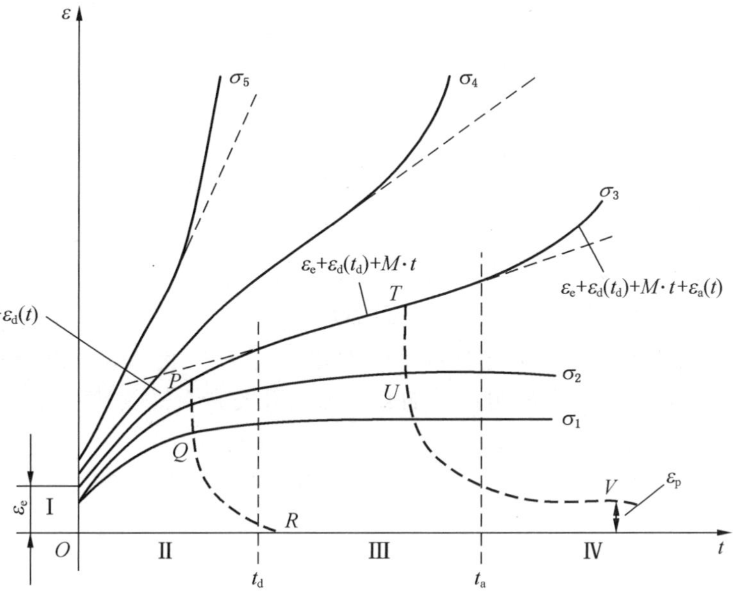

图 3－17　不同应力状态下岩石的蠕变曲线

2. 岩石的应力－应变速率曲线

岩石的应力－应变速率曲线反映了岩石的流动性。通过应力－应变速率曲线可以求得岩石蠕变流动的特征指标——黏滞系数 η。

在应力恒定不变的条件下，岩石蠕变过程中的应变速率是变化的，但每一条蠕变曲线都有一个最小应变速率（$\dot{\gamma}_{min}$）。对于具有等速蠕变阶段的蠕变曲线，其最小应变速率即为等速蠕变阶段的应变速率；而对于不具有等速蠕变阶段的曲线，其最小应变速率为初始蠕变与加速蠕变转换点处的曲线斜率（蠕变曲线拐点斜率）。改变应力作用的恒定值 τ，会得到一系列的试验数据对 $\tau-\dot{\gamma}_{min}$，从而可以建立起岩石的应力－应变速率试验曲线。如图 3－18 所示，根据 $\tau-\dot{\gamma}_{min}$ 曲线的直线段可以求得岩石的黏滞系数 η：

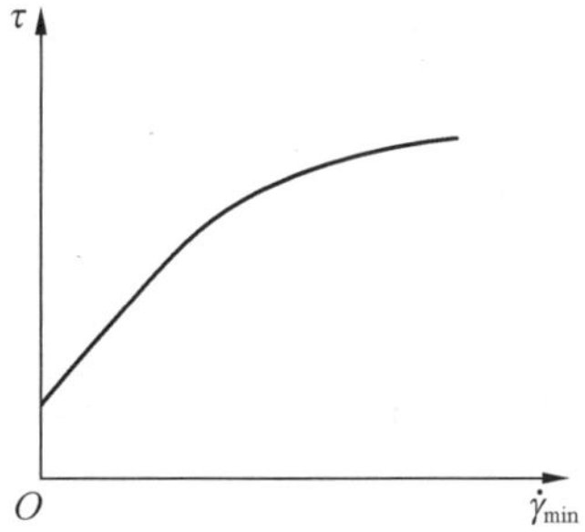

图 3－18　岩石蠕变的应力－最小应变速率（$\tau-\dot{\gamma}_{min}$）曲线

$$\eta=\frac{\tau}{\dot{\gamma}_{min}} \qquad (3-33)$$

式中　η——黏滞系数，Pa · s；

τ——曲线上直线部分任一点的应力，Pa；

$\dot{\gamma}_{min}$——应力 τ 对应的最小剪应变速率，s^{-1}。

η 是表征岩石蠕变流动特性的指标，在常温常压下，饱水软弱泥岩的 $\eta=1\times10^{12}\sim1\times10^{13}$ Pa · s，石灰岩、硬砂岩的 $\eta=1\times10^{15}\sim1\times10^{16}$ Pa · s。

3. 影响岩石蠕变的主要因素

（1）岩性。岩性是影响岩石蠕变性质的内在因素。坚硬岩石（如花岗岩）蠕变变形很小，加载后很短的时间内变形就趋于稳定，可以忽略不计；而对于软弱岩石（如页岩、泥岩）蠕变明显，在工程实践中必须引起重视，以便更切合实际地评价岩体变形及其稳定性。

（2）应力。对于同一种岩石来说，应力大小不同，蠕变曲线的形状及各阶段的持续时间也不同。低应力时曲线不出现加速蠕变阶段；高应力下几乎不出现等速蠕变阶段，由瞬时变形很快过渡到加速蠕变阶段；中应力下曲线呈反“S”形，可以明显分为四个阶段，等速蠕变阶段的持续时间随应力增大而缩短。

（3）温度、湿度。温度、湿度对岩石蠕变也有较大影响。随温度升高，岩石的总应变与等速蠕变阶段的应变速率都明显增加，含水量大的岩石蠕变比干燥岩石蠕变明显。

4. 岩石蠕变的经验公式——蠕变曲线的描述（本构方程）

$$\varepsilon(t)=\varepsilon_{\mathrm{e}}+\varepsilon_0(t)+M\cdot t+\varepsilon_{\mathrm{a}}(t) \tag{3-34}$$

式中 $\varepsilon(t)$——蠕变，无量纲；

ε_{e}——瞬时应变，无量纲；

$\varepsilon_0(t)$——初始蠕变，无量纲；

$M\cdot t$——等速蠕变，无量纲，其中 M 为蠕变曲线等速变形阶段的斜率；

$\varepsilon_{\mathrm{a}}(t)$——加速蠕变，无量纲。

例如，Chugh（1974）对三种岩石进行单轴压缩和拉伸蠕变试验后，推出如下经验公式：

$$\varepsilon(t)=A+B\lg t+Ct \tag{3-35}$$

式中 $\varepsilon(t)$——蠕变，无量纲；

A——瞬时应变，无量纲；

$B\lg t$——初始蠕变，无量纲；

Ct——等速蠕变，无量纲。

由表3-9可知，系数 A、B、C 与应力环境和岩性条件息息相关，同种岩性条件下，随应力增大，初始及等速蠕变的速率也随之增大。

不同学者根据不同条件的试验分别给予 $\varepsilon(t)$ 中各项以不同的函数形式，得出了不同的经验公式，但绝大多数都是表示前两个阶段蠕变的，对加速蠕变尚未找到简单的公式。

表3-9 几种岩石的 A、B、C 值

岩石种类	单轴拉伸				单轴压缩			
	应力/MPa	$A/10^{-6}$	$B/10^{-6}$	$C/10^{-6}$	应力/MPa	$A/10^{-6}$	$B/10^{-6}$	$C/10^{-6}$
砂岩					64.7	0.212	20.37	—
	1.42	0.670	8.91	—	87.7	0.182	17.45	—
	2.15	1.080	14.02	—	122.1	0.161	19.37	—
	2.88	1.330	22.44	—	131.1	0.189	32.04	3.6
					142.5	0.161	30.09	5.3

表 3-9（续）

岩石种类	单 轴 拉 伸				单 轴 压 缩			
	应力/MPa	$A/10^{-6}$	$B/10^{-6}$	$C/10^{-6}$	应力/MPa	$A/10^{-6}$	$B/10^{-6}$	$C/10^{-6}$
花岗岩	6.07	0.163	1.33	—	79.7	0.103	1.81	—
	6.84	0.161	1.40	—	92.4	0.095	3.39	—
	7.61	0.157	1.68	0.9	149.3	0.090	3.41	—
	8.37	0.142	2.39	3.3	183.9	0.082	4.42	0.6
					194.4	0.076	4.42	1.3
石灰岩	1.40	0.228	—	—	44.1	0.185	4.31	—
	2.12	0.225	0.73	—	49.5	0.192	6.51	—
	2.84	0.227	—	—	54.8	0.188	8.15	—
	3.56	0.215	1.05	—	60.2	0.182	14.15	—
	4.28	0.215	0.66	—				
	5.00	0.230	1.54	—				
	5.72	0.204	—	—				

（二）蠕变（流变）模型及本构方程

研究岩石的时效现象，是为了建立岩石的蠕变本构规律。本构方程（Constitutive equation）也叫本构关系（Constitutive relationship）。研究岩石蠕变本构规律的方法通常有经验法和模型法两种。经验法是通过对岩石蠕变试验进行分析，利用曲线拟合法求得蠕变的经验本构方程。模型法是把岩石材料抽象成一系列简单的原件（基本模型）及其组合来模拟岩石的本构关系。

1. 理想物体的基本模型

（1）刚性固体（刚性元件），也叫欧几里得体（Euclid），简称 E_u 体（$\varepsilon=0$，$\gamma=0$），如图 3-19 所示。在任何荷载作用下都没有变形的固体，用一根无伸缩的刚性杆表示。

（2）完全弹性固体（弹性元件），也叫胡克体（Hooke），简称 H 体，如图 3-20 所示。服从胡克定律的弹性体，应力与应变成正比，可用一根弹簧表示。

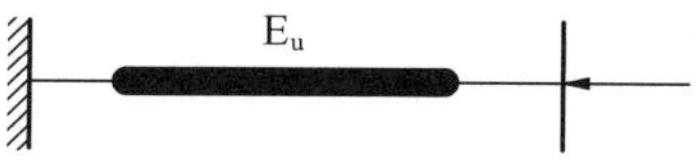

图 3-19 欧几里得体模型

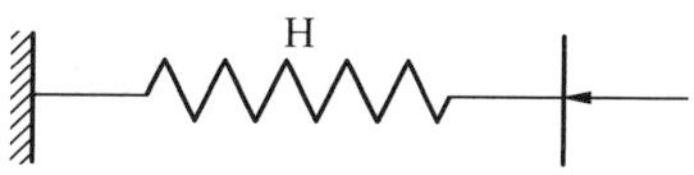

图 3-20 胡克体模型

$$\sigma = E\varepsilon \text{ 或 } \tau = G\gamma \tag{3-36}$$

式中 σ——轴向应力，MPa；

E——岩石的弹性模量，MPa；

ε——轴向应变，无量纲；

τ——剪应力，MPa；

G——剪切模量，MPa；

γ——剪应变，无量纲。

（3）理想黏滞液体（黏性元件），也叫牛顿体（Newton），简称N体。如图3－21所示，牛顿体由一个带孔活塞和充满黏滞液体的圆筒组成，又称阻尼器（黏壶），用来模拟理想黏性体（牛顿体），其本构规律服从牛顿的黏滞定律，即应力（σ 或 τ）与应变（$\dot{\varepsilon}$ 或 $\dot{\gamma}$）成正比：$\sigma=\eta\dot{\varepsilon}$ 或 $\tau=\eta\dot{\gamma}$，η 为黏滞系数。

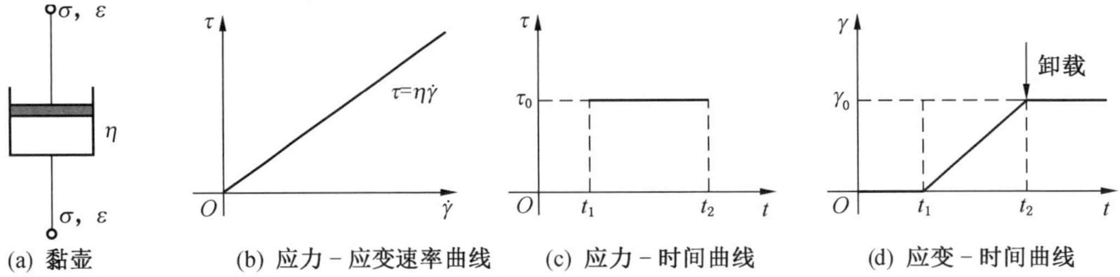

图3－21 牛顿体模型

（4）完全塑性固体（塑性元件），也叫圣维南体（St. Venant），简称St·V体，其模型是一对接触的摩擦片，如图3－22a所示。其本构关系服从库仑摩擦定律。当应力小于其屈服极限时，物体不产生变形；应力一旦达到或超过屈服极限（σ_s 或 τ_s）时，便开始持续不断地流动变形，如图3－22b所示。

塑性体本构方程为：$\tau=\tau_s$，γ 持续增长。

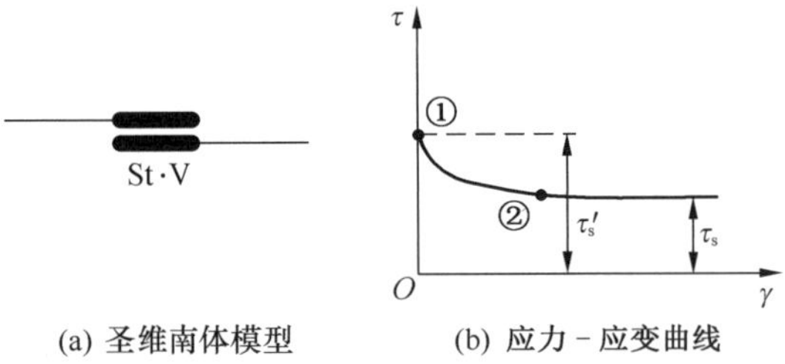

①—上屈服点；②—下屈服点；τ_s'—静摩擦力；τ_s—动摩擦力

图3－22 圣维南体模型及其应力－应变曲线

表3－10 岩石基本的力学介质模型简介

物 体	基本模型	本构关系	本构方程	说 明
刚性固体（欧几里得体）	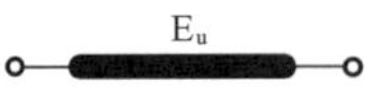	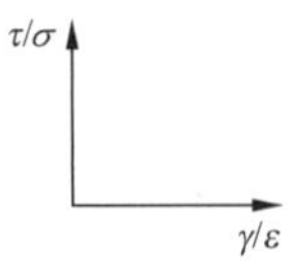	$\varepsilon=0$ $\gamma=0$	任何荷载下都不变形

表 3-10（续）

物 体	基本模型	本构关系	本构方程	说 明
弹性固体（胡克体）		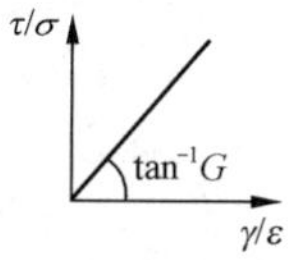	$\tau=G\gamma$ $\sigma=E\varepsilon$	有弹性与强度，无黏滞性
黏滞液体（牛顿体）		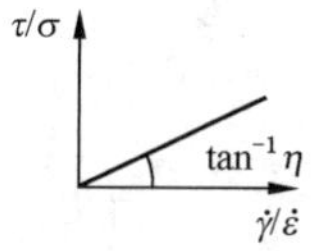	$\tau=\eta\dot{\gamma}$ $\sigma=\eta\dot{\varepsilon}$	有黏滞性，无弹性与强度
塑性固体（圣维南体）		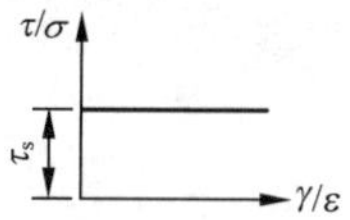	$\tau=\tau_s$	有小弹性与大塑性，无黏滞性

2. 组合模型

表 3-10 中基本元件的任何一种元件单独表示岩石的性质时，只能描述其中的一种性质，而岩石的变形性质是非常复杂的，要准确描述岩石的变形性状，须利用刚性、弹性、塑性和黏性元件的不同组合来描述相应岩石的流变特性。基本模型可以并联或串联起来组成新的模型，并联用“‖”表示，串联用“—”表示。并联时，每个单元模型担负的荷载之和等于总荷载，而它们的位移速率相等。串联时，每个单元模型担负着同一总荷载，而它们的位移速率是可以相加的，下面介绍两种基本模型。

1）马克斯韦尔（Maxwell）模型

该模型由弹性元件（H）和黏性元件（N）串联而成，即 M = H—N，可称为弹黏性体或者马克斯韦尔体，简称 M 体。

模型的总应力和模型的总应变分别为

$$\begin{cases}\sigma=\sigma_1=\sigma_2\\ \varepsilon=\varepsilon_1+\varepsilon_2\end{cases}\tag{3-37}$$

对于弹性元件，有 $\varepsilon_1=\dfrac{\sigma}{E}$。微分后，得：

$$\frac{\mathrm{d}\varepsilon_1}{\mathrm{d}t}=\dot{\varepsilon}_1=\frac{\dot{\sigma}}{E}\tag{3-38}$$

对于黏性元件有：

$$\dot{\varepsilon}_2=\frac{\sigma}{\eta}\tag{3-39}$$

将式（3-38）和式（3-39）代入式（3-37），得：

$$\dot{\varepsilon}=\frac{\dot{\sigma}}{E}+\frac{\sigma}{\eta}\tag{3-40}$$

若研究马克斯韦尔模型的蠕变特性，则应力 $\sigma=\sigma_0$（常数），有 $\dot{\sigma}=0$，则式（3-

40）变为

$$\dot{\varepsilon}=\frac{\sigma_0}{\eta}$$

对时间 t 积分得：

$$\varepsilon=\frac{\sigma_0}{\eta}t+C \tag{3-41}$$

由初始条件 $t=0$ 时，瞬时应变 $\varepsilon=\varepsilon_0=\frac{\sigma_0}{E}$，得：$C=\frac{\sigma_0}{E}$。将其代入式（3－41），得到马克斯韦尔模型的蠕变本构方程：

$$\varepsilon=\frac{\sigma_0}{\eta}t+\frac{\sigma_0}{E}=\frac{\sigma_0}{E}\left(1+\frac{E}{\eta}t\right) \tag{3-42}$$

式中 σ——模型的总应力，MPa；
σ_1——弹性元件的应力，MPa；
σ_2——黏性元件的应力，MPa；
ε——模型的总应变，无量纲；
ε_1——弹性元件的应变，无量纲；
ε_2——黏性元件的应变，无量纲；
E——弹性模量，MPa；
$\dot{\varepsilon}_1$——弹性元件的应变速率，s^{-1}；
$\dot{\sigma}$——模型的总应力速率，MPa/s；
$\dot{\varepsilon}_2$——黏性元件的应变速率，s^{-1}；
η——黏滞系数，Pa · s；
$\dot{\varepsilon}$——模型的总应变速率，s^{-1}；
σ_0——屈服强度，MPa；
t——时间，s；
C——常数，无量纲。

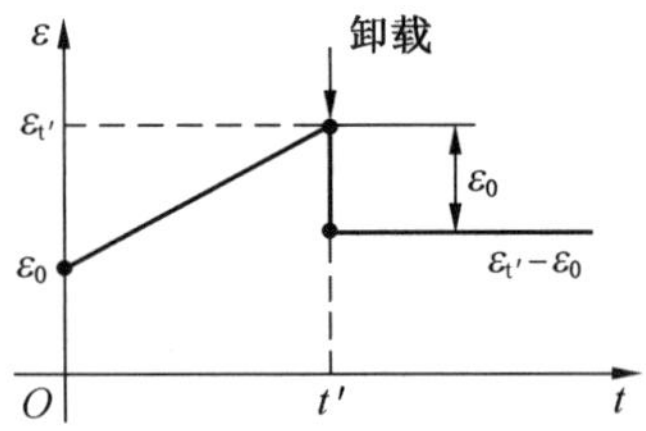

图 3－23 马克斯韦尔体的蠕变曲线

其蠕变曲线如图 3－23 所示。可知：应力保持一定时，马克斯韦尔体的变形由瞬时变形 $\varepsilon_0=\frac{\sigma_0}{E}$ 和蠕变变形 $\varepsilon_\eta=\frac{\sigma_0}{\eta}t$ 组成。若在某一时刻 t' 卸去荷载，弹性变形 ε_0 立即恢复，但仍会残留蠕变变形 $\varepsilon_{t'}-\varepsilon_0=\frac{\sigma_0}{\eta}t'$。

2）凯尔文（Kelvin）模型

该模型由弹性元件（H）和黏性元件（N）并联而成，即 K＝H ‖ N，可称为黏弹性体或凯尔文（Kelvin）体，简称 K 体，其模型如图 3－24 所示。

模型的总应力和模型的总应变分别为

$$\begin{cases}\sigma=\sigma_1+\sigma_2\\ \varepsilon=\varepsilon_1=\varepsilon_2\end{cases} \tag{3-43}$$

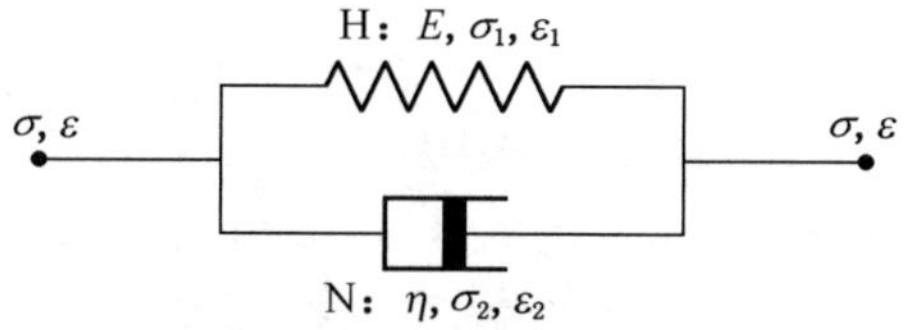

图 3－24　凯尔文模型示意图

而 σ_1 和 σ_2 分别为

$$\begin{cases}\sigma_1 = E\varepsilon_1 = E\varepsilon \\ \sigma_2 = \eta\dot{\varepsilon}_2 = \eta\dot{\varepsilon}\end{cases} \tag{3-44}$$

将式（3－44）代入式（3－43），得：

$$\sigma = E\varepsilon + \eta\dot{\varepsilon} \tag{3-45}$$

若研究凯尔文模型的蠕变特性，则应力 $\sigma = \sigma_0$（常数），故上式变为 $E\varepsilon + \eta\dot{\varepsilon} = \sigma_0$，可解出：

$$\varepsilon = \frac{\sigma_0}{E}\left(1 - e^{-\frac{E}{\eta}t}\right) \tag{3-46}$$

式（3－46）即为凯尔文体的蠕变本构方程，其曲线如图 3－25 所示。当应力一定（$\sigma = \sigma_0$）时，凯尔文体应变随时间呈非线性增长。$t = 0$ 时，$\varepsilon = 0$；$t \to \infty$ 时，$\varepsilon \to \frac{\sigma_0}{E}$（常数）。

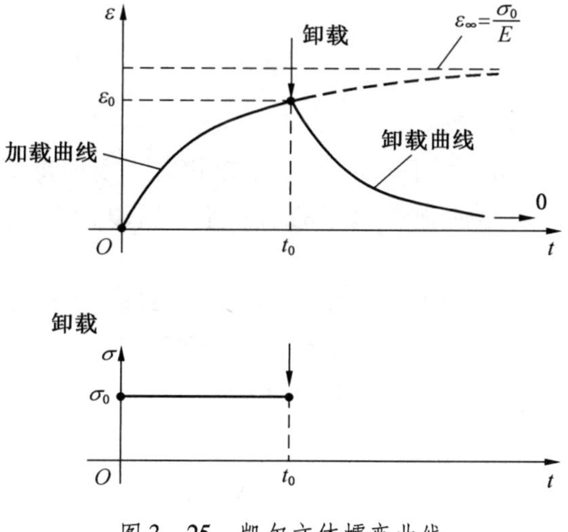

图 3－25　凯尔文体蠕变曲线

可见，凯尔文体中随时间的增长，应力最终由弹性体承担，应变最终停止于 $\frac{\sigma_0}{E}$。

若改变试验方式，在 $t = t_0$ 时卸载，即 $\sigma = 0$，代入式（3－45）得：

$$E\varepsilon + \eta\dot{\varepsilon} = 0$$

其通解为

$$\varepsilon = A_1 \mathrm{e}^{-\frac{E}{\eta}t} \tag{3-47}$$

在 $t = t'$时，有 $\varepsilon = \varepsilon_0$，将其代入式（3－47），得：

$$\varepsilon_0 = A_1 \mathrm{e}^{-\frac{E}{\eta}t'} \Rightarrow A_1 = \varepsilon_0 \mathrm{e}^{\frac{E}{\eta}t'}$$

再将 $\varepsilon = \varepsilon_0$ 代入式（3－46），得：

$$\varepsilon_0 = \frac{\sigma_0}{E}\left(1 - \mathrm{e}^{-\frac{E}{\eta}t'}\right)$$

可得卸载方程：

$$\varepsilon = \varepsilon_0 \mathrm{e}^{\frac{E}{\eta}(t'-t)} \tag{3-48}$$

式中 σ——模型的总应力，MPa；

σ_1——弹性元件的应力，MPa；

σ_2——黏性元件的应力，MPa；

ε——模型的总应变，无量纲；

ε_1——弹性元件的应变，无量纲；

ε_2——黏性元件的应变，无量纲；

E——弹性模量，MPa；

η——黏滞系数，Pa · s；

$\dot{\varepsilon}_2$——黏性元件的应变速率，s^{-1}；

$\dot{\varepsilon}$——模型的总应变速率，s^{-1}；

σ_0——屈服强度，MPa；

t、t'——时间，s；

A_1——常数，无量纲；

ε_0——屈服应变，无量纲；

在 $t \to \infty$ 时，由式（3－48）可知 $\varepsilon \to 0$，即卸载后，变形缓慢恢复到 0。可见，在 K 体中，黏性元件所起的作用是使弹性变形滞后发生，所以，凯尔文模型反映了弹性后效现象。

K 体的蠕变曲线通过原点，即 $t = 0$ 时，$\varepsilon = 0$，不具瞬时变形。这与多数岩石的实际情况不符。因此，有人在 K 体上再串联一个弹性元件（H），如图 3－26 所示，称为推广的凯尔文模型，其符号为 HK = H—K = H—（H ‖ N）。

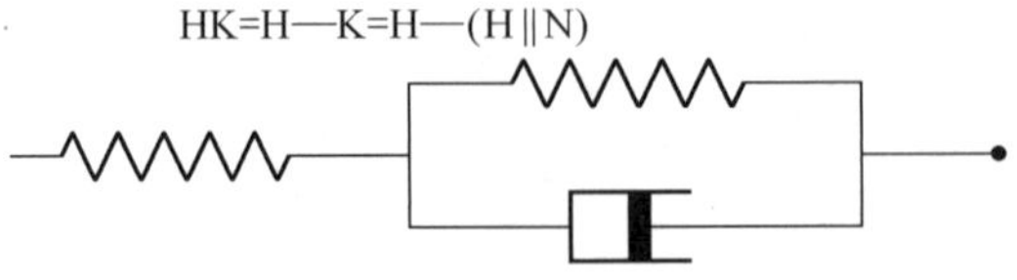

图 3－26　推广的凯尔文模型（HK 体）示意图

3）马克斯韦尔体与凯尔文体的比较

M 体：$t \ll t'$时，蠕变不明显，M 体可视为弹性体；$t \gg t'$时，蠕变大大超过弹性变形，M 体可视为黏性体。

K 体：$t \ll t'$时，表现为蠕变；$t \gg t'$时，表现为弹性。

第三节 岩石的强度

在外力作用下，岩石的应力和应变增长到超过其自身的承受能力，从而导致其承受外力的能力丧失的现象，称为岩石破坏。按破坏形成过程中的受力变形方式和破坏面的状态可将岩石的破坏机制划分为拉张破坏、剪切破坏以及塑性流动。岩石抵抗外力破坏的能力极限，称为岩石的强度，可分为岩石的单轴抗压强度、单轴抗拉强度、三轴压缩强度和抗剪强度等。

一、单轴抗压强度

（一）定义

单轴抗压强度（Uniaxial compressive strength）简称抗压强度，指岩石试件在单向压缩条件下能承受的最大压应力。

（二）测试方法

（1）单轴压缩试验：采用标准试件（直径或边长宜为 48 ~ 54 mm，高径比宜为 2.0 ~ 2.5）在压力机上加轴向荷载直至破坏。则岩石的单轴抗压强度为

$$\sigma_c = \frac{p_c}{A} \tag{3-49}$$

式中 σ_c——抗压强度，MPa；

p_c——试件破坏时的荷载，N；

A——试件横截面面积，mm^2。

（2）点荷载试验：按经验公式换算，单轴抗压强度与直径为 50 mm 标准试件的点荷载强度之间的关系为

$$\sigma_c = k_c I_{s(50)}^{0.75} \tag{3-50}$$

式中 σ_c——抗压强度，MPa；

k_c——经验参数，k_c 的取值范围一般为 22.80 ~ 23.70，无量纲；

$I_{s(50)}$——直径为 50 mm 标准试件的点荷载强度，MPa。

（三）影响岩石单轴抗压强度的因素

影响岩石单轴抗压强度的因素除岩石本身的性质，如矿物组成、结构构造、密度及风化程度等，还有试验条件的影响。

1. 试件的几何形状及加工精度

（1）断面形状：圆形试件的强度＞多边形试件的强度。

（2）尺寸：尺寸越大，岩石强度越小。

（3）高径比：试件高度 h 与直径或边长 D 的比值。随试件的 h/D 增大，岩石强度降

低。$h/D=2\sim3$ 时，试件内应力分布比较均匀，所以抗压试验采用直径或边长 $D=5$ cm，高径比 $h/D=2$ 的标准规则试件。

若试件尺寸不标准，一般采用经验公式（3－51）进行修正：

$$\sigma_{c1}=\frac{\sigma_c}{0.778+\frac{0.222}{h/D}} \tag{3-51}$$

式中 σ_{c1}——$h/D=1$ 的试件抗压强度，MPa；

σ_c——任意试件的抗压强度，MPa；

h——试件高度，cm；

D——试件高度直径或边长，cm。

2. 加载速率

岩石强度随加载速率增大而增高，加载速率大会使试件的塑性变形来不及发生和发展，进而增大了岩石强度。

试验规程规定：加载速率一般为 0.5～0.8 MPa/s。

3. 端面条件

试体断面与压力机压板间的摩擦作用改变了试件内部的应力分布和破坏方式，进而影响岩石的强度。

解决办法还需采用高径比大于 2 的试件，消除端面效应对强度的影响。比如在试件与压板间加入刚度与试件相匹配、断面尺寸与试件相同的垫块。

4. 湿度与温度

随着湿度增加，水分子的加入会改变岩石的物理状态，降低岩石强度。这种效应可用软化系数 K_R 表示；而温度升高，岩石内的化学成分、结晶水等产生变化，也会使岩石内储存热应力，进而使岩石强度降低。

二、单轴抗拉强度

（一）定义

单轴抗拉强度（Uniaxial tensile strength）是指岩石试件在单向拉伸时能承受的最大拉应力。

（二）测试方法

1. 直接拉伸法

将圆柱状试件两端固定在材料试验机的拉伸夹具内，对试件施加轴向拉荷载至破坏，则试件抗拉强度为

$$\sigma_t=\frac{P_t}{A} \tag{3-52}$$

式中 σ_t——试件抗拉强度，MPa；

P_t——试件破坏的轴向拉荷载，N；

A——试件的横截面面积，mm^2。

2. 间接法

间接法主要包括劈裂法和点荷载法。

(1) 劈裂试验（巴西试验）（图 3－27）：将圆柱体或立方体试件置于压力机的承压板上，在试件上、下承压面上各放一根垫条。然后以一定的加载速率加压，直至试件破坏（图 3－27b）。加垫条的目的是把所加的面布荷载转变为线布荷载，以使试件内产生垂直于轴线方向的拉应力。

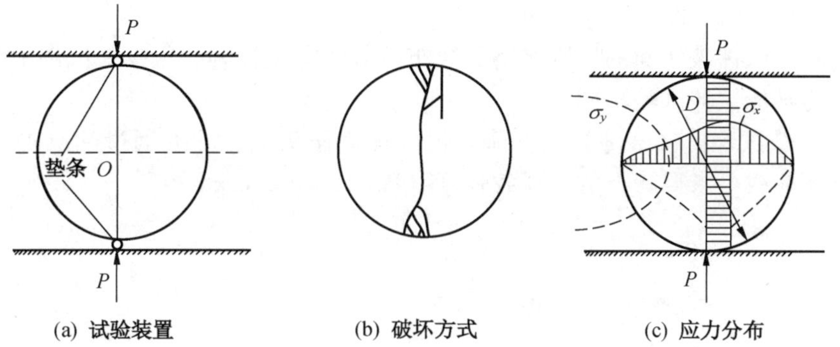

图 3－27　劈裂试验方法及试件中的应力分布示意

岩石的抗拉强度可由弹性理论推导确定。根据弹性理论，在线布荷载（P）作用下，沿试件竖直向直径平面内产生的近于均布的水平拉应力为

$$\sigma_x = -\frac{2P}{\pi DL} \tag{3-53}$$

而在水平向直径平面内产生的压应力为

$$\sigma_y = \frac{6P}{\pi DL} \tag{3-54}$$

式中　σ_x——水平拉应力，MPa；

P——荷载，N；

D——圆柱试件的直径，mm；

L——圆柱试件的高，mm；

σ_y——压应力，MPa。

由以上两式可知，试件在轴向线布荷载作用下，内部的压应力只有拉应力的 3 倍，即 $\sigma_y = 3\sigma_x$（图 3－27c），而岩石的抗压强度往往是抗拉强度的 10 倍以上。这说明在这样的试验加载条件下，试件的破坏是受拉破坏而不是受压破坏。因此可以用劈裂法测试岩石的抗拉强度，当岩石破坏时，将破坏荷载代入式（3－53），即可求得岩石的抗拉强度。

对于圆柱体试件：

$$\sigma_t = \frac{2P_t}{\pi DL} \tag{3-55}$$

对于立方体试件：

$$\sigma_t = \frac{2P_t}{\pi a^2} \quad (3-56)$$

式中 σ_t——岩石的抗拉强度，MPa；

P_t——试件破坏时的压力荷载，N；

D——圆柱体试件的直径，mm；

L——圆柱体试件的长度，mm；

a——立方体试件的边长，mm。

劈裂试验中试件破坏面的位置严格受线布荷载的方位控制，很少受试件中结构面的影响。这一点与其他拉伸试验不同。

（2）点荷载试验：将试件放在点荷载仪的球面压头间，然后通过油泵加压至试件破坏，利用破坏荷载可求得岩石的点荷载强度（Point load strength）：

$$I_s = \frac{P_t}{D^2} \quad (3-57)$$

式中 I_s——岩石的点荷载强度，MPa；

P_t——破坏荷载，N；

D——破坏时两个加载点间的距离，mm。

岩石的抗拉强度由下式确定：

$$\sigma_t = K \cdot I_s \quad (3-58)$$

式中 σ_t——岩石的抗拉强度，MPa；

K——系数，一般取 0.86 ~ 0.96，无量纲；

I_s——岩石的点荷载强度，MPa。

岩石的抗拉强度远低于它的抗压强度，抗拉强度与抗压强度的关系可用脆性度表示，用以表征岩石的脆性程度。

$$n_b = \frac{\sigma_c}{\sigma_t} \quad (3-59)$$

式中 n_b——岩石的脆性程度，n_b 值一般为 10 ~ 20，有时可达 50；

σ_c——任意试件的抗压强度，MPa；

σ_t——岩石的抗拉强度，MPa。

裂隙对抗拉强度影响很大，而对抗压强度影响较小。此外，岩石抗拉强度也可通过弹性模量数值进行估算。

用固体原子结构理论计算理想脆性固体的抗拉强度约为

$$\sigma_t = \frac{E}{10} \quad (3-60)$$

大量的试验研究证明：

$$\sigma_t = \left(\frac{1}{500} \sim \frac{1}{1000}\right)E \quad (3-61)$$

式中 σ_t——岩石的抗拉强度，MPa；

E——弹性模量，MPa。

三、三轴压缩强度

（一）定义

三轴压缩强度（Triaxial compressive strength）是指试件在三向压应力作用下能抵抗的最大轴向应力。

在一定的围压下，岩石的三轴压缩强度为

$$\sigma_{1m}=\frac{P_m}{A} \tag{3-62}$$

式中　σ_{1m}——岩石的三轴压缩强度，MPa；

P_m——试件破坏时的轴向荷载，N；

A——试件的初始横截面面积，mm^2。

（二）强度包络线

根据一组试件（4 个以上）试验得到的三轴压缩强度 σ_{1m} 和相应的围压 σ_3，在 $\sigma-\tau$ 坐标系中可绘制出一组破坏应力莫尔圆，这一组应力莫尔圆的公切线为岩石的强度包络线（图 3－28）。包络线与 σ 轴的交点称为包络线的顶点。应力莫尔圆与公切线的切点代表相应的破坏面，过切点的应力莫尔圆切线与 σ 轴的夹角即相应破坏面的内摩擦角 ϕ，该切线在 τ 轴上的截距代表破坏面的黏聚力 c。

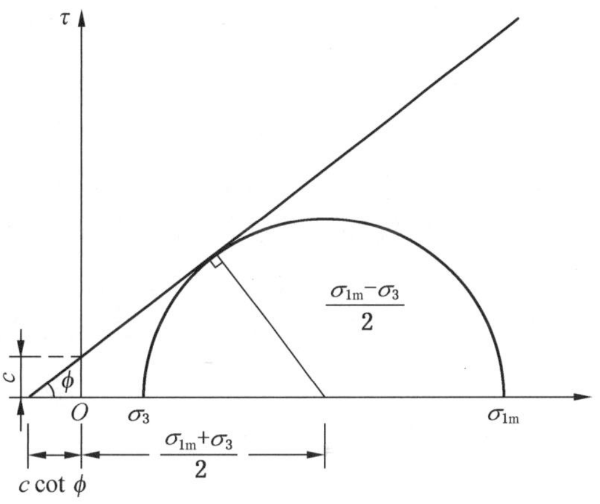

图 3－28　直线型莫尔强度包络线

当围压不大时，岩石的强度包络线常可近似视为直线，此时岩石强度参数三轴压缩强度 σ_{1m}、破坏面的黏聚力 c、破坏面的内摩擦角 ϕ 与围压 σ_3 的关系为

$$\sin\phi=\frac{(\sigma_{1m}-\sigma_3)/2}{(\sigma_{1m}+\sigma_3)/2+c\cdot\cot\phi}$$

简化后可得：

$$\sigma_{1m}=\frac{1+\sin\phi}{1-\sin\phi}\sigma_3+2c\sqrt{\frac{1+\sin\phi}{1-\sin\phi}}$$

或

$$\sigma_{1m}=\sigma_3\tan^2\left(45°+\frac{\phi}{2}\right)+2c\tan\left(45°+\frac{\phi}{2}\right) \tag{3-63}$$

利用上式可进一步推出以下公式：

令 $\sigma_3=0$，$\sigma_{1m}=\sigma_c$，推出岩石单轴抗压强度 σ_c 与岩石强度参数 c、ϕ 的关系为

$$\sigma_c=2c\sqrt{\frac{1+\sin\phi}{1-\sin\phi}}=2c\tan\left(45°+\frac{\phi}{2}\right) \tag{3-64}$$

令 $\sigma_{1m}=0$，$\sigma_3=-\sigma_t$，代入式（3－63），并和式（3－64）联立，得到岩石单轴抗压强度的表达式：

$$\sigma_t=\sigma_c\tan^2\left(45°-\frac{\phi}{2}\right) \tag{3-65}$$

联立式（3－64）和式（3－65），有：

$$\begin{cases} c=\dfrac{\sqrt{\sigma_c\sigma_t}}{2} \\ \phi=\arctan\left(\dfrac{\sigma_c-\sigma_t}{2\sqrt{\sigma_c\sigma_t}}\right) \end{cases} \tag{3-66}$$

式中 ϕ——破坏面的内摩擦角，（°）；
σ_{1m}——三轴压缩强度，MPa；
σ_3——围压，MPa；
c——破坏面的黏聚力，MPa；
σ_c——岩石的单轴抗压强度，MPa；
σ_t——岩石的单轴抗拉强度，MPa。

根据以上关系，若已知任意两个参数，就可求得岩石强度另外的参数，特别是岩石的黏聚力 c 和内摩擦角 ϕ 可由单轴抗压强度和单轴抗拉强度估算。当强度包络线为曲线时，有学者提出了一些有关计算 σ_{1m} 的经验关系式。

南非波兰籍学者比尼卫斯基（Bieniawski，1962）提出了两种方程，其一为

$$\sigma_{1m}=F\sigma_3^a+\sigma_c$$

也可改写为

$$\frac{\sigma_{1m}}{\sigma_c}=n\left(\frac{\sigma_3}{\sigma_c}\right)^a+1 \tag{3-67}$$

式中 σ_{1m}——三轴压缩强度，MPa；
σ_3——围压，MPa；
σ_c——岩石试件的抗压强度，MPa；
F、a、n——常数，且 $n=F\sigma_c^{1-a}$，无量纲。

用苏长岩、石英岩、砂岩及泥岩进行试验后，比尼卫斯基建议：$a=0.75$，对苏长岩 n 取5.0；对石英岩 n 取4.5；对砂岩 n 取4.0；对泥岩 n 取3.0。

其二为

$$\frac{\tau_m-\tau_0}{\sigma_c}=b\left(\frac{\sigma_m}{\sigma_c}\right)^c \tag{3-68}$$

在实际中可近似取 $\tau_0=\sigma_t$（抗拉强度），如取 $\sigma_t=\dfrac{\sigma_c}{10}$，则式（3－68）可改写为

$$\frac{\tau_m}{\sigma_c}=b\left(\frac{\sigma_m}{\sigma_t}\right)^c+0.1$$

式中 τ_m——最大剪应力，$\tau_m=\dfrac{\sigma_1-\sigma_3}{2}$，MPa；

σ_c——岩石试件的抗压强度，MPa；

σ_m——平均法向应力，$\sigma_m = \frac{\sigma_1 + \sigma_3}{2}$，MPa；

σ_t——岩石的抗拉强度，MPa；

b、c、τ_0——常数，无量纲。

同样进行上述4种岩石试验后，比尼卫斯基建议 $c = 0.90$；不同岩石 b 的取值见表3－11。

表3－11 不同岩石的 b 值

岩性	苏长岩	石英岩	砂岩	泥岩
b	0.80	0.78	0.75	0.70

学者布鲁克（Brook）用6种函数形式对泥岩、石灰岩、砂岩及花岗岩进行回归分析后，得到如下最佳方程：

$$\frac{\tau_m}{\sigma_c} = A\left(\frac{\sigma_m}{\sigma_c}\right)^n \tag{3-69}$$

式中 τ_m——最大剪应力，$\tau_m = \frac{\sigma_1 - \sigma_3}{2}$，MPa；

σ_c——任意试件的抗压强度，MPa；

σ_m——平均法向应力，$\sigma_m = \frac{\sigma_1 + \sigma_3}{2}$，MPa；

A、n——常数，无量纲，建议按表3－12取值。

表3－12 A、n 取值

岩石种类	$A = (0.5)^{1-n}$	n
泥岩	0.821	0.715
石灰岩	0.831	0.733
砂岩	0.865	0.790
花岗岩	0.895	0.840
全部岩石	0.858	0.799

（三）影响岩石三轴压缩强度的因素

岩石的三轴压缩强度与岩石本身性质、围压、温度、湿度、空隙压力及试件高径比等因素有关。特别是矿物成分、结构、微结构面发育情况及其相对最大主应力的方向和围压的影响尤为显著。

各种岩石的三轴压缩强度 σ_{1m} 均随围压 σ_3 的增加而增大。在三向不等压条件下，若保持 σ_3 不变，则随 σ_2 增加，σ_{1m} 也略有增加，说明中间主应力 σ_2 对岩石强度也有一定的影响。围压还影响岩石的残余强度。当围压为零或者很小时，岩石残余强度很低，而随围压增大，其残余强度也逐渐增大，直到产生应变硬化。当然围压对强度的影响还受到岩性的制约，通常岩性越脆，围压对强度的强化效应越明显。

空隙压力对三轴压缩强度的影响可通过有效应力原理加以说明。根据有效应力原理，空隙压力的存在相当于降低了围压，进而降低了岩石的三轴压缩强度。

端面效应的影响与单轴压缩时不同，在三轴压缩时，随着围压增大，端面效应逐渐变小，直至消失。为了消除低围压下端面摩擦力的影响，通常采用高径比为 2～2.5 的试件进行试验。

四、抗剪强度

（一）定义

抗剪强度（Shear strength）是指岩石所能够抵抗剪切破坏的最大剪应力。岩石的抗剪强度 τ 与岩石的黏聚力 c 和内摩擦角 ϕ 密切相关，一般可表达为

$$\tau = c + \sigma\tan\phi \tag{3-70}$$

式中 τ——抗剪强度，MPa；

c——黏聚力，MPa；

σ——法向应力，MPa；

ϕ——内摩擦角，(°)。

按剪切试验方法不同，所测定的抗剪强度的含义也不同，通常可分为抗剪断强度、抗切强度和摩擦强度等三种抗剪强度。

（1）抗剪断强度（$\sigma \neq 0$）：试件在一定的法向应力作用下，沿预定剪切面剪断时的最大剪应力，能反映岩石的黏聚力和内摩擦阻力。测试目的是求取岩石的抗剪强度曲线（$\tau-\sigma$ 曲线），抗剪强度参数 c、ϕ 值。

（2）抗切强度：试件上的法向应力为零（$\sigma=0$）时，沿预定剪切面剪切时的最大剪应力。由于剪切面上的法向应力为零，所以其抗切强度仅取决于黏聚力。测试目的是求取岩体中各种结构面、人工破裂面等预定剪切面的黏聚力，即 c 值。

（3）摩擦强度：试件在一定的法向应力 σ 作用下，沿已有结构面（前期破坏面，或层面、节理等）再次剪切破坏时的最大剪应力。测试目的是求取岩体中各种结构面、人工破裂面及岩石与其他物体（如混凝土块等）接触面的摩擦阻力。

（二）测试方法

1. 直接剪切试验

直剪试验是在直剪仪（图 3－29）上进行的。试验时，先在试件上施加法向压力 N（法向应力 $\sigma=N/A$，A 为试件横截面面积），然后再逐级施加水平剪力 T，直至试件破坏，对应的 $\tau=T/A$ 即为与 σ 对应的抗剪断强度。用同一组岩样（4～6 块），在不同法向应力 σ_i 下进行直剪试验，即可得到对应的抗剪强度 τ_i。利用（σ_i，τ_i）即可得到岩石强度包络线。在法向应力不太大时，强度包络线近似为直线（图 3－30），这时按库仑定律求岩

石的抗剪强度参数 c、ϕ 值。

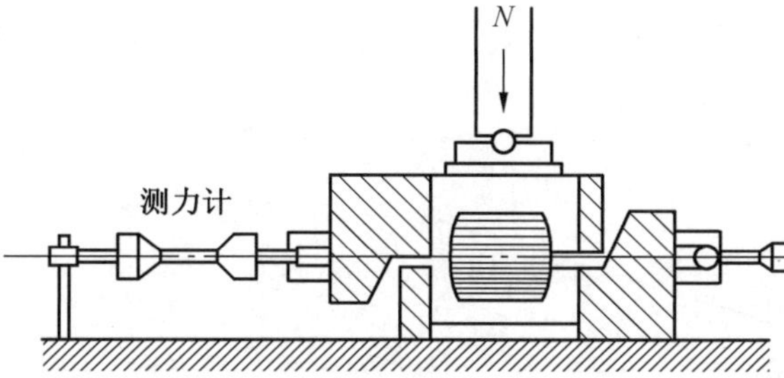

图 3-29　直剪试验装置示意图

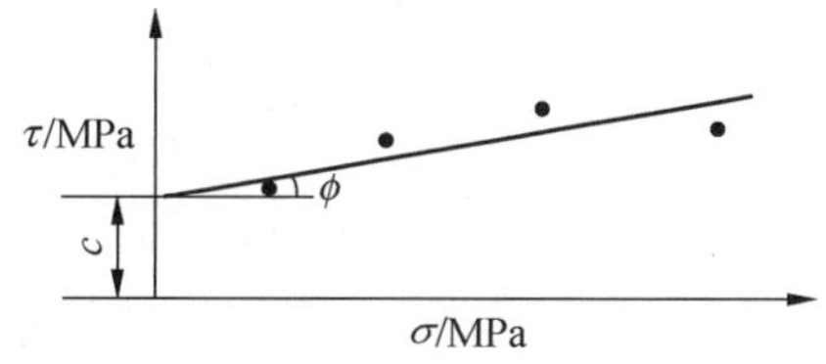

图 3-30　c、ϕ 值确定的示意图

2. 变角板剪切试验

如图 3-31 所示，将立方体试件置于变角板剪切夹具中，然后在压力机上加压，直至试件沿预定的剪切面剪切破坏时，作用于剪切面上的剪应力和法向应力为

$$\begin{cases}\sigma = \dfrac{P}{A}(\cos\alpha + f\sin\alpha) \\ \tau = \dfrac{P}{A}(\sin\alpha - f\cos\alpha)\end{cases} \qquad (3-71)$$

式中　σ——法向应力，MPa；

P——试件破坏时的压力荷载，N；

A——剪切面面积，mm^2；

α——剪切面与水平面的夹角，(°)；

f——压力机压板与剪切夹具间的滚动摩擦因数，无量纲。

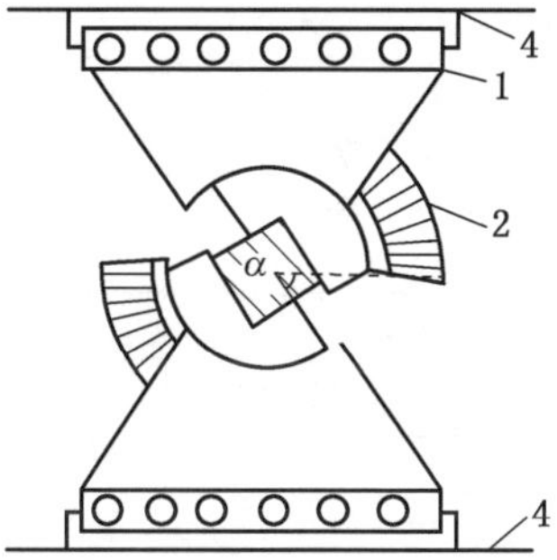

1—滚轴；2—变角板；3—试样；4—承压板

图 3-31　变角板剪力仪装置示意图

试验时采用 4～6 个试件，分别在不同的 α 角下进行试验，求得每一试件极限状态下的 σ 和 τ 值，给出一个 $\tau-\sigma$ 强度包络线，求出岩石的 c、ϕ 值。

缺点：α 角不能太大也不能太小，α 太大试件容易倾倒，并有力偶作用；α 太小，则法向应力分量过大，试件易产生压碎破坏而不能沿预定剪切面剪断，导致试验结果失真。

3. 三轴试验

将一组试件试验得到的三轴压缩强度 σ_{1m} 和相应的围压 σ_3 投放到 $\sigma_1-\sigma_3$ 坐标系中（图 3-32）得到强度包络线，在该曲线上选择一最佳直线段，求出其斜率及其在 σ_1 轴上的截距，按下式求抗剪强度参数 c、ϕ 值：

$$\begin{cases}c = \dfrac{b(1-\sin\phi)}{2\cos\phi} \\ \phi = \sin^{-1}\dfrac{m-1}{m+1}\end{cases} \qquad (3-72)$$

式中　c——黏聚力，MPa；

b——最佳直线段在 σ_1 轴上的截距，MPa；

ϕ——内摩擦角，(°)；

m——斜率，无量纲。

常见岩石的 c、ϕ 值见表 3－13。

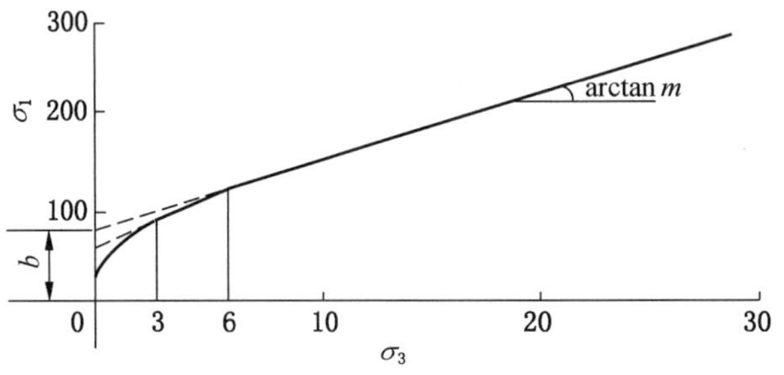

图 3－32　岩石强度包络线

表 3－13　常见岩石的抗剪强度指标值

岩石名称	摩擦角 ϕ/(°)	黏聚力 c/MPa	岩石名称	摩擦角 ϕ/(°)	黏聚力 c/MPa
花岗岩	45～60	14～50	片麻岩	30～50	3～5
流纹岩	45～60	10～50	千枚岩、片岩	26～65	1～20
闪长岩	53～55	10～50	板岩	45～60	2～20
安山岩	45～50	10～40	页岩	15～30	3～20
辉长岩	50～55	10～50	砂岩	35～50	8～40
辉绿岩	55～60	25～60	砾岩	35～50	8～50
玄武岩	48～55	20～60	石灰岩	35～50	10～50
石英岩	50～60	20～60	白云岩	35～50	20～50

（三）岩石抗剪强度指标的物理意义

长期以来，对岩石的黏聚力 c 和内摩擦角 ϕ 的认识沿用了材料力学和土力学的概念，即认为岩石的抗剪强度是由岩石中的分子结构力和颗粒间的摩擦力所构成的。然而对于颗粒间具有很强结构联结的岩石来说与近于松散体的土两者具有很大差别。土的黏聚力是由颗粒间的表面结合水以及各种游离氧化物所形成的水胶联结构成的，土的摩擦力由土粒间的表面摩擦阻力和咬合力构成，它们在剪切过程中可以同时起作用。而岩石的结构联结主要是结晶联结和胶结联结，在这种结构联结没有被破坏之前，岩石中不发生明显的位移错动，从而也就体现不出岩石的摩擦阻力。因此美国学者汉丁（Handin）认为：对于岩石来说，黏聚力是破坏前的强度因素，而摩擦力则在出现剪切破坏面并开始有明显的滑移时才起作用，两者不是同时起作用，因此沿用土力学的概念是不适合的。汉丁的观点为我们重新认识岩石抗剪强度的本质提供了很有价值的启示。

日本学者茂木（Mogi）则认为，岩石在天然状态下就存在许多裂隙，这些裂隙从剪切过程的开始就起着摩擦阻力的作用，故摩擦力可以与黏聚力同时起作用。基于这种认识，他对岩石 c、ϕ 值的物理本质作了如下解释。

岩石在天然状态下存在许多开型和闭型裂隙。某一剪切面上的面积，可看作由三部分构成，即岩石连续部分面积、闭合裂隙面积的总和及张开裂隙面积的总和。沿剪切面的全部抗剪力实际上是岩石连续部分面积的总黏聚力和闭合裂隙面积的总摩擦力之和，张开裂隙面积不产生抗剪力。因此抗剪强度可表示为

$$\tau=\frac{T}{A}=\frac{T_1}{A}+\frac{T_2}{A}=\frac{c'A_1}{A}+\frac{\sigma\cdot f'A_2}{A} \tag{3-73}$$

将式（3－73）与库仑方程式 $\tau=\sigma f+c$ 对比，可以看出：

$$\begin{cases} c=c'\dfrac{A_1}{A} \\ f=f'\dfrac{A_2}{A} \end{cases} \tag{3-74}$$

式中　τ——抗剪强度，MPa；

T——抗剪面的全部剪切荷载，N；

A——剪切面面积，mm^2；

T_1——作用于面积 A_1 的剪切荷载，N；

T_2——作用于面积 A_2 的剪切荷载，N；

c'——岩石连续部分的黏聚力，MPa；

A_1——岩石连续部分的面积，mm^2；

σ——岩石闭合裂隙承担的法向应力，MPa；

f'——岩石闭合裂隙的内摩擦因数，无量纲；

A_2——闭合裂隙的面积，mm^2；

c——岩石中的结构联结力，即岩石的黏聚力，MPa；

f——微裂隙面上的摩擦系数，无量纲。

由此可见，岩石抗剪强度公式中的 c、ϕ 值除了与岩石的结构联结力及微裂隙的摩擦阻力有关外，还与微裂隙的发育状况有关。在剪切过程中，微裂隙端部的应力集中将使裂纹开裂扩展，故使面积 A_2 逐渐扩大，面积 A_1 逐渐缩小。同时由于法向应力作用，张开的裂隙闭合，从而转变为闭合裂隙，也使面积 A_2 扩大。各部分面积的改变，也就使 c、ϕ 值发生变化，故在整个剪切过程中，c、ϕ 值不再是常数，反映在 $\tau-\sigma$ 曲线往往为曲线形状。这是目前对非线性抗剪强度方程及曲线的一种解释。

第四节　岩石的强度理论

岩石破坏是指在外力作用下，岩石的应力、应变增长超过了其自身承受能力，从而导致岩石承载能力丧失的现象。岩石发生破坏时（破坏前一刹那）对应的岩石应力大小反

映了岩石对外力抵抗的最大能力，可称为岩石的强度。岩石材料的破坏形式主要有断裂破坏和流动破坏（出现显著的塑性变形或流动现象）。断裂破坏发生于应力达到强度极限，流动破坏发生于应力达到屈服极限。在简单应力状态下，可以通过实验确定材料的强度，例如通过单轴压缩实验确定材料的单轴压缩强度等，并建立相应的破坏标准。但是，在复杂的应力状态下，如果仿照单轴压缩实验建立破坏标准，则必须在各种各样的应力状态下对材料一一进行实验，以确定相应的极限应力，这显然是难以实现的。因此，需要提出一些假说，推测材料在复杂应力状态下破坏的原因，从而建立强度准则，这样的一些假说称为强度理论。

一、基本概念

强度准则（Strength criterion）/破坏判据（Failure criterion）是指表征岩石破坏条件的函数（应力状态与岩石强度参数之间的关系），即岩石中任意一点的应力、应变与表征该点岩石抗力大小的参数之间的关系。岩石破坏判据的建立与选用，应反映工程实际岩石的破坏机理。所有描述岩石破坏的原因、过程及条件的理论统称为强度理论。岩石强度理论重点研究岩石的破坏准则，它是判断岩石工程是否安全的标准，即强度准则要解决在什么样的应力组合下达到什么样的应力水平时，岩石发生破坏。

强度理论有两个要点：一个是关于破坏机制的认识，这是强度理论的核心观点；另一个是对强度条件的表达，这是对核心观点的具体实现。一般作为概念表达，强度条件可以表示为

$$\tau \rightarrow \tau_0, \quad \tau = \tau_0$$

其中，τ代表在外力作用下岩石内部产生的应力状态（岩石对外力的即时抗力）；τ_0代表岩石应力状态的极限值（即岩石对外力的最大抗力）；“$\tau \rightarrow \tau_0$”表示岩石内部的应力状态向其极限状态逼近的过程；“$\tau = \tau_0$”表示岩石内部的应力状态达到了极限状态，岩石抗力即刻要丧失（即岩石即将破坏），可称这时岩石的应力状态为临界状态，此表达式就是岩石破坏判据的具体表达。τ_0可称为岩石的强度（应力状态临界值，或称应力状态阈值），其具体的取值与岩石的破坏机制以及具体的岩石特性有关，可以通过岩石力学实验加以标定（即τ_0的取值按照核心观点对破坏机制的认识，通过与这一破坏机制相匹配的岩石力学实验测定）。

岩石强度理论是建立在大量实验基础之上的，反映了岩石的强度特性。按照强度理论对岩石破坏机制的认识，分别采用正应力、正应变、剪应力、剪应变能是否达到阈值作为岩石破坏与否的判据。各种强度理论都有一定的适用范围。岩体力学中应用较多的强度理论有最大正应变理论、莫尔强度理论、剪应变能强度理论、八面体应力理论、格里菲斯强度理论等。

二、最大正应变理论

1. 理论表述

坚硬岩石在无围压或低围压条件下，有时会出现与最大主应力作用方向大致平行的劈裂裂纹（图 3－33），属于张性破坏（拉伸破坏）。

物体发生张破裂的原因是最大延伸应变达到了一定的极限应变，其强度条件为

$$\varepsilon = \varepsilon_0 \tag{3-75}$$

式中　ε——最大延伸应变，无量纲；

ε_0——极限应变，无量纲。

2. 理论分析

如图 3－33 所示，岩石张破裂是侧向应变超过极限值所致。根据广义胡克定理，$\varepsilon_3 = \frac{1}{E}[\sigma_3 - \nu(\sigma_1 + \sigma_2)]$，若 $\sigma_3 < \nu(\sigma_1 + \sigma_2)$，则侧向应变为负值，即侧向应变为张应变。当侧向应变 ε_3 发展到极限值 ε_0 时，试件开始发生张裂。所以最大张应变破坏的强度条件为

$$\sigma_3 - \nu(\sigma_1 + \sigma_2) = -E\varepsilon_0 \tag{3-76}$$

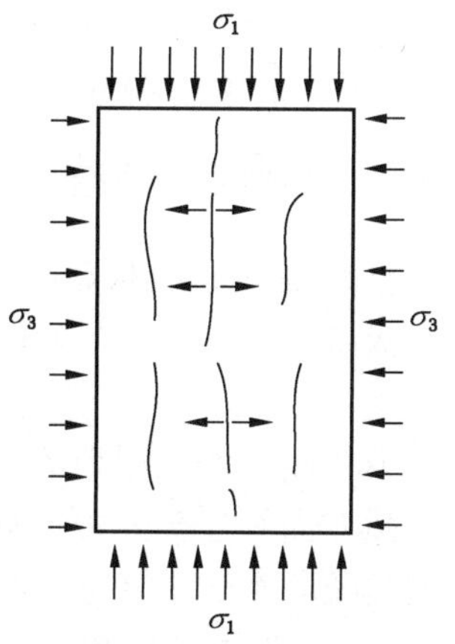

图 3－33　张应变控制下的张破裂力学模型

极限张应变值的标定如果采用单向拉伸破坏情形，即 $\sigma_1 + \sigma_2 = 0$，$\sigma_3 = -\sigma_t$，则：

$$\varepsilon_0 = \frac{\sigma_t}{E} \tag{3-77}$$

将式（3－77）代入式（3－76）得：

$$\sigma_3 - \nu(\sigma_1 + \sigma_2) = -\sigma_t \tag{3-78}$$

极限应变值也可为轴向压缩条件的极限应变，即：

$$\varepsilon_0 = \nu\varepsilon_{1极} = \nu\frac{\sigma_c}{E} \tag{3-79}$$

将式（3－79）代入式（3－76）得：

$$\sigma_3 - \nu(\sigma_1 + \sigma_2) = -\nu\sigma_c \tag{3-80}$$

式中　σ_1、σ_2、σ_3——岩石所受的极限主应力，MPa；

ν——岩石的泊松比，无量纲；

E——岩石的弹性模量，MPa；

ε_0——极限应变，无量纲；

σ_t——岩石的抗拉强度，MPa；

$\varepsilon_{1极}$——轴向压缩条件的极限应变，无量纲；

σ_c——岩石试件的抗压强度，MPa。

特别指出的是，式（3－78）和式（3－80）考虑了中间主应力的影响，并仅适用于脆性材料的拉伸破坏，且破坏前岩体属于理想线弹性体。

当 $\sigma_2 = \sigma_3$ 时，将式（3－78）和式（3－80）写成判据形式，有：

$$\sigma_3 - \nu(\sigma_1 + \sigma_3) \geqslant -\sigma_t$$

$$\sigma_1 \leqslant \frac{1-\nu}{\nu}\sigma_3 + \sigma_c$$

当岩石应力条件满足以上判据时，岩石发生破裂。

值得注意的是，为了满足岩石拉伸（负）应变产生的应力环境，最大正应变理论一般适用于无围压和低围压条件下的脆性岩石。

三、莫尔强度理论

材料达到极限状态时，其剪切面上的剪应力应达到一个取决于正应力与材料性质而定的极限值。即当岩石中某一平面的剪应力超过该面上的极限剪应力时，岩石发生破坏。

破坏面上的极限剪应力值是作用在该面上的法向压应力的函数，即 $\tau = f(\sigma)$。这样可以从两方面阐述莫尔强度理论：①用应力莫尔圆表示一点的应力状态；②把应力莫尔圆与强度曲线联系起来建立莫尔强度准则。

（一）应力莫尔圆

由于岩体所受法向应力多为压应力，故此采用与工程力学相反的符号，即以压应力为正，拉应力为负。对于平面问题，若已知一点的两个主应力 σ_1、σ_3（图 3－34），则在外法线方向与最大主应力作用方向之间夹角为 β 的斜面上受到的正应力 α_β 及剪应力 τ_β 可由下式求得：

$$\begin{cases} \sigma_\beta = \dfrac{\sigma_1 + \sigma_3}{2} + \dfrac{\sigma_1 - \sigma_3}{2}\cos 2\beta \\ \tau_\beta = \dfrac{\sigma_1 - \sigma_3}{2}\sin 2\beta \end{cases}$$

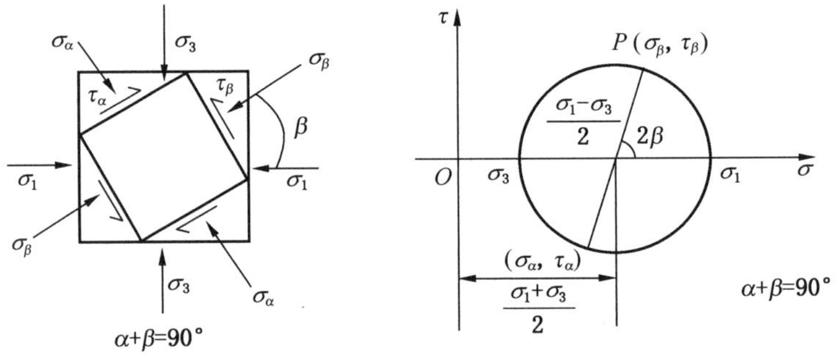

(a) 岩石平面受力单元体　　(b) 应力莫尔圆

图 3－34　岩石内部一点的应力状态

上两式平方相加可得：

$$\left(\sigma_\beta - \frac{\sigma_1 + \sigma_3}{2}\right)^2 + \tau_\beta^2 = \left(\frac{\sigma_1 - \sigma_3}{2}\right)^2 \tag{3-81}$$

式中　σ_β——外法线与最大主应力作用方向之间夹角为 β 的斜面上受到的法向应力，MPa；

σ_1——最大主应力，MPa；

σ_3——最小主应力，MPa；

τ_β——外法线与最大主应力作用方向之间夹角为β的斜面上的剪应力，MPa。

上式在坐标系$\sigma-\tau$中是以$\left(\frac{\sigma_1+\sigma_3}{2},\ 0\right)$为圆心，以$\frac{\sigma_1-\sigma_3}{2}$为半径的圆，这个圆即为应力莫尔圆。

应力莫尔圆圆周上任一点P的坐标（σ_β，τ_β）代表外法线与σ_1作用方向呈β角的斜面上的正应力σ_β和剪应力τ_β。随β的变化，圆周上各个点的应力代表了过岩石内部一点具有不同产状的平面上的应力。即一点的应力状态可以用一个应力莫尔圆表示。

当在三个主应力作用下，平行于三个主轴的任一个面上的应力，可用三个主应力确定的三个应力莫尔圆A、B、C表示（图3－35）。

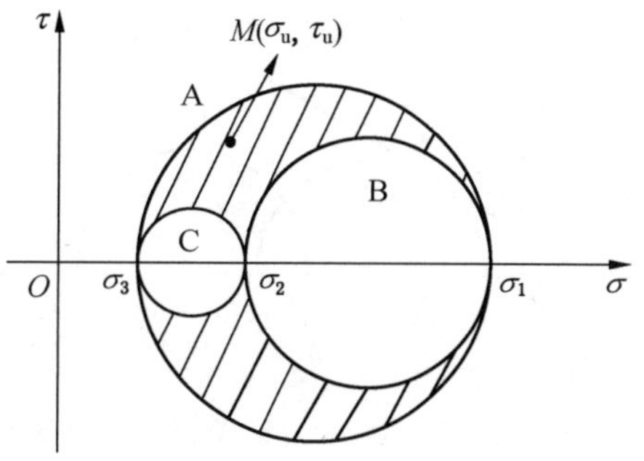

莫尔圆A—平行于σ_2轴的各个面上的应力；
莫尔圆B—平行于σ_3轴的各个面上的应力；
莫尔圆C—平行于σ_1轴的各个面上的应力

图3－35　平行于各轴平面上的应力状态

图3－35中，σ_1、σ_3所确定的应力莫尔圆A反映了平行于中间应力轴的各面上的切向应力和法向应力；同样，由σ_1、σ_2以及σ_2、σ_3所确定的圆，分别表示平行于σ_3和σ_1的各个面上的应力状态。那些不平行于三个主应力轴平面上的法向应力和切向应力可由位于大应力莫尔圆A内部，其余两个较小的应力莫尔圆B、C外部的点$M(\sigma_u,\ \tau_u)$的坐标来确定。

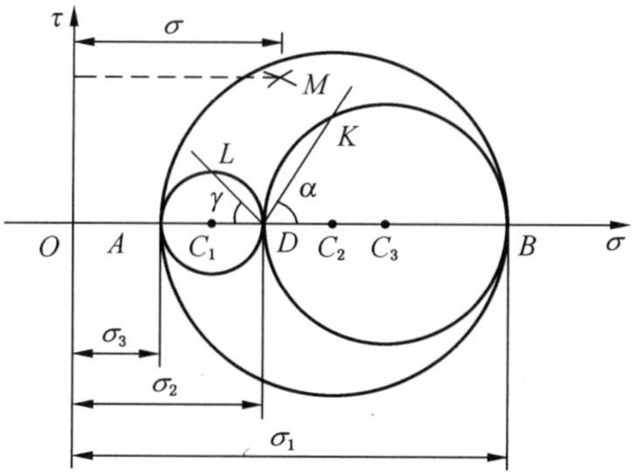

图3－36　三维应力状态的应力莫尔圆表示

M点可由几何作图法确定（图3－36）：以D为顶点作角BDK，使它等于该平面法线与主应力σ_1方向的夹角α；作角ADL，使其等于该平面法线与应力σ_3方向的夹角γ，分别以C_1和C_3为圆心，C_1K和C_3L为半径作弧，两弧的交点即为M点。注意：图3－36中C_1、C_2、C_3分别为应力莫尔圆$\odot\sigma_3-\sigma_2$、$\odot\sigma_3-\sigma_1$和$\odot\sigma_2-\sigma_1$的圆心，位于σ轴（横轴）上，对应的坐标值分别为$(\sigma_3+\sigma_2)/2$、$(\sigma_3+\sigma_1)/2$、$(\sigma_2+\sigma_1)/2$。

（二）莫尔强度准则

材料内部某一面上的剪应力达到与该面上法向应力有关的极限剪应力时，材料发生破坏，其强度条件为

$$\tau=f(\sigma) \tag{3-82}$$

式中　τ——破坏剪应力，MPa；

σ——剪切破坏面上的正应力，MPa。

上式的函数即为强度曲线，可以通过各种状态下的强度试验求得。

根据对岩石试件进行单向抗拉、单向抗压以及不同大小围压 σ_3 的三轴压缩试验结果，在 $\sigma-\tau$ 坐标平面上做出一系列代表这些极限应力状态的应力圆（极限应力圆）。这些极限应力圆的包络线就是岩石的强度曲线。

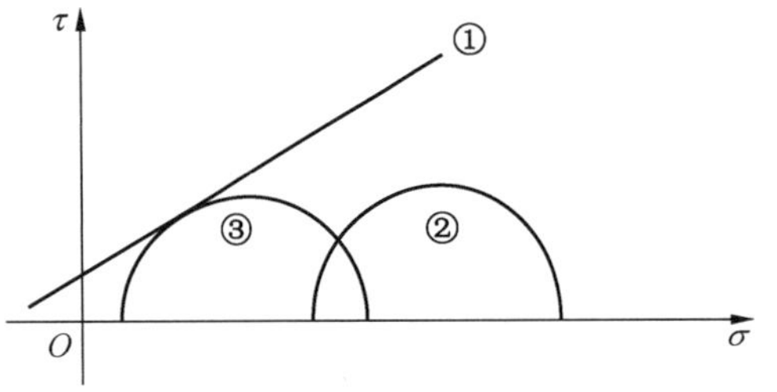

①—强度曲线；②—应力莫尔圆；③—极限应力莫尔圆

图 3－37　岩石破坏与否的判定

强度曲线表达了岩石沿任意剪切面剪坏的强度条件。或者说，强度曲线上每一点的坐标值都代表岩石沿某一个剪切面剪坏所需的剪应力和正应力。

可运用强度曲线判定岩石能否破坏：把应力莫尔圆和强度曲线放在同一个 $\sigma-\tau$ 坐标系中，若应力莫尔圆在包络线（$\tau=f(\sigma)$）之内，则岩石不破坏；若应力莫尔圆与强度曲线相切，则岩石处于极限平衡状态，如图 3－37 所示。因此，应力莫尔圆是否与强度曲线相切就成了判别岩石是否破坏的准则。由此，可以推导出岩石强度准则的数学表达式。

莫尔强度理论中强度曲线（极限应力圆包络线）的形状完全是由试验确定的。有人为了便于计算，提出了关于包络线型式的各种建议，例如斜直线型、双斜直线型、抛物线型、双曲线型等。

1. 斜直线型强度曲线

该强度曲线为直线，该直线与 σ 轴的交角 ϕ 称为内摩擦角，在 τ 轴上的截距为黏聚力 c，如图 3－38 所示。斜直线型强度曲线和其准则方程与库仑理论完全相同。

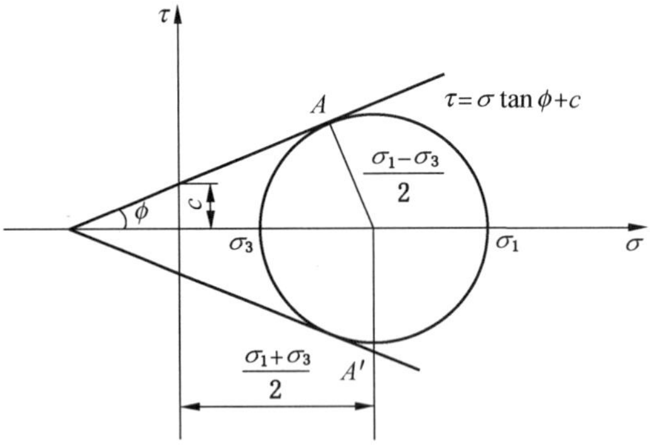

图 3－38　库仑－莫尔强度条件

设某单元体的极限应力莫尔圆与强度包络线相切，由图 3－38 所示关系得：

$$\sin\phi=\frac{\sigma_1-\sigma_3}{\sigma_1+\sigma_3+2c\cot\phi} \tag{3-83}$$

上式是斜直线型包络线强度条件的数学表达式。用它来判断岩石破坏与否时，破坏判

据可写为

$$\sin\phi \leqslant \frac{\sigma_1 - \sigma_3}{\sigma_1 + \sigma_3 + 2c\cot\phi}$$

或

$$\tau \geqslant \sigma\tan\phi + c$$

式中　ϕ——内摩擦角，(°)；

σ_1——最大主应力，MPa；

σ_3——最小主应力，MPa；

c——黏聚力，MPa；

τ——抗剪强度，MPa。

2. 双斜直线型强度曲线

岩石的试验强度曲线一般为曲线，可采用双斜直线来拟合。图 3-39 所示为长沙矿冶研究院对大理岩所作的强度曲线，采用双斜直线描述，即在低围压范围内以一段直线表示；在高压区以另一段直线表示。从图中可以看出，当 $\sigma \leqslant 19.5$ MPa 时，强度曲线方程可写成 $\tau = 9.5 + \sigma\tan66°$；当 $\sigma > 19.5$ MPa 时，强度曲线方程为 $\tau = 40.0 + \sigma\tan29.5°$。

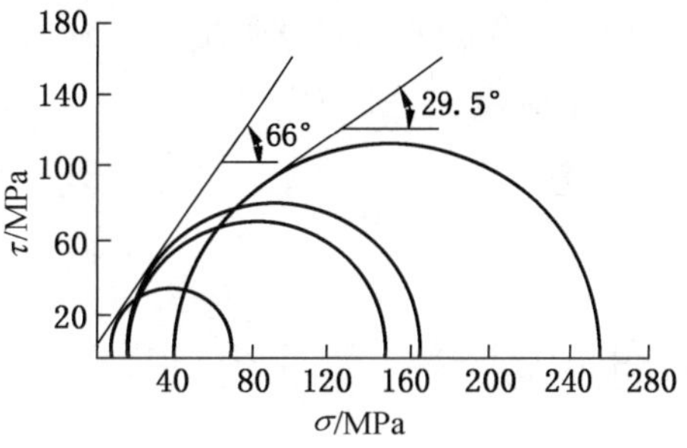

图 3-39　大理岩的双斜强度曲线

3. 抛物线型强度曲线

岩性较坚硬至较软弱的岩石的强度曲线近于抛物线型。

如图 3-40 所示，抛物线方程（强度条件）为

$$\tau^2 = n(\sigma + \sigma_t) \tag{3-84}$$

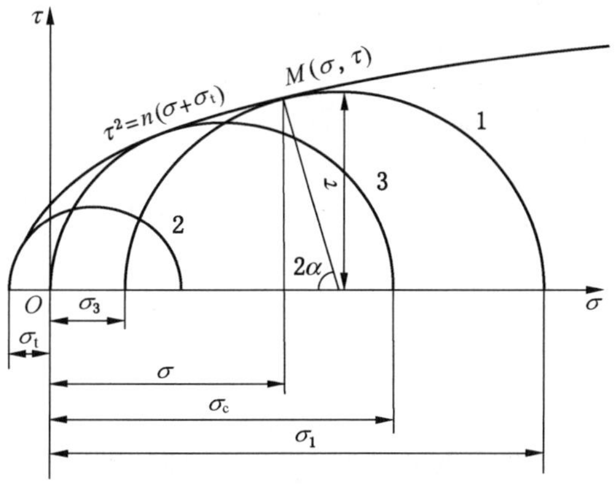

1—任意三向压缩应力莫尔圆；2—拉压应力莫尔圆；3—单向抗压应力莫尔圆

图 3-40　抛物线型强度曲线

利用图 3－40 中的关系，有：

$$\begin{cases}\dfrac{1}{2}(\sigma_1+\sigma_3)=\sigma+\tau\cot2\alpha\\ \dfrac{1}{2}(\sigma_1-\sigma_3)=\dfrac{\tau}{\sin2\alpha}\end{cases}\tag{3-85}$$

式中：τ、$\cot2\alpha$、$\sin2\alpha$ 可从式（3－86）和图 3－40 得到。

$$\begin{cases}\tau=\sqrt{n(\sigma+\sigma_t)}\\ \dfrac{d\tau}{d\sigma}=\cot2\alpha=\dfrac{n}{2\sqrt{n(\sigma+\sigma_t)}}\\ \dfrac{1}{\sin2\alpha}=\csc2\alpha=\sqrt{(1+\cot^2 2\alpha)}=\sqrt{1+\dfrac{n}{4(\sigma+\sigma_t)}}\end{cases}\tag{3-86}$$

将式（3－86）的有关项代入式（3－85），并消去式中的 σ 和 α，得二次抛物线型包络线的主应力表达式为

$$(\sigma_1-\sigma_3)^2=2n(\sigma_1+\sigma_3)+4n\sigma_t-n^2\tag{3-87}$$

在单轴压缩条件下，有 $\sigma_3=0$，$\sigma_1=\sigma_c$，则式（3－87）变为

$$n^2-2(\sigma_c+2\sigma_t)n+\sigma_c^2=0\tag{3-88}$$

由式（3－88）可近似解得：

$$n=\frac{\sigma_c^2}{2(\sigma_c+2\sigma_t)}\tag{3-89}$$

将式（3－89）代入式（3－84）和式（3－87），可分别得到用剪应力和主应力表达的二次抛物线型莫尔强度判据为

$$\tau^2\geqslant\frac{\sigma_c^2}{2(\sigma_c+2\sigma_t)}(\sigma+\sigma_t)\tag{3-90}$$

$$(\sigma_1-\sigma_3)^2\geqslant\frac{\sigma_c^2}{\sigma_c+2\sigma_t}(\sigma_1+\sigma_3+2\sigma_t)-\frac{\sigma_c^4}{4(\sigma_c+2\sigma_t)^2}\tag{3-91}$$

式中 σ_1——最大主应力，MPa；

σ_3——最小主应力，MPa；

σ——剪切破坏面上的正应力，MPa；

τ——抗剪强度，MPa；

α——斜截面上的法向应力与最大主应力作用面夹角，(°)；

σ_c——单轴抗压强度，MPa；

σ_t——岩石的抗拉强度，MPa；

n——试验参数，无量纲。

4. 双曲线型强度曲线

砂岩、石灰岩等较坚硬岩石的强度曲线近似于双曲线型。

如图 3－41 所示，双曲线型强度包络线方程（强度条件）为

$$\tau^2=(\sigma+\sigma_t)^2\tan\eta+\sigma_t(\sigma+\sigma_t)$$

破坏判据为

$$\tau^2 \geqslant (\sigma + \sigma_t)^2 \tan\eta + \sigma_t(\sigma + \sigma_t) \tag{3-92}$$

式中　τ——抗剪强度，MPa；

σ——剪切破坏面上的正应力，MPa；

σ_t——单轴抗拉强度，MPa；

η——包络线渐近线的倾角，$\tan\eta = \frac{1}{2}\left(\frac{\sigma_c}{\sigma_t} - 3\right)^{\frac{1}{2}}$，(°)。

当$\frac{\sigma_c}{\sigma_t} < 3$时，$\tan\eta$将成为虚数，故双曲线型强度包络线方程不适用于$\frac{\sigma_c}{\sigma_t} < 3$的岩石。

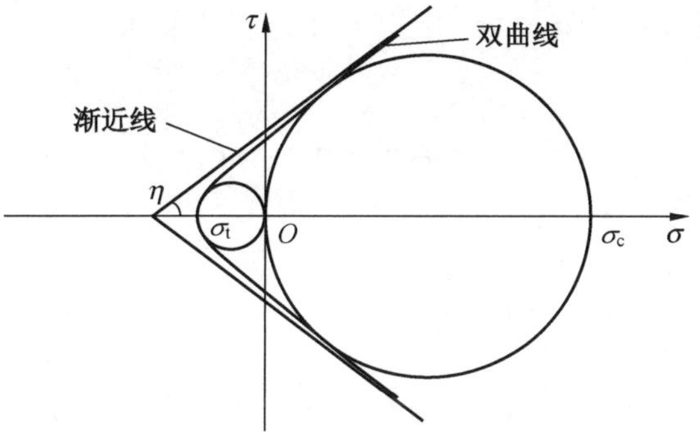

图3-41　双曲线型强度曲线

（三）莫尔强度理论的适用性

莫尔强度理论实质是剪应力强度理论。莫尔强度理论比较全面地反映了岩石的强度特性，既适用于塑性材料的剪切破坏，也适用于脆性材料的剪切破坏。同时，也反映了岩石抗拉强度远小于抗压强度这一特性，并能解释岩石在三向等拉时会破坏，而在三向等压时不会破坏（强度曲线在受压区不闭合）。但是，也存在两方面的不足：没有考虑中间主应力σ_2对强度的影响，根据试验结果分析，其影响程度在15%左右；岩石破坏时，其破坏角θ（剪破面与最大主应力σ_1的夹角）为（$45° - \phi/2$），大多数岩石在受压破坏时的结果较符合，但受拉破坏的拉裂面与拉应力方向近于垂直。另外，在多轴拉伸条件下，岩石破坏时破裂面上的法向压力为负值，破裂面分离，内摩擦的概念失去意义，故莫尔强度理论在拉应力区的适用性是一个值得探讨的问题。

四、剪应变能强度理论和八面体应力理论

剪应变能学说从能量观点出发，八面体应力理论以应力观点为基础，两种理论所得结果一致。

（一）剪应变能强度理论

剪应变能学说认为，当材料间应变能达到一定值时就会引起屈服（或破裂）。即材料在三向应力（σ_1，σ_2，σ_3）作用下，单位体积的形变能V与材料单纯受拉（或压）达到破坏的形变能相等时，材料就屈服了。由此，首先求三向受力时的形变能，再求单向受力

至破坏时的极限形变能，然后将两者联系起来，建立剪应变能强度条件和破坏准则。

1. 三向受力时的形变能

设单元体（即单位体积）受三向主应力 σ_1、σ_2、σ_3 作用，单元体变形的全应变能包括改变单元体形状所需的能量（形变能）和产生体积变化的能量（体变能），则有：

$$U = U_s + U_v \tag{3-93}$$

式中 U——单元体变形的全应变能，J；

U_s——三向受力时的形变能，J；

U_v——产生体积变化的能量（体变能），J。

所以，只要求得全应变能 U 和体变能 U_v，即可求得形变能 U_s。

设单元体在三个主力 σ_1、σ_2、σ_3 作用下在三个主轴方向产生的应变分别为 ε_1、ε_2、ε_3，则全应变能 U 为

$$U = \frac{1}{2}(\sigma_1\varepsilon_1 + \sigma_2\varepsilon_2 + \sigma_3\varepsilon_3) \tag{3-94}$$

由广义胡克定律

$$\begin{cases} \varepsilon_1 = \dfrac{1}{E}[\sigma_1 - \nu(\sigma_2 + \sigma_3)] \\ \varepsilon_2 = \dfrac{1}{E}[\sigma_2 - \nu(\sigma_3 + \sigma_1)] \\ \varepsilon_3 = \dfrac{1}{E}[\sigma_3 - \nu(\sigma_1 + \sigma_2)] \end{cases} \tag{3-95}$$

代入式（3-94），整理得：

$$U = \frac{1}{2E}[\sigma_1^2 + \sigma_2^2 + \sigma_3^2 - 2\nu(\sigma_1\sigma_2 + \sigma_2\sigma_3 + \sigma_3\sigma_1)] \tag{3-96}$$

体积应变能：

$$U_v = \frac{1}{2}\bar{\sigma} \cdot \varepsilon_v \tag{3-97}$$

平均应力：

$$\bar{\sigma} = \frac{1}{3}(\sigma_1 + \sigma_2 + \sigma_3) \tag{3-98}$$

体积应变：

$$\varepsilon_v = \varepsilon_1 + \varepsilon_2 + \varepsilon_3 \tag{3-99}$$

将式（3-95）代入式（3-99）整理得：

$$\varepsilon_v = \frac{1}{E}[\sigma_1 + \sigma_2 + \sigma_3 - 2\nu(\sigma_1 + \sigma_2 + \sigma_3)]$$

或

$$\varepsilon_v = \frac{3\bar{\sigma}}{E}(1 - 2\nu) \tag{3-100}$$

将式（3-100）代入式（3-97）得：

$$U_v = \frac{3\bar{\sigma}^2}{2E}(1 - 2\nu) \tag{3-101}$$

把式（3－98）代入式（3－101）得：

$$U_v = \frac{1-2\nu}{6E}(\sigma_1+\sigma_2+\sigma_3)^2 \tag{3-102}$$

把式（3－96）和式（3－102）代入式（3－93），化简后，则形变能为

$$U_s = \frac{1+\nu}{6E}[(\sigma_1-\sigma_2)^2+(\sigma_2-\sigma_3)^2+(\sigma_3-\sigma_1)^2] \tag{3-103}$$

式中　U——单元体变形的全应变能，J；
σ_1、σ_2、σ_3——三向应力，MPa；
ε_1、ε_2、ε_3——三个主轴方向的应变，无量纲；
E——岩石的弹性模量，MPa；
ν——泊松比，无量纲；
U_v——产生体积变化的能量（体变能），J；
$\overline{\sigma}$——平均应力，MPa；
ε_v——体积应变，无量纲；
U_s——三向受力时的形变能，J。

2. 材料单向受压至屈服时的形变能

单向受压时：$\sigma_2=\sigma_3=0$；屈服时：$\sigma_1=\sigma_y$（σ_y 为屈服强度）。

将上述条件代入式（3－103）可得单轴压缩屈服时的形变能：

$$U_{sy} = \frac{1+\nu}{3E}\sigma_y^2 \tag{3-104}$$

式中　U_{sy}——单轴压缩屈服时的形变能，J；
ν——泊松比，无量纲；
E——岩石的弹性模量，MPa；
σ_y——屈服强度，MPa。

3. 强度条件

应变能学说认为材料的屈服（或破坏）是由于 $U_{sy}=U_s$，所以由式（3－103）和式（3－104），可得强度条件为

$$\frac{1}{2}[(\sigma_1-\sigma_2)^2+(\sigma_2-\sigma_3)^2+(\sigma_3-\sigma_1)^2]=\sigma_y^2$$

则屈服判据为

$$\frac{1}{2}[(\sigma_1-\sigma_2)^2+(\sigma_2-\sigma_3)^2+(\sigma_3-\sigma_1)^2]\geqslant\sigma_y^2 \tag{3-105}$$

式中　σ_1、σ_2、σ_3——三向应力，MPa；
σ_y——屈服强度，MPa。

式（3－105）即为由应变能理论推导出的强度判据。

（二）八面体应力理论

八面体应力理论属剪应力强度理论，它认为：材料的破坏是由于八面体面上剪应力值达到临界值所引起的，该理论又称米赛斯（Mises）强度理论。

1. 八面体上的剪应力

首先研究物体内任一点 M 的应力状态。已知单元体三个主应力 σ_1、σ_2、σ_3，取坐标系 X、Y、Z 轴平行于 σ_1、σ_2、σ_3。作一面等倾于三个坐标轴（使此面的法线 N 与三个轴夹角相等），八个象限的等倾面构成一个封闭的正八面体，此八面体面上的剪应力和法向应力即为八面体应力。

为了研究等倾面上的应力，取一由等倾面与三个主应力面围成的四面体来研究，如图 3-42 所示。

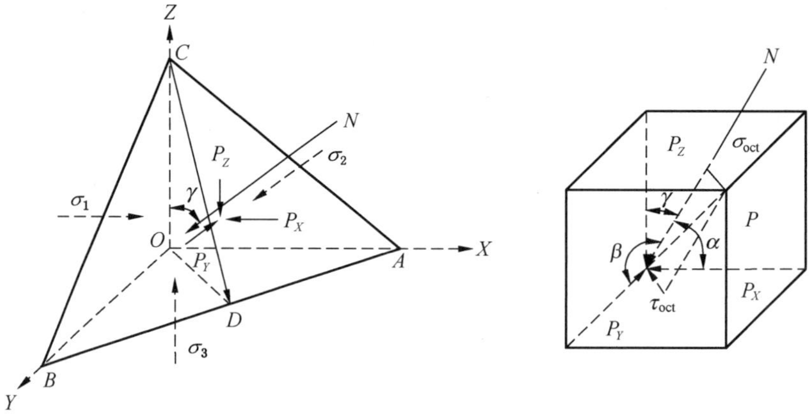

图 3-42　一点应力状态的四面体表示

图中等倾面的法线为 N，它与 X、Y、Z 轴之间的夹角分别为 α、β、γ。

令

$$\cos\alpha = l,\ \cos\beta = m,\ \cos\gamma = n$$

式中　α、β、γ——等倾面的法线 N 与 X、Y、Z 轴之间的夹角，(°)；

l、m、n——常数，无量纲。

因为等倾，所以 $l = m = n = \dfrac{1}{\sqrt{3}}$。

设等倾面 ABC 的面积为 S，则 σ_1、σ_2、σ_3 对应的三个主应力面 COB、AOC、AOB 的面积分别为 $S\cos\alpha$、$S\cos\beta$、$S\cos\gamma$。

据三个方向力的平衡条件得平衡方程：

$$\begin{cases} P_X S = \sigma_1 S\cos\alpha \\ P_Y S = \sigma_2 S\cos\beta \\ P_Z S = \sigma_3 S\cos\gamma \end{cases}$$

则

$$\begin{cases} P_X = \sigma_1 \cos\alpha \\ P_Y = \sigma_2 \cos\beta \\ P_Z = \sigma_3 \cos\gamma \end{cases} \tag{3-106}$$

等倾面上的合力为

$$P=\sqrt{P_X^2+P_Y^2+P_Z^2} \tag{3-107}$$

将式（3－106）代入式（3－107）得：

$$P=\frac{1}{\sqrt{3}}\sqrt{\sigma_1^2+\sigma_2^2+\sigma_3^2} \tag{3-108}$$

式中 P_X、P_Y、P_Z——等倾面上沿 X、Y、Z 轴的分力，MPa；

S——等倾面面积，cm^2；

σ_1、σ_2、σ_3——三向应力，MPa；

P——等倾面 S 上的合力，MPa。

由图 3－42 可见，等倾面 S 上的法向应力应为各分量 P_X、P_Y、P_Z 在 N 轴上的投影之和，即：

$$\sigma_{oct}=P_X\cos\alpha+P_Y\cos\beta+P_Z\cos\gamma=\sigma_1\cos\alpha^2+\sigma_2\cos\beta^2+\sigma_3\cos\gamma^2=\frac{1}{3}(\sigma_1+\sigma_2+\sigma_3)$$

这样，等倾面上的剪应力则为

$$\tau_{oct}=\sqrt{P^2-\sigma_{oct}^2}$$

$$\tau_{oct}=\frac{1}{3}\sqrt{(\sigma_1-\sigma_2)^2+(\sigma_2-\sigma_3)^2+(\sigma_3-\sigma_1)^2} \tag{3-109}$$

式中 σ_{oct}——等倾面上的法向应力，MPa；

α、β、γ——等斜面的法线 N 与 X、Y、Z 轴之间的夹角，（°）；

τ_{oct}——等倾面上的剪应力，MPa；

其他符号意义同上。

2. 强度条件

八面体应力理论认为，材料的八面体面上剪应力达到临界值时，材料就屈服（或破坏）。但对这一临界值，不同学者有不同的看法，从而得出了不同的强度条件。

米赛斯（Mises）认为，当八面体面上的剪应力等于材料单向受力至屈服时八面体上的极限剪应力值时，材料屈服。

单向受力至极限状态时，八面体面上的极限剪应力可由式（3－109）求出。在单向受力至极限状态时 $\sigma_1=\sigma_y$，$\sigma_2=\sigma_3=0$，σ_y 为屈服应力。

代入式（3－109）得：

$$\tau_{oct(极)}=\frac{\sqrt{2}}{3}\sigma_y$$

米赛斯屈服条件可写为

$$\frac{1}{3}[(\sigma_1-\sigma_2)^2+(\sigma_2-\sigma_3)^2+(\sigma_3-\sigma_1)^2]^{\frac{1}{2}}=\frac{\sqrt{2}}{3}\sigma_y$$

或

$$(\sigma_1-\sigma_2)^2+(\sigma_2-\sigma_3)^2+(\sigma_3-\sigma_1)^2=2\sigma_y^2 \tag{3-110}$$

式中 $\tau_{oct(极)}$——等倾面上的极限剪应力，MPa；

σ_y——屈服应力，MPa；

σ_1、σ_2、σ_3——三向应力，MPa。

上式表达的强度条件与根据应变能学说得到的强度条件式（3-105）相同。

3. 几何解释

式（3-110）表达的强度条件，在主轴坐标系中为一圆柱形曲面。圆柱的轴线为 $\sigma_1=\sigma_2=\sigma_3$（直线），圆柱的半径 $r=\sqrt{\frac{2}{3}}\sigma_y$，如图 3-43 所示。

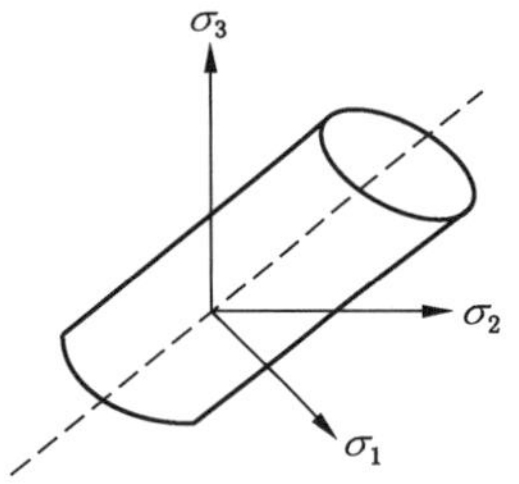

图 3-43 米赛斯强度曲面

图 3-43 所示的圆柱面即为米赛斯强度曲面。材料受到的 σ_1、σ_2、σ_3 投放在主轴坐标系中为一个状态点，根据此点与米塞斯强度曲面的相对位置对材料的破坏与否做出判断。在圆柱体内，材料不屈服；在圆柱面上，材料达到极限状态；在圆柱面外，材料发生塑性流动破坏。

更简便的方法是把圆柱面投影到与其轴线相垂直的平面内得到米赛斯圆（图 3-44）。圆的半径 $r_0=\sqrt{\frac{2}{3}}\sigma_y$，圆周为强度曲线，然后按材料所受的三向应力 σ_1、σ_2、σ_3 求出应力圆（强度曲线）半径，即：

$$r=\frac{1}{\sqrt{3}}[(\sigma_1-\sigma_2)^2+(\sigma_2-\sigma_3)^2+(\sigma_3-\sigma_1)^2]^{\frac{1}{2}} \tag{3-111}$$

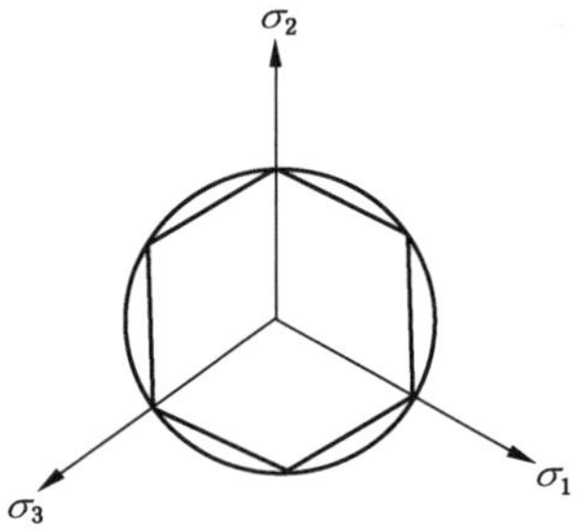

图 3-44 米赛斯强度曲面投影面

式中 r——应力圆（强度曲线）半径，cm；

σ_1、σ_2、σ_3——三向应力，MPa。

若 $r<r_0$，材料不屈服；$r\geq r_0$，材料屈服。

4. 剪应变能强度理论与八面体应力理论的适用性

优点：弥补了莫尔强度没有考虑中间应力轴 σ_2 的不足。试验证明，应变能理论和八面体应力理论对以延性破坏为主的岩石结果比较符合。

缺点：由式（3-110）表达的强度条件可知

在单向拉伸条件下：

$$\sigma_1=\sigma_2=0,\quad \sigma_3=-\sigma_y<0$$

在单轴压缩条件下：

$$\sigma_2=\sigma_3=0,\quad \sigma_1=\sigma_y>0$$

式中 σ_1、σ_2、σ_3——三向应力，MPa；

σ_y——屈服应力，MPa。

由此得出岩石抗拉和抗压的屈服强度都是相同的，这与岩石实际情况不相符合。

5. Nadai（纳达依）假说

纳达依强度条件认为，材料的破坏是由于八面体面上剪应力达到临界值所致，而这一临界值又是八面体上法向应力的函数，其强度条件为

$$\tau_{oct}=f(\sigma_{oct}) \tag{3-112}$$

式中　τ_{oct}——等倾面上的剪应力，MPa；

σ_{oct}——法向应力，MPa。

这时，强度曲面不再是圆柱形（图 3－45），这种强度曲面要比圆柱形曲面更能反映岩石的实际情况。

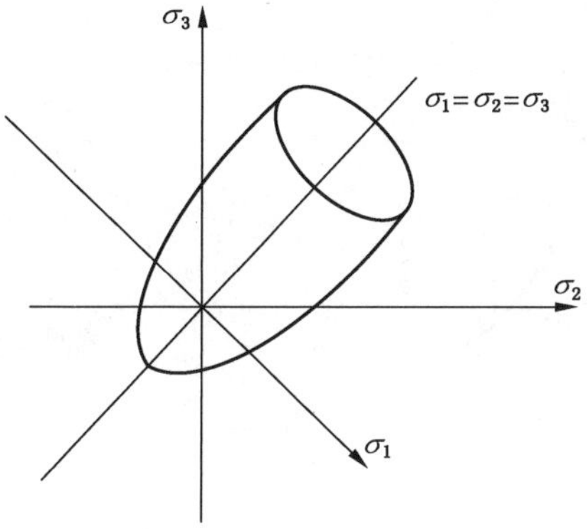

图 3－45　$\tau_{oct}=f(\sigma_{oct})$ 强度曲面

五、格里菲斯强度理论（Griffith's strength theory）

以上讨论的强度理论把岩石看成完整无裂隙的连续介质，而大部分呈脆性破坏的（岩石）材料其实际强度与上述理论预测强度相比存在不同程度的离散性（有误差）。

格里菲斯 1920 年首次指出，上述离散性起因于固体内存在的微小裂纹，破坏是从微小裂纹处开始的，并提出了一套现今称为格里菲斯强度理论的学说。格里菲斯认为，即使像玻璃那样的脆性材料，其内部也含有潜在的裂纹。如果施加外力，在裂纹周围将引起极大的应力集中。在某种情况下，应力集中产生的应力达到所加应力的 100 倍，这时，材料的破坏不是受本身强度的控制，而是取决于材料内部裂纹周围的应力状态。

（一）观点

裂纹扩展的应力强度理论认为有裂纹的物体受力后，由于应力集中，材料内部裂纹边壁附近平行于裂纹边壁的切向拉应力水平超过材料的承受能力（抗拉强度）时，裂纹就开始扩展，随着裂纹扩大，最终导致材料断裂。

（二）概念表达式

从裂纹尖端的局部应力场导出裂纹扩展的临界值。这需要从两个方面入手：首先要知道裂纹边壁附近材料中平行裂纹边壁的切向拉应力 σ_b；其次要了解材料能够承受的拉应力极限值，建立应力与强度相联系的强度准则 $\sigma_b=\sigma_0$。

（三）应力表达式

1. 裂纹局部坐标系应力分量的表达式

如图 3－46 所示，将裂纹简化为扁度很大的椭圆柱面，建立裂纹的局部坐标系。

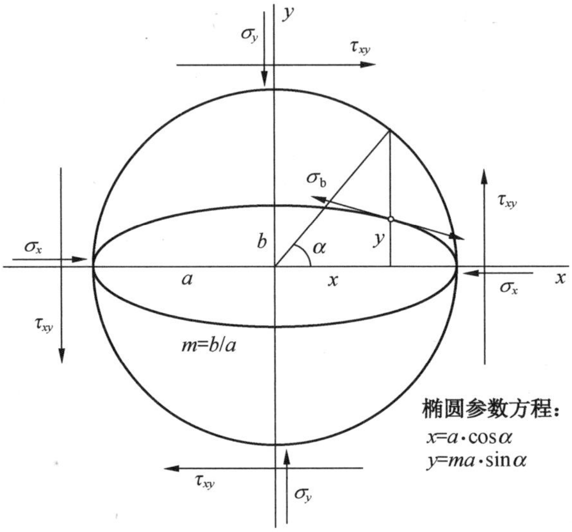

图 3－46　裂纹（简化为椭圆柱面）局部坐标系应力分量

扁平圆裂纹在σ_x、σ_y、τ_{xy}的作用下，其边壁上的切向拉（压）应力可由下式求得：

$$\sigma_b=\frac{1}{m^2\cos^2\alpha+\sin^2\alpha}\{\sigma_x[(1+2m)\sin^2\alpha-m^2\cos^2\alpha]+\sigma_y[m(m+2)\cos^2\alpha-\sin^2\alpha]-\tau_{xy}[2(1+m^2)\sin\alpha\cos\alpha]\}\tag{3-113}$$

2. 裂纹边壁拉应力集中部位和拉应力最大值——第一极值

对α求极值，在裂纹边壁上寻找σ_b的最大值。由于应力集中部位总是在尖角部位发生，所以，对应裂纹边壁拉应力集中部位，α很小。据此可以将式（3－113）充分简化。

当$\alpha\to0$时，$\sin\alpha\to\alpha$，$\cos\alpha\to1$，把此条件代入式（3－113），并略去二次方以上的高次微量，得到裂纹尖端附近边壁切向拉力的近似表达式：

$$\sigma_b=\frac{2(\sigma_y m-\tau_{xy}\alpha)}{m^2+\alpha^2}\tag{3-114}$$

为求σ_b最大值，取$\frac{d\sigma_b}{d\alpha}=0$，得：

$$\sigma_y=\frac{\alpha^2-m^2}{2\alpha m}\tau_{xy}\tag{3-115}$$

把式（3－115）代入式（3－114）得：

$$\sigma_b=-\frac{\tau_{xy}}{\alpha}\tag{3-116}$$

将式（3－116）代入式（3－114）整理得：

$$\frac{1}{\alpha^2}+\frac{2\sigma_y}{m\tau_{xy}}\frac{1}{\alpha}-\frac{1}{m^2}=0$$

从上式中解出$\frac{1}{\alpha}$：

$$\frac{1}{\alpha} = -\frac{1}{m\tau_{xy}}\left[\sigma_y \pm (\sigma_y^2 + \tau_{xy}^2)^{1/2}\right]$$

代入式（3－116）：

$$\sigma_b m = \sigma_y \pm (\sigma_y^2 + \tau_{xy}^2)^{1/2} \tag{3-117}$$

上式即为用σ_y、τ_{xy}表示的裂纹尖端的最大切向拉（压）应力值。

式中　σ_b——椭圆形裂纹边壁上的切向拉（压）应力，MPa；

m——裂纹形状系数，$m=\frac{b}{a}$（a为椭圆长半轴，b为椭圆短半轴），无量纲；

α——椭圆偏心角（图3－46），（°）；

σ_x、σ_y——径向应力，MPa；

τ_{xy}——平行裂纹方向的剪应力，MPa。

3. 相对于裂纹产状变化的裂纹边壁拉应力最大值——第二极值

对β求极值，寻找使得σ_b最大的裂纹产状。

裂纹附近局部应力场如图3－47所示，裂纹长轴方向（x）与最大主应力（σ_1）方向的夹角为β。在裂纹附近，按裂纹局部坐标系表示的应力分量（σ_x，σ_y，σ_{xy}）与主应力分量（σ_1，σ_3）的关系为

$$\begin{cases} 2\sigma_x = (\sigma_1+\sigma_3) + (\sigma_1-\sigma_3)\cos 2\beta \\ 2\sigma_y = (\sigma_1+\sigma_3) - (\sigma_1-\sigma_3)\cos 2\beta \\ 2\tau_{xy} = (\sigma_1-\sigma_3)\sin 2\beta \end{cases} \tag{3-118}$$

式中　σ_x、σ_y、σ_z——裂纹附近的应力，MPa；

σ_1——最大主应力，MPa；

σ_3——最小主应力，MPa；

β——破裂发生角，（°）。

将式（3－118）代入式（3－117）整理得：

$$\sigma_b \cdot m = \frac{1}{2}[(\sigma_1+\sigma_3)-(\sigma_1-\sigma_3)\cos 2\beta] \pm \left(\frac{\sigma_1^2+\sigma_3^2}{2} - \frac{\sigma_1^2-\sigma_3^2}{2}\cos 2\beta\right)^{1/2} \tag{3-119}$$

令$\frac{d\sigma_b}{d\beta}=0$得：

$$\sin 2\beta \cdot \left[(\sigma_1-\sigma_3) \pm \frac{\sigma_1^2-\sigma_3^2}{2\left(\frac{\sigma_1^2+\sigma_3^2}{2}-\frac{\sigma_1^2-\sigma_3^2}{2}\cos 2\beta\right)^{1/2}}\right]=0$$

解出：

$$\begin{cases} \beta = 0° \\ \cos 2\beta = \frac{\sigma_1-\sigma_3}{2(\sigma_1+\sigma_3)} \end{cases} \tag{3-120}$$

把$\beta=0°$代入式（3－119）得：

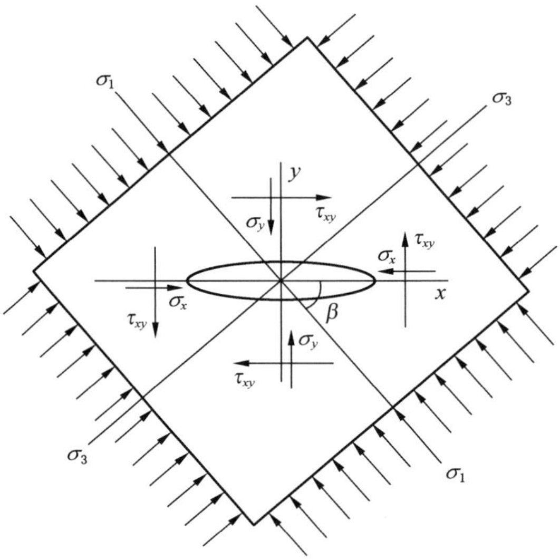

图 3－47 裂纹局部坐标系和主应力坐标系的关系

$$\sigma_b \cdot m = \sigma_3 \pm \sigma_3 = \begin{cases} 2\sigma_3 \\ 0 \end{cases}$$

$\sigma_b \cdot m = 0$ 无意义，所以有：

$$\sigma_b \cdot m = 2\sigma_3 \tag{3-121}$$

把 $\cos 2\beta = \dfrac{\sigma_1 - \sigma_3}{2(\sigma_1 + \sigma_3)}$ 代入式（3－119）得：

$$\sigma_b \cdot m = \frac{1}{4(\sigma_1 + \sigma_3)}[(\sigma_1 + \sigma_3)^2 + 4\sigma_1\sigma_3 \pm 2(\sigma_1 + \sigma_3)^2]$$

即：

$$\sigma_b \cdot m = \begin{cases} \dfrac{1}{4(\sigma_1 + \sigma_3)}[3(\sigma_1 + \sigma_3)^2 + 4\sigma_1\sigma_3] \\ -\dfrac{(\sigma_1 - \sigma_3)^2}{4(\sigma_1 + \sigma_3)} \end{cases}$$

考虑物理的合理性，取：

$$\sigma_b \cdot m = -\frac{(\sigma_1 - \sigma_3)^2}{4(\sigma_1 + \sigma_3)} \tag{3-122}$$

上式成立的条件是：$|\cos 2\beta| = \left|\dfrac{\sigma_1 - \sigma_3}{2(\sigma_1 + \sigma_3)}\right| < 1$，即 $\sigma_1 + 3\sigma_3 > 0$。

当 β 不满足 $|\cos 2\beta| = \left|\dfrac{\sigma_1 - \sigma_3}{2(\sigma_1 + \sigma_3)}\right| < 1$ 时，即 $\sigma_1 + 3\sigma_3 \leqslant 0$，取 $\beta = 0°$，裂纹边壁附近的切向最大拉应力按式（3－121）计算。

式（3－121）和式（3－122）就是在主轴坐标系（用主应力表示的）裂纹边壁最大

拉应力的表达式。这两个表达式成立的条件表明，裂纹长轴与最大主应力平行（$\beta=0°$）或裂纹长轴与最大主应力的夹角β满足$|\cos2\beta|=\left|\dfrac{\sigma_1-\sigma_3}{2(\sigma_1+\sigma_3)}\right|<1$的裂纹容易发生扩展。

（四）强度准则

得到裂纹边壁最大拉应力σ_b的表达后，再对极限状态的概念表达式$\sigma_b=\sigma_0$右侧的拉应力极限值进行标定，即可得出格里菲斯强度准则（判据）。

1. 裂纹长轴与最大主应力方向平行

$\beta=0°$，$\sigma_1+3\sigma_3\leqslant0$，如图3－48所示。

考虑单向拉伸试验，即：$\sigma_1=0$，$\sigma_3<0$，$\sigma_3\to\sigma_t$。材料破坏时有$\sigma_3=\sigma_t$，代入式(3－121)得：

$$\sigma_b\cdot m=2\sigma_t \quad (3-123)$$

式（3－123）也是使得裂纹发生扩展的边壁最大拉应力满足的应力条件，即：

$$\sigma_b=\sigma_0=\frac{2}{m}\sigma_t$$

就是使裂纹发生扩展的极限应力值。对$\beta=0°$这种情况，按主应力建立的强度准则为

$$\sigma_3=\sigma_t \quad (\sigma_3<0) \quad (3-124)$$

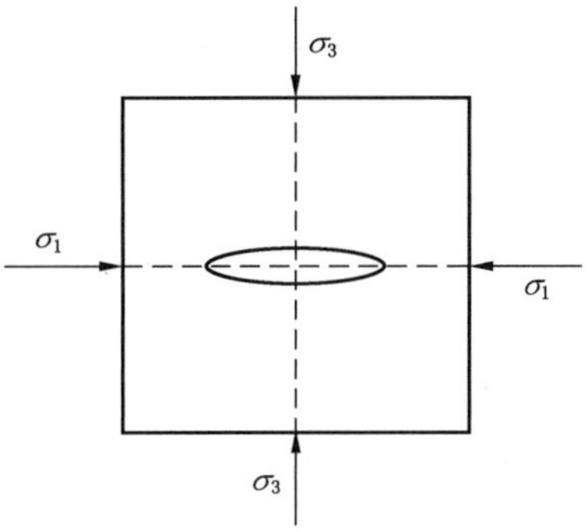

图3－48 裂纹长轴平行于σ_1的情况

2. 裂纹长轴与最大主应力方向不平行

$\beta\neq0°$，$\sigma_1+3\sigma_3>0$，如图3－49所示。把式（3－123）代入式（3－122）整理得到以主应力表达的裂纹扩展的强度准则为

$$\frac{(\sigma_1-\sigma_3)^2}{\sigma_1+\sigma_3}=-8\sigma_t \quad (3-125)$$

考虑单轴压缩的情况，令$\sigma_3=0$，$\sigma_1=\sigma_c$，代入式(3－125)和式$\cos2\beta=\dfrac{\sigma_1-\sigma_3}{2(\sigma_1+\sigma_3)}$得：

$$\sigma_c=-8\sigma_t$$

$$\cos2\beta=0.5，\beta=30°$$

根据以上两个结果可以得到以下认识：①按照格里菲斯强度理论，岩石的抗压强度是其抗拉强度的8倍；②在单向受压情况下，长轴与轴向压力呈30°夹角的裂纹最容易扩展。

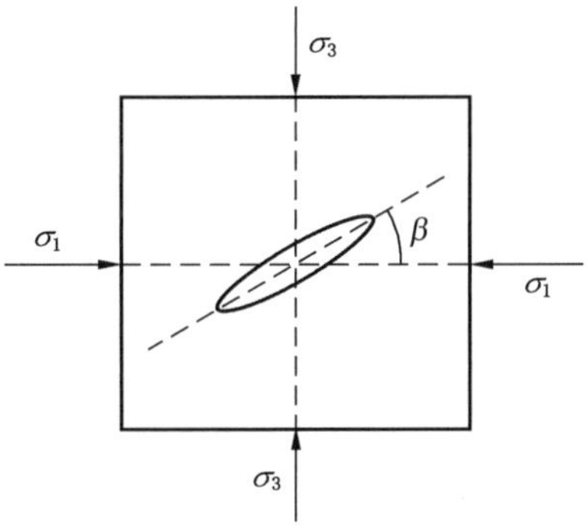

图3－49 裂纹长轴不平行于σ_1的情况

（五）裂纹的扩展方向

裂纹扩展方向与裂纹边壁最大拉应力作用点处的边壁法线方向一致。

1. $\beta=0°$时的裂纹扩展方向

对$\beta=0°$的情况，裂纹的扩展方向与原裂纹长轴方向一致。

2. $\beta\neq0°$时的裂纹扩展方向

确定新裂纹的扩展方向涉及三个角度：α——裂纹边壁(椭圆)位置参考角（图3－46）；

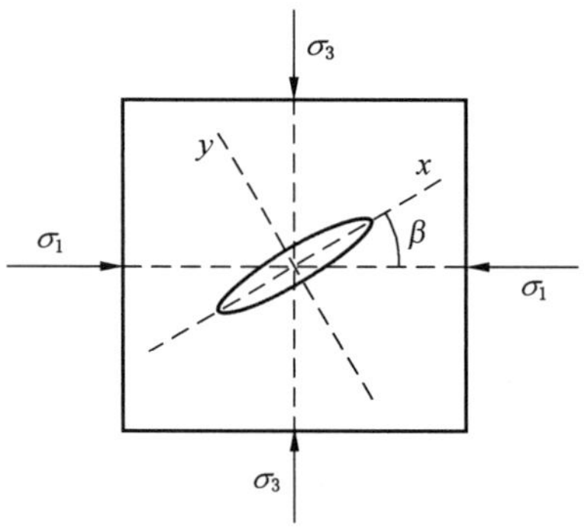

图 3-50 裂纹相对于主轴坐标系的产状

β——裂纹长轴与最大主应力方向之间的夹角（图 3-47、图 3-50）；γ——新裂纹开裂方向与原裂纹长轴方向之间的夹角（图 3-51、图 3-52）。

γ 与裂纹边壁轨迹（椭圆）位置参考角 α 有关，可以通过曲线的切线与法线的关系确定；α、β 均与裂纹附近的应力相关，通过裂纹扩展时裂纹附近的应力可以建立两者之间的关系；最后，可以建立起 γ 与 β 的关系。β 可以根据主应力值（σ_1，σ_3）按式（3-120）中的第二式确定。从而，最后确定裂纹扩展方向。分析过程归纳如图 3-51 所示。

1）$\gamma-\alpha$ 的关系

如图 3-52 所示，曲线 $y=f(x)$ 的切线斜率 $k_{切}$ 为

$$k_{切}=\frac{\mathrm{d}y}{\mathrm{d}x}=\tan\varphi$$

曲线的法线斜率 $k_{法}$ 为

$$k_{法}=-\frac{1}{k_{切}}=-\frac{\mathrm{d}x}{\mathrm{d}y}=\tan\gamma$$

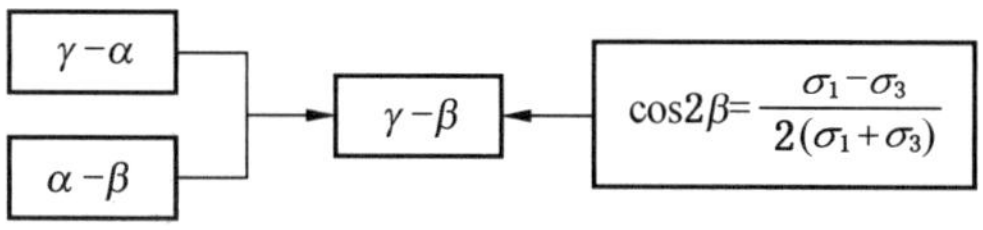

图 3-51 裂纹扩展方向分析过程

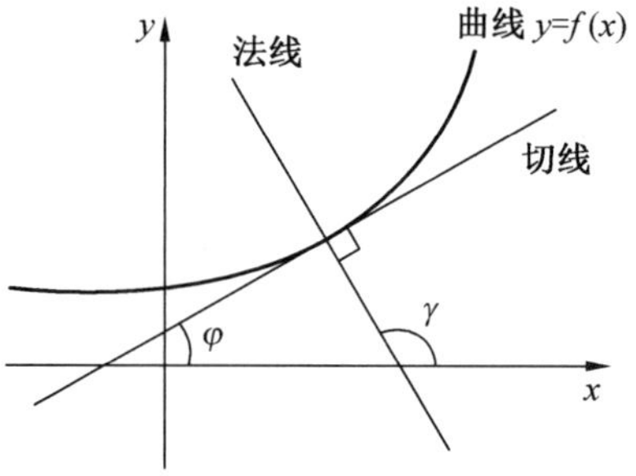

图 3-52 曲线的切线和法线的关系

椭圆裂纹边壁参数方程：

$$x=a\cdot\cos\alpha$$

$$y=ma\cdot\cos\alpha$$

$$\tan\gamma=-\frac{\mathrm{d}x}{\mathrm{d}y}=-\frac{-a\cdot\sin\alpha\cdot\mathrm{d}\alpha}{ma\cdot\cos\alpha\cdot\mathrm{d}\alpha}=\frac{\tan\alpha}{m}$$

当 α 很小时，$\tan\alpha\approx\alpha$，从而有：

$$\tan\gamma=\frac{\alpha}{m}\tag{3-126}$$

2）$\alpha-\beta$ 的关系

根据对裂纹边壁最大拉应力的分析过程可知，裂纹边壁上的最大拉应力作用位置由两个几何参数控制：一个是椭圆轨迹位置参考角 α（图 3-46）；另一个是椭圆长轴与最大

主应力方向之间的夹角 β（图 3－50）。α、β 均与裂纹附近的应力相关，通过裂纹扩展时裂纹附近的应力可以建立两者之间的关系。

首先，建立 β 与应力的关系。将式（3－123）代入式（3－117）整理得：

$$\tau_{xy}^2 = 4\sigma_t(\sigma_t - \sigma_y) \tag{3-127}$$

式（3－127）中的变量是（σ_y，τ_{xy}），在 $\tau-\sigma$ 坐标系中它是一个抛物线方程，相当于莫尔强度理论的抛物线型强度包络线，如图 3－53 所示。

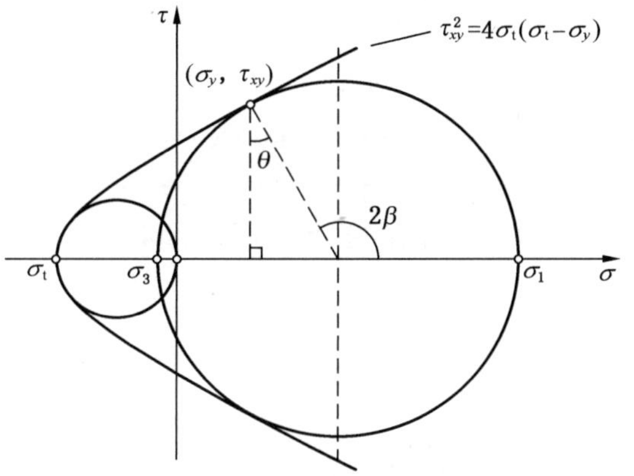

图 3－53　格里菲斯强度包络线

图 3－53 中主应力（σ_1，σ_3）对应的莫尔圆与强度包络线相切，切点处的应力值（σ_y，τ_{xy}）就是裂纹开始扩展时作用在裂纹附近的局部应力分量。切点处的切线斜率 $k_{切}$ 为

$$k_{切} = \tan\theta = \frac{d\tau}{d\sigma} = \frac{d\tau_{xy}}{d\sigma_y} \tag{3-128}$$

对式（3－127）进行微分得：

$$2\tau_{xy}d\tau_{xy} = -4\sigma_t d\sigma_y$$

即：

$$\frac{d\tau_{xy}}{d\sigma_y} = -\frac{2\sigma_t}{\tau_{xy}}$$

上式代入式（3－128）得：

$$\tan\theta = -\frac{2\sigma_t}{\tau_{xy}} \tag{3-129}$$

另外，由图 3－53 所示几何关系有：

$$\theta = 2\beta - 90°,\ \tan\theta = -\cot 2\beta = -\frac{1}{\tan 2\beta}$$

将式（3－129）代入上式得：

$$\tan 2\beta = \frac{\tau_{xy}}{2\sigma_t} \tag{3-130}$$

其次，建立 α 与应力的关系。按式（3－116）有：

$$\sigma_b = -\frac{\tau_{xy}}{\alpha}$$

按式（3－123）有：
$$\sigma_b \cdot m = 2\sigma_t$$

综合以上两式得：
$$\alpha = -\frac{m\tau_{xy}}{2\sigma_t} \tag{3－131}$$

因此，把式（3－130）代入式（3－131），可得 $\alpha-\beta$ 关系：

$$\alpha = -m \cdot \tan 2\beta \tag{3－132}$$

3）$\gamma-\beta$ 的关系

把式（3－132）代入式（3－126）得：

$$\tan\gamma = -\tan 2\beta$$

即：
$$\gamma = -2\beta \tag{3－133}$$

新裂纹扩展方向与原裂纹长轴方向的关系如图 3－54 所示。

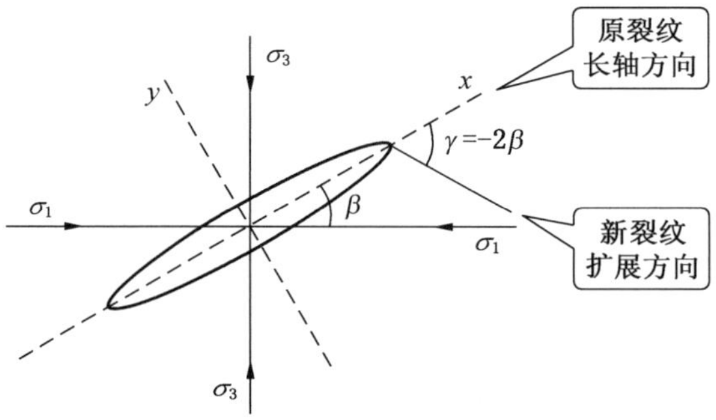

图 3－54　原裂纹长轴与最大主应力不平行时的裂纹扩展方向

表 3－14　格里菲斯强度准则一览表

应　力　条　件	$\beta \neq 0°$，$\sigma_1+3\sigma_3 \geq 0$	$\beta=0°$，$\sigma_1+3\sigma_3<0$
图形	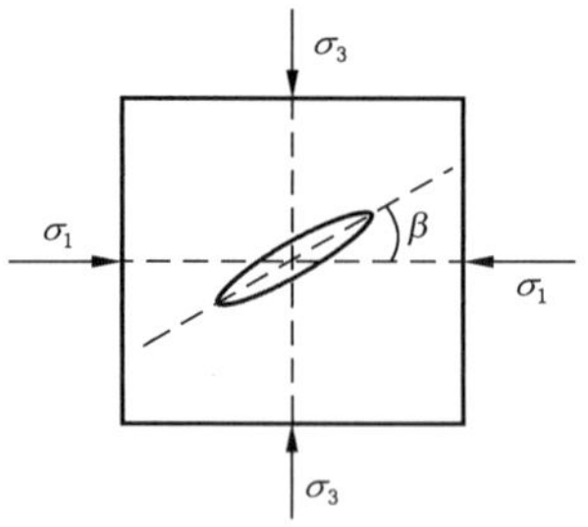	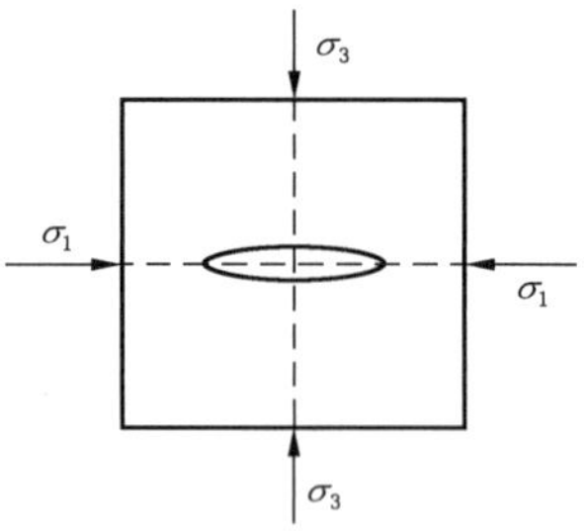
最易扩展的裂纹产状	$\cos 2\beta = \frac{\sigma_1-\sigma_3}{2(\sigma_1+\sigma_3)}$	$\beta=0°$
裂纹发生扩展的强度准则	$\frac{(\sigma_1-\sigma_3)^2}{\sigma_1+\sigma_3}=-8\sigma_t$	$\sigma_3=\sigma_t$
最易发生扩展的位置与新裂纹扩展方向	在原裂纹前端附近，新裂纹扩展方向与原裂纹长轴夹角为 -2β	在原裂纹前端附近，新裂纹扩展方向与原裂纹长轴平行

由表3－14可知，由格里菲斯强度理论推得材料单轴抗压强度是抗拉强度的8倍，这反映的是脆性材料的基本力学特征；材料发生断裂时，可能处于各种应力状态。不论何种应力状态，材料都是因裂纹尖端附近达到极限拉应力而断裂开始扩展，即材料的破坏机理是拉伸破坏。新裂纹与最大主应力方向斜交，而且扩展方向会最终趋于与最大主应力平行。

六、德鲁克－普拉格准则

莫尔强度理论体现了岩石材料压剪破坏的实质，所以获得了广泛应用。但这类强度准则没有反映中间主应力的影响，不能解释岩石材料在静水压力下也能屈服或破坏的现象。

德鲁克－普拉格（Drucker－Prager）准则（即D－P准则）是在莫尔强度理论和塑性力学中著名的米赛斯（Mises）准则基础上的扩展和推广：

$$f=\alpha I_1+\sqrt{J_2}-K=0 \tag{3-134}$$

$$I_1=\sigma_{ii}=\sigma_1+\sigma_2+\sigma_3=\sigma_x+\sigma_y+\sigma_z$$

$$\begin{aligned}J_2&=\frac{1}{2}s_i s_i=\frac{1}{6}[(\sigma_1-\sigma_2)^2+(\sigma_2-\sigma_3)^2+(\sigma_3-\sigma_1)^2]\\&=\frac{1}{6}[(\sigma_x-\sigma_y)^2+(\sigma_y-\sigma_z)^2+(\sigma_z-\sigma_x)^2]+6(\tau_{xy}^2+\tau_{yz}^2+\tau_{zx}^2)\end{aligned}$$

$$\begin{cases}\alpha=\dfrac{2\sin\phi}{\sqrt{3}(3-\sin\phi)}\\[2ex]K=\dfrac{6c\cos\phi}{\sqrt{3}(3-\sin\phi)}\end{cases}$$

式中　I_1——应力第一不变量，MPa；

J_2——应力偏量第二不变量，MPa；

α、K——仅与岩石的内摩擦角和黏聚力有关的试验常数，无量纲。

德鲁克－普拉格准则计入了中间主应力的影响，又考虑了静水压力的作用，克服了莫尔强度理论的主要弱点，已在国内外岩土力学与工程的数值计算分析中获得广泛应用。

练习题

1. 简述影响岩石密度大小的因素有哪些。
2. 岩石在单轴压力作用下破坏的机理及强度的本质是什么？
3. 什么是岩石的弹性后效？弹性后效的本质是什么？
4. 岩石在单轴压力作用下破坏前的应力－应变曲线有哪些基本类型？分别代表什么样的变形性质？
5. 岩石在循环荷载条件下其变形和破坏有哪些现象和特点？
6. 什么是岩石的“应变强化”现象和“岩石的记忆”现象？
7. 简述岩石“记忆”的机理。
8. 什么是岩石的软化性？用什么指标来表示？该指标在岩体工程中有何意义？

9. 岩石在冻融作用下强度降低和破坏的原因是什么？

10. 简述岩石循环荷载试验中回滞环的形成机理。

11. 试述围压对岩石变形、破坏和强度的影响。

12. 简述岩石蠕变曲线各阶段的力学特征。

13. 一个 5 cm×5 cm×10 cm 试样，其质量为 678 g，用球磨机磨成岩粉并进行风干，天平称得其质量为 650 g，取其中岩粉 60 g 作比重实验，岩粉装入李氏瓶前，煤油的读数为 0.5 cm^3，装入岩粉后静置半小时，得读数为 20.3 cm^3，求该岩石的天然密度、干密度比重、岩石天然孔隙率（不计煤油随温度的体积变化）。

14. 由试验测得某岩石的干块体密度为 2.58 g/cm^3，颗粒密度为 2.63 g/cm^3，吸水率为 0.45%，饱水率为 0.75%，求该岩石的空隙率、总开型空隙率、大开型空隙率、饱水系数。

15. 在某种岩石的三轴试验中，围压 $\sigma_3 = 15$ MPa，岩石试件破坏时 $\sigma_1 = 105$ MPa。破坏面与最大主应力平面的夹角为 65°。按照莫尔－库仑强度理论计算：

（1）内摩擦角 ϕ。

（2）破坏面上的正应力和剪应力。

（3）岩石试件的黏聚力 c 值。

（4）与最大主应力面夹角为 55°斜截面上的抗剪强度。

第四章　结构面的力学性质

在岩体形成过程中，经受了各种复杂的地质作用，因而在岩体中发育有节理、断层等结构面，形成了极其复杂的岩体物理力学性质。由于结构面的存在，特别是软弱夹层的存在，极大地削弱了岩体的力学性质及其稳定性。在工程荷载范围内（一般小于 10 MPa），工程岩体的失稳破坏中有相当一部分是沿软弱结构面破坏的，如法国马尔帕塞坝、意大利瓦伊昂水库左岸滑坡等，都是岩体沿某些软弱结构面滑移失稳造成的。在工程荷载作用下，结构面及其填充物的变形是岩体变形的主要组分，控制着工程岩体的变形特性。结构面是岩体中渗透水流的主要通道，结构面的变形又将极大地改变岩体的渗透性。岩体中的应力分布以及岩体的强度也会受到结构面及其力学性质的影响。因此，研究结构面的力学性质，包括结构面的变形与强度性质，在工程中具有十分重要的实际意义。

第一节　结构面的变形性质

结构面的变形性质主要包括结构面的法向变形性质和切向变形性质。法向变形性质主要受结构面张开度、粗糙度、壁岩强度、加卸载循环次数等因素的影响；而切向变形性质受结构面风化程度、成因类型、填充物质等因素的影响。本节对结构面的这两类变形性质进行详细讨论。

一、结构面的法向变形性质

（一）法向变形特征

1. 加载曲线

用同一种岩体的完整岩石试件和含结构面试件进行比较试验，分别对这两种试件施加连续法向应力 σ_n，观察试件的法向形变 ΔV，可以得到 $\sigma_n-\Delta V$ 曲线，如图 4－1a 所示。曲线 A 为完整岩石的试验曲线，曲线 B 为含嵌合结构面试件的试验曲线，曲线 C 为含非嵌合结构面试件的试验曲线。

设不含显著结构面岩石的变形为 ΔV_r，含显著结构面岩体的变形为 ΔV_t，则结构面的法向闭合变形 ΔV_j 为

$$\Delta V_j=\Delta V_t-\Delta V_r \tag{4-1}$$

式中　ΔV_j——结构面的法向闭合变形，mm；

ΔV_t——含显著结构面岩体的变形，mm；

ΔV_r——不含显著结构面岩石的变形，mm。

由式（4－1）可得到结构面的 $\sigma_n-\Delta V_j$ 曲线（图 4－1b）。

结构面法向加载变形有以下特征：

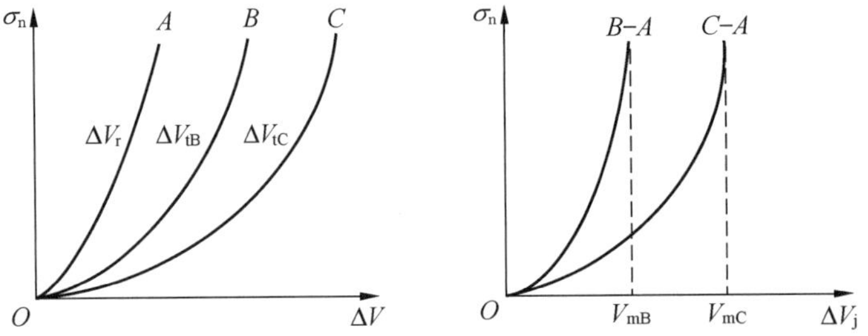

(a) $\sigma_n-\Delta V$ 曲线　　(b) $\sigma_n-\Delta V_j$ 曲线

图 4-1　结构面法向加载变形曲线

(1) 加载初始阶段，$\sigma_n-\Delta V$ 和 $\sigma_n-\Delta V_j$ 曲线均呈上凹形。$\sigma_n-\Delta V_j$ 曲线以 $\Delta V_j=V_m$ 为渐近线，V_m 为结构面的最大闭合量。

(2) 在初始压缩阶段，含结构面试件的变形 ΔV_t 主要由结构面闭合造成。当 σ_n 增加到一定程度时，$\sigma_n-\Delta V_t$ 曲线变陡，并与 $\sigma_n-\Delta V_r$ 曲线大致平行，说明此时结构面已基本闭合，变形主要是岩石变形的贡献。试验表明，大致在 $\sigma_n=1/3\sigma_c$ 处开始出现这种转变。

(3) 试验表明，曲线形状与结构面的类型及壁岩性质无关。$\sigma_n-\Delta V_j$ 曲线是以 $\Delta V_j=V_m$ 为渐近线的非线性曲线。曲线形状可用初始法向刚度及最大闭合量 V_m 来确定。

结构面初始法向刚度定义：$\sigma_n-\Delta V_j$ 曲线原点处的切线斜率，即

$$K_{ni}=\left(\frac{\partial\sigma_n}{\partial\Delta V_j}\right)_{\Delta V_j\to 0} \tag{4-2}$$

式中　K_{ni}——结构面的初始法向刚度，MPa/mm；

σ_n——法向应力，MPa；

ΔV_j——结构面的法向闭合变形，mm。

(4) 结构面的最大闭合量 V_m 始终小于结构面的张开度 e。因为结构面是凹凸不平的，两壁面间无论多大压力，只要不产生破坏，两壁面也不可能达到 100% 的接触，试验表明，一般只能达到 40% ~70% 。

2. 卸载曲线

分别对不含结构面和含结构面岩石试块施加连续法向荷载后，逐渐卸载，可得到如图 4-2 所示的应力-变形曲线。

(1) 结构面的卸载变形曲线（$\sigma_n-\Delta V_j$）仍以 $\Delta V_j=V_m$ 为渐近线曲线。卸载后留下很大的残余变形不能恢复（图 4-2），不能恢复部分称为松胀变形。这种残余变形的大小取决于结构面的张开度（e）、粗糙度（JRC）、壁岩强度（JCS）及加、卸载循环次数等因素。

(2) 对比岩石和结构面的卸载曲线可知，结构面的卸载刚度比岩石的加载刚度大。

(3) 随循环次数增加，$\sigma_n-\Delta V_j$ 曲线逐渐变陡，且整体向左移，每次循环的结构面变

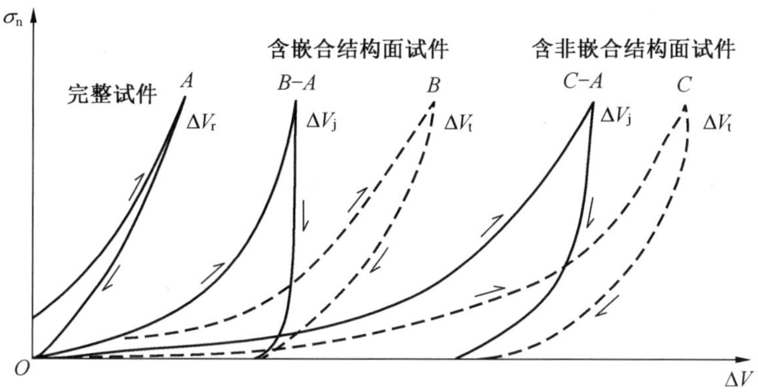

图4-2 含嵌合和非嵌合结构面加载、卸载曲线

形均显示出滞后和非弹性变形。

(4) 每次循环荷载所得的曲线形状十分相似，且其特征与加载方式及其受力历史无关。

(二) 法向变形本构方程

结构面的变形本构方程即结构面变形的应力-应变关系。这方面的研究目前仍处于探索阶段，已提出的本构方程都是在试验基础上总结出来的经验方程。如古德曼（Goodman，1974）、班迪斯（Bandis 等，1983）及孙广忠（1988）等人提出的方程。

1. 古德曼方程（双曲函数）

$$\sigma_n = \left(\frac{\Delta V_j}{V_m - \Delta V_j} + 1\right)\sigma_i$$

或

$$\Delta V_j = V_m - V_m \frac{\sigma_i}{\sigma_n} \tag{4-3}$$

式中 σ_n——结构面法向应力，MPa；

ΔV_j——结构面的法向闭合变形，mm；

V_m——结构面的最大闭合量，mm；

σ_i——结构面所受的初始应力，MPa。

式（4-3）所描述的曲线如图4-3所示，为一以 $\Delta V_j = V_m$ 为渐近线的双曲线。这一曲线与试验曲线相比较，其区别在于古德曼方程所给的曲线起点不在原点，而是在 σ_n 轴左边无穷远处，另外就是出现了一个所谓的初始应力 σ_i。这些虽然与试验曲线有一定出入，但可以用上式描述那些具有一定滑错位移的非嵌合结构面的法向变形本构关系。

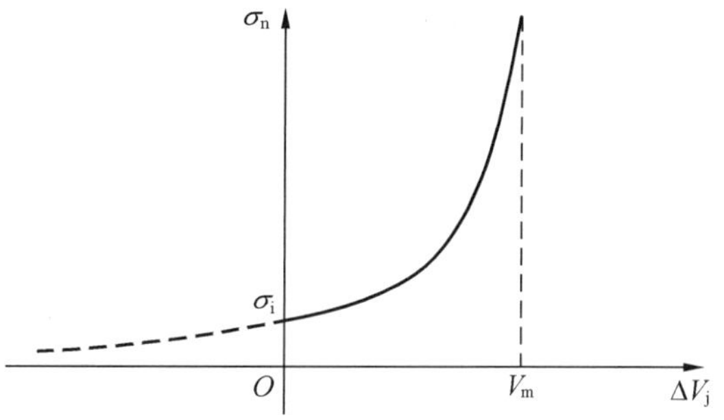

图4-3 结构面法向变形古德曼曲线

2. 班迪斯方程

$$\sigma_n = \frac{\Delta V_j}{a - b\Delta V_j} \tag{4-4}$$

为求 a、b，上式改写为

$$\sigma_n = \frac{1}{\frac{a}{\Delta V_j} - b}$$

或

$$\frac{1}{\sigma_n} = \frac{a}{\Delta V_j} - b \tag{4-5}$$

由式（4-5）可知，当 $\sigma_n \to \infty$ 时，$\Delta V_j \to V_m = \frac{a}{b}$，有：

$$b = \frac{a}{V_m} \tag{4-6}$$

故初始法向刚度 K_{ni} 为

$$K_{ni} = \left(\frac{\partial \sigma_n}{\partial \Delta V_j}\right)_{\Delta V_j \to 0} = \frac{1}{a\left(1 - \frac{b}{a}\Delta V_j\right)^2} \Big|_{\Delta V_j \to 0} = \frac{1}{a} \tag{4-7}$$

把式（4-6）、式（4-7）代入式（4-4）得：

$$\sigma_n = \frac{K_{ni} V_m \Delta V_j}{V_m - \Delta V_j} \tag{4-8}$$

式中 σ_n——结构面法向应力，MPa；

ΔV_j——结构面的法向闭合变形，mm；

a、b——系数，无量纲。

V_m——结构面的最大闭合量，mm；

K_{ni}——结构面的初始法向刚度，MPa/mm。

这一曲线与试验结果较为接近，也是以 $\Delta V_j = V_m$ 为渐近线的双曲线。班迪斯方程较适合于未经滑错位移的嵌合结构面（如层面、小节理）的法向变形特征。

3. 孙广忠指数方程

$$\Delta V_j = V_m\left(1 - e^{-\frac{\sigma_n}{K_n}}\right) \tag{4-9}$$

式中 ΔV_j——结构面的法向闭合变形，mm；

V_m——结构面的最大闭合量，mm；

σ_n——结构面法向应力，MPa；

K_n——结构面的法向刚度，MPa/mm。

式（4-9）所描述的 $\sigma_n - \Delta V_j$ 曲线与试验曲线大致相似。

（三）法向刚度及其确定方法

法向刚度 K_n（Normal stiffness）：在法向应力作用下，结构面产生单位法向变形所需的应力，数值上等于 $\sigma_n - \Delta V_j$ 曲线上一点的切线斜率。

$$K_n = \frac{\partial \sigma_n}{\partial \Delta V_j} \tag{4-10}$$

式中 K_n——结构面的法向刚度，MPa/mm；

σ_n——结构面法向应力，MPa；

ΔV_j——结构面的法向闭合变形，mm。

K_n 是反映结构面法向变形性质的重要参数，是岩体力学性质参数估算及岩体稳定性计算中必不可少的指标之一。

K_n 的确定可直接用试验求得结构面的 $\sigma_n - \Delta V_j$ 曲线后，在曲线上求得。具体试验又分为室内压缩试验和现场压缩试验两种。

室内压缩试验可在压力机、剪力仪上进行，而现场压缩试验采用中心孔承压板法。

在班迪斯方程式（4－8）中对 ΔV_j 求导得：

$$K_n = \frac{\partial \sigma_n}{\partial \Delta V_j} = \frac{K_{ni}}{\left(1 - \frac{\Delta V_j}{V_m}\right)^2} \tag{4-11}$$

由式（4－8）可以得出：

$$\Delta V_j = \frac{\sigma_n V_m}{K_{ni} V_m + \sigma_n} \tag{4-12}$$

将式（4－12）代入式（4－11）得：

$$K_n = \frac{K_{ni}}{\left(1 - \frac{\sigma_n}{K_{ni} V_m + \sigma_n}\right)^2} \tag{4-13}$$

式中　K_n——结构面的法向刚度，MPa/mm；

σ_n——结构面法向应力，MPa；

ΔV_j——结构面的法向闭合变形，mm；

K_{ni}——结构面的初始法向刚度，MPa/mm；

V_m——结构面的最大闭合量，mm。

利用式（4－13）即可求得某级法向应力 σ_n 下结构面的法向刚度。其中 K_{ni}、V_m 可通过室内含显著结构面岩体压缩试验求得。无试验资料时，可用班迪斯提出的经验公式求 K_{ni}、V_m，即：

$$K_{ni} = -1.75 + 1.75JRC + 0.02\left(\frac{JCS}{e}\right)$$

$$V_m = A + B(JRC) + C\left(\frac{JCS}{e}\right)^D$$

式中　K_{ni}——结构面的初始法向刚度，MPa/mm；

JRC——结构面的粗糙度系数，可用标准剖面对比法确定，无量纲；

JCS——结构面壁岩强度，一般用回弹仪在野外测定，MPa；

e——结构面的张开度（可用塞尺或直尺在野外测量），mm；

A、B、C、D——经验系数，用统计方法得出，见表 4－1，无量纲；

V_m——结构面的最大闭合量，mm。

JCS 确定方法是用试验测得的回弹值 R 与岩石重度 γ，用式（4－14）计算：

$$\lg(JCS) = 0.00088\gamma R + 1.01 \tag{4-14}$$

有的学者建议用分数维数求 JRC，如谢和平（1996）提出：

$$\begin{cases} JRC = 85.2671(D-1)^{0.5679} \\ D = \dfrac{\lg 4}{\lg[2(1+\cos(\tan^{-1}(2h/L)))]} \end{cases}$$

式中　*JCS*——结构面壁岩强度，一般用回弹仪在野外测定，MPa；

γ——岩石重度，kN/m^3；

R——回弹值，m；

D——分数维数，无量纲，理论上 $D=1\sim2$；

h——结构面的平均起伏差，mm；

L——结构面的平均基线长度，mm。

表 4-1　各次循环荷载条件下 *A*、*B*、*C*、*D* 值

经验系数	第一次循环荷载	第二次循环荷载	第三次循环荷载
A	−0.2960 ±0.1258	−0.1005 ±0.0530	−0.1032 ±0.0680
B	−0.0056 ±0.0022	−0.0073 ±0.0031	−0.0074 ±0.0039
C	−2.2410 ±0.3504	−1.0082 ±0.2351	+1.1350 ±0.3261
D	−0.2450 ±0.1086	−0.2301 ±0.1171	−0.2510 ±0.1029
复相关系数	0.675	0.546	0.589

二、结构面的切向变形性质

1. 切向变形特征

由含结构面的剪切试验可得到如图 4-4 所示的 $\tau-\Delta u$（τ—剪应力；Δu—结构面切向位移）曲线。由 $\tau-\Delta u$ 曲线可了解结构面的切向变形特征：

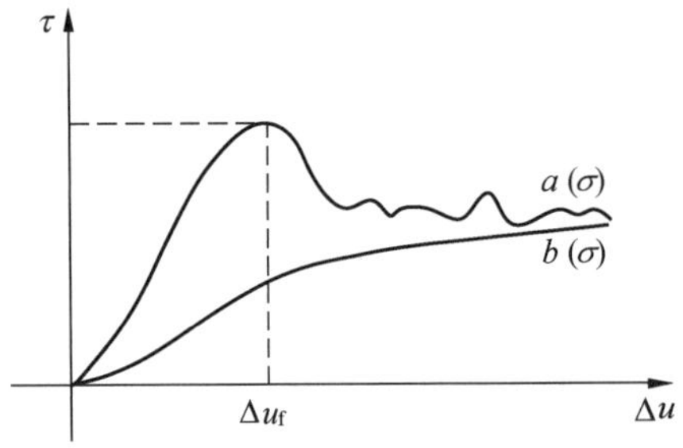

a—脆性变形；*b*—塑性变形

图 4-4　结构面剪切应变基本类型

（1）$\tau-\Delta u$ 曲线为非线性曲线。按其剪切变形机理可分为脆性变形和塑性变形两种基本类型曲线。

（2）结构面的峰值位移 Δu_f 受风化程度影响，风化后的 Δu_f 比未风化的 Δu_f 大。

（3）对同类结构面而言，风化后的结构面剪切刚度比未风化的小 1/4 ~ 1/2。

（4）结构面剪切刚度有明显的尺寸效应，在同一法向应力作用下，剪切刚度随结构面的规模增大而降低。

（5）结构面的剪切刚度随法向应力的增大而增大。

2. 切向变形本构方程

卡尔哈韦（Kalhaway）发现，结构面切向变形峰前的 $\tau-\Delta u$ 曲线可以用双曲线函数拟合：

$$\tau=\frac{\Delta u}{m+n\Delta u} \tag{4-15}$$

式中　τ——岩体的抗剪强度，MPa；

Δu——结构面切向位移，mm；

m、n——双曲线的形状系数，无量纲。

3. 剪切刚度及其确定方法

剪切刚度（Shear stiffness）K_s 是指峰前 $\tau-\Delta u$ 曲线上任意一点的切线斜率，如图4-5所示。剪切刚度是反映结构面切向变形性质的重要参数。

$$K_s=\frac{\partial\tau}{\partial\Delta u} \tag{4-16}$$

式中　K_s——剪切刚度，MPa/mm；

τ——岩体的抗剪强度，MPa；

Δu——结构面切向位移，mm。

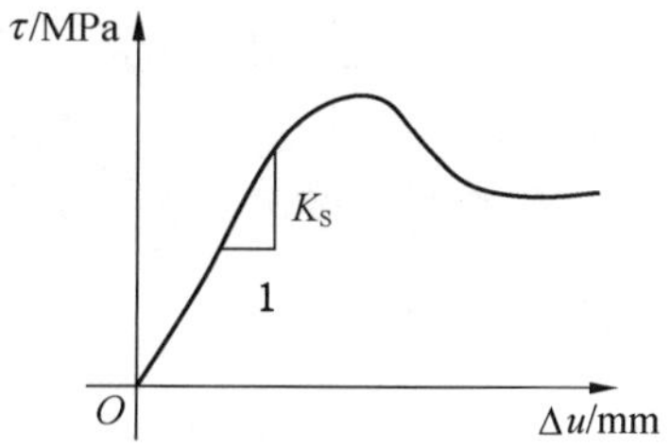

图4-5　剪切刚度定义

结构面的剪切刚度 K_s 是岩体力学参数估算及岩体稳定性计算中必不可少的指标，可通过室内和现场剪切试验确定。

室内剪切试验是在携带式剪力仪或中型剪力仪上进行的，试件面积为100～400 cm^2。现场剪切试验同样采用中心孔承压板法。

另外，巴顿（Barto）和乔贝（Choubey）（1977）根据大量试验资料总结分析，考虑尺寸效应，提出了计算结构面的剪切刚度经验公式：

$$K_s=\frac{100}{L}\sigma_n\tan\left(JCR\lg\frac{JCS}{\sigma_n}+\phi_r\right) \tag{4-17}$$

式中　K_s——剪切刚度，MPa/mm；

L——被剪切结构面的长度，mm；

σ_n——结构面法向应力，MPa；

JRC——结构面的粗糙度系数，无量纲；

JCS——结构面壁岩强度，MPa；

ϕ_r——结构面的残余摩擦角，(°)。

上式表明结构面的剪切刚度不仅与结构面本身的形态、性质等特征有关，还与其规模大小及法向应力水平有关。

第二节　结构面的强度性质

结构面强度有抗拉强度和抗剪强度之分。胶结结构面具有较强的抗拉强度，需根据工程情况具体分析。一般情况下，非胶结结构面的抗拉强度很小，常可忽略不计，所以一般认为结构面是不能抗拉的。另外，岩体破坏常以沿软弱结构面滑动破坏为主。因此，结构面的抗剪强度是研究重点。

影响结构面抗剪强度的因素复杂多变，从而导致结构面的抗剪强度特性也很复杂，抗剪强度指标较分散。影响结构面抗剪强度的因素主要包括结构面的形态、连续性、胶结填充特征及壁岩性质、次生变化以及受力历史等。

根据结构面的形态、填充情况及连续性等特征，可将其划分为平直无填充结构面、粗糙起伏无填充结构面、非贯通断续结构面、有填充物的软弱结构面四类。

一、平直无填充结构面

平直无填充结构面包括剪应力作用下形成的剪性破裂面（如剪节理、剪裂隙等），发育较好的层理面与片理面。其具有平直、光滑的特点，只具微弱的风化蚀变，硬岩剪裂面还发育有镜面、擦痕及应力矿物薄膜等。这类结构面的抗剪强度大致与人工磨料面的摩擦强度接近，即：

$$\tau = \sigma \tan\phi_j + c_j \tag{4-18}$$

式中 τ——结构面抗剪强度，MPa；

σ——法向应力，MPa；

ϕ_j——结构面的摩擦角，（°）；

c_j——结构面的黏聚力，MPa。

结构面抗剪强度主要源于结构面的微咬合作用和胶黏作用，且与结构面的壁岩性质及其平直光滑程度密切相关。

（1）若壁岩中含大量片状或鳞片状矿物（如云母、绿泥石、黏土矿物、滑石及蛇纹石等矿物）时，其摩擦强度较低；摩擦角一般为20°~30°，小者仅10°~20°；黏聚力为0~0.1 MPa。

（2）若壁岩为硬质岩石，如石英岩、花岗岩、砂砾岩、灰岩等，其摩擦角可达30°~40°，黏聚力一般在0.05~0.1 MPa。

二、粗糙起伏无填充结构面

这类结构面的基本特点是具有明显的粗糙起伏度。在无填充的情况下，由于起伏度的存在，结构面的剪切破坏机理因法向应力大小不同而异，其抗剪强度也相差很大。

当法向应力较小时，上盘岩体在剪应力的作用下主要沿结构面产生滑动破坏，产生剪胀（爬坡）效应，增加了结构面的摩擦强度。法向应力较大时，结构面凸起将被剪断，引起所谓的啃断效应。

在干燥状态下，这类结构面的抗剪强度参数为：摩擦角，40°~48°；黏聚力，0.1~0.55 MPa。

为便于讨论，以下分规则锯齿形和不规则起伏形两种情况讨论该种结构面的抗剪强度。

（一）规则锯齿形结构面

这类结构面可概化为图4-6a所示的模型。在较低的法向应力σ作用下，上盘岩体在剪应力作用下沿齿面向右上方滑动。滑移一旦发生，其背坡面即被拉开，出现“空化”

现象，因而不起抗滑作用，法向应力也全部由前坡滑移面承担。

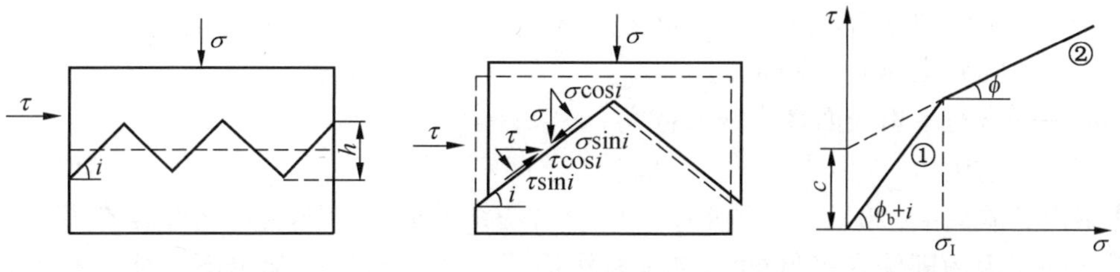

(a) 理想化模型　　(b) 单个凸起体受力情况　　(c) 抗剪强度包络线

图4－6　粗糙起伏无填充结构面的抗剪强度分析

如图4－6b所示，设结构面的起伏角为 i，起伏差为 h，齿面摩擦角为 ϕ_b，且黏聚力 $c_b=0$。在法向应力和剪应力作用下，滑移面上受到的法向应力和剪应力为

$$\begin{cases}\sigma_n=\tau\sin i+\sigma\cos i\\ \tau_n=\tau\cos i-\sigma\sin i\end{cases}\tag{4-19}$$

设结构面强度服从库仑－纳维尔判据：$\tau_n=\sigma_n\tan\phi_b$。把式（4－19）中的相应项代入，整理简化后得：

$$\tau=\sigma_n\tan(\phi_b+i)\tag{4-20}$$

式中　σ_n——滑移面上受到的法向应力，MPa；

τ——施加的剪应力，MPa；

i——起伏角，（°）；

σ——施加的法向应力，MPa；

τ_n——滑移面上受到的剪应力，MPa；

ϕ_b——岩石平坦表面基本内摩擦角，（°）。

式（4－20）是法向应力较低时锯齿形起伏结构面抗剪强度表达式，它所描述的强度包络线如图4－6c中①所示。可见，起伏角的存在可增大结构面摩擦角，由 ϕ_b 增大至 ϕ_b+i。这种效应与剪切过程中的上滑运动有关，称为剪胀效应。式（4－20）是佩顿（Patton，1966）提出的，称为佩顿公式。

当法向应力达到一定值 σ_I 后，由于上滑运动所需的功达到并超过剪断凸起所需要的功，则凸起体将被剪断，这时结构面的抗剪强度 τ 为

$$\tau=\sigma\tan\phi+c\tag{4-21}$$

式（4－21）为法向应力 $\sigma\geq\sigma_I$ 时结构面的抗剪强度，其包络线如图4－6c中②所示。

联立式（4－20）和式（4－21）可求得剪断凸起的条件为

$$\sigma_I=\frac{c}{\tan(\phi_b+i)-\tan\phi}$$

式中　τ——抗剪强度，MPa；

σ——施加的法向应力，MPa；

ϕ——结构面壁岩的内摩擦角，(°)；

c——结构面壁岩的黏聚力，MPa；

σ_{I}——临界正应力，MPa；

ϕ_{b}——岩石平坦表面基本内摩擦角，(°)；

i——起伏角，(°)。

应指出，式（4－20）和式（4－21）绘出的结构面抗剪强度包络线是在两种极端情况下得出的。因为即使在极低的法向应力作用下，结构面的凸起也不可能完全不遭受破坏；而在很高的法向应力下，凸起也不可能全都被剪断。所以图4－6c所示的折线强度包络线在实际中极少见，绝大多数是一条连续光滑的曲线。

（二）不规则起伏形结构面

自然界岩体中绝大多数结构面的粗糙起伏形态是不规则的，起伏角也不是常数。因此，其强度包络线不是图4－6c中的折线，而是曲线形式。对这种情况，有许多人进行过研究和论述。

1. 巴顿公式

巴顿（Barton）对8种不同粗糙起伏的结构面进行了试验研究，提出了剪胀角的概念，并用以代替起伏角。剪胀角（Dilation angle）为剪切位移方向与结构面延伸方向的夹角（图4－7），即：

$$\alpha_{\mathrm{d}} = \arctan\left(\frac{\Delta V}{\Delta u}\right) \tag{4-22}$$

式中 α_{d}——剪胀角，(°)；

ΔV——垂直位移分量（剪胀量），mm；

Δu——水平位移分量，mm。

通过对试验资料的统计发现，结构面的峰值剪胀角和结构面抗剪强度 τ 不仅与凸起高度（起伏差）有关，而且与作用在结构面上的法向应力 σ 及壁岩强度 JCS 之间存在良好的统计关系，这些关系可表达如下：

$$\begin{cases} \alpha_{\mathrm{d}} = \dfrac{JRC}{2}\lg\dfrac{JCS}{\sigma} \\ \tau = \sigma\tan(1.78\alpha_{\mathrm{d}} + 32.88°) \end{cases} \tag{4-23}$$

式中 α_{d}——剪胀角，(°)；

JRC——结构面的粗糙度系数，无量纲；

JCS——结构面壁岩强度，MPa；

σ——滑移面上受到的法向应力，MPa；

τ——抗剪强度，MPa。

大量试验资料表明，一般结构面的基本摩擦角 ϕ_{u} 为25°～35°。因此式（4－23）第二式中括号内的第二项应当就是结构面的基本摩擦角，若第一项的系数取整数2，则式（4－23）第二式可写成：

$$\tau = \sigma\tan(2\alpha_{\mathrm{d}} + \phi_{\mathrm{u}})$$

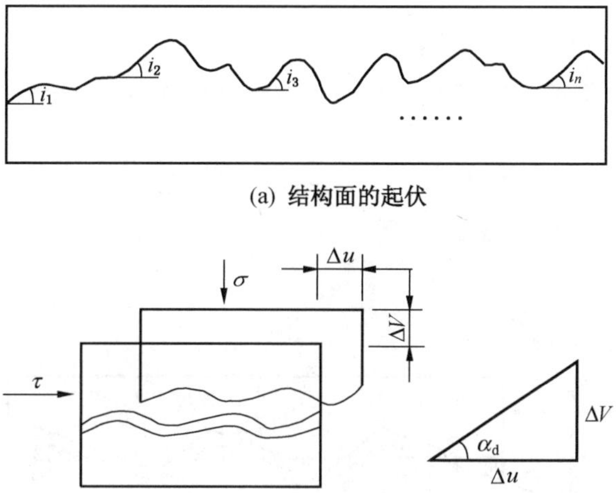

(a) 结构面的起伏

(b) 剪胀现象

图 4-7 剪胀现象及剪胀角示意图

把式（4-23）的第一式代入上式可得巴顿公式：

$$\tau=\sigma\tan\left(JRC\lg\frac{JCS}{\sigma}+\phi_u\right) \tag{4-24}$$

式中 τ——抗剪强度，MPa；

σ——施加的法向应力，MPa；

α_d——剪胀角，(°)；

ϕ_u——一般结构面的基本摩擦角，(°)；

JRC——结构面的粗糙度系数，无量纲；

JCS——结构面壁岩强度，MPa。

式（4-24）中，结构面的基本摩擦角 ϕ_u 一般认为相当于结构面壁岩平直表面的摩擦角，可由倾斜试验求得。

倾斜试验：取结构面壁岩试块，将试块锯成两半去除岩粉，风干后合在一起，使试块缓缓倾斜，直到上盘岩石开始下滑为止。此时试块倾角即为 ϕ_u。对每种岩石需进行 10 块以上的试验。没有试验资料时，常取 $\phi_u=30°$，或用结构面的残余摩擦角代替。

式（4-24）是关于不规则起伏形结构面抗剪强度的巴顿公式。利用该式，只需知道 JRC、JCS、ϕ_u 三个参数，即可确定结构面的抗剪强度，无须进行大型现场抗剪强度试验。

2. 莱旦依和阿彻姆包特公式

莱旦依和阿彻姆包特（Ladanyi，Archambault，1970）用理论和试验方法对结构面剪胀到啃断的过程进行了全面的理论和试验研究（图 4-8），提出了如下经验公式：

$$\tau=\frac{\sigma(1-\alpha_s)(\dot{V}+\tan\phi_u)+\alpha_s\tau_r}{1-(1-\alpha_s)\dot{V}\tan\phi_u} \tag{4-25}$$

式中 σ——施加的法向应力，MPa；

α_s——剪断率，指被剪断的凸起部分的面积 $\sum \Delta A_s$ 与整个剪切面面积 A 之比，即 $\alpha_s = \sum \Delta A_s / A$，无量纲；

$\dot{V}$——剪胀率，指剪切时垂直位移 ΔV 与水平位移 Δu 之比，即 $\dot{V} = \Delta V / \Delta u = \tan\alpha_d$，无量纲；

τ_r——凸起体岩石的抗剪强度，$\tau_r = \sigma\tan\phi + c$，MPa；

ϕ_u——结构面的基本摩擦角，(°)。

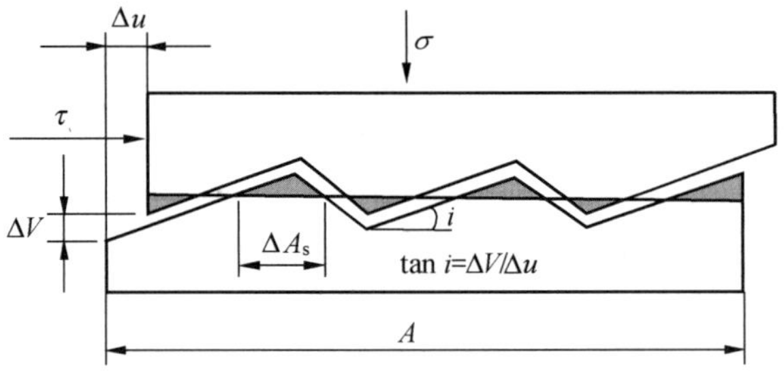

图4-8　结构面剪切破坏分析图

在实际工作中，α_s 和 $\dot{V}$ 较难确定。为此，莱旦依等人进行了大量的人工粗糙岩面剪切试验，根据试验结果提出了如下经验公式：

$$\begin{cases} \alpha_s = 1 - \left(1 - \dfrac{\sigma}{\sigma_j}\right)^L \\ \dot{V} = \left(1 - \dfrac{\sigma}{\sigma_j}\right)^K \tan i \end{cases} \tag{4-26}$$

式中　σ——施加的法向应力，MPa；

σ_j——壁岩单轴抗压强度，可用 JCS 代替，确定方法同前，MPa；

K、L——常数，对粗糙岩面，$K = 4$，$L = 1.5$，无量纲；

i——剪胀角，$i = \arctan\left(\dfrac{\Delta V}{\Delta u}\right)$，(°)；

其他符号意义同上。

对式（4-25）分析如下：

（1）当法向应力很低时，凸起体基本不被剪断，即 $\alpha_s \to 0$，且 $\dot{V} \to \tan i = \dfrac{\Delta V}{\Delta u}$，从而式（4-25）成为

$$\tau = \sigma\tan(\phi_u + i) \tag{4-27}$$

式中　τ——抗剪强度，MPa；

σ——施加的法向应力，MPa；

ϕ_u——结构面的基本摩擦角，(°)；

i——剪胀角，$i = \arctan\left(\dfrac{\Delta V}{\Delta u}\right)$，(°)。

该式与佩顿公式（4-20）一致。

（2）当法向应力很高时，结构面的凸起体几乎全部被剪断，$\alpha_s \to 1$，$\dot{V} \to 0$，从而式（4-25）成为

$$\tau = \tau_r = \sigma \tan\phi + c \tag{4-28}$$

式中　ϕ——结构面壁岩的内摩擦角，（°）；

c——结构面壁岩的黏聚力，MPa；

其他符号意义同上。

该式与式（4-21）一致。

由以上两点讨论可知，式（4-25）描述的强度包络线是以式（4-27）和式（4-28）所确定的折线为渐近线的曲线（图4-9）。

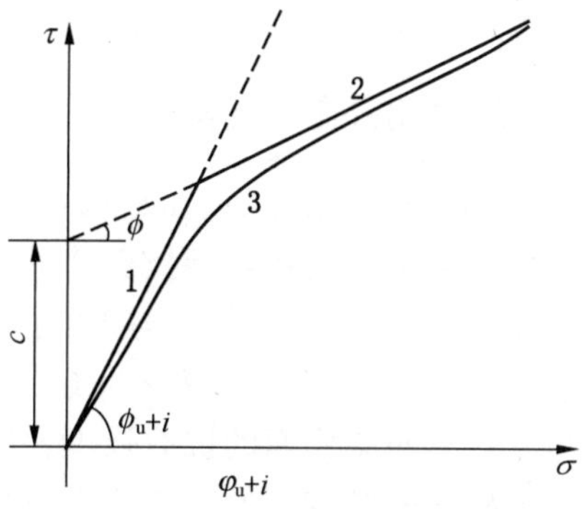

1—$\tau = \sigma\tan(\phi + i)$；2—$\tau = \sigma\tan\phi + c$；
3—莱旦依-阿彻姆包特曲线

图4-9　结构面抗剪强度曲线

另外，美国学者 Fairhurst 建议用如下的抛物线方程来表示式（4-25）中的 τ_r：

$$\tau_r = \sigma_j \frac{\sqrt{1+n}-1}{n}\left(1 + n\frac{\sigma}{\sigma_j}\right)^{\frac{1}{2}} \tag{4-29}$$

把式（4-26）和式（4-29）代入式（4-25），取 $K=4$，$L=1.5$，$n=10$，并除以 σ_j，得：

$$\frac{\tau}{\sigma_j} = \frac{\frac{\sigma}{\sigma_j}\left(1-\frac{\sigma}{\sigma_j}\right)^{1.5}\left[\left(1-\frac{\sigma}{\sigma_j}\right)^4 \tan i + \tan\phi_u\right] + 0.232\left[1-\left(1-\frac{\sigma}{\sigma_j}\right)^{1.5}\right]\left(1+10\frac{\sigma}{\sigma_j}\right)^{0.5}}{1-\left[\left(1-\frac{\sigma}{\sigma_j}\right)^{5.5}\tan i \tan\phi_u\right]}$$

式中　σ_j——壁岩单轴抗压强度，MPa；

n——结构面壁岩抗压强度与抗拉强度之比，即 $n = \frac{\sigma_c}{\sigma_t} = \frac{\sigma_j}{\sigma_t}$，对于硬质岩石，$n \approx 10$，无量纲；

其他符号意义同上。

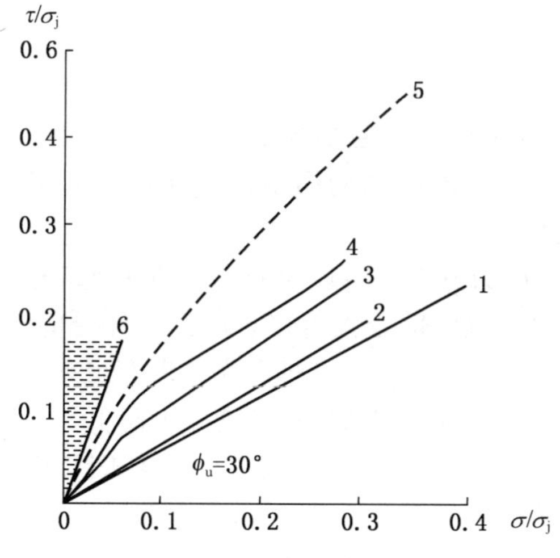

1—平直结构面强度曲线；2～4—*JRC* 分别为5、10、20，$\phi_u=30°$的巴顿公式；
5—$i=20°$，$\phi_u=30°$时的莱旦依和阿彻姆包特公式；6—巴顿公式不适用的范围

图4-10　结构面抗剪强度曲线

尽管这一方程看起来很复杂，但它却表明了两个无量纲量$\frac{\tau}{\sigma_j}$和$\frac{\sigma}{\sigma_j}$之间的关系，且式中仅有剪胀角 i 和结构面基本摩擦角 ϕ_u 两个未知数。

对比巴顿公式与莱旦依和阿彻姆包特公式的差别，由图4-10可知，法向应力较低时，*JRC*=20 时的巴顿公式与莱旦依和阿彻姆包特公式基本一致；随法向应力增加，两公式差别愈趋显著。当$\frac{\sigma}{\sigma_j} \to 1$ 时，巴顿公式变为 $\tau = \sigma\tan\phi_u$，而莱旦依和阿彻姆包特公式变为 $\tau =$

τ_r。因此，在较高的应力条件下，巴顿公式较莱旦依和阿彻姆包特公式偏保守。

三、非贯通断续结构面

这类结构面由非贯通的裂隙面和其间的岩桥组成。在剪切过程中，一般认为剪切面所通过的裂隙面和岩桥都起抗剪作用。设整个剪切面上的应力分布是均匀的，结构面的线连续性系数为 K_1，则整个结构面的抗剪强度为

$$\tau = K_1 c_j + (1 - K_1) c + \sigma [K_1 \tan\phi_j + (1 - K_1) \tan\phi] \qquad (4-30)$$

式中 τ——结构面的抗剪强度，MPa；

K_1——结构面的线连续性系数，无量纲；

c_j——裂隙面的黏聚力，MPa；

c——岩石的黏聚力，MPa；

σ——施加的法向应力，MPa；

ϕ_j——裂隙面的内摩擦角，（°）；

ϕ——岩石的内摩擦角，（°）。

将式（4－30）与库仑－纳维尔方程式（4－31）比较

$$\tau = \sigma \tan\phi_b + c_b \qquad (4-31)$$

可得非贯通结构面的黏聚力 c_b 和内摩擦系数 $\tan\phi_b$ 为

$$\begin{cases} c_b = K_1 c_j + (1 - K_1) c \\ \tan\phi_b = K_1 \tan\phi_j + (1 - K_1) \tan\phi \end{cases}$$

式中 ϕ_b——岩石平坦表面基本内摩擦角，（°）；

c_b——非贯通结构面的黏聚力，MPa；

K_1——结构面的线连续性系数，无量纲；

其他符号意义同上。

由式（4－30）可知，非贯通断续结构面的抗剪强度比贯通结构面的抗剪强度高，这符合人们的一般认识和实际情况。但是，实际上非贯通断续结构面是否真如式（4－30）所描述的那样呈简单的叠加关系？有人认为并非如此简单。

实际上，沿非贯通结构面剪切时，剪切面上的应力分布是不均匀的，其剪切破坏也是一个复杂的过程。岩桥部分受到的法向应力一般比裂隙面部分大得多。这样试件受剪时，由于岩桥的架空作用及其对相对位移的阻挡，使裂隙面的抗剪强度难以充分发挥出来。另外，在裂隙尖端的应力集中使裂隙发生扩展，从而导致裂隙端部岩石抗剪强度降低。

因此，非贯通结构面的变形破坏往往要经历线性变形、裂隙端部扩展，新旧裂隙扩展、联合的过程，其间还会出现剪胀、爬坡及啃断凸起等现象，直至裂隙全部贯通破坏。可以认为，非贯通结构面的抗剪强度是裂隙面与岩桥岩石强度共同作用形成的，其强度性质受多种因素的影响，非常复杂。目前已有人用断裂力学理论建立扩展的压剪复合断裂判据来研究非贯通结构面的抗剪强度和变形破坏机理。

四、有填充物的软弱结构面

有填充物的软弱结构面包括泥化夹层和各种类型的夹泥层，其形成多与水的作用和各

类滑错作用有关。这类结构面的力学性质常与填充物的物质成分、结构及填充程度和厚度等因素密切相关。

按填充物的颗粒成分，可将有填充物的结构面分为泥化夹层、夹泥层、碎屑夹泥层及碎屑夹层等几种类型，见表4－2。填充物的颗粒成分不同，结构面的抗剪强度及变形破坏机理也不同。

表4－2　不同物质成分夹层结构面的抗剪强度

夹层成分	抗剪强度参数	
	f	c/kPa
泥化夹层和夹泥层	0.15～0.25	5～20
碎屑夹泥层	0.30～0.40	20～40
碎屑夹层	0.50～0.60	0～100
含铁锰质角砾碎屑夹层	0.60～0.85	30～150

由图4－11a可知，结构面的抗剪强度随黏粒含量增加而降低，即随粗碎屑含量增加而增大。其剪切变形（曲线Ⅰ）为典型的塑性变形型，随着夹层中粗碎屑成分的增多，夹层的剪切变形逐渐向脆性变形过渡（曲线Ⅰ～Ⅴ），峰值强度也逐渐提高。曲线Ⅴ的夹层中碎屑含量最高，峰值强度也相应最大，峰值后有明显的应力降。这些说明填充物的颗粒成分对结构面的剪切变形机理及抗剪强度都有明显影响。

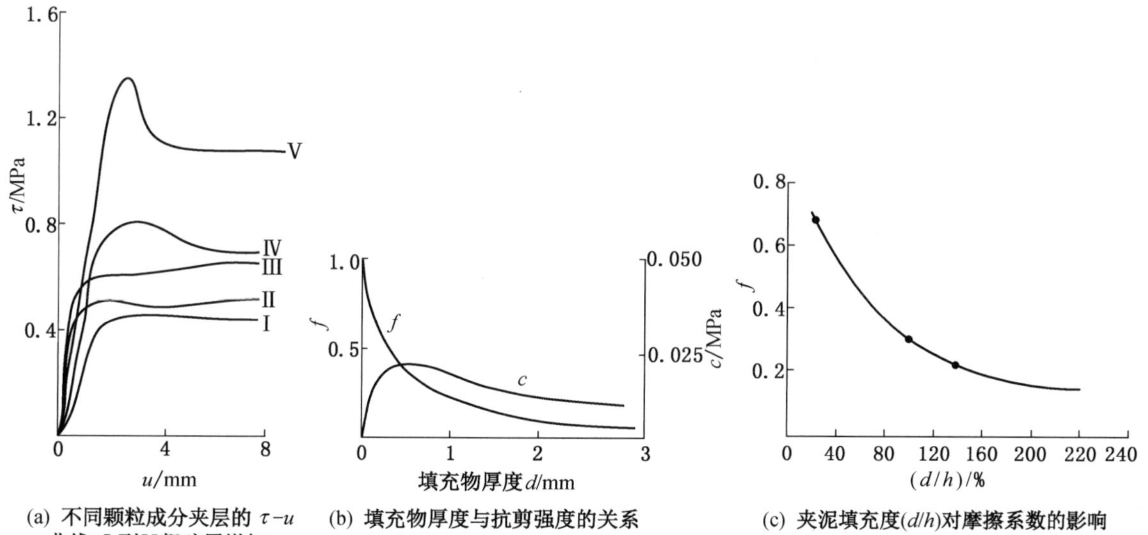

(a) 不同颗粒成分夹层的 $\tau-u$ 曲线(Ⅰ到Ⅴ粗碎屑增加)　(b) 填充物厚度与抗剪强度的关系　(c) 夹泥填充度(d/h)对摩擦系数的影响

图4－11　填充物成分、厚度和填充度对结构面抗剪强度的影响

由图4－11b可知，当填充物较薄时，随着厚度增加，摩擦系数f迅速降低，而黏聚力c开始时迅速升高，升到一定值之后又逐渐降低，当填充物达到一定厚度后，f和c都趋于某一稳定值，这一稳定值接近于填充物的内摩擦系数f和黏聚力c。这时，结构面的强度主要取决于填充夹层的强度，而不再随填充物厚度的增大而降低。因此，可用填充物的抗剪强度来代替结构面的抗剪强度。对于平直的黏土质夹泥层，填充物的临界厚度为0.5～2 mm。

结构面的填充程度可用填充物厚度与结构面的平均起伏差h之比来表示，d/h被称为填充度。由图4－11c可以看出，填充度d/h越小，结构面抗剪强度越高；随着填充度d/h增加，其抗剪强度降低。

总之，填充度d/h达到某一临界值后，结构面的抗剪强度达到最低值，这时取决于填充物强度。在这种情况下，可将填充物的抗剪强度视为结构面的抗剪强度，而不必再考虑结构面粗糙起伏度的影响。

此外，填充物的结构特征（疏、密）和含水率（高、低）对结构面的强度也有明显影响。一般来说，填充物结构疏松且定向排列时，结构面的抗剪强度较低；反之，抗剪强度较高。含水率的影响也是如此，即结构面的抗剪强度随填充物含水率的增高而降低。

练习题

1. 为什么要研究结构面的力学性质？
2. 结构面法向加载变形有哪些特征？
3. 简述结构面的剪切变形特征。
4. 结构面的法向刚度与剪切刚度的定义是什么？各自如何确定？
5. 岩体剪胀角的大小与哪些因素有关？
6. 简略分析结构面剪胀效应产生的原因。
7. 佩顿（Patton）公式的理论意义是什么？
8. 结构面抗剪强度参数一般采取哪些方法获取？

第五章　岩体的力学性质

岩体的力学性质与岩块有显著差别。岩体是由结构面网络及其切割围限的岩块组成的地质体，会受地下水、天然应力等地质因素的影响。岩体的力学性质不仅取决于组成岩体的结构面与岩块的力学性质，还在很大程度上受控于结构面的发育及其组合特征，同时，与岩体所处的地质环境条件密切相关。一般情况下，岩体比岩块更易于变形，其强度也显著低于岩块的强度。不仅如此，岩体在外力作用下的力学属性往往表现出非均质、非连续、各向异性和非弹性。在认识岩块和结构面力学性质的基础上，本章主要认识岩体的变形性质和岩体的强度性质。

第一节　岩体的变形性质

岩体的不均匀变形将会在建筑物结构中引起附加应力；或者虽然各部分岩体变形性质差别不大，但如果岩体软弱，变形过大将会使建筑物产生过量的变形，这些都会导致工程建筑物破坏或无法使用。因此，岩体变形是评价工程岩体稳定性的重要指标，岩体变形控制也是岩体工程设计的基本准则之一。由于岩体中存在大量结构面，结构面中还往往有各种填充物。因此，在受力条件改变时，岩体的变形是岩石材料变形和结构变形的总和，而结构变形通常包括结构面闭合、填充物压密及结构体转动和滑动等变形。一般情况下，岩体的结构变形起控制作用。目前，岩体的变形性质主要通过原位岩体变形试验进行研究。

一、岩体变形试验及变形参数确定

原位岩体变形试验，按其原理和方法不同可分为静力法和动力法两种。静力法是在选定的岩体表面、槽壁或钻孔壁面上施加法向荷载，并测定岩体的变形值，然后绘制压力－变形关系曲线，并计算出岩体的变形参数。根据试验方法不同，静力法又可分为承压板法、钻孔变形法、狭缝法等。动力法是用人工方法对岩体发射（或激发）弹性波（声波或地震波），并测定其在岩体中的传播速度，然后根据波动理论求岩体的变形参数。根据弹性波激发方式不同，又分为声波法和地震波法两种。本节主要介绍静力法及其参数确定方法。

1. 承压板法

按承压板的刚度不同可分为刚性承压板法和柔性承压板法两种。刚性承压板法试验通常是在平巷中进行，其装置如图 5－1 所示。先在选择好的具代表性的岩面上清除浮石，平整岩面，然后依次装上承压板、千斤顶、传力柱和变形量表等。将洞顶作为反力装置，通过油压千斤顶对岩面施加荷载，并用百分表测记岩体变形值。

试验点的选择应具有代表性，并避开大的断层及破碎带。受载面积可视岩体裂隙发育

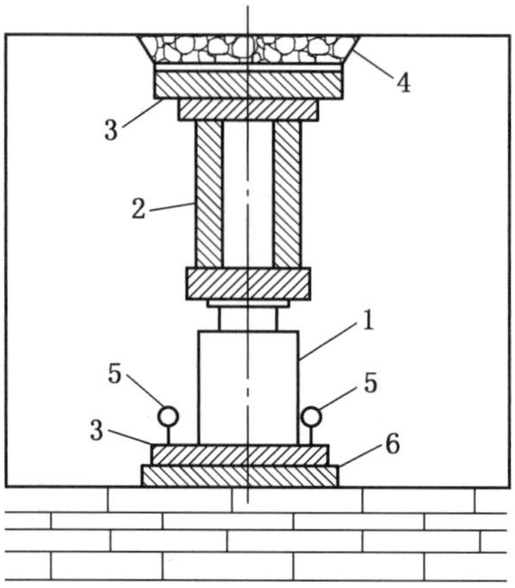

1—千斤顶；2—传力柱；3—钢板；4—混凝土顶板；5—百分表；6—承压板

图 5－1　承压板法试验装置示意图

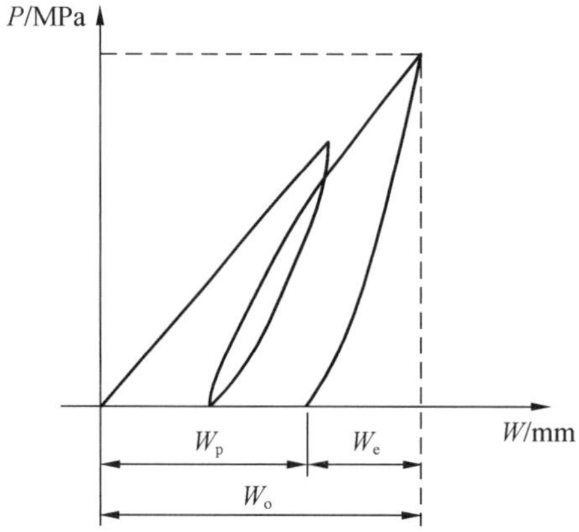

图 5－2　岩体的压力－位移(P－W)曲线

情况及加载设备的出力大小而定，一般以 0.25 ~ 1 m^2 为宜。承压板尺寸应与受载面积相同并具有足够的刚度。试验时，先将预定的最大荷载分为若干级，采用逐级一次循环法加压。加压过程中，同时测记各级压力（P）下的岩体变形值(W)，绘制 $P-W$ 曲线(图 5－2)。通过某级压力下的变形值，用下述布西涅斯克公式计算岩体的变形模量和弹性模量：

$$\begin{cases} E_{m0} = \dfrac{PD(1-\nu_m^2)\omega}{W_0} \\ E_{me} = \dfrac{PD(1-\nu_m^2)\omega}{W_e} \end{cases} \tag{5-1}$$

式中　E_{m0}——岩体的变形模量，MPa；

P——承压板单位面积上的压力，MPa；

D——承压板的直径或边长，mm；

ν_m——岩体的泊松比，无量纲；

ω——与承压板形状和刚度有关的系数，对于圆形板，$\omega=0.785$；对于方形板，$\omega=0.886$；

W_0——相应于 P 下的岩体总变形，mm；

E_{me}——岩体的弹性模量，MPa；

W_e——相应于 P 下的弹性变形，mm。

试验中如用柔性承压板，则岩体的变形模量应按柔性承压板法公式进行计算。

2. 钻孔变形法

钻孔变形法是利用钻孔膨胀计等设备，通过水泵对一定长度的钻孔壁施加均匀的径向荷载，同时测记各级压力下的径向变形，如图 5－3 所示。利用厚壁筒理论可推导出岩体

的变形模量与各级压力下的径向变形的关系为

$$E_m = \frac{dP(1+\nu_m)}{U} \qquad (5-2)$$

式中　E_m——岩体的变形模量，MPa；

d——钻孔孔径，mm；

P——计算压力，MPa；

ν_m——岩体的泊松比，无量纲；

U——各级压力下的径向变形，mm。

与承压板法相比较，钻孔变形法具有如下优点：①对岩体扰动小；②可以在地下水位以下相当深的部位进行；③试验方向基本不受限制，而且试验压力可以达到很大；④一次试验可同时量测几个方向的变形，便于研究岩体的各向异性。其主要缺点在于试验涉及的岩体体积小，代表性有一定局限。

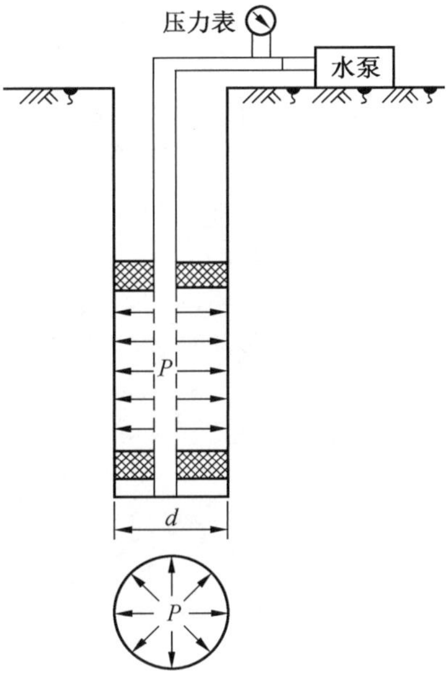

图5－3　钻孔变形法试验装置示意图

3. 狭缝法

狭缝法又称狭缝扁千斤顶法，是在选定的岩体表面刻槽，然后在槽内安装扁千斤顶（压力枕）进行试验，如图5－4所示。利用油泵和扁千斤顶对槽壁岩体分级施加法向压力，同时利用百分表测记相应压力下的变形值。岩体的变形模量按式（5－3）计算（式中有关参数含义见图5－5）。

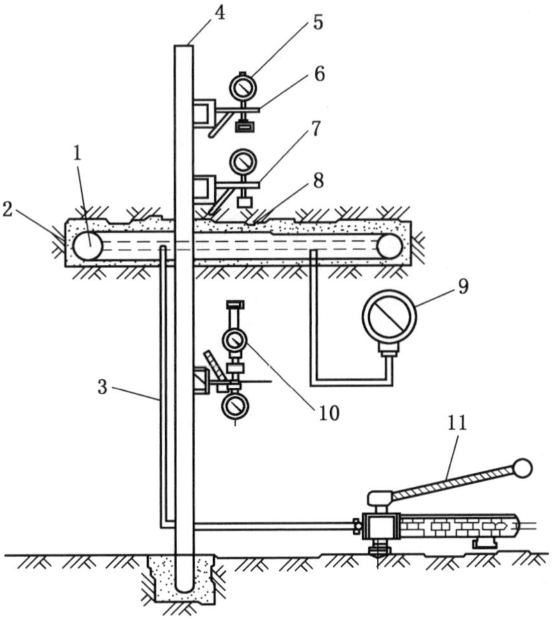

1—扁千斤顶；2—槽壁；3—油管；4—测杆；5—百分表（绝对测量）；6—磁性表架；7—测量标点；8—砂浆；9—标准压力表；10—千分表（相对测量）；11—油泵

图5－4　狭缝法试验装置示意图

$$E_m = \frac{Pl}{2W_R}[(1-\nu_m)(\tan\theta_1 - \tan\theta_2) + (1+\nu_m)(\sin2\theta_1 - \sin2\theta_2)] \tag{5-3}$$

式中 E_m——岩体的变形模量，MPa；

P——作用于槽壁上的压力，MPa；

l——槽长，mm；

W_R——量测点 A_1、A_2 的相对位移值，$W_R = y_2 - y_1$，mm；

ν_m——岩体的泊松比，无量纲；

θ_1、θ_2——量测点 A_1、A_2 与槽沟两端竖向中点夹角的1/4，(°)。

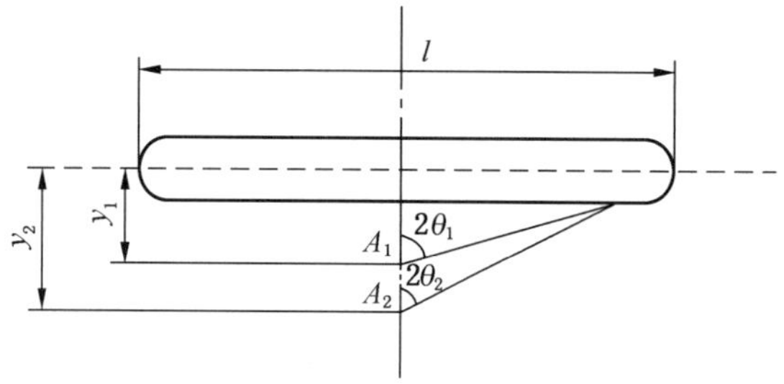

图5-5 狭缝法相对位移计算

常见岩体的弹性模量和变形模量见表5-1。由表5-1可知，各类岩体的变形模量都比相应岩石的变形模量小（见表3-6），而且受结构面发育程度及风化程度等因素影响十分明显。因此，不同地质条件下的同一岩体，其变形模量相差较大。所以，在实际工作中，应密切结合岩体的地质条件，选择合理的模量值。此外，试验方法不同，岩体的弹性模量也有差异，见表5-2。

表5-1 常见岩体的弹性模量和变形模量

岩体名称	承压面积/cm^2	应力/MPa	试验方法	弹性模量 E_{me}/MPa	变形模量 E_m/MPa	地 质 简 述
煤	2025	4.03~18.0	单轴压缩	4.07		
页岩		3.5	承压板法	2.8	1.93	泥质页岩与砂岩互层，较软
		3.5	承压板法	5.24	4.23	较完整，垂直于岩层，裂缝较发育
		3.5	承压板法	7.5	4.18	岩层受水浸，页岩泥化变松软
		0.7	水压法	19	14.6	薄层的黑色页岩
		0.7	水压法	7.3	6.6	薄层的黑色页岩

表5-1（续）

岩体名称	承压面积/cm^2	应力/MPa	试验方法	弹性模量 E_{me}/MPa	变形模量 E_m/MPa	地质简述
砂质页岩			承压板法	17.26	8.09	二叠纪－三叠纪砂质页岩
			承压板法	8.64	5.48	二叠纪－三叠纪砂质页岩
砂岩	2000		承压板法	19.2	16.4	新鲜，完整，致密
	2000		承压板法	3～6.3	1.4～3.4	弱风化，较破碎
	2000		承压板法	0.95	0.36	断层影响带
石灰岩			承压板法	35.4	23.4	新鲜，完整，局部有微风化
			承压板法	22.1	15.6	薄层，泥质条带，部分风化
			狭缝法	24.7	20.4	较新鲜完整
			狭缝法	9.15	5.63	薄层，微裂隙发育
			承压板法	57.0	46	新鲜完整
	2500		承压板法	23	15	断层影响带，黏土填充
	2500		承压板法		104	微晶条带，坚硬，完整
	2500		承压板法		1.44	节理发育
白云岩					7～12	
			承压板法	11.5～32		
片麻岩		4.0	狭缝法	30～40		密实
		2.5～3.0	承压板法	13～13.4	6.9～8.5	风化
花岗岩		2.5～3.0	承压板法	40～50		
		2.0	承压板法		12.5	裂隙发育
			承压板法	3.7～4.7	1.1～3.4	新鲜微裂隙至风化强裂隙
			大型三轴			
玄武岩		5.95	承压板法	38.2	11.2	坚硬，致密，完整
		5.95	承压板法	9.75～15.68	3.35～3.86	破碎，节理多，坚硬
		5.11	承压板法	3.75	1.21	断层影响带，坚硬

表 5-1（续）

岩体名称	承压面积/cm^2	应力/MPa	试验方法	弹性模量 E_{me}/MPa	变形模量 E_m/MPa	地质简述
辉绿岩				83	36	变质，完整，致密，裂隙为岩脉填充
					9.2	有裂隙
闪长岩		5.6	承压板法		62	新鲜，完整
		5.6	承压板法		16	弱风化，局部较破碎
石英岩			承压板法	40～45		密实

表 5-2　几种岩体用不同试验方法测定的弹性模量　　MPa

岩体类型	无侧限压（实验室，平均）	承压板法（现场）	狭缝法（现场）	钻孔变形法（现场）
裂隙和成层的闪长片麻岩	80	3.72～5.84	—	4.29～7.25
大到中等节理的花岗片麻岩	53	3.5～35	—	10.8～19
大块的大理岩	48.5	12.2～19.1	12.6～21	9.5～12

二、岩体变形参数的估算

由于岩体变形试验周期长，费用昂贵，一般只在重要或大型工程中进行。因此，人们试图用一些简单易行的方法来估算岩体的变形参数。目前，已提出的岩体变形参数估算方法有两种：一种是在现场地质调查的基础上，建立适当的岩体地质力学模型，根据小试件样品试验资料进行估算；另一种是在岩体质量评价和大量试验资料的基础上，建立岩体分类指标与变形参数之间的经验关系，并用于变形参数估算。

（一）层状岩体变形参数估算

层状岩体可简化为如图 5-6a 所示的地质力学模型。假设各岩层厚度相等为 S，且性

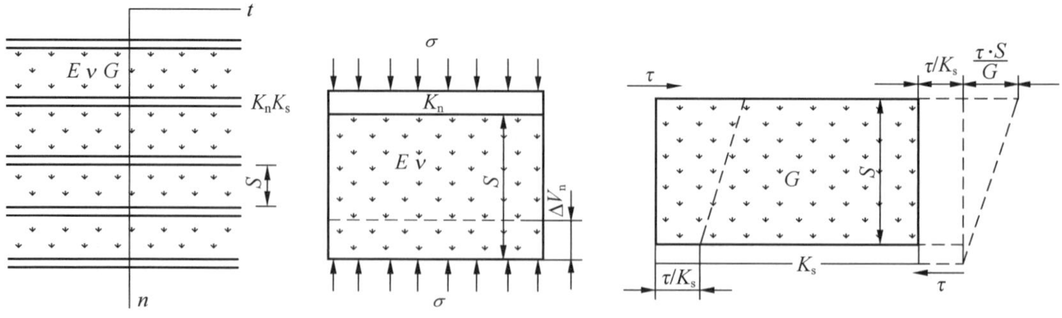

(a) 地质力学模型　　(b) 正应力在垂直于层面方向作用　　(c) 剪应力作用

图 5-6　层状岩体地质力学模型及变形参数估算示意图

质相同，层面的张开度可忽略不计。根据室内试验成果，设岩石的变形参数为杨氏模量 E、泊松比 ν 和剪切模量 G，层面的变形参数为法向刚度 K_n 和切向刚度 K_s，在 $n-t$ 坐标系中，n 轴垂直于层面，t 轴平行于层面。在以上假定下取一由岩石和层面组成的单元体（图 5-6a）来考察岩体的变形，分几种情况讨论如下。

1. 正应力作用下的岩体变形参数

正应力 σ 作用下的岩体变形参数可分为沿 n 方向作用和沿 t 方向作用两种情况。

1）σ 沿 n 方向作用

如图 5-6b 所示，在 σ 作用下，岩块和层面产生的法向变形分别为

岩块：
$$\Delta V_r = \frac{\sigma}{E}S$$

层面：
$$\Delta V_j = \frac{\sigma}{K_n}$$

岩体的 n 向总变形为

$$\Delta V_n = \Delta V_r + \Delta V_j = \frac{\sigma}{E}S + \frac{\sigma}{K_n} = \frac{\sigma}{E_{mn}}S$$

简化后得层状岩体垂直于层面方向的变形模量为

$$\frac{1}{E_{mn}} = \frac{1}{E} + \frac{1}{K_n S} \tag{5-4}$$

式中　ΔV_r——岩块产生的法向变形，mm；
σ——正应力，MPa；
E——岩石的弹性模量，MPa；
S——各岩层厚度，mm；
ΔV_j——岩层产生的法向变形，mm；
K_n——层面的变形参数，MPa/mm；
ΔV_n——岩体的 n 向总变形，mm；
E_{mn}——岩体垂直于层面方向的变形模量，MPa。

设岩石本身是各向同性的，n 方向加载时，由 t 方向的应变可求出岩体的泊松比为

$$\nu_{nt} = \frac{E_{mn}}{E}\nu \tag{5-5}$$

式中　ν_{nt}——岩体直于层面方向的泊松比，无量纲；
ν——岩石的泊松比，无量纲；

其他符号意义同前。

2）σ 沿 t 方向作用

岩体的变形主要是岩石引起的，因此岩体的变形模量和泊松比为

$$\begin{cases} E_{mt} = E \\ \nu_{mt} = \nu \end{cases} \tag{5-6}$$

式中　E_{mt}——岩体平行于层面方向的变形模量，MPa；
ν_{mt}——岩体的泊松比，无量纲。

2. 剪应力作用下的岩体变形参数

如图 5－6c 所示，对岩体沿层面方向施加剪应力 τ时，岩体的剪切变形由层面的滑动变形 Δu_{j} 和岩石的剪切变形 Δu_{r} 组成，即：

$$\Delta u=\Delta u_{\mathrm{j}}+\Delta u_{\mathrm{r}}$$

由于

$$\Delta u_{\mathrm{j}}=\frac{\tau}{K_{\mathrm{s}}} \quad \Delta u_{\mathrm{r}}=\frac{\tau}{G}\cdot S$$

有：

$$\Delta u=\Delta u_{\mathrm{j}}+\Delta u_{\mathrm{r}}=\frac{\tau}{K_{\mathrm{s}}}+\frac{\tau}{G}\cdot S=\frac{\tau}{G_{\mathrm{mt}}}\cdot S \tag{5-7}$$

化简得岩体的剪切模量为

$$\frac{1}{G_{\mathrm{mt}}}=\frac{1}{G}+\frac{1}{K_{\mathrm{s}}\cdot S} \tag{5-8}$$

式中 Δu——岩体的剪切变形，mm；

Δu_{j}——层面的滑动变形，mm；

Δu_{r}——岩石的剪切变形，mm；

τ——对岩体沿层面施加的剪应力，MPa；

K_{s}——层面剪切刚度，MPa/mm；

G——岩石的剪切模量，MPa；

S——各岩层厚度，mm；

G_{mt}——岩体的剪切模量，MPa。

由式（5－4）、式（5－6）、式（5－7）、式（5－8）可以估算表征层状岩体变形性质的 5 个参数：

垂直于层面方向施加正应力时，岩体变形模量 $E_{\mathrm{mn}}=\frac{1}{E}+\frac{1}{K_{\mathrm{n}}S}$；岩体泊松比 $\nu_{\mathrm{nt}}=\frac{E_{\mathrm{mn}}}{E}\nu$。

沿层面方向施加正应力时，岩体变形模量 $E_{\mathrm{mt}}=E$；岩体泊松比 $\nu_{\mathrm{mt}}=\nu$。

沿层面方向施加剪应力时，岩体的剪切模量 $G_{\mathrm{mt}}=\frac{1}{G}+\frac{1}{K_{\mathrm{s}}\cdot S}$。

上述估算方法是在岩石、结构面的变形参数及各层厚度均为常数情况下得出的（实际上是单层岩体）。当各层岩石和结构面的变形参数 E、ν、G、K_{n} 及厚度 S 都不同时，岩体的变形参数估算就比较复杂了。

用当量变形模量法来求层状岩体的变形模量。先按式（5－3）求出每一层岩体的变形模量，然后按下式求层状岩体的当量变形模量 E'_{mn}：

$$\frac{1}{E'_{\mathrm{mn}}}=\sum_{i=1}^{n}\frac{S_i}{E_{\mathrm{mn}i}\cdot S} \tag{5-9}$$

式中 E'_{mn}——岩体的当量变形模量，MPa；

S_i——第 i 层的单层厚度，mm；

$E_{\mathrm{mn}i}$——每一层岩体的变形模量，MPa；

S——估算范围内岩体的总厚度，mm。

（二）裂隙岩体变形参数估算

对于裂隙岩体，国内外都特别重视建立岩体分类指标与变形模量之间的经验关系。

（1）比尼卫斯基（Bieniawski，1978）统计式。

$$E_m = 2RMR - 100 \tag{5-10}$$

上式只适用于 $RMR > 55$ 的岩体。为弥补这一不足，Serafim 和 Pereira（1983）根据收集到的资料和比尼卫斯基的数据，拟合出如下方程：

$$E_m = 10^{\frac{RMR-10}{40}}$$

式中　E_m——岩体变形模量的数值，GPa；

RMR——岩体地质力学分类指标（分值），无量纲。

上式可用于 $RMR \leqslant 55$ 的岩体。

（2）Bhasin 和 Barton（挪威，1993）的经验公式。

$$\begin{cases} V_{mp} = 1000\lg Q + 3500 \\ E_{mean} = \dfrac{V_{mp} - 3500}{40} \end{cases} \tag{5-11}$$

式中　V_{mp}——岩体的纵波速度的数值，m/s；

E_{mean}——岩体的平均变形模量的数值，GPa；

Q——岩体分类指标（巴顿岩体质量分类），无量纲。

上式只适用于 $Q > 1$ 的岩体。

除上述方法外，还有人提出用声波测试资料估算岩体的变形模量。

三、岩体变形曲线类型及其特征

（一）法向变形曲线

不同学者对岩体法向压力-变形曲线进行了各自的分类和解释，归纳起来可分为四种类型（图5-7），即直线型、上凹型、上凸型和复合型。

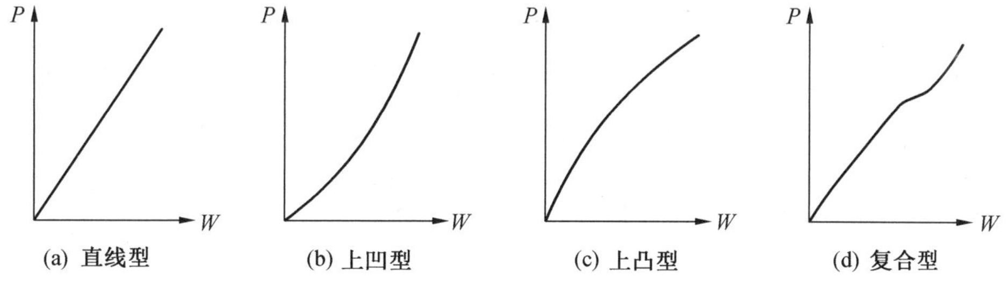

图5-7　岩体的曲线变形

1. 直线型（A型，图5-7a）

此类变形曲线为过原点的直线，反映在加压过程中岩体变形随压力成正比增加。岩性均匀（包括裂隙分布均匀）的岩体多呈此类型。

压力-变形（$P-W$）曲线方程为

$$P = KW,\ \frac{dP}{dW} = K,\ \frac{d^2P}{dW^2} = 0 \tag{5-12}$$

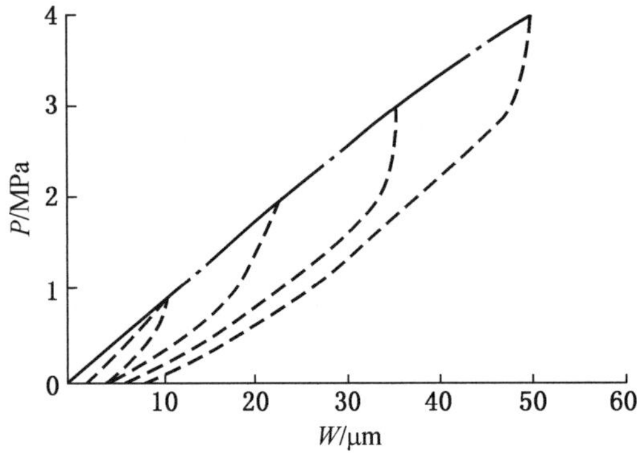

图5-8 陡直线型 $P-W$ 曲线

根据 $P-W$ 曲线斜率大小和卸载曲线特征又可分为两种。

1）陡直线型（A-1型）

如图5-8所示，$P-W$ 曲线斜率陡，呈陡直线，岩体刚度大；卸载后，岩体变形几乎恢复到原点，以弹性变形为主。较完整、坚硬、致密均匀的岩体的压力-变形曲线多为这种曲线。

2）缓直线型（A-2型）

如图5-9所示，$P-W$ 曲线斜率较缓，岩体刚度很低；卸载后岩体变形只能部分恢复，有明显的不可恢复变形和滞回圈。

此类岩体的 $P-W$ 曲线虽呈直线，但岩体并不是弹性的。岩体被多组节理裂隙切割，结构疏松，破碎，但裂隙分布较均匀时，可具此类型曲线。

2. 上凹型（B型，图5-7b）

曲线方程：$P=f(W)$，$\frac{dP}{dW}$随 P 的增大而递增，$\frac{d^2P}{dW^2}>0$。层状与节理岩体常呈此类型。根据加、卸载曲线形态进一步分为两个亚型。

1）缓卸载曲线（B-1型）

如图5-10所示，每次加压曲线的斜率随着加压卸载循环次数增加逐渐变大，说明岩体刚度随加、卸载循环次数增加而增加；各次卸载曲线比较缓，且相互近于平行，弹性变形 W_e 与总变形 W_o 之比（W_e/W_o）随 P 增大而有所增大，岩体弹性变形大。

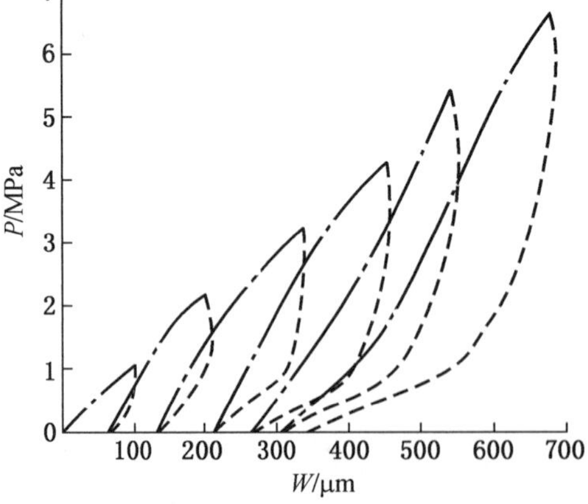

图5-9 缓直线型 $P-W$ 曲线

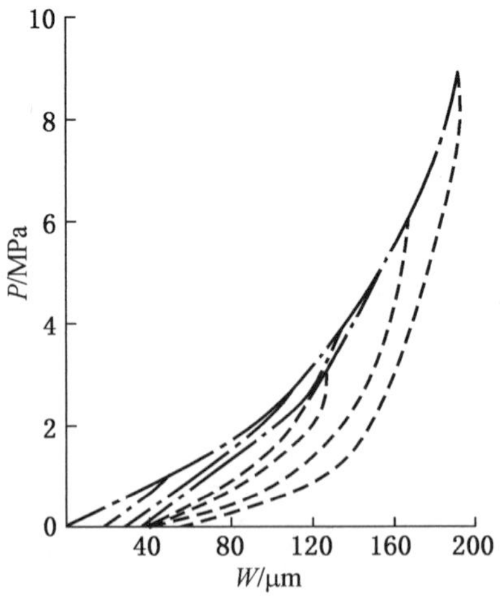

图5-10 缓卸载曲线

这类曲线多发生在垂直于层状岩体层面方向加压的较坚硬岩体中。一些夹层、层间空隙随压力增大逐渐压密。由于岩体结构间未发生错动，故卸载时具有较大的弹性变形。

2）陡卸载曲线（B－2 型）

如图 5－11 所示，加压曲线斜率随压力增加而逐渐变大，说明岩体刚度增大；各级卸载曲线都很陡，即卸载后变形大部分不能恢复。

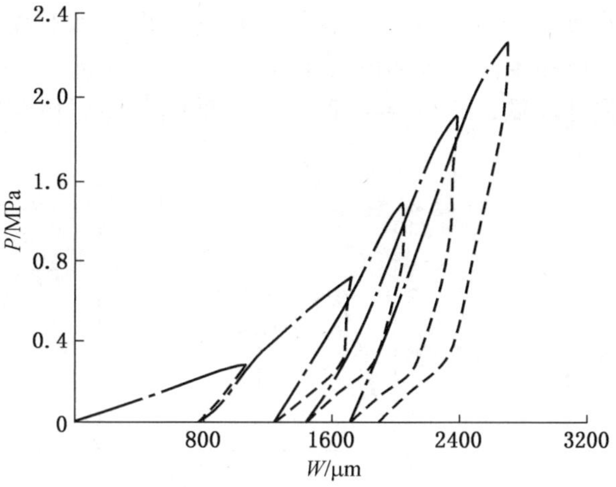

图 5－11　陡卸载曲线

这种情况往往发生在具有高角度裂隙（相对加压方向而言）的节理岩体中，被节理切割成各种形状的岩石，在压力作用下像楔子一样相互楔紧，卸载后变形自然难以恢复。

若岩体有层状软层且垂直层面加压，由于软层固结后可恢复变形小，也可出现这种类型的曲线。

3. 上凸型（C 型，图 5－7c）

曲线方程：$P=f(W)$，$\frac{dP}{dW}$随 P 增加而递减，$\frac{d^2P}{dW^2}<0$。

出现这种类型曲线可能有如下几种情况：节理裂隙很发育，且有泥质填充；岩石性质软弱（如泥岩、风化岩等）；岩体较深处埋藏有软弱夹层。

压力小时，各加载曲线近于平行；压力较大时，加载曲线逐渐变缓，塑性变形 W_p 与总变形 W_o 之比（W_p/W_o）随 P 增大而增大。

4. 复合型（D 型，图 5－7d）

$P-W$ 曲线呈阶梯状，多发生在岩体裂隙发育不均匀的情况。

岩体受压变形包括岩石压密、节理裂隙闭合、岩石移动、转动；同时，边界条件也随压力变化而改变（受压层深度随 P 增大而加深）。因此，岩体的 $P-W$ 曲线可能呈现复合型。

（二）剪切变形曲线

根据 $\tau-u$ 曲线形状，$\tau-u$ 曲线分为三类。

（1）峰值前变形曲线的平均斜率小，破坏位移大（一般 2～10 mm）；峰值后随位移增大，强度损失很小，残余强度 τ_r 与峰值强度 τ_p 之比 $\tau_r/\tau_p \approx 1.0 \sim 0.6$。沿软弱结构面剪切时常出现这类曲线（图5－12a）。

（2）峰值前变形曲线平均斜率较大，峰值强度较高；峰值后随剪位移增大，强度损失较大，有明显应力下降，$\tau_r/\tau_p \approx 0.8 \sim 0.6$。沿粗糙结构面、软弱岩体及剧烈风化岩体剪切时多见此类曲线（图5－12b）。

（3）峰值前变形曲线斜率大，曲线具有较清楚的线性段和非线性性质，比值极限和屈服极限较易确定，峰值强度高，破坏位移小（一般为1 mm左右）；峰值后随位移增大，强度迅速降低，残余强度较低，$\tau_r/\tau_p \approx 0.8 \sim 0.3$。剪断坚硬岩体时的变形曲线多属此类（图5－12c）。

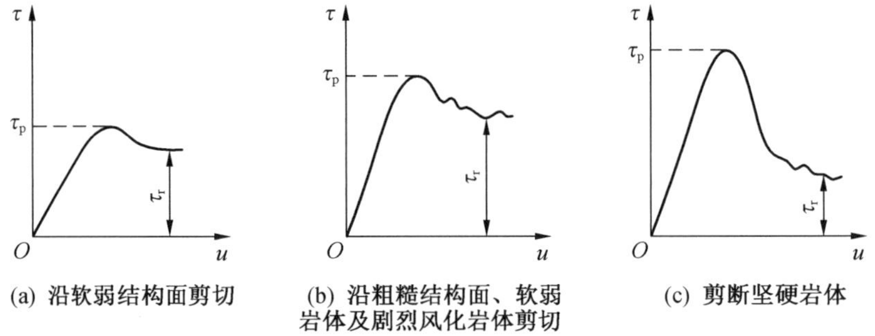

图5－12　岩体剪切变形曲线示意图

四、岩体变形的结构效应

影响岩体变形性质的因素较多，主要包括组成岩体的岩性、结构面发育特征及荷载条件、试件尺寸、试验方法和温度等。下面主要对结构面特征的影响进行讨论。岩体中结构面产状、张开程度与填充特征、密度和组合方式对岩体变形的影响称为岩体变形的结构效应。

1. 结构面产状的影响

岩体的变形因结构面与环境应力作用方向之间夹角的不同而变化，导致岩体变形的各向异性。这种影响在岩体中结构面组数较少时表现尤为明显，而随结构面组数增多趋于不显著。

图5－13所示是在某处泥岩岩体中开挖的硐室中对硐室围岩不同方向的径向施加压力荷载得到的变形大小的方位分布及其与结构面产状之间的关系。由图5－13可见，弹性变形 W_e 和全变形 W_o 的最大变形均发生在与结构面相垂直的方向上，而在平行于结构面走向的方向上最小；W_e/W_o 在垂直于结构面走向的方向上最小，而在平行于结构面走向的方向上 $W_e/W_o \approx 1$。这说明，在垂直于结构面方向加压，结构面的压密变形占很大比例；而在平行于结构面方向加压结构面变形有限，岩体变形以岩石材料的变形为主，变形较小。

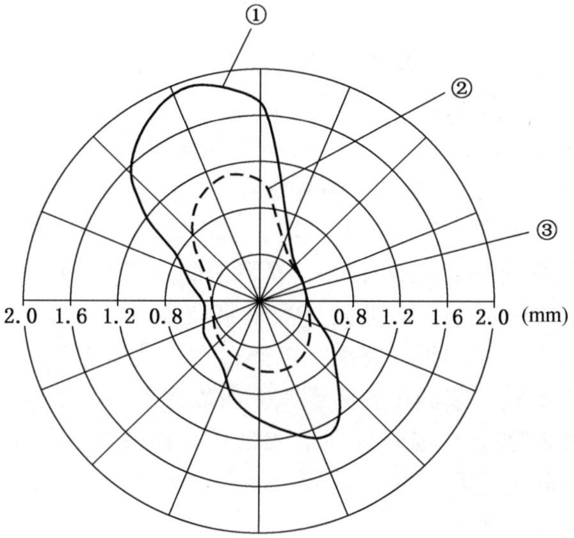

①—全变形 W_o；②—弹性变形 W_e；③—结构面走向

图 5-13 具有一组结构面的硐室围岩径向变形与结构面产状的关系

另外，岩体的变形模量 E_m 也具有明显的各向异性。一般来说，平行结构面方向的变形模量 $E_{//}$ 大于垂直方向的变形模量 $E_{\perp}$。

表 5-3 为我国某些工程岩体变形模量实测值，从表中所列数据可知，岩体的 $E_{//}/E_{\perp}$ 一般为 1.5～3.5。

表 5-3 某些岩体的 $E_{//}/E_{\perp}$ 值表

岩体名称	$E_{//}$/GPa	$E_{\perp}$/GPa	$E_{//}/E_{\perp}$	平均比值 $E_{//}/E_{\perp}$	工程
页岩、灰岩夹泥灰岩			3～5		
花岗岩			1～2		
薄层灰岩夹炭质页岩	56.3	31.4	1.79	1.79	乌江渡
砂岩	26.3	14.4	1.83	1.83	葛洲坝
变余砾状绿泥石片岩	35.6	22.4	1.59	1.59	丹江口
绿泥石云母片岩	45.6	21.4	2.13	2.13	
石英片岩夹绿泥石片岩	38.7	22.8	1.70	1.70	
板岩	9.7 28.1 52.5	6.1 23.8 44.1	1.59 1.18 1.19	1.32	五强溪
砂岩	38.5 71.6 82.7	30.3 35.0 66.6	1.27 2.05 1.24	1.52	

2. 结构面张开程度与填充特征的影响

一般来讲，张开程度较大且无填充或填充很少时，岩体变形较大，变形模量较小；反之，岩体变形较小，变形模量较大。

图5－14所示是某含裂隙片麻岩硐室围岩的硐壁径向受压变形。当压力较低时(0.4～0.9 MPa)，最大变形在水平方向（硐室两侧壁围岩）；当压力较高时（1.9～2.4 MPa），最大变形在垂直于片麻理方向。当压力较低时，水平方向的变形明显减小，而垂直于片麻理方向上变形大小与灌浆前相比变化不大。灌浆消除了结构面水平方向上的闭合变形影响，但对于垂直于片麻理方向的影响甚微（灌浆浆液难以进入密闭的片麻理中）。在水平方向，压力垂直于一组无填充的张开裂隙，因此，在较低压力下因裂隙闭合而产生很大变形。由于裂隙张开又无填充，浆液很容易灌入，所以灌浆对于消除这组结构面的影响效果显著。片麻理由软、硬矿物交替定向排列形成，只有在较高的压力下软矿物层才产生压密，所以在较高压力下较大变形发生在垂直于片麻理方向。此时，张开的结构面已基本闭合，因此，在水平方向上变形较小。

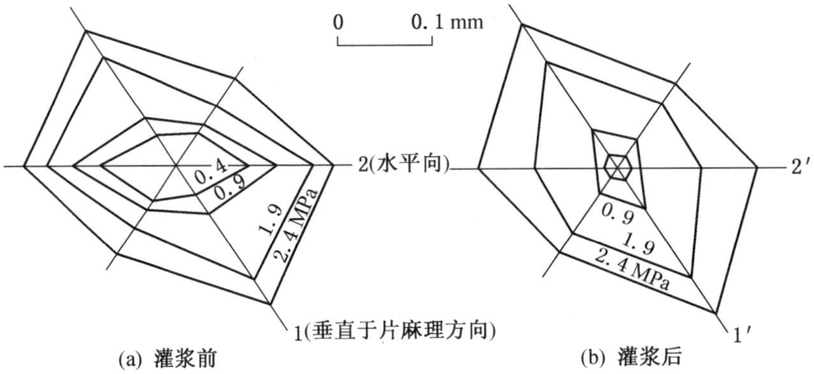

图5－14　某含裂隙片麻岩硐室围岩的径向变形

3. 结构面空间发育密度的影响

一般来讲,随结构面空间发育密度增大,岩体完整性变差,变形增大,变形模量减小。

由 $E_0/E \sim RQD$ 和 $E_0/E_d \sim (V_{pm}/V_{pr})^2$ 看结构面空间发育密度对岩体变形的影响。由图5－15和图5－16可见，当 RQD 或 $(V_{pm}/V_{pr})^2$ 由近于1降低至0.65时，E_0/E 和 E_0/E_d 迅速降低。而由0.65再继续下降，则 E_0/E_d 变化不大；相应于 $(V_{pm}/V_{pr})^2=0.65$，E_0/E_d 降低至0.14，之后大体保持不变。即当岩体中结构面发育达到一定程度（$RQD=0.65$）时，岩体变形可达岩石材料变形的1/0.14倍。结构面密度再加大，对岩体变形的影响就不大了。

4. 结构面组合方式的影响

当岩体中存在两组以上结构面时，结构面排列组合方式不同，对岩体变形性质也有较大影响。孙广忠研究了对缝式组合、错缝式组合的节理化岩体变形；比尔（Beer）分析了斜缝式组合的节理化岩体变形机理。这些研究都限于二维问题，且岩体所受荷载小于极限荷载。

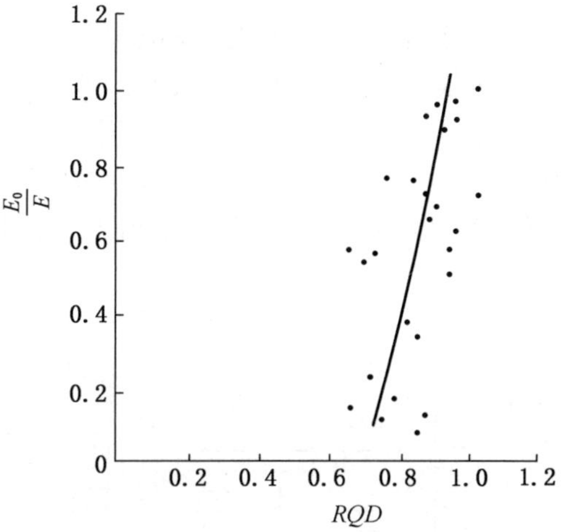

E_0—岩体变形模量；RQD—岩石的质量指标；
E—岩石弹性模量

图5-15　$E_0/E-RQD$ 的关系

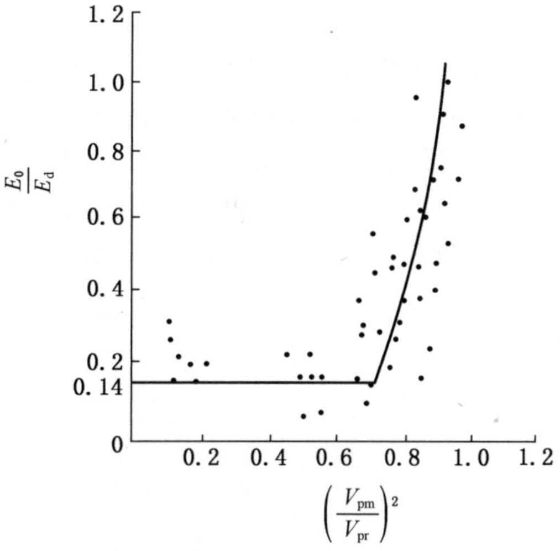

E_0—岩体变形模量；V_{pm}—岩体纵波速度；
E_d—岩石动弹性模量；V_{pr}—岩石纵波速度

图5-16　$E_0/E_d-(V_{pm}/V_{pr})^2$ 关系

1）对缝式组合（图5-17）

在有限面积荷载 P 作用下，当围压较大，P 较小时，岩体呈连续变形，其变形规律与连续岩体相同；当围压较小，P 较大时，岩体变形呈现不连续状态。岩体变形可分为直接压缩区、剪切连续变形区、压应力作用连续变形区三个区（图5-18）。

变形除与岩石材料和结构面的压缩变形特性有关外，还与高角度节理的抗剪强度密切相关。

2）错缝式组合（图5-19）

当围压较大，P 较小时，岩体呈连续变形，其变形规律与连续岩体相同；当围压较小，P 较大时，变形不连续。岩体变形分为直接压缩区、压应力作用区、连续变形区、剪切变形区四个区（图5-20）。

变形主要取决于岩石材料及结构面的压缩变形特性。

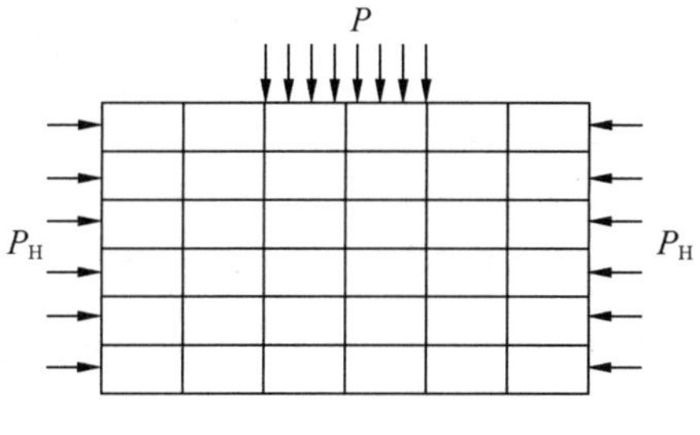

图5-17　对缝式组合节理岩体试验模型

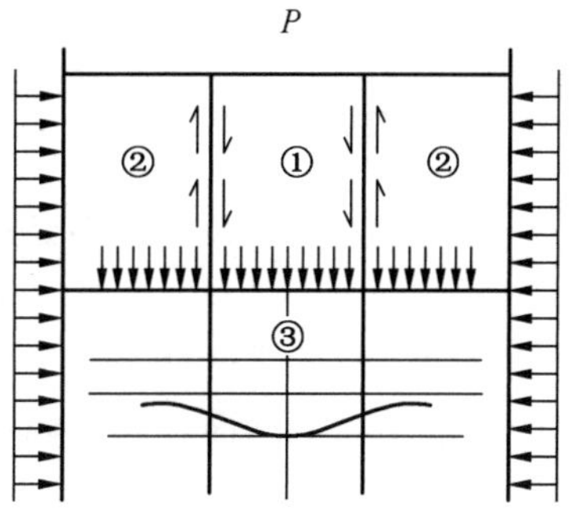

①—直接压缩区；②—剪切连续变形区；
③—压应力作用连续变形区

图5-18　对缝式组合节理岩体变形图

3）斜缝式组合——楔的作用（图 5－21）

对岩体加载时，两结构面构成一个楔形体，楔入周围岩体，使得周围岩体随压力的增加越挤越紧，其循环加载曲线也越来越陡。当岩体卸载时，另两个结构面又形成反楔形体，使得岩体的变形恢复受到阻碍。因此，卸载曲线开始较陡，直到压力退到很小，楔形体面上的抗剪强度大为降低时，岩体变形才有较大恢复。

变形与岩石材料及结构面的压缩变形特性有关，组成楔形体边界的结构面的抗剪强度对变形有直接影响。

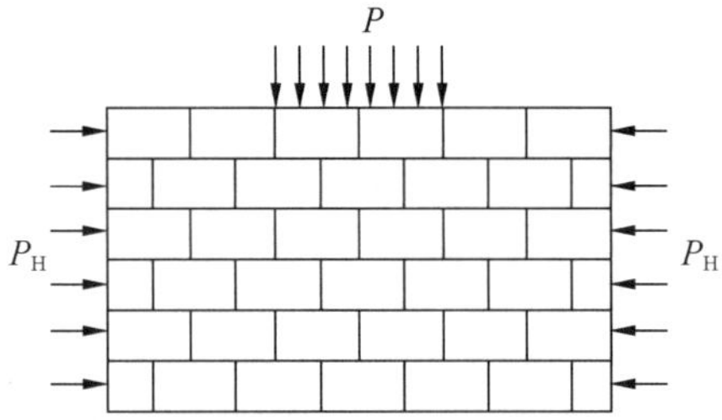

图 5－19 错缝式组合节理岩体试验模型

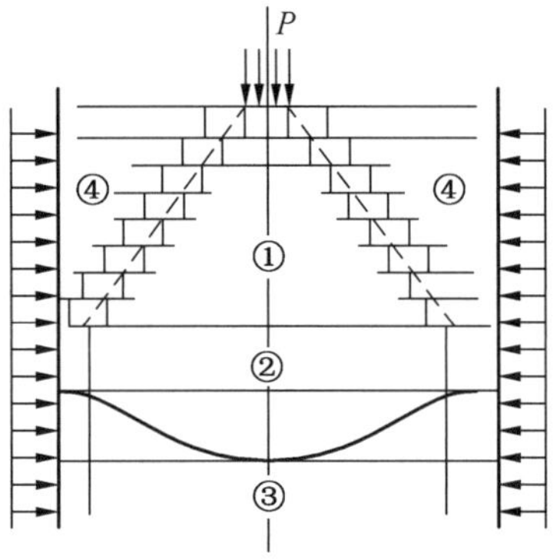

①—直接压缩区；②—压应力作用区；
③—连续变形区；④—剪切变形区

图 5－20 错缝式组合节理岩体变形图

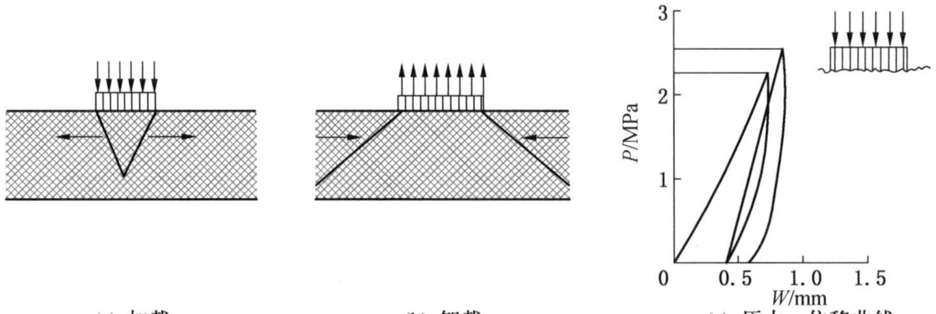

(a) 加载　　(b) 卸载　　(c) 压力－位移曲线

图 5－21 斜缝式组合节理岩体变形——楔的作用

以上是针对岩体所受荷载小于极限荷载的情况所做的分析，当荷载强度达到极限荷载时，岩体中形成整体滑动面，岩体内的块体发生相互错动、转动，整个岩体被破坏，上述分析就不适合了。

五、岩体变形本构方程

由于结构面的存在，岩体变形机制十分复杂。因此，建立岩体变形的本构方程并非易事。比较简单的情况下，岩体变形可区分出四种基本形式（表5－4）：岩体中岩石材料的弹性变形，ε_e—弹性元件；岩体中岩石材料的黏性变形，ε_η—黏性元件；结构面闭合变形，ε_n—闭合元件（蝶形元件）；结构面滑动变形，u—滑移元件。

表5－4　变形本构模型元件

元　件	弹 性 元 件	黏 性 元 件	闭 合 元 件	滑 移 元 件
符号				
本构曲线	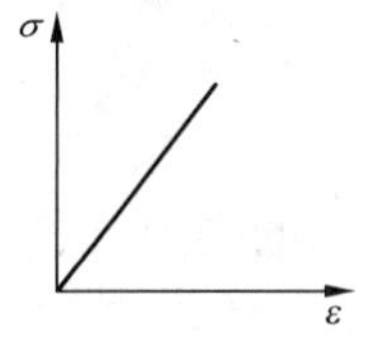	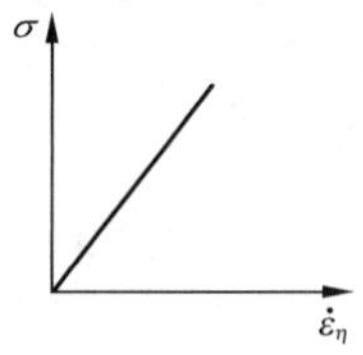	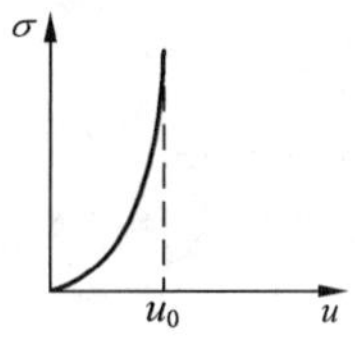	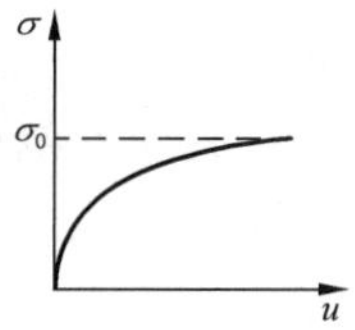
本构方程	$\sigma=E\varepsilon_e$	$\sigma=\eta\dot{\varepsilon}_\eta$	$u=u_0\left(1-e^{-\frac{\sigma}{k}}\right)$ 或 $\varepsilon_n=\varepsilon_0\left(1-e^{-\frac{\sigma}{E}}\right)$	$\frac{d\sigma}{du}=k_0(\sigma_0-\sigma)$ 或 $\frac{d\tau}{dr}=G(\tau_0-\tau)$

1．弹性裂隙岩体的力学模型及本构方程

岩体的变形主要为岩石的弹性变形和结构面的闭合变形。

力学模型为弹性元件－闭合元件（串联），如图5－22所示。弹性元件－闭合元件串联模型的总变形为 $\varepsilon=\varepsilon_e+\varepsilon_n$。其中，$\varepsilon_e$ 为弹性元件应变；ε_n 为闭合元件应变，两者的表达式分别为

$$\varepsilon_e=\frac{\sigma_e}{E_e}=\frac{\sigma}{E_e}$$

$$\varepsilon_n=\varepsilon_0\left(1-e^{\frac{-\sigma_n}{E_n}}\right)$$

弹性元件－闭合元件串联模型的总应力为 $\sigma=\sigma_n=\sigma_e$，则总变形为

$$\varepsilon=\varepsilon_0\left(1-e^{\frac{-\sigma}{E_n}}\right)+\frac{\sigma}{E_e} \qquad (5-13)$$

式中　ε——弹性元件－闭合元件串联模型的应变量，无量纲；

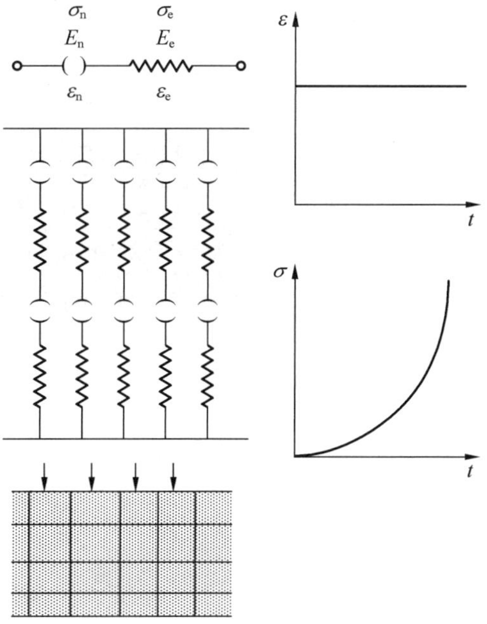

图5－22　弹性裂隙岩体的力学模型

σ——弹性元件-闭合元件串联模型所受的压应力，MPa；
ε_e——弹性元件的应变量，无量纲；
E_e——岩体弹性模量，MPa；
σ_e——弹性元件所受的压应力，MPa；
ε_n——闭合元件的应变量，无量纲；
ε_0——闭合元件的最大应变量，无量纲；
E_n——闭合元件的弹性模量，MPa；
σ_n——闭合元件所受的压应力，MPa。

当 $\sigma\to\infty$ 时，$\varepsilon_n\to0$，$\varepsilon=\varepsilon_e$，即裂隙闭合后，岩体主要表现为岩石的弹性变形。

这种模型主要反映了由坚硬岩石材料组成的、结构面与受压方向近垂直的岩体的变形特征。

2. 黏弹性裂隙岩体的力学模型及本构方程

黏弹性裂隙岩体的变形为岩石的弹性变形、黏性变形和结构面的闭合变形。力学模型为马克斯韦尔（Maxwell）模型-闭合元件（串联），如图5-23所示。

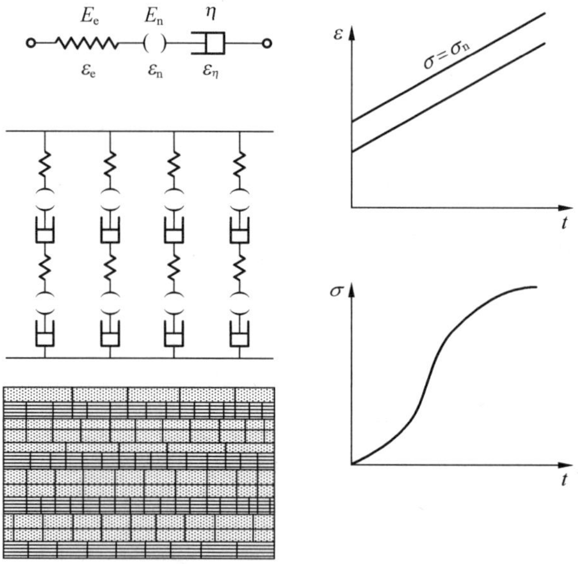

图5-23 黏弹性裂隙岩体的力学模型

黏弹性裂隙岩体的应变为： $\varepsilon=\varepsilon_n+\varepsilon_m=\varepsilon_n+\varepsilon_e+\varepsilon_\eta$

应力为： $\sigma=\sigma_n=\sigma_e=\sigma_\eta$

其中，

$$\varepsilon_n=\varepsilon_0\left(1-e^{\frac{-\sigma}{E_n}}\right),\quad \dot{\varepsilon}_n=\frac{\varepsilon_0}{E_n}\cdot e^{\frac{-\sigma}{E_n}}\cdot\dot{\sigma}$$

$$\varepsilon_e=\frac{\sigma}{E_e},\quad \dot{\varepsilon}_e=\frac{\dot{\sigma}}{E_e}$$

$$\dot{\varepsilon}_\eta = \frac{\sigma}{\eta}, \quad \left(\dot{\varepsilon} = \frac{d\varepsilon}{dt}\right)$$

所以

$$\dot{\varepsilon} = \left(\frac{\varepsilon_0}{E_n} \cdot e^{\frac{-\sigma}{E_n}} + \frac{1}{E_e}\right)\dot{\sigma} + \frac{\sigma}{\eta}$$

在蠕变条件下，$\dot{\sigma}=0$，$\sigma=\sigma_0$（常应力）

$$\varepsilon = \varepsilon_0\left(1 - e^{\frac{-\sigma}{E_n}}\right) + \frac{\sigma}{E_e} + \frac{\sigma_0}{\eta} \cdot t \tag{5-14}$$

式中 ε——黏弹性裂隙岩体的应变量，无量纲；

ε_n——闭合元件的应变量，无量纲；

ε_m——黏弹性元件的应变量，无量纲；

ε_e——弹性元件的应变量，无量纲；

ε_η——黏性元件的应变量，无量纲；

σ——岩体所受的压应力，MPa；

σ_n——闭合元件所受的压应力，MPa；

σ_e——弹性元件所受的压应力，MPa；

σ_η——黏性元件所受的压应力，MPa；

E_n——闭合元件的弹性模量，MPa；

E_e——岩体弹性模量，MPa；

$\dot{\varepsilon}_n$——闭合元件的应变速率，s^{-1}；

$\dot{\sigma}$——岩体所受的压应力速率，MPa/s；

$\dot{\varepsilon}_e$——弹性元件的应变速率，s^{-1}；

$\dot{\varepsilon}$——黏弹性裂隙岩体的应变速率，s^{-1}；

η——黏滞系数，Pa·s；

t——时间，s。

这种模型反映了软-硬岩互层、层间有裂隙、受压方向垂直于层面的岩体变形特征。

其他结构类型岩体，或因其结构组合方式复杂，或因其受力条件复杂，其变形机理也十分复杂，其本构方程尚有待建立、发展和完善。

第二节 岩体的强度性质

岩体强度是指岩体抵抗外力破坏的能力。和岩块强度一样，岩体强度也有抗压强度、抗拉强度和抗剪强度之分。

岩体由岩块和结构面网络组成，如果岩体中结构面不发育，呈整体或完整结构时，则岩体强度大致与岩块强度接近；如果岩体沿某一特定结构面滑动破坏时，则其强度将取决于该结构面的强度。一般情况下，岩体强度既不同于岩块强度，也不同于结构面强度。但对于裂隙岩体来说，其抗拉强度很小，工程设计上一般不允许岩体中有拉应力出现，而且岩体抗拉强度测试技术难度大，所以，目前对岩体抗拉强度的研究很少。本节主要讨论岩体的抗剪强度和抗压强度。

一、岩体的抗剪强度

岩体内任一方向剪切面，在法向应力作用下所能抵抗的最大剪应力，称为岩体的抗剪强度。通常又可细分为抗剪断强度、摩擦强度和抗切强度三种。抗剪断强度是指在任一法向应力下，横切结构面剪切破坏时岩体能抵抗的最大剪应力；在任一法向应力下，岩体沿已有破裂面剪切破坏时的最大应力称为摩擦强度，这实际上就是某一结构面的抗剪强度；剪切面上的法向应力为零时的抗剪断强度称为抗切强度。

1. 岩体抗剪强度的测定

为了确定岩体的抗剪强度参数，国内外开展了大量的原位岩体剪切试验，一般认为：原位岩体剪切试验是确定岩体抗剪强度参数最有效的方法。目前普遍采用的方法是双千斤顶法直剪试验（图 5 - 24）。该方法是在平巷中制备试件，并以两个千斤顶分别在垂直和水平方向施加外力而进行的直剪试验。试件尺寸视裂隙发育情况而定，但其截面积不宜小于 50 cm × 50 cm，试件高一般为断面边长的 0.5 倍，如果岩体软弱破碎则需浇注钢筋混凝土保护罩。试验时，先用垂直千斤顶施加竖向压力 P，并固定在某一值上，然后施加倾斜力 T，直到试体沿 AB 面发生剪切破坏为止。为使剪切破坏面上不产生力矩效应，合力必须通过剪切面中心。

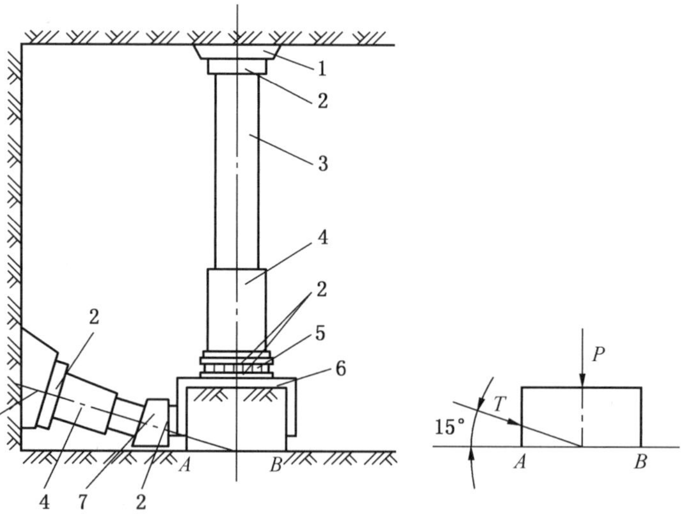

1—砂浆顶板；2—钢板；3—传力柱；4—千斤顶；5—滚轴排；6—钢筋混凝土保护罩；7—斜垫板；8—混凝土后座

图 5 - 24 岩体抗剪强度试验

设试体的剪切面积为 S_{AB}，则试体剪切破坏时作用在 AB 面上的应力为

$$\begin{cases} \tau = \dfrac{T\cos\alpha}{S_{AB}} \\ \sigma = \dfrac{P + T\sin\alpha}{S_{AB}} \end{cases} \qquad (5-15)$$

式中　τ——岩体的抗剪强度，MPa；

T——施加的倾斜力，MN；

S_{AB}——剪切破坏面面积，m^2；

α——倾斜力的倾角，一般取值为15°；

σ——剪切破坏面上的正应力，MPa；

P——施加的竖向荷载，MN。

每组试验需5个以上试件，各试件的岩性及结构面等情况应大致相同，避开大的断层和破碎带。试验时，先施加垂直荷载，待其变形稳定后，再逐级施加水平剪力直至试件破坏。通过试验可获取如下资料：①岩体剪应力 τ - 剪位移变形 u 曲线及法向应力 σ - 法向变形 w 曲线；②抗剪强度曲线及岩体抗剪强度参数 c_m、ϕ_m 值。

各类岩体的抗剪强度参数 c_m、ϕ_m 值列于表5-5。表5-5与表3-13相比较可知，岩体的内摩擦角与岩石的内摩擦角很接近；而岩体的黏聚力则大大低于岩石的黏聚力，说明结构面的存在主要是降低了岩体的联结能力，进而降低了其黏聚力。

表5-5　各类岩体的抗剪强度参数

岩体名称	黏聚力 c_m/MPa		内摩擦角 ϕ_m/(°)
褐煤	0.014~0.03		15~18
黏土岩	范围	0.002~0.18	10~45
	一般	0.04~0.09	15~30
泥岩	0.01		23
泥灰岩	0.07~0.44		20~41
石英岩	0.01~0.53		22~40
闪长岩	0.2~0.75		30~59
片麻岩	0.35~1.4		29~68
辉长岩	0.76~1.38		38~41
页岩	范围	0.03~1.36	33~70
	一般	0.1~0.4	38~50
石灰岩	范围	0.02~3.9	13~65
	一般	0.1~1	38~52
粉砂岩	0.07~1.7		29~59
砂质页岩	0.07~0.18		42~63
砂岩	范围	0.04~2.88	28~70
	一般	1~2	48~60

表5-5（续）

岩体名称	黏聚力 c_m/MPa		内摩擦角 ϕ_m/(°)
玄武岩	0.06～1.4		36～61
花岗岩	范围	0.1～4.16	30～70
	一般	0.2～0.5	45～52
大理岩	范围	1.54～4.9	24～60
	一般	3～4	49～55
石英闪长岩	1.0～2.2		51～61
安山岩	0.89～2.45		53～74
正长岩	1～3		62～66

2. 岩体的抗剪强度特征

试验和理论研究表明：岩体的抗剪强度主要受结构面、应力状态、岩石性质、风化程度及其含水状态等因素影响。在高应力条件下，岩体的抗剪强度较接近于岩石强度，而在低应力条件下，岩体的抗剪强度主要受结构面发育特征及其组合关系的控制。由于作用在岩体上的工程荷载一般多在10 MPa以下，所以与工程活动有关的岩体破坏，基本上受结构面特征控制。

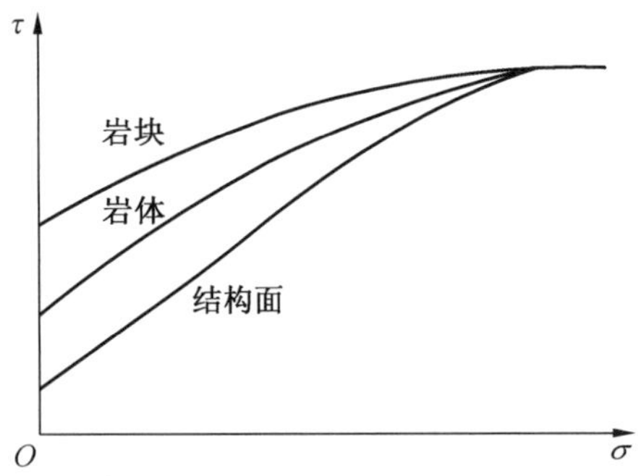

图5-25　岩体抗剪强度包络线

岩体中结构面的存在致使岩体一般都具有高度的各向异性。即沿结构面产生剪切破坏（重复剪切破坏）时，岩体抗剪强度最小，近似等于结构面的剪切强度；而横切结构面剪切（剪断破坏）时，岩体抗剪强度最高；沿复合剪切面剪切（复合破坏）时，其强度则介于两者之间。因此，一般情况下，岩体的抗剪强度不是一个单一值，而是具有一定上限和下限的值域，其强度包络线也不是一条简单的曲线，而是有一定上限和下限的曲线簇。其上限是岩体的剪断强度，一般可通过原位岩体剪切试验或经验估算方法求得，在没有资料的情况下，可用岩石剪断强度来代替；下限是结构面的剪切强度（图5-25）。由图5-25可知，当应力较低时，岩体强度变化范围较大，随着应力增大，范围逐渐变小。当应力高到一定程度时，包络线变为一条曲线，这时，岩体强度将不受结构面影响而趋于各向同性。

在强风化岩体和软弱岩体中，剪断岩体时的内摩擦角多在30°～40°之间变化，黏聚力多在0.01～0.5 MPa之间，其强度包络线上、下限比较接近，变化范围小，且其岩体强度总体上比较低。

在坚硬岩体中，剪断岩体时的内摩擦角多在45°以上，黏聚力在0.1～4.0 MPa之间。其强度包络线的上、下限差值较大，变化范围也大。这种情况下，准确确定工程岩体的抗剪强度困难较大。一般需依据原位剪切试验和经验估算数据，并结合工程荷载及结构面的发育特征等综合确定。

二、裂隙岩体的抗压强度

岩体的抗压强度也可分为单轴抗压强度和三轴压缩强度。目前，在生产实际中，通常采用原位单轴压缩和三轴压缩试验来确定。这两种试验也是在平巷中制备试件，并采用千斤顶等加压设备施加压力，直至试件破坏。采用破坏荷载来求岩体的单轴或三轴压缩强度。

（一）岩体抗压强度的测定

1. 单轴抗压强度

用人工方法从岩体中切割出一个平面尺寸为（0.5～1.5）m×（0.5～1.5）m、与岩体连接的整体岩柱（图5－26），岩柱高度不应小于平面尺寸，在岩柱（试体）顶与平巷顶板之间设置垫层和压力枕。为使荷载均匀分布在试体上，在试体端面和与其对应的地下工程顶板表面敷抹一层水泥砂浆。

在试验过程中，荷载是逐渐施加的。每施加一级荷载，便可测定出试体相应的变形量，据此可获得岩体的应力应变曲线，以及岩体的变形指标（如岩体的弹性模量和泊松比等）。同时，根据试体破坏时压力枕施加的最大荷载及试体的横截面积，可计算出岩体的单轴抗压强度。

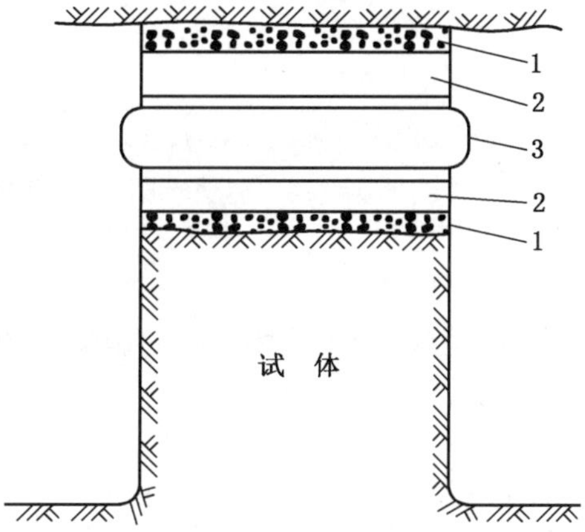

1—水泥砂浆；2—垫层；3—压力枕（扁液压千斤顶）

图5－26　岩体单轴抗压强度试验装置示意图

2. 三轴压缩强度

岩体三轴压缩强度一般通过现场原位试验测定，但是由于现场原位三轴试验在技术上很复杂，只在非常必要时才进行。现场岩体原位三轴试验装置如图5－27所示，用液压千斤顶施加轴向荷载，用压力枕施加侧向荷载。根据侧向荷载分布的不同，现场岩体原位三轴试验又可分为等围岩三轴试验（$\sigma_2=\sigma_3$）和真三轴试验（$\sigma_1>\sigma_2>\sigma_3$）。研究表明，中间主应力在岩体力学性质中起着不可忽视的作用，多节理岩体尤为如此。因此，尽管等围压三轴试验实用性很强，但真三轴试验将会越来越受到重视。

由于岩体中包含各种结构面，给试件制备及加载带来很大的困难；加上原位岩体压缩试验工期长，费用昂贵，一般情况下难以普遍采用。所以，长期以来，人们企图用一些简单的方法来求取岩体的压缩强度。

（二）结构面产状的强度效应

1. 岩体结构面产状对岩体破坏机制的控制（单组结构面）

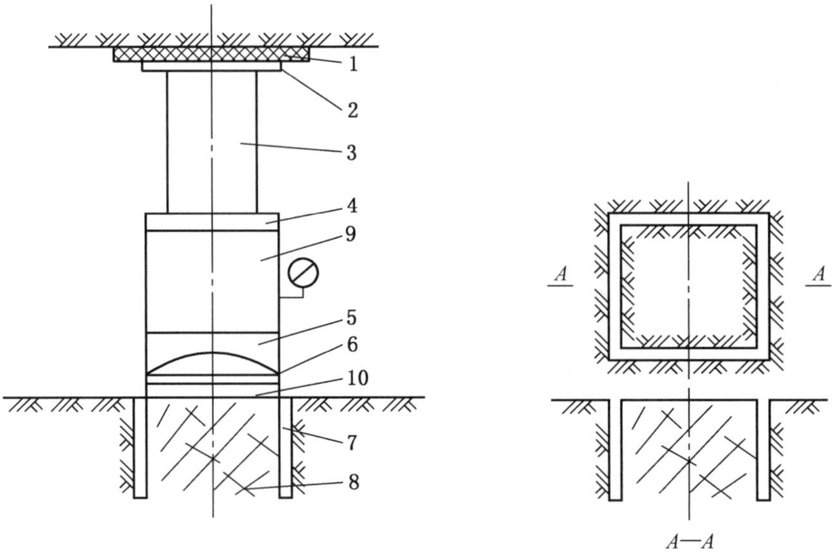

1—混凝土顶座；2—垫板；3—传力柱；4—垫板；5—球面垫；6—垫板；7—压力枕；
8—试件；9—液压千斤顶；10—液压枕

图 5 - 27　现场岩体原位三轴试验装置

结构面产状对岩体破坏方式的影响如图 5 - 28 所示。

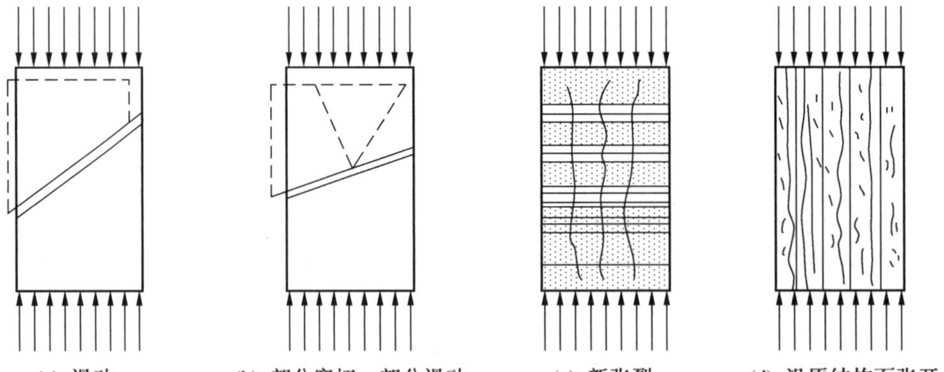

图 5 - 28　结构面产状对岩体破坏方式的影响

可见，如果不分析结构面产状与工程荷载方向的关系及其对破坏机制的影响，均采用同一破坏准则处理问题，必然导致错误结论。

2. 结构面产状对岩体强度影响的理论分析

岩体是由不同成因类型的岩石块体和结构面网络构成的地质体。岩块是构成岩体的物质材料和基本结构单元，结构面则是具有一定延伸方向和长度、厚度相对较小的地质界面。一般，岩块的强度远大于结构面强度，是形成岩体强度的重要基础；不同级次的结构面网络切割、围限岩石块体，不仅破坏了岩体的完整性，还会显著影响岩体强度。

自然现象和工程经验表明，结构面产状与岩体中最大主应力之间的关系控制着岩体的强度和破坏方式。通过理论分析揭示结构面产状对岩体强度的影响，有助于深入理解结构面、岩块和岩体三者之间的强度关系。结构面产状对岩体强度的影响可分解为单组结构面问题和多组结构面问题，通过单组结构面问题分析揭示结构面产状对岩体强度影响的规律，进一步应用叠加原理即可了解多组结构面对岩体强度的影响。

1）单组结构面产状对岩体强度的影响

（1）单组结构面问题表述。单组结构面产状对岩体强度的影响是理解多组结构面产状对岩体强度影响的基础。单组结构面问题的设定如下：在 $\sigma_1 > \sigma_2 = \sigma_3$ 应力环境中，一组结构面产状变化对岩体三轴压缩强度 σ_m 的影响。

在 $\tau - \sigma$ 域（τ—剪应力；σ—正应力）中建立的应力环境（$\sigma_1 > \sigma_2 = \sigma_3$，围压 σ_3 一定）中，单组结构面产状（α）对岩体强度（σ_m）影响问题的具体构成如图 5－29 所示。图中给出的信息包括岩石强度、岩体强度以及结构面的强度和产状。岩石强度信息包括：抗剪强度 τ_r，抗压强度 σ_r，强度包络线 $\tau_r = \sigma \cdot \tan\phi_r + c_r$ 以及与其相切的临界莫尔圆⊙$\sigma_3 - \sigma_r$，其中 c_r 为岩石的黏聚力，ϕ_r 为岩石的内摩擦角。岩体强度信息包括：抗压强度 σ_m 及对应的莫尔圆⊙$\sigma_3 - \sigma_m$。结构面的强度信息包括：抗剪强度 τ_j，抗压强度 σ_j，强度包络线 $\tau_j = \sigma \cdot \tan\phi_j + c_j$ 及与其相切的临界莫尔圆⊙$\sigma_3 - \sigma_j$，其中 c_j 为结构面的黏聚力，ϕ_j 为结构面的摩擦角。结构面产状信息就是结构面与最大主应力 σ_1 作用方向之间的夹角 α，由以横轴上 σ_3 点为端点、旁注有 α 的射线表示，可称为射线 α，或称为结构面 α。如图 5－29 所示，在岩体中能够建立起来的应力环境中最大的应力莫尔圆就是⊙$\sigma_3 - \sigma_r$。显然，$\sigma_1 = \sigma_r$ 是岩体中最坚硬部分（岩石）的抗力上限，超过此上限岩石就会发生破坏，因此，岩体不可能有比岩石临界应力莫尔圆⊙$\sigma_3 - \sigma_r$ 所表达的应力状态更强大的应力了。

单组结构面问题（单组结构面产状变化对岩体强度的影响）在图 5－29 中体现为：当射线 α 绕端点（横轴上 σ_3 点）摆动时，岩体抗压强度 σ_m 会如何变化？

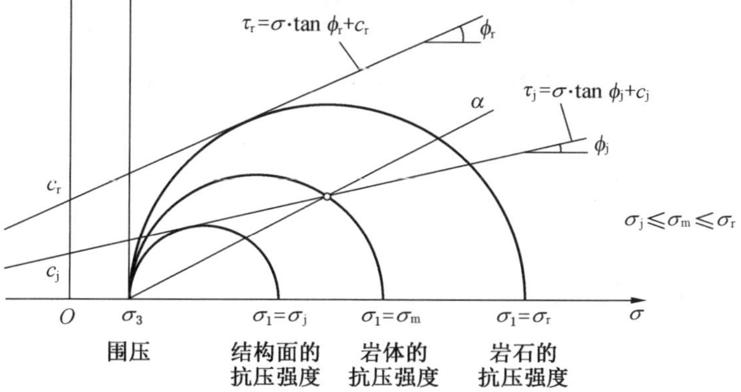

图 5－29　单组结构面产状对岩体强度影响问题图示

（2）结构角 α。为阐明结构面产状对岩体强度的影响，引入结构角 α 的概念。

如图 5－30a 所示，在岩体中，结构面与最大主应力 σ_1 作用方向之间的夹角为 α，结构面法线与最大主应力 σ_1 作用方向之间的夹角为 β，$\alpha+\beta=90°$。在图 5－30b 所示的应力莫尔圆中，应力莫尔圆圆周上任一点 P 都对应着一个具有一定产状的结构面（或岩体内的任一截面），过圆周上这一点的莫尔圆半径与横轴（σ 轴）之间的夹角（2β）恰为岩体中结构面法线与最大主应力 σ_1 作用方向之间的夹角（β）的两倍。在横轴上的 σ_3 点向莫尔圆圆周上的点 P 引射线，射线 σ_3-P 即为图 5－29 中的射线 α。由图 5－30 中所示图形的几何关系不难看出，射线 σ_3-P 与过横轴上 σ_3 点垂直于横轴的纵线之间的夹角 α 与角 β 互余，即 $\alpha+\beta=90°$。可见，图 5－30b 所示的角 α 就是图 5－30a 中所示的结构面与最大主应力 σ_1 作用方向之间的夹角 α。

按图 5－30 所示，将结构面与最大主应力 σ_1 作用方向之间的夹角 α 定义为结构面在岩体中的结构角。在结构面产状对岩体强度影响问题的讨论中，采用结构角 α 代表岩体中结构面的产状。为便于叙述，将结构角 α 的余角（结构面法线与最大主应力作用方向之间的夹角）β 简称为法向角。

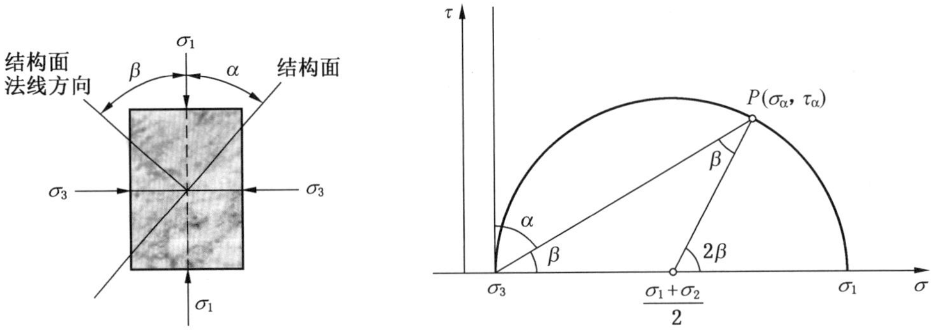

(a) 岩体中的结构角 α 及法向角 β　　(b) 应力莫尔圆中的结构角 α 及法向角 β

图 5－30　结构角 α 的定义

（3）结构面上的正应力 σ_α 和剪应力 τ_α。在图 5－30 中，射线 σ_3-P（射线 α）与应力莫尔圆 $\odot\sigma_3-\sigma_1$ 相交在点 P，点 P 在 $\tau-\sigma$ 域中的坐标（σ_α，τ_α）就是点 P 对应的结构面上作用的法向应力 σ_α 和切向应力 τ_α。（σ_α，τ_α）与岩体所处的应力环境（σ_1，σ_3）的关系可分别采用结构角 α 或法向角 β 表达为两组等价的公式，式（5－16）或式（5－17）：

$$\begin{cases}\sigma_\alpha=\dfrac{\sigma_1+\sigma_3}{2}-\dfrac{\sigma_1-\sigma_3}{2}\cdot\cos2\alpha\\ \tau_\alpha=\dfrac{\sigma_1-\sigma_3}{2}\cdot\sin2\alpha\end{cases}\tag{5-16}$$

$$\begin{cases}\sigma_\alpha=\dfrac{\sigma_1+\sigma_3}{2}+\dfrac{\sigma_1-\sigma_3}{2}\cdot\cos2\beta\\ \tau_\alpha=\dfrac{\sigma_1-\sigma_3}{2}\cdot\sin2\beta\end{cases}\tag{5-17}$$

(4) 同一产状结构面上的应力状态。岩体内部结构面上的应力状态（σ_α，τ_α）与岩体所处的应力环境（σ_1，σ_3）密切相关。图 5－31 所示为利用应力莫尔圆揭示的一定产状结构面上（结构角 α）的应力状态与岩体应力环境（σ_3 恒定，σ_1 变化）的关系。在图 5－31 中，岩体的应力环境表现为一系列的应力莫尔圆，应力环境随着最大主应力 σ_1 的变化而改变；结构面上的应力状态由射线 α 与应力莫尔圆的交点（σ_α，τ_α）代表。可以看出，随着岩体应力环境的变化（应力莫尔圆由小到大），结构面上的应力状态（σ_α，τ_α）也在发生变化。

从岩体变形破坏和强度的角度看，图 5－31 所示结构面的应力状态分为三种情况：临界状态、亚临界状态以及超临界状态。

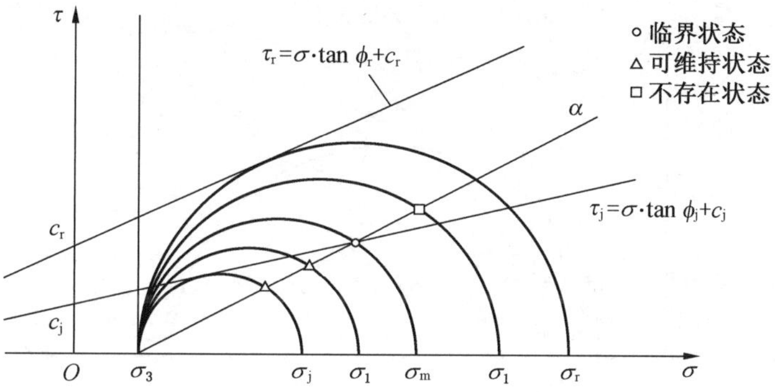

图 5－31　一定产状结构面（结构角 α）上的应力状态与应力环境的关系

结构面应力的临界状态是最为重要的一个状态。此时射线 α、应力莫尔圆⊙$\sigma_3-\sigma_m$ 与结构面强度包络线 τ_j 三线共点（图 5－31 中的小圆点），对应结构面上的应力状态（σ_α，τ_α）虽然没有强大到破坏岩石的水平（$\tau_\alpha \geqslant \tau_r$），但刚好达到了结构面的最大承受能力（$\tau_\alpha=\tau_j$），岩体中的结构面达到了破坏的边缘。此时，应力环境的最大主应力（σ_1）即为岩体能够承受的最大压应力（岩体抗压强度 σ_m），即 $\sigma_1=\sigma_m$。结构面 α 的临界应力状态反映了结构面对岩体环境应力的抗力，记为（$\sigma_{\alpha-j}$，$\tau_{\alpha-j}$），以区别非临界状态的结构面应力（σ_α，τ_α）。

结构面应力的亚临界状态对应的是由 $\sigma_1<\sigma_m$ 的应力莫尔圆与射线 α 的交点（图 5－31 中的小三角），这些交点都位于结构面强度包络线 τ_j 之下，均有 $\tau_\alpha<\tau_j<\tau_r$。可见，此时结构面上的应力状态（$\sigma_\alpha$，$\tau_\alpha$）不足以导致结构面的破坏，岩石更加不会发生破坏。所以，结构面处在亚临界状态的岩体只会产生有限的变形，不会发生破坏，岩体处在安全的工作状态。

超临界状态的应力莫尔圆均大于临界状态对应的应力莫尔圆，即 $\sigma_1>\sigma_m$。此时，应力莫尔圆与射线 α 的交点（图 5－31 中的小方框）都出现在结构面强度包络线 τ_j 之上，均有 $\tau_\alpha>\tau_j$。按照强度标准判断，此时的结构面应该已经发生了破坏（岩体自然也随之发生破坏）。由于应力赖以存在的岩体已经破坏，因此，岩体中超临界状态的应力根本就不可能存在。

（5）单组结构面产状变化对岩体强度的影响。在同样的岩体应力环境（$\sigma_1>\sigma_2=\sigma_3$，围压 σ_3 一定）中，当结构面产状发生变化时，结构面的应力状态（σ_α，τ_α）和抗力（$\sigma_{\alpha-j}$，$\tau_{\alpha-j}$）也会随之发生变化，进而使岩体的抗压强度 σ_m 也发生变化。

如图 5－32 所示，结构面产状变化，射线 α 与结构面强度包络线的交点（$\sigma_{\alpha-j}$，$\tau_{\alpha-j}$）就会发生变化，过交点（$\sigma_{\alpha-j}$，$\tau_{\alpha-j}$）的应力莫尔圆⊙$\sigma_3-\sigma_1$（$\sigma_1=\sigma_m$）对应的最大主应力也会随之变化。最大主应力 $\sigma_1=\sigma_m$ 的变化范围为 $\sigma_m\in[\sigma_j,\sigma_r]$，即岩体的抗压强度最小值为 σ_j，最大值为 σ_r。岩体抗压强度的最小值 σ_j 对应的结构面产状结构角为 α_j，$\alpha_j=45°-\phi_j/2$。

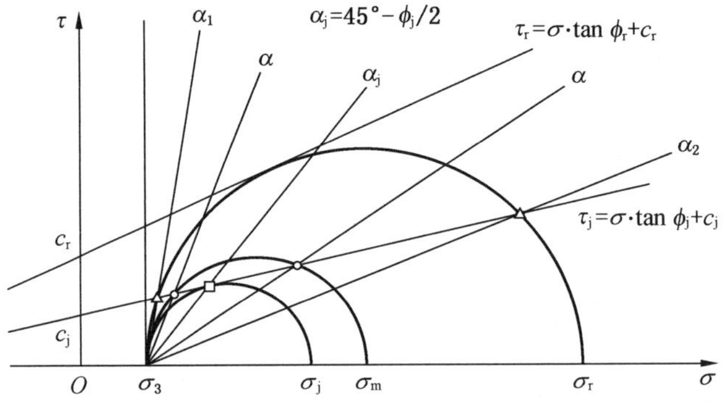

图 5－32　结构面产状 α 变化对岩体强度 σ_m 的影响

从图 5－32 中可以看到，除了与结构面强度包络线 τ_j 相切的结构面强度临界应力莫尔圆⊙$\sigma_3-\sigma_j$ 与强度包络线 τ_j 只有一个切点（图中小方框）外，在 $\sigma_j<\sigma_m\leqslant\sigma_r$ 范围内的所有应力莫尔圆⊙$\sigma_3-\sigma_m$ 与结构面强度包络线 τ_j 均有一左一右两个交点（图中小圆点）。这两个交点分居在小方框两侧，分别对应一小一大两个结构角 α，对应两个结构面上的应力状态（σ_α，τ_α）也不相同，但是，由于这两个交点共圆，从而这两个不同产状的结构面对应着同一个岩体抗压强度 σ_m。借用应变椭球体的概念，可称对应同一个岩体抗压强度 σ_m 的结构面为“共轭结构面”，对应的两个结构角可称为“共轭结构角”，记为（α_{co1}，α_{co2}）。

由图 5－32 可以看出，具有实际意义的射线 α 与结构面强度包络线 τ_j 交点的变化范围就是在结构面强度包络线 τ_j 与岩石强度临界应力莫尔圆⊙$\sigma_3-\sigma_r$ 相交的两个交点（图中左右两端两个小三角）之间，即 $\alpha\in[\alpha_1,\alpha_2]$。由于这两个交点都是射线 α、结构面强度包络线 τ_j 以及岩石强度临界应力莫尔圆⊙$\sigma_3-\sigma_r$ 三线的交汇点，所以这两个点对应的岩体强度 σ_m 都与岩石的强度 σ_r 相同（$\sigma_m=\sigma_r$）。对应 $\alpha\notin[\alpha_1,\alpha_2]$，射线 α 与结构面强度包络线的交点均落在岩石强度临界应力莫尔圆⊙$\sigma_3-\sigma_r$ 之外，这样的结构面对岩体强度已不会产生实际影响，岩体是否发生破坏的控制标准已经等同于岩石破坏的评判标准（$\sigma_m\geqslant\sigma_r$）。总之，$\alpha_1$、$\alpha_2$ 是结构角 α 变化的两个重要界限值：结构面产状在这两个界限角范围之内（$\alpha \in [\alpha_1, \alpha_2]$），岩体强度由结构面强度和结构面的产状控制；结构面产状在这两个界限角范围之外（$\alpha \notin [\alpha_1, \alpha_2]$），岩体强度脱离了结构面的影响，转由岩石强度控制。

根据上述讨论，将单组结构面产状变化对岩体强度的影响规律以及岩体可能的破坏方式与结构面产状之间的关系归纳如下：①$\alpha \in (\alpha_1, \alpha_2)$，岩体强度由结构面控制；岩体可能沿结构面破坏，不会产生新破裂（岩石破裂）。②$\alpha \notin [\alpha_1, \alpha_2]$，岩体强度不受结构面控制；岩体不会沿结构面破坏，可能产生新破裂（岩石破裂）。③$\alpha = \alpha_1$ 或 $\alpha = \alpha_2$，岩体强度同时受岩石强度和结构面强度的控制；岩体可能沿结构面破坏，也可能产生新破裂（岩石破裂）。

（6）界限结构角 α_1、α_2。如上所述，结构面强度包络线 τ_j 与岩石强度临界应力莫尔圆⊙$\sigma_3 - \sigma_r$ 相交的两个交点（图 5－33 中的点 D 和点 B）对应的两个界限结构角 α_1、α_2 是岩体强度的主控因素分析和岩体可能的破坏方式判断的基础参数，须求算出界限结构角 α_1、α_2，才能明确岩体强度的主控因素和岩体可能的破坏方式。

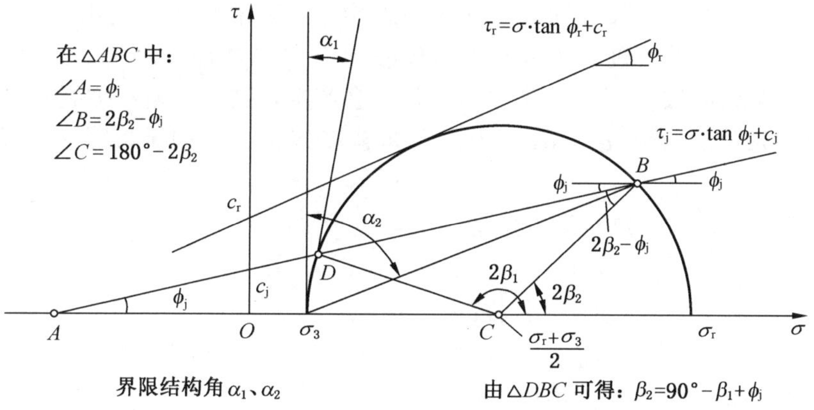

图 5－33　单组结构面的界限结构角与岩体强度参数的关系图示

如图 5－33 所示，在 △ABC 中，应用正弦定理，并考虑 $\alpha + \beta = 90°$，即可得出界限结构角 α_1、α_2 与岩体中的岩石及结构面强度参数的关系式（5－18）：

$$\begin{cases} \alpha_1 = \dfrac{1}{2}\arcsin\left(\dfrac{2c_j \cdot \cot\phi_j + \sigma_r + \sigma_3}{\sigma_r - \sigma_3} \cdot \sin\phi_j\right) - \dfrac{\phi_j}{2} \\ \alpha_2 = 90° - \alpha_1 - \phi_j \end{cases} \tag{5-18}$$

式中　σ_r——岩石的三轴压缩强度，MPa；

c_j——结构面的黏聚力，MPa；

ϕ_j——结构面的摩擦角，(°)。

获得这几个岩石和结构面强度参数后，即可计算出两个界限结构角。

（7）岩体破坏的强度条件。在了解岩体中结构面产状（α）和应力环境（$\sigma_1 > \sigma_2 = \sigma_3$）信息后，还需要进一步明确岩体破坏的强度条件，才能对含有不同产状结构面（$\alpha \in$

$[\alpha_1,\ \alpha_2]$，$\alpha \notin [\alpha_1,\ \alpha_2]$，$\alpha = \alpha_1$ 或 $\alpha = \alpha_2$）的岩体是否的确会发生可能方式的破坏做出判断。

设岩体在一定的围压环境（$\sigma_2 = \sigma_3$）中受轴向压缩直至破坏（$\sigma_1 \to \sigma_m$），采用应力比（亦称侧压力系数）n 建立判断岩体是否发生一定方式破坏的强度准则（破坏判据）。

应力比定义为最大主应力 σ_1 与围压 σ_3 的比值，即：

$$n = \frac{\sigma_1}{\sigma_3} \tag{5-19}$$

按应力比 n 表达的强度准则一般形式（概念表达）如下：

过程——应力比 n 由小到大趋于临界值 n_c：$n \to n_c$。

状态——应力比 n 由小到大达到临界值 n_c：$n = n_c$。

按设定的工况：岩体在一定的围压环境（$\sigma_2 = \sigma_3$）中受轴向压缩直至破坏（$\sigma_1 \to \sigma_m$），临界应力比 n_c 为

$$n_c = n_m = \frac{\sigma_m}{\sigma_3} \tag{5-20}$$

按“(5) 单组结构面产状变化对岩体强度的影响”中对岩体可能的破坏方式与结构面产状之间关系的归纳，需要进一步判断的岩体破坏方式主要有两种：一是“岩体是否会沿结构面破坏（结构面破坏）”；二是“岩体是否会产生新破裂（岩石破裂）”。

首先考察结构角值域 $\alpha \in [\alpha_1,\ \alpha_2]$ 中，岩体破坏判据的一般情况，求出临界应力比 n_m。

按莫尔强度理论，岩体沿结构面发生滑动破坏应满足以下条件：

$$\tau_{\alpha-j} = \sigma_{\alpha-j} \cdot \tan\phi_j + c_j, \alpha \in [\alpha_1, \alpha_2] \tag{5-21}$$

式中 $\tau_{\alpha-j}$——结构面 α 对剪应力作用的抗力，MPa；

$\sigma_{\alpha-j}$——结构面产生抗力 $\tau_{\alpha-j}$ 时结构面上同时存在的法向应力，MPa；

c_j——结构面的黏聚力，MPa；

ϕ_j——结构面的摩擦角，(°)。

考虑岩体环境应力达到临界状态的情况，即 $\sigma_1 = \sigma_m$；与之对应，结构面上的剪应力和正应力也达到了临界状态，即 $\tau_\alpha = \tau_{\alpha-j}$ 以及 $\sigma_\alpha = \sigma_{\alpha-j}$。根据式（5-16）有：

$$\begin{cases} \sigma_\alpha = \sigma_{\alpha-j} = \dfrac{\sigma_m + \sigma_3}{2} - \dfrac{\sigma_m - \sigma_3}{2} \cdot \cos2\alpha \\ \tau_\alpha = \tau_{\alpha-j} = \dfrac{\sigma_m - \sigma_3}{2} \cdot \sin2\alpha \end{cases} \tag{5-22}$$

将式（5-22）代入式（5-21）并整理后得：

$$n_m = \frac{\sigma_m}{\sigma_3} = \frac{\sin(2\alpha + \phi_j) + \sin\phi_j}{\sin(2\alpha + \phi_j) - \sin\phi_j} + \frac{2c_j}{\sigma_3} \cdot \frac{\cos\phi_j}{\sin(2\alpha + \phi_j) - \sin\phi_j}, \alpha \in [\alpha_1, \alpha_2] \tag{5-23}$$

由式（5-23）可以看到，在定义域 $\alpha \in [\alpha_1,\ \alpha_2]$ 内，只要围压 σ_3 一定，临界应力比 n_m 只和结构面的强度（c_j，ϕ_j）及产状（结构角 α）有关，可用数学语言表达为 $n_m = f(c_j,\ \phi_j,\ \alpha)$。换言之，在结构面产状符合 $\alpha_1 \leqslant \alpha \leqslant \alpha_2$ 的前提下，只需根据围压 σ_3 大小和结构面参数（c_j，ϕ_j，α），就可以对岩体破坏（实际就是结构面破坏）与否做出判断。

根据结构面参数（c_j，ϕ_j，α）求出临界应力比 n_m 后，可进一步按 $\sigma_m = n_m \cdot \sigma_3$ 求出岩体的三轴压缩强度 σ_m。

另外，在围压 σ_3 一定的前提下，当结构面的强度参数（c_j，ϕ_j）一定时，临界应力比 n_m 就成了结构角 α 的单变量函数 $n_m = f(\alpha)$。根据图5－32揭示的结构面产状 α 变化对岩体强度 σ_m 的影响规律，在定义域 $\alpha \in [\alpha_1, \alpha_2]$ 内，n_m 有一个极小值 $n_{m\,min} = n_j$（$n_j = \sigma_j/\sigma_3$，即 $\sigma_m = \sigma_j$）与 $\alpha = \alpha_j$（$\alpha_j = 45° - \phi_j/2$）对应；在定义域 $\alpha \in (\alpha_1, \alpha_2)$ 两个端点，n_m 取得最大值 $n_{m\,max} = n_r$（$n_r = \sigma_r/\sigma_3$，即 $\sigma_m = \sigma_r$）；此外，在与 n_m 极小值 n_j 对应的结构面 α_j 两侧存在一系列"共轭结构面"（α_{co1}，α_{co2}），每一对"共轭结构面"都对应着同一个临界应力比 $n_{m\,co}$（$n_j < n_{m\,co} \leqslant n_r$）。实际上，界限结构角（$\alpha_1$，$\alpha_2$）也是一对"共轭结构角"，是（$\alpha_{co1}$，$\alpha_{co2}$）的一对特殊取值，两个界限结构角对应的共同应力比 $n_{m\,co} = n_{m\,max} = n_r$。

在式（5－23）中，当 $\alpha = \alpha_j = 45° - \phi_j/2$ 时，$n_m = n_{m\,min} = n_j = \sigma_j/\sigma_3$，从而有：

$$n_j = \frac{\sigma_j}{\sigma_3} = \frac{1+\sin\phi_j}{1-\sin\phi_j} + \frac{2c_j}{\sigma_3} \cdot \frac{\cos\phi_j}{1-\sin\phi_j}$$

整理得：

$$n_j = \tan^2\left(45° + \frac{\phi_j}{2}\right) + \frac{2c_j}{\sigma_3} \cdot \tan\left(45° + \frac{\phi_j}{2}\right) \tag{5-24}$$

如图5－32和图5－33所示，当 $\alpha = \alpha_1$ 或 $\alpha = \alpha_2$ 时，岩体强度临界应力莫尔圆⊙$\sigma_3 - \sigma_m$ 与岩石强度临界应力莫尔圆⊙$\sigma_3 - \sigma_r$ 重合（$\sigma_m = \sigma_r$），射线 α（α_1，α_2）、结构面强度包络线 τ_j 及岩石强度临界应力莫尔圆⊙$\sigma_3 - \sigma_r$ 三线交汇。射线 α_1 交汇点 D 对应的结构面临界应力为（$\sigma_{\alpha1-j}$，$\tau_{\alpha1-j}$），射线 α_2 交汇点 B 对应的结构面临界应力为（$\sigma_{\alpha2-j}$，$\tau_{\alpha2-j}$），这两点都在岩石强度临界应力莫尔圆⊙$\sigma_3 - \sigma_r$ 上，所以，此时的岩体强度同时受到岩石强度和结构面强度的控制，既可能沿结构面滑动破坏，也可能发生新破裂（岩石破裂）。

当 $\alpha \notin [\alpha_1, \alpha_2]$ 时，岩体强度已经不再受到结构面的影响，此时岩体的破坏只能以新破裂（岩石破裂）方式发生。岩体（岩石）破坏需满足的强度条件（强度准则）为

$$\tau_{\alpha-r} = \sigma_{\alpha-r} \cdot \tan\phi_r + c_r, \alpha \notin [\alpha_1, \alpha_2] \tag{5-25}$$

式中，c_r 为岩石的黏聚力；ϕ_r 为岩石的内摩擦角。应力（$\sigma_{\alpha-r}$，$\tau_{\alpha-r}$）为岩石可能发生的新破裂面抵抗破坏的能力（强度），也是可能的新破裂面上岩体应力达到岩石抵抗能力的临界应力。其中，$\tau_{\alpha-r}$ 为可能的新破裂面的抗剪强度（等同于临界剪应力），$\sigma_{\alpha-r}$ 为可能的新破裂面上与 $\tau_{\alpha-r}$ 同时存在的法向应力（临界法向应力）。岩石强度临界应力莫尔圆⊙$\sigma_3 - \sigma_r$ 与式（5－25）表达的岩石强度包络线相切的切点对应的结构角 $\alpha_r = 45° - \phi_r/2$，代表了岩体中可能发生的新破裂面的产状。

与式（5－24）类比，即可得到岩体发生新破裂的临界应力比 n_r（$n_r = \sigma_r/\sigma_3$）：

$$n_r = \tan^2\left(45° + \frac{\phi_r}{2}\right) + \frac{2c_r}{\sigma_3} \cdot \tan\left(45° + \frac{\phi_r}{2}\right) \tag{5-26}$$

根据岩石的强度参数（c_r，ϕ_r）求出岩石破裂的临界应力比 n_r 后，可进一步按 $\sigma_r = n_r \cdot \sigma_3$ 求出岩石的三轴压缩强度 σ_r。由于计算界限结构角的式（5－18）中需要引用岩石三轴压缩强度 σ_r，所以在应用问题分析时，应该首先依据岩石强度参数，利用式（5－26）计算出 σ_r。

以上所阐述的内容全面分析了“单组结构面产状变化对岩体强度的影响”问题，给出了问题的答案（包括影响规律和岩体破坏判据）。对于“单组结构面产状变化对岩体强度的影响”问题的解答给出如下提示：

解决单组结构面产状变化对岩体强度影响问题需要的基本信息——岩石的强度参数（c_r，ϕ_r）、结构面的强度参数（c_j，ϕ_j）、产状（结构角 α）以及围压（σ_3）。得到岩石、结构面和围压这三方面的基本信息后，即可按式（5－23）、式（5－24）和式（5－26）分别计算出岩体、结构面和岩石的临界应力比 $n_m=\sigma_m/\sigma_3$、$n_j=\sigma_j/\sigma_3$ 和 $n_r=\sigma_r/\sigma_3$，并进一步计算出围压为 σ_3 时岩体、结构面和岩石的三轴压缩强度 $\sigma_m=n_m\cdot\sigma_3$、$\sigma_j=n_j\cdot\sigma_3$ 和 $\sigma_r=n_r\cdot\sigma_3$。然后，再把结构面强度参数（$c_r$，$\phi_r$）以及岩石三轴压缩强度 σ_r 和围压（σ_3）代入式（5－18）求出两个界限结构角（α_1，α_2）。至此，就得到了“单组结构面产状变化对岩体强度影响”问题的全部解答。注意：结构面和岩石的临界应力比 $n_j=\sigma_j/\sigma_3$ 和 $n_r=\sigma_r/\sigma_3$ 只依赖于各自的强度参数和围压（σ_3），与结构面产状（结构角 α）无关；而岩体的临界应力比 $n_m=\sigma_m/\sigma_3$ 则要受结构面的强度参数（c_j，ϕ_j）和产状（结构角 α）及围压（σ_3）控制。

在上述“单组结构面产状变化对岩体强度的影响”问题解答的基础上，只要给定岩体自身的信息，包括岩石的强度参数（c_r，ϕ_r）、结构面的强度参数（c_j，ϕ_j）和结构面产状（结构角 α），并明确岩体的应力环境（$\sigma_1>\sigma_2=\sigma_3$，围压 σ_3 一定），即可对岩体可能的破坏方式做出如下判断：①岩体是否会沿结构面破坏？a）当结构条件：$\alpha\in[\alpha_1,\alpha_2]$，岩体可能会沿结构面破坏，不会产生新破裂；b）当应力条件：$\sigma_1\geqslant\sigma_m$ 或 $n\geqslant n_m$，岩体可能会沿结构面破坏，但需要考察结构条件，即符合上述结构条件就一定会沿结构面破坏，否则就不会发生结构面破坏。上述两个条件同时满足时，岩体一定会沿结构面破坏。②岩体是否会产生新破裂？a）当结构条件：$\alpha\notin[\alpha_1,\alpha_2]$，判断岩体可能会产生新破裂，不会沿结构面破坏；b）当应力条件：$\sigma_1\not<\sigma_r$ 或 $n\not<n_r$，判断岩体可能会产生新破裂，但需要考察结构条件，即符合上述结构条件就一定会产生新破裂（岩石破裂），否则就不会出现这样的应力条件。上述两个条件同时满足时，岩体一定会产生新破裂（岩石破裂）。

【例 5－1】岩体中有一组结构面，结构面摩擦角 $\phi_j=30°$，黏聚力 $c_j=0.05$ MPa；岩石内摩擦角 $\phi_r=50°$，黏聚力 $c_r=10$ MPa；岩体所处的围压 $\sigma_3=\sigma_2=10$ MPa，最大主应力 $\sigma_1=45$ MPa；结构面与方向之间的夹角 $\alpha=45°$。问：岩体是否会发生破坏？怎样破坏？

【解】由于界限结构角计算需要岩石三轴压缩强度，所以，首先根据已知的岩石强度参数（c_r，ϕ_r），按式（5－25）求出岩石破坏临界应力比 $n_r=\sigma_r/\sigma_3$：

$$
\begin{aligned}
n_r &= \frac{\sigma_r}{\sigma_3}=\tan^2\left(45°+\frac{\phi_r}{2}\right)+\frac{2c_r}{\sigma_3}\cdot\tan\left(45°+\frac{\phi_r}{2}\right)\\
&=\tan^2\left(45°+\frac{50°}{2}\right)+\frac{2\times10}{10}\times\tan\left(45°+\frac{50°}{2}\right)=13.0436
\end{aligned}
$$

进而求出 σ_r：$\sigma_r=n_r\cdot\sigma_3=13.0436\times10=130.436$ MPa。

将结构面强度参数（c_j，ϕ_j）、岩石三轴压缩强度 σ_r 以及围压 σ_3 代入式（5－18）求界限结构角（α_1，α_2）：

$$\alpha_1 = \frac{1}{2}\arcsin\left(\frac{2c_j \cdot \cot\phi_j + \sigma_r + \sigma_3}{\sigma_r - \sigma_3} \cdot \sin\phi_j\right) - \frac{\phi_j}{2}$$

$$= \frac{1}{2}\arcsin\left(\frac{2 \times 0.05 \times \cot 30° + 130.436 + 10}{130.436 - 10} \cdot \sin 30°\right) - \frac{30°}{2} = 2.86°$$

$$\alpha_2 = 90° - \alpha_1 - \phi_j = 90° - 2.86° - 30° = 57.14°$$

已知结构角 $\alpha = 45°$，由于 $\alpha_1 < \alpha < \alpha_2$，因此岩体可能沿结构面破坏，而不会产生新破裂。

进一步按岩体受力状态（应力环境）确定的岩体应力比 n 和岩体沿结构面破坏的临界应力比 n_m，判断岩体是否会沿结构面破坏。

根据岩体受力状态，岩体的应力比为：$n = \frac{\sigma_1}{\sigma_3} = \frac{45}{10} = 4.5$。

按式（5－23）计算岩体发生结构面破坏的临界应力比 n_m：

$$n_m = \frac{\sigma_m}{\sigma_3} = \frac{\sin(2\alpha + \phi_j) + \sin\phi_j}{\sin(2\alpha + \phi_j) - \sin\phi_j} + \frac{2c_j}{\sigma_3} \cdot \frac{\cos\phi_j}{\sin(2\alpha + \phi_j) - \sin\phi_j}$$

$$= \frac{\sin(2 \times 45° + 30°) + \sin 30°}{\sin(2 \times 45° + 30°) - \sin 30°} + \frac{2 \times 0.05}{10} \cdot \frac{\cos 30°}{\sin(2 \times 45° + 30°) - \sin 30°} = 3.7557$$

岩体的抗压强度 σ_m：

$$\sigma_m = n_m \cdot \sigma_3 = 3.7557 \times 10 = 37.56\ \text{MPa}$$

由于 $n > n_m (\sigma_1 > \sigma_m)$，所以岩体会沿结构面破坏。

2）多组结构面对岩体强度的影响

（1）多组结构面问题表述。在单组结构面产状对岩体强度影响分析的基础上，进一步应用叠加原理，即可了解多组结构面产状变化对岩体强度的影响。多组结构面问题的表述：在 $\sigma_1 > \sigma_2 = \sigma_3$ 应力环境中，多组结构面产状变化对岩体三轴压缩强度 σ_m 的影响。

（2）多组结构面问题分析。如果岩体中含有多组（两组或两组以上）结构面，且各组结构面具有相同的性质时，采用叠加法确定岩体强度。叠加法的具体做法是：分步运用单结构面理论，分别绘出每一组结构面单独存在时的强度包络线（$n_m - \alpha$ 曲线），这些包络线的最小包络线即为含多组结构面岩体的强度包络线，并以此来确定岩体强度。

先考察两组结构面产状变化对岩体强度的影响。

图 5－34 所示为单组结构面临界应力比（n_{m1}）随结构角（α）变化的强度曲线（$n_{m1} - \alpha$）与两组结构面临界应力比（n_{m1}，n_{m2}）随结构角（α）变化的强度曲线（$n_{m1} - \alpha, n_{m2} - \alpha$）对比。图 5－34 所示曲线对应的岩石强度参数为（$c_r = 10$ MPa，$\phi_r = 60°$），结构面强度参数为（$c_j = 0$，$\phi_j = 40°$）；两组结构面，结构面 1 的结构角为 α_{11}（$\alpha_{11} < 90°$），结构面 2 的结构角为 α_{12}（$\alpha_{12} < 90°$），且 $\alpha_{12} = 90° - \alpha_{11}$。

由图 5－34 可见，岩体中含有两组结构面时，岩体会受这两组结构面的共同影响。两组结构面的存在使岩体在两个方向（$\alpha_{11j} = 45° - \phi_j/2 = 25°$，$\alpha_{12j} = 90° - \alpha_{11j} = 65°$）上出现了最低强度（$n_j$）。可以推断，多组结构面存在将会导致多个方向上岩体强度出现最低值。岩体的整体强度由具有不同产状的结构面强度曲线叠加后各方向上的最小强度 $n_{m\min} - \alpha$ 所决定。

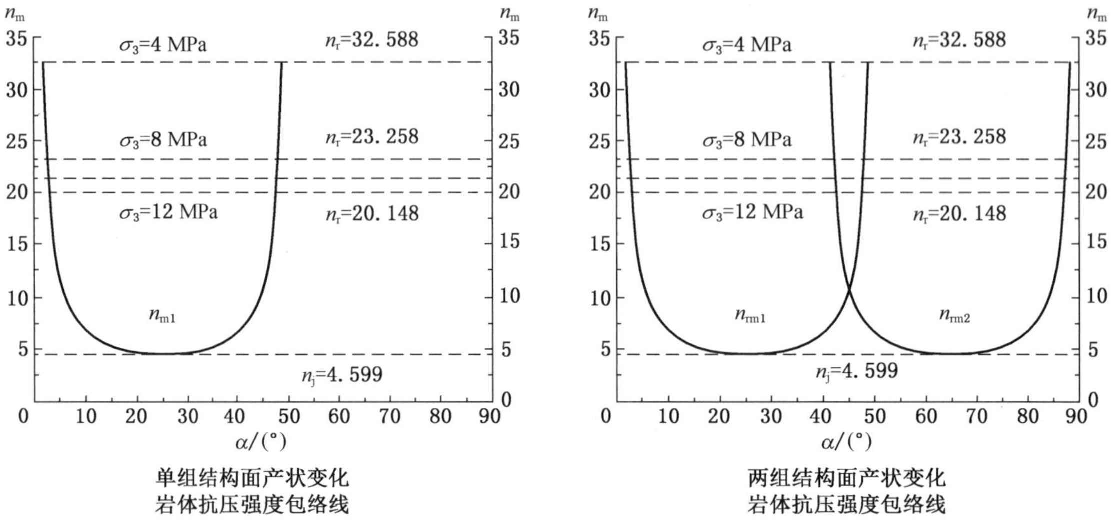

图 5－34　单组结构面与两组结构面产状对岩体强度影响的对比

图 5－35 所示为两组结构面（图 5－35a）和三组结构面（图 5－35b）岩体在不同围压中的岩体强度随法向角（β）变化的曲线，为多组结构面中基准（参考）结构面法线与最大主应力 σ_1 方向之间的夹角。可以看出，随结构面组数增加，岩体强度越来越趋于各向同性。胡克（Hoek）和布朗（Brown）（1980）认为，含四组以上结构面的岩体，其强度按各向同性处理是合理的。另外，图 5－35 中还展示了随围压（σ_3）变化对岩体强度的影响。维持最大主应力 σ_1 不变，随着围压逐步向最大主应力逼近（$\sigma_{3,1}<\sigma_{3,2}<\sigma_{3,3}<$

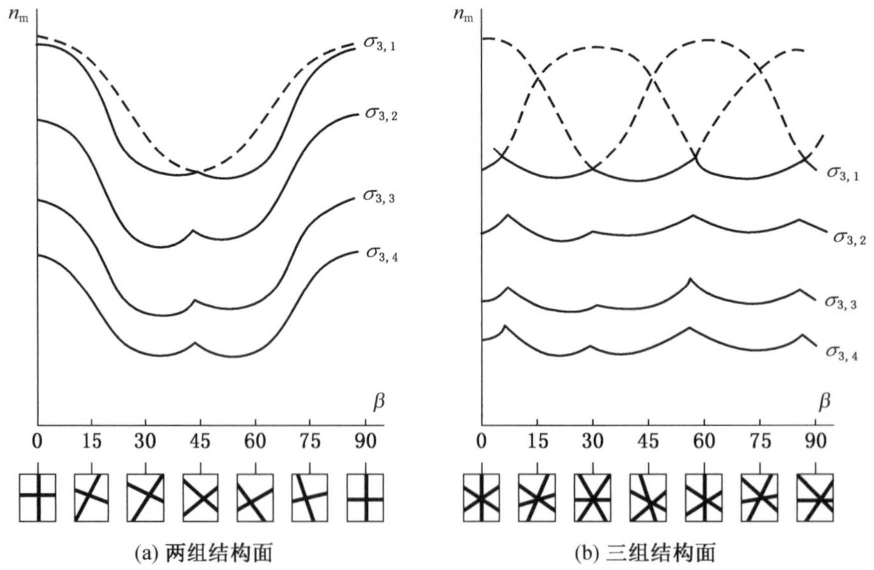

图 5－35　含不同组数结构面岩体强度随方向的变化

$\sigma_{3,4} \to \sigma_1$)，岩体强度在各个方向上的差异越来越小。

(三) 结构面密度对岩体强度的影响

多组结构面对岩体强度影响的理论分析及迄今为止的试验研究表明：在其他条件相同的情况下，岩体内结构面数量越多（密度越大），其变形也越大，强度也越低。但岩体强度随结构面密度增加而降低的速率随结构面密度增加而趋于缓慢；岩体强度不会因结构面密度增大而无限降低,而是存在一个结构面密度的临界值,当结构面密度大于这个值时,它对岩体强度和变形的影响就趋于稳定。结构面密度临界值究竟是多大,尚无定论。试验表明,它与围压大小有关,不是常数。

(四) 围压对节理化岩体强度的影响

围压大小影响节理化岩体的破坏方式。低围压时，常呈轴向劈裂，沿结构面滑动或松胀解体破坏；高围压时，形成穿切岩石的共轭剪切破坏。围压增大，岩体抗剪强度增大，但并非呈直线关系，而是在围压低时增加得快，围压高时强度增加得慢。随围压增大，岩体中结构面的力学效应逐渐减小。当围压达到某一临界值时，岩体中结构面效应完全消失，这时岩体也从脆性破坏转变成延性破坏。这一临界值的大小因岩性不同而不同。变形模量随着围压增高而显著增高。

三、裂隙岩体强度的经验估算

岩体强度的确定是一个十分重要而又十分困难的问题，因为一方面岩体的强度是评价工程岩体稳定性的重要指标之一；另一方面，求取岩体强度的原位试验又十分费时、耗资，难以大量进行。因而所有工程都要求进行岩体原位试验和综合定量分析是不可能的，特别是对于中小型工程及其初级研究阶段，这样做既不经济也无必要。因此，如何利用现场调查所得的地质资料及小试件样品测试资料，对岩体强度做出合理估计是岩体力学中的重要研究课题。

裂隙岩体一般是指发育的结构面组数多，且发育相对较密集的岩体，结构面多以受力破坏形成的结构面（如节理、裂隙等）为主。岩体在这些结构面切割下较破碎。因此，可将裂隙岩体简化为各向同性的准连续介质。岩体强度可用经验方程来进行估算，即建立岩体强度与地质条件某些因素之间的经验关系，并在地质勘探和地质资料收集的基础上用经验方程对岩体强度参数进行估算。

胡克（Hoek）-布朗（Brown）（1980）根据岩体性质的理论与实践经验，依据试验资料导出了岩体的强度方程：

$$\sigma_1 = \sigma_3 + \sqrt{m\sigma_c\sigma_3 + S\sigma_c^2} \tag{5-27}$$

式中　σ_1——破坏时的最大主应力，MPa；

σ_3——作用在岩石试件上的最小主应力，MPa；

m——与岩性类型和岩体完整性有关的系数，$m = 0.001 \sim 25$，见表5-6，无量纲；

σ_c——岩石的单轴抗压强度，MPa；

S——反映岩体完整性的参数，$S = 0 \sim 1$，见表5-6，无量纲。

表5-6 各类岩体质量和m、S经验常数之间的关系

$\sigma_1=\sigma_3+\sqrt{m\sigma_c\sigma_3+S\sigma_c^2}$ σ_1、σ_3为破坏主应力	碳酸盐岩类，具有发育结晶节理，如白云岩、灰岩、大理岩	泥质岩类，如泥岩、粉砂岩、页岩、泥灰岩等	砂质岩石，微裂隙少，如砂岩、石英岩等	细粒火成岩，结晶好，如安山岩、辉绿岩、玄武岩、流纹岩等	粗粒火成岩及变质岩，如角闪岩、辉长岩、片麻岩、花岗岩、石英闪长岩等
完整岩体，无裂隙 $RMR=100$；$Q=500$	$m=7.00$ $S=1.00$	$m=10.00$ $S=1.00$	$m=15.00$ $S=1.00$	$m=17.00$ $S=1.00$	$m=25.00$ $S=1.00$
质量非常好的岩体，岩石镶嵌紧密，仅存在粗糙未风化节理，节理间距1~3 m $RMR=85$；$Q=100$	$m=2.40$ $S=0.082$	$m=3.43$ $S=0.082$	$m=5.14$ $S=0.082$	$m=5.82$ $S=0.082$	$m=8.56$ $S=0.082$
质量好的岩体，新鲜至微风化，节理轻微扰动，节理间距1~3 m $RMR=65$；$Q=10$	$m=0.575$ $S=0.00293$	$m=0.821$ $S=0.00293$	$m=1.231$ $S=0.00293$	$m=1.359$ $S=0.00293$	$m=2.052$ $S=0.00293$
质量中等的岩体，具有几组中等风化的节理，间距0.3~1 m $RMR=44$；$Q=1.0$	$m=0.128$ $S=0.00009$	$m=0.183$ $S=0.00009$	$m=0.275$ $S=0.00009$	$m=0.311$ $S=0.00009$	$m=0.458$ $S=0.00009$
质量差的岩体，具有大量夹泥的风化节理，间距0.3~0.5 m $RMR=23$；$Q=0.1$	$m=0.029$ $S=0.000003$	$m=0.041$ $S=0.000003$	$m=0.061$ $S=0.000003$	$m=0.069$ $S=0.000003$	$m=0.102$ $S=0.000003$
质量非常差的岩体，具有大量严重风化节理，夹泥，间距小于0.5 m $RMR=3$；$Q=0.01$	$m=0.007$ $S=0.0000001$	$m=0.010$ $S=0.0000001$	$m=0.015$ $S=0.0000001$	$m=0.017$ $S=0.0000001$	$m=0.025$ $S=0.0000001$

上式的剪应力表达式为

$$\tau=A\sigma_c\left(\frac{\sigma}{\sigma_c}-T\right)^B \tag{5-28}$$

$$T=\frac{1}{2}\left(m-\sqrt{m^2+4S}\right)$$

式中 τ——抗剪强度，MPa；

A、B——统计常数，无量纲；

σ_c——岩石的单轴抗压强度，MPa；

σ——法向应力，MPa。

练习题

1. 如何理解和认识岩体的各向异性？

2. 结构面的基本状态参数有哪些？

3. 试阐述影响结构面力学性质的因素。

4. 常见的岩体变形试验有哪些？

5. 岩体的破坏方式有哪些？

6. 岩体中有一软弱结构面，由试验测得该结构面的摩擦角 $\phi_s=30°$，黏聚力 $c_s=2$ MPa，岩石的内摩擦角 $\phi_e=45°$，黏聚力 $c_e=5$ MPa。当岩体中最小主应力 $\sigma_3=5$ MPa 时，求：①岩体的最大三轴强度 σ_{max} 和最小三轴强度 σ_{min}；②结构面与 σ_1 作用面夹角为50°时的三轴强度。(作图回答)

7. 岩体中有一结构面，其摩擦角 $\phi_j=35°$，$c_j=0$；岩石内摩擦角 $\phi_r=48°$，$c_r=10$ MPa。岩体受围压 $\sigma_2=\sigma_3=10$ MPa，最大主应力 $\sigma_1=45$ MPa，结构面与 σ_1 方向的夹角 $\alpha=45°$。问：岩体是否沿结构面破坏？岩体能否产生新的破裂面？

提示：岩石产生新破裂面的极限应力比 n_r 为

$$n_r=\frac{\sigma_r}{\sigma_3}=\tan^2\left(45°+\frac{\phi_r}{2}\right)+\frac{2c_r}{\sigma_3}\cdot\tan\left(45°+\frac{\phi_r}{2}\right)$$

结构面强度包络线与岩石极限莫尔圆的两个交点所对应的结构角 α_1、α_2 分别为

$$\alpha_1=\frac{1}{2}\arcsin\left(\frac{\sigma_r+\sigma_3+2c_j\cdot\cot\phi_j}{\sigma_r-\sigma_3}\cdot\sin\phi_j\right)-\frac{\phi_j}{2}$$

$$\alpha_2=90°-\alpha_1-\phi_j$$

岩体沿结构面破坏的极限应力比 n_m 为

$$n_m=\frac{\sigma_m}{\sigma_3}=\frac{\sin(2\alpha+\phi_j)+\sin\phi_j}{\sin(2\alpha+\phi_j)-\sin\phi_j}+\frac{2c_j}{\sigma_3}\cdot\frac{\cos\phi_j}{\sin(2\alpha+\phi_j)-\sin\phi_j}$$

第六章 工程岩体分类

工程岩体分类是指通过一些简单易测的岩体指标，把工程地质条件和岩体力学性质参数联系起来，并借鉴已建工程设计、施工和处理等方面成功与失败的经验教训，对岩体进行归类的一种工作方法，目的是概括反映各类工程岩体的质量好坏，预测可能出现的岩体力学问题，为工程设计、支护衬砌、建筑物选型和施工方法选择等提供参数和依据。进行工程岩体分类首先要确定影响工程岩体性质的主要因素，主要包括岩性、岩石强度、风化程度、岩体的完整性、水和地应力的影响以及针对具体工程所需考虑的其他特殊因素。本章主要认识国外主要工程岩体分类方法和我国工程岩体分类标准。

第一节 国外主要工程岩体分类

自20世纪50年代以来，国外曾出现了数十种岩体分类方法，按其所涉及因素多少可分为单因素分类法和多因素分类法两种，本节仅介绍几种比较有影响的岩体质量评价分类方法。

一、*RQD* 分类

RQD（Rock quality designation）指标是从美国发展起来的，它是利用5.4 cm的钻孔岩样来评定岩石优劣。钻孔获取的大于10 cm的岩芯总长度与钻孔总进尺长度之比的百分数，即为岩石质量指标。

$$RQD=\frac{L_p}{L_t}\times 100\% \tag{6-1}$$

式中 L_p——大于10 cm的岩芯累计总长度，cm；

L_t——钻孔总进尺长度，cm。

根据 *RQD* 指标将岩石质量划分为5级，见表6-1。

表6-1 *RQD* 分类表

RQD 值/%	0~25	25~50	50~75	75~90	90~100
岩体质量评价	很差	差	一般	好	很好

普里斯特等提出用线密度估算岩体质量指标：

$$RQD=100e^{-0.1K_d}(0.1K_d+1) \tag{6-2}$$

式中 K_d——结构面线密度，条/m。

需要注意的是：此处 *RQD* 反映的是岩体内部节理的分布与贯通情况，而线密度直观反映的是岩体表面的节理分布特征，如果节理未贯通到岩体内部，这种统计存在较大误差。因此，有学者提出采用体积节理数估算 *RQD* 值：

$$RQD=\begin{cases}100 & J_v<4\\ 110-2.5J_v & 4\leqslant J_v\leqslant 44\\ 0 & J_v>44\end{cases} \tag{6-3}$$

式中　J_v——岩体单位体积内结构面条数，条/m^3。

RQD 分类没有考虑岩体中结构面性质的影响，也没有考虑岩石性质的影响及这些因素的综合效应。因此，仅用这一指标分类，往往不能全面反映岩体的质量。

二、*RMR* 分类

RMR 分类由比尼卫斯基（E. T. Bienawski，1973）提出，后经多次修正，于 1989 年发表在《工程岩体分类》一书中。该分类系统由岩石强度、*RQD* 值、节理间距、节理条件及地下水 5 类指标组成。分类时，根据各类指标的数值，按表 6－2 的标准评分，求和得总分 *RMR* 值。然后按表 6－3 和表 6－4 的规定，考虑节理走向和倾角对隧道开挖的影响，对总分进行修正。最后，用修正后的总分对照表 6－5 求得所研究岩体的类别及相应的无支护地下硐室的自稳时间和岩体强度指标（c、ϕ 值）。

表 6－2　岩体地质学（*RMR*）分类

分类参数			数值范围						
1	完整岩石强度/MPa	点荷载强度指标	＞10	10～4	4～2	2～1	对强度较低的岩石宜用单轴抗压强度		
		单轴抗压强度	＞250	250～100	100～50	50～25	25～5	5～1	＜1
	评分值		15	12	7	4	2	1	0
2	岩芯质量指标 *RQD*/%		100～90	90～75	75～50	50～25	＜25		
	评分值		20	17	13	8	3		
3	节理间距/cm		＞200	200～60	60～20	20～6	＜6		
	评分值		20	15	10	8	5		
4	节理条件		节理面很粗糙，节理不连续，节理宽度为零，节理面岩石坚硬	节理面粗糙，节理宽度＜1 mm，节理面岩石坚硬	节理面粗糙，节理宽度＜1 mm，节理面岩石软弱	节理面光滑或含厚度＜5 mm 的软弱夹层，节理张开度 1～5 mm，节理连续	含厚度＞5 mm 的软弱夹层，张开度＞5 mm，节理连续		
	评分值		30	25	20	10	0		

表 6 - 2（续）

分类参数			数值范围				
5	地下水条件	每 10 m 长的隧道涌水量/$(\mathrm{L \cdot min^{-1}})$	无	<10	10 ~ 25	25 ~ 125	>125
		节理水压力/最大主应力	或 0	或 <0.1	或 0.1 ~ 0.2	或 0.2 ~ 0.5	或 >0.5
		总条件	或完全干燥	或潮湿	或只有湿气（有裂隙水）	或中等水压	或水的问题严重
	评分值		15	10	7	4	0

表 6 - 3　节理走向和倾角对隧道开挖的影响

走向与隧道垂直				走向与隧道平行		与走向无关
沿倾向掘进		反倾向掘进				
倾角 45° ~ 90°	倾角 20° ~ 45°	倾角 45° ~ 90°	倾角 20° ~ 45°	倾角 20° ~ 45°	倾角 45° ~ 90°	倾角 0° ~ 20°
非常有利	有利	一般	不利	一般	非常不利	不利

表 6 - 4　按节理方向修正 *RMR* 评分值

节理走向或倾向		非常有利	有利	一般	不利	非常不利
评分值	隧道	0	-2	-5	-10	-12
	地基	0	-2	-7	-15	-25
	边坡	0	-5	-25	-50	-60

表 6 - 5　按 *RMR* 总评分值确定的岩体级别及岩体质量评价

评分值	100 ~ 81	80 ~ 61	60 ~ 41	40 ~ 21	<20
分级	Ⅰ	Ⅱ	Ⅲ	Ⅳ	Ⅴ
岩体质量描述	非常好	好	一般	差	非常差
平均稳定时间	15 m 跨度 20 年	10 m 跨度 1 年	5 m 跨度 7 d	2.5 m 跨度 10 h	1 m 跨度 30 min
岩体黏聚力/kPa	>400	400 ~ 300	300 ~ 200	200 ~ 100	<100
岩体内摩擦角/(°)	>45	45 ~ 35	35 ~ 25	25 ~ 15	<15

三、Q 分类

挪威学者巴顿（N. Barton）等根据对200多座隧道的实测资料分析，于1974年提出了一个适用于设计隧道支护衬砌的围岩分类。该分类采用岩体质量指数 Q 作为分类依据，按 Q 值将隧道围岩划分为9种类型（表6－6、图6－1）。

表6－6　隧道围岩按岩体质量指标 Q 的分类表

Q 值	<0.01	0.01～0.1	0.1～1.0	1～4	4～10	10～40	40～100	100～400	>400
分类	异常差	极差	很差	差	一般	好	很好	极好	异常好

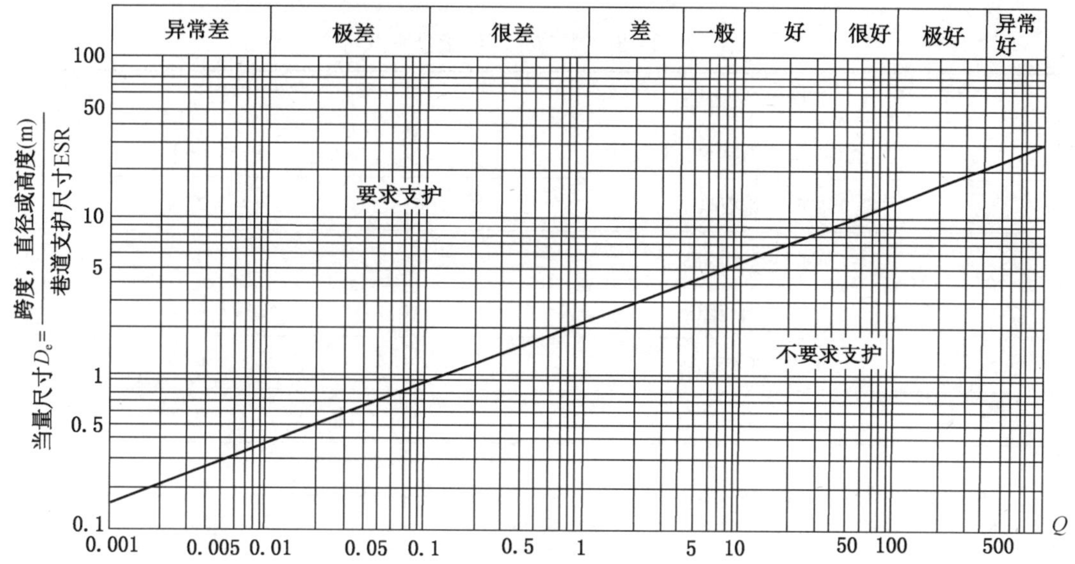

图6－1　无支护地下硐室最大当量尺寸 D_e 与质量指标 Q 间的关系

岩体质量指标 Q 按下式计算：

$$Q=\frac{RQD}{J_n}\times\frac{J_r}{J_a}\times\frac{J_w}{SRF} \tag{6-4}$$

式中　RQD——岩石质量指标，根据 RQD 可将岩石质量划分为5级，见表6－7；

J_n——裂隙组系数，见表6－8；

J_r——裂隙面粗糙系数，见表6－9；

J_a——裂隙变异系数，见表6－10；

J_w——裂隙水折减系数，见表6－11；

SRF——应力折减系数，见表6－12。

上式中六个参数的组合反映了岩体质量的三个重要方面：$\frac{RQD}{J_n}$表示岩体的完整程度；

$\frac{J_r}{J_a}$表示裂隙（结构面）的形态、填充特征与次生变化程度，反映岩体内在抗剪强度：$\frac{J_w}{SRF}$表示水与其他应力等赋存环境对岩体质量的影响程度。

表6-7　岩石质量指标RQD

RQD/%	岩石质量分级	RQD/%	岩石质量分级
0~25	非常不好	75~90	好
25~50	不好	90~100	非常好
50~75	较好		

表6-8　裂隙组系数 J_n

裂隙组系数情况	J_n 值
A. 整体的，没有或很少有裂隙	0.5~1
B. 1组裂隙	2
C. 1~2组裂隙	3
D. 2组裂隙	4
E. 2~3组裂隙	6
F. 3组裂隙	9
G. 3~4组裂隙	12
H. 严重裂隙化，裂隙在4组以上，岩石被切割成方块	15
I. 碎裂岩石，似土状	20

表6-9　裂隙面粗糙系数 J_r

裂 隙 面 情 况	J_r 值
(a) 裂隙面直接接触	
(b) 剪切变形<10 cm，岩壁相接触	
A. 不连续的节理	4
B. 粗糙或不规则的波状节理	3
C. 光滑的波状节理	2
D. 带擦痕面的波状节理	1.5
E. 粗糙或不规则的平面状节理	1.5

表6-9（续）

裂隙面情况	J_r 值
F. 光滑的平面状节理	1.0
G. 带擦痕面的平面状节理	0.5
（c）剪切后裂隙壁不再直接接触	
H. 填充有不能使裂隙面直接接触的黏土矿物带	1.0
I. 填充有不能使裂隙面直接接触的砂、砾石或破碎带	1.0

表6-10 裂隙变异系数 J_a

裂隙面变异情况	J_a 值
（a）裂隙面直接接触	
A. 坚硬的，紧密且具不透水填充物的裂隙	0.75
B. 裂隙面仅少数表面稍有变化	1.0
C. 裂隙面轻微变异，表面为半软弱矿物覆盖，具砂质微粒等	2.0
D. 裂隙为粉质或砂质黏土覆盖，少量黏土成分	3.0
E. 裂隙表面有软弱的或低摩擦角的黏土矿物覆盖（如高岭土、云母、绿泥石、滑石、石膏等）或含有少量膨胀型黏土（不连续覆盖，厚1~2 mm或更小）	4.0
（b）剪切变形＜10 cm，裂隙面直接接触	
F. 砂质微粒，岩石风化物填充	4.0
G. 紧密固结的半软弱黏土矿物填充（连续的或厚度小于5 mm）	6.0
H. 中等或轻微固结的软弱填充（连续黏土矿物的或厚度小于5 mm）	8.0
I. 膨胀性黏土填充，如连续分布厚度小于5 mm，J_a 值取决于膨胀性黏土颗粒含量和水的深入情况	8~12
（c）剪切后裂隙面不再直接接触	
J. K. L. 破碎带夹层或挤压破碎带岩石和黏土（黏土状态描述见G、H和J）	6.0、8.0或8~12
M. 粉质或砂质黏土及少量黏土矿物（半软弱）	5.0
N. O. P. 厚的连续分布的黏土带或夹层（黏土状态描述见G、H和J）	10、13.0或13~20

表6-11 裂隙水折减系数 J_w

裂隙水情况	J_w 值	近似水压/MPa
A. 开挖时干燥，或有少量水渗入，水量小于5 L/min	1.0	＜0.1
B. 中等入渗，或填充物偶然受水压力冲击	0.66	0.1~0.25

表6-11（续）

裂隙水情况	J_w值	近似水压/MPa
C. 大量入渗，或高水压，裂隙为填充	0.5	0.25～1.0
D. 大量入渗，或高水压，裂隙填充物被大量带走	0.33	0.25～1.0
E. 异常大的入渗，或具有很高水压，但随时间衰减	0.1～0.2	>1.0
F. 异常大的入渗，或具有很高且持续无显著衰减的水压	0.05～0.1	>1.0

表6-12　应力折减系数SRF

岩体情况			SRF值
（a）隧洞开挖在相交叉的软弱带上，开挖后会引起岩体松动			
A. 含有黏土或化学风化岩的软弱带多次出现，围岩非常松散（在任何深度上）			100
B. 含有黏土或化学风化岩的单一软弱带（开挖深≤50 m）			5
C. 含有黏土或化学风化岩的单一软弱带（开挖深>50 m）			2.5
D. 在坚硬岩石中，多次出现剪切带，围岩松动			7.5
E. 坚硬岩石中，具单一剪切带（夹少量黏土），开挖深≤50 m			5
F. 坚硬岩石中，具单一剪切带（夹少量黏土），开挖深>50 m			2.5
G. 疏松张开裂隙，裂隙组多，呈方块状（在任何深度上）			5
（b）坚实岩石，岩石应力问题	$\frac{\sigma_c（抗压强度）}{\sigma_1（最大主应力）}$	$\frac{\sigma_t（抗拉强度）}{\sigma_1（最大主应力）}$	
H. 低应力，靠近地表	>200	>13	2.5
I. 中等应力	10～200	0.66～13	1.0
J. 高应力，结构紧密（一般有利于稳定，但对岩壁稳定不利）	5～10	0.33～0.66	0.5～2.0
K. 破碎岩体	2.5～5	0.16～0.33	5～10
L. 很破碎岩体	<2.5	<0.16	10～20
（c）经挤压的岩石，在高压下具塑性状态的软岩			
M. 中等挤压的岩石			5～10
N. 强烈挤压的岩石			10～20
（d）膨胀性岩石及取决水的作用的化学膨胀岩石			
O. 膨胀性微弱的岩石			5～10
P. 强烈膨胀的岩石			10～20

Q 分类法考虑的地质因素较全面，软、硬岩体均适用，而且把定性分析和定量评价结合了起来，因此，是目前比较好的岩体分类方法。

另外，比尼卫斯基（Bieniawski，1976）在大量实测统计的基础上，发现 Q 值与 RMR 值之间具有如下统计关系：

$$RMR = 9\ln Q + 44 \tag{6-5}$$

第二节　我国工程岩体分类标准

我国工程岩体分类标准主要依据《工程岩体分级标准》（GB/T 50218—2014）采取两级分类法：首先，按岩体的基本质量指标 BQ 进行初步分级；然后，针对各类工程岩体的特点，考虑其他影响因素（如天然应力、地下水和结构面方位等）对 BQ 进行修正，再按修正后的 BQ 进行详细分级。

一、岩体基本质量指标的计算

$$BQ = 100 + 3\sigma_c + 250K_v \tag{6-6}$$

式中　BQ——岩体基本质量指标；

σ_c——岩石饱和单轴抗压强度，MPa；

K_v——岩体的完整性指数，可用声波实验资料由下式确定。

$$K_v = \left(\frac{V_{mp}}{V_{rp}}\right)^2 \tag{6-7}$$

式中　V_{mp}——岩体纵波速度，m/s；

V_{rp}——岩石纵波速度，m/s。

当无声波实验资料时，也可用岩体单位体积内结构面条数 J_v 按表 6－13 确定 K_v。

表 6－13　J_v 与 K_v 对照表

J_v/(条·m^{-3})	<3	3～10	10～20	20～35	≥35
K_v	>0.75	0.75～0.55	0.55～0.35	0.35～0.15	≤0.15

在计算 BQ 时，考虑以下两种情况：

（1）当 $\sigma_c > 90K_v + 30$ 时，以 $\sigma_c = 90K_v + 30$ 和 K_v 代入公式计算。

（2）当 $K_v > 0.04\sigma_c + 0.4$ 时，以 $K_v = 0.04\sigma_c + 0.4$ 和 σ_c 代入公式计算。

岩体的基本质量指标主要考虑了组成岩体的岩石坚硬程度和岩石完整性。岩石坚硬程度用 σ_c 来表示，坚硬程度划分按表 6－14 进行，硬岩和软岩的界限值为 30 MPa。岩体完整性由岩体完整性指数刻画，完整程度划分按表 6－15 进行。岩体按 BQ 值划分为 5 级，对应的岩体质量定性特征（描述）见表 6－16。

表6－14 岩石坚硬程度划分

σ_c/MPa	＞60	60～30	30～15	15～5	≤5
坚硬程度	坚硬岩	较坚硬岩	较软岩	软岩	极软岩

表6－15 岩体完整程度划分

K_v	＞0.75	0.75～0.55	0.55～0.35	0.35～0.15	≤0.15
完整程度	完整	较完整	较破碎	破碎	极破碎

表6－16 岩体质量分级

基本质量级别	岩体质量的定性特征	岩体基本质量指标 *BQ*
Ⅰ	坚硬岩，岩体完整	＞550
Ⅱ	坚硬岩，岩体较完整； 较坚硬岩，岩体完整	550～451
Ⅲ	坚硬岩，岩体较破碎； 较坚硬岩或软、硬岩互层，岩体较完整； 较软岩，岩体完整	450～351
Ⅳ	坚硬岩，岩体破碎； 较坚硬岩，岩体较破碎或破碎； 较软岩或软、硬岩互层，且以软岩为主，岩体较完整或较破碎； 软岩，岩体完整或较完整	350～251
Ⅴ	较软岩，岩体破碎； 软岩，岩体较破碎或破碎； 全部极软岩及全部极碎岩	≤250

二、地下工程岩体详细定级

当地下硐室围岩处于高天然应力区或围岩周围中有不利于岩体稳定的软弱结构面和地下水时，岩体 *BQ* 值应进行修正，修正值［*BQ*］按下式计算：

$$[BQ] = BQ - 100(K_1 + K_2 + K_3) \tag{6-8}$$

式中 K_1——地下水影响修正系数，见表6－17；

K_2——主要软弱结构面产状影响修正系数，见表6－18；

K_3——天然应力影响修正系数，见表6－19。

根据修正值［*BQ*］的工程岩体分级仍按表6－16进行。各级岩体的物理力学参数和围岩自稳能力按表6－20确定。

表 6－17 地下水影响修正系数 K_1

地下水出水状态	BQ				
	>550	550～451	450～351	350～251	≤250
潮湿或点滴状出水，$p \leq 0.1$ 或 $Q \leq 25$	0	0	0～0.1	0.2～0.3	0.4～0.6
淋雨状或流线状出水，$0.1 < p \leq 0.5$ 或 $25 < Q \leq 125$	0～0.1	0.1～0.2	0.2～0.3	0.4～0.6	0.7～0.9
涌流状出水，$p > 0.5$ 或 $Q > 125$	0.1～0.2	0.2～0.3	0.4～0.6	0.7～0.9	1.0

注：p—地下工程围岩裂隙水压，MPa；Q—每 10 m 硐长出水量，L/min · 10 m。

表 6－18 主要软弱结构面产状影响修正系数 K_2

结构面产状及其与硐轴线的组合关系	结构面走向与硐轴线夹角 $\alpha < 30°$，结构面倾角 $\beta = 30° \sim 75°$	结构面走向与硐轴线夹角 $\alpha > 60°$，结构面倾角 $\beta > 75°$	其他组合
K_2	0.4～0.6	0～0.2	0.2～0.4

表 6－19 天然应力影响修正系数 K_3

围岩强度应力比（σ_c/σ_{max}）	BQ				
	>550	550～451	450～351	350～251	≤250
<4	1.0	1.0	1.0～1.5	1.0～1.5	1.0
4～7	0.5	0.5	0.5	0.5～1.0	0.5～1.0

表 6－20 各级岩体物理力学参数及自稳能力

级别	重度 γ/（kN · m^{-3}）	抗剪强度		变形模量 E/MPa	泊松比 ν	围岩自稳能力
		内摩擦角/（°）	黏聚力/MPa			
Ⅰ	>26.5	>60	>2.1	>33	0.2	跨度≤20 m，可长期稳定，偶有掉块，无塌方
Ⅱ		60～50	2.1～1.5	33～20	0.2～0.25	跨度小于 10 m，可长期稳定，偶有掉块； 跨度 10～20 m，可基本稳定，局部可掉块或小塌方
Ⅲ	26.5～24.5	50～39	1.5～0.7	20～6	0.25～0.3	跨度<5 m，可基本稳定； 跨度 5～10 m，可稳定数月，可发生局部块体移动至中塌方； 跨度 10～20 m，可稳定数日至 1 个月，可发生小至中塌方

表6-20（续）

级别	重度 γ/（kN·m⁻³）	抗剪强度		变形模量 E/MPa	泊松比 ν	围岩自稳能力
		内摩擦角/（°）	黏聚力/MPa			
Ⅳ	24.5～22.5	39～27	0.7～0.2	6～1.3	0.3～0.35	跨度≤5 m，可稳定数日至1个月； 跨度>5 m，一般无自稳能力，数日至数月内可发生松动变形、小塌方，进而发展为中、大塌方。埋深小时，以拱部松动破坏为主，埋深大时，有明显塑性流动变形和挤压破坏
Ⅴ	<22.5	<27	<0.2	<1.3	>0.35	无自稳能力

工程岩体分类是工程岩体稳定性评价及岩体工程设计、施工的主要依据。对其进行分类具有如下优缺点：

优点：①岩体质量能够简单、迅速、持续地得到评估；②各分类因素的评分值能够由训练有素的现场工作人员确定，而不需要经验丰富的工程地质专家；③采用记录表格对岩体进行持续的评价将会使现场技术负责人或咨询工程师了解有关岩体质量的显著变化；④参数选择、工程设计与施工方法的确定在工程岩体分类的基础上进行。

缺点：①目前使用的分类系统都使用过久且各自有其特定要求；②这些系统的逻辑演算与等级值缺乏科学严谨的考虑；③这些分类系统还不能适用于所有的工程项目。

练习题

1. 简述工程岩体分类的含义及目的。
2. 影响工程岩体分类的因素主要有哪些？
3. *RQD* 指标的含义是什么？它与哪些地质因素有关？
4. 有如下勘察资料：岩石纵波波速为4400 m/s，岩体纵波波速为3200 m/s，单轴饱和抗压强度为80 MPa，工作面如淋雨状或涌流状出水，水压≤0.25 MPa，主要结构面走向与同轴夹角76°，倾角为80°，处于高应力区，试按我国工程岩体分级标准计算该岩体的基本质量和考虑工程的级别。
5. *RMR* 分类用哪些指标表示？如何求得？
6. *Q* 分类用哪些指标表示？如何求得？

第七章 岩体中的天然应力

人类工程活动之前存在于岩体中的应力，称为天然应力（Natural stress），也称初始应力（Initial stress）或原岩应力（In－situ stress）。岩石圈应力是国际上关注的地球科学前沿问题之一，2018 年被中国科学技术协会列为 60 个重大科学问题和重大工程技术难题。传统岩体工程问题的变形、稳定性评价必须在已知天然应力的前提下进行，随着浅部空间和资源的日趋紧张，加之地热资源开发、核废料和二氧化碳地下存储的需求，深部地下空间拓展势在必行。而深部岩体结构和构造更加复杂，深部岩体所处的高应力、高地温和高渗透压的恶劣环境对深部空间利用和深部资源开发构成了严峻的挑战和威胁。因此，在国民经济生产实践活动中，岩石圈应力状态的研究对岩体工程和矿业工程等领域具有重要意义。本章重点认识岩体中天然应力的分布规律、岩体天然应力的测量和岩体中天然应力的估算。

第一节 岩体中天然应力的分布规律

实测和理论分析表明，天然应力的形成主要与地球的各种动力作用过程有关，其中包括地壳板块运动及板块边界相互挤压、地幔热对流、地球内应力、地心引力、地球旋转、岩浆侵入和地壳非均匀扩容等，另外，温度不均、水压梯度、地表剥蚀或其他物理化学变化等也可形成相应的应力场，其中重力应力场和构造应力场为天然应力场的主要组成部分。重力应力也称自重应力，最大主应力方向在铅垂方向，量值上等于测点上方物质质量密度与重力加速度和深度的乘积；构造应力的最大应力方向近于水平，由地壳运动形成的构造作用所致。也就是说，岩体中的天然应力主要由铅直天然应力和水平天然应力两部分组成。

一、岩体中的铅直天然应力及其分布规律

岩体自重应力是由岩体自重引起，地壳上部各种岩体由于受地心引力作用而引起的应力称为铅直应力，或者自重应力。由于岩体的泊松效应和流变效应等影响，岩体自重作用不仅产生铅直应力，也会产生水平应力。

实测结果分析表明，地层 25～2700 m 深度范围内，垂直应力呈线性增长，大致相当于岩层平均重度为 27 kN/m^3 时的重力，某些地区存在一些偏差。例如，在我国，$\sigma_v/\gamma H=0.8\sim1.2$ 的仅占 5%，$\sigma_v/\gamma H<0.8$ 的占 16%，而 $\sigma_v/\gamma H>1.2$ 的占 79%。究其原因，除部分可能归结于测量误差外，板块移动、岩浆对流与侵入扩容、不均匀膨胀等也都可引起铅直应力异常。图 7－1 是霍克（E. Hoek）和布朗（E. T. Brown）统计的 σ_v 随深度 H 的变化规律。

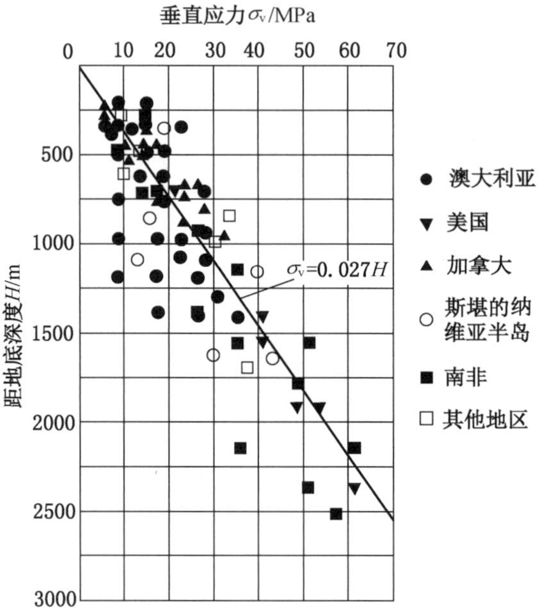

图 7－1　铅直应力与埋藏深度关系的实测结果

根据实测结果，绝大部分地区的铅直天然应力 σ_v 大致等于按平均密度计算出来的上覆岩体的自重（图 7－1），即 $\sigma_v \approx 0.027H$，而在少部分地区测得的垂直方向上的应力比自重小得多，甚至有时为张应力，这大都与目前正在进行的构造运动有关。必须指出的是，多数地区并不存在真正垂直的主应力。但实测结果表明，其与垂直方向的偏差不大于20°。这一事实说明，天然应力的垂直分量主要受重力控制，同时也受其他因素影响。在岩体天然应力场中，垂直应力大都是最小主应力，少数为中间主应力，只在极个别情况下为最大主应力，由于侧向侵蚀卸载作用，在河谷谷坡附近及单薄山体部分，σ_v 常为最大主应力。在很单薄的山体中，甚至可出现水平应力为零的极端情况。

二、岩体中的水平天然应力及其分布规律

岩体中的水平天然应力主要受区域现代构造应力场的控制，同时还受岩体自重、侵蚀所导致的天然卸载作用、现代构造断裂运动、应力调整释放以及岩体力学性质等因素的影响。剧烈构造运动会导致岩层发生皱褶和形成山脉及各种断层和节理、劈理等破坏，该类构造运动称为造山运动。缓和构造运动会使地层发生缓慢升降，该类构造运动称为造陆运动。构造运动开始至造山运动，构造应力逐步积累，造陆运动则会使构造应力逐步释放，不完全释放形成剩余应力场。因此，天然应力场是一种动态变化的应力场，同时以压应力为主，出现拉应力者甚少，且多具有局部性质。

影响构造应力场的主要因素有地块形状和边界尺寸、边界外力、体力、岩石力学性质、构造形迹的分布变化，次要因素包括地磁场、地电场、地热场、重力均衡场等，各种地球物理场、化学场的变化也都可能对构造应力场带来不同程度的影响。此外，地壳中发生的诸如火山活动、地震活动等重大地质事件所引起的天然应力的积累、集中、释放和调

整，也会对一定范围内的天然应力场产生影响。

目前，测定原岩应力最深的测点已达 5000 m，但多数测点的深度在 1000 m 以内。测量结果表明，原岩应力分布很不均匀，存在最大水平主应力较垂直应力大很多的现象，也有垂直最大主应力，或一定倾角的最大主应力，这些说明最大主应力方向随地区而变化。近代地质力学普遍认为，构造应力的总趋势是以水平应力为主，李四光指出其中的重要原因是地球自转角度的变化产生地壳水平方向的运动所致。因此，天然应力场是一种相对稳定的非稳定应力场，是时间和空间的函数。

实测资料表明，在绝大多数地区均有两个主应力位于水平或接近水平的平面内，其与水平面的夹角一般不大于 30°。通常情况下，最小水平主应力和最大水平主应力相差较大，显示出很强的方向性和各向异性。$\sigma_{hmin}/\sigma_{hmax}$一般为 0.2 ~ 0.8，多数情况下为 0.4 ~ 0.8，见表 7 – 1。

表 7 – 1 部分地区两个水平主应力的比值

实测地点	统计组数	$\sigma_{hmin}/\sigma_{hmax}$				
		1.0 ~ 0.75	0.75 ~ 0.50	0.50 ~ 0.25	0.25 ~ 0	合计
斯堪的纳维亚	51	14%	67%	13%	6%	100%
北美	222	22%	46%	23%	9%	100%
中国	25	12%	56%	24%	8%	100%
中国华北地区	18	6%	61%	22%	11%	100%

最大水平主应力 σ_{hmax} 普遍大于垂直应力 σ_v，σ_{hmax}/σ_v 一般为 0.5 ~ 5.5，在很多情况下比值大于 2，见表 7 – 2。最大水平主应力与最小水平主应力的平均值为

$$\sigma_{hav} = \frac{\sigma_{hmax} + \sigma_{hmin}}{2} \tag{7-1}$$

式中 σ_{hav}——最大水平主应力与最小水平主应力的平均值，MPa；

σ_{hmax}——最大水平主应力，MPa；

σ_{hmin}——最小水平主应力，MPa。

如果将最大水平主应力与最小水平主应力的平均值 σ_{hav} 与 σ_v 相比，目前国内外天然应力实测结果显示，σ_{hav}/σ_v 一般为 0.5 ~ 5.0，大多数为 0.8 ~ 1.5（表 7 – 2），这说明在浅层地壳中平均水平应力也普遍大于垂直应力。

表 7 – 2 部分国家与地区水平与垂直主应力的比值统计

名称	σ_{hav}/σ_v			σ_{hmax}/σ_v
	<0.8	0.8 ~ 1.2	>1.2	
中国	32%	40%	28%	2.09
澳大利亚	0	22%	78%	2.95

表7-2（续）

名称	σ_{hav}/σ_v			σ_{hmax}/σ_v
	<0.8	0.8～1.2	>1.2	
加拿大	0	0	100%	2.56
美国	18%	41%	41%	3.29
挪威	17%	17%	66%	3.56
瑞典	0	0	100%	4.99
南非	41%	24%	35%	2.5
其他地区	37.5%	37.5%	25%	1.96

在大尺度范围内，最大主应力方向是相对稳定的。在相对平坦的地区和离地表较深处的天然应力测量结果是可以代表这个地区的应力场特点的。最大水平主应力方向尽管存在局部变化，但是在某些广阔地区，水平主应力方向还是有一定规律的。在一个相当大的区域内，最大主应力方向是相对稳定的，并和区域控制性构造变形场一致。因此，在建设隧道、巷道、大型桥梁等具有一定延伸长度的工程时，为降低最大水平主应力对工程稳定性的影响，应尽量使工程延伸方向与区域最大水平主应力方向一致。

此外，天然应力的分布规律还会受地形地貌、地表剥蚀、风化、岩体结构特征、岩体力学性质、温度、地下水等因素的影响，特别是地形地貌与断层的扰动影响最大，即区域构造场决定局部主应力。

地形地貌对原始天然应力的影响十分复杂，对于具有负地形的峡谷或山谷，在侵蚀基准面以上及其以下一定范围内，地形地貌的影响非常突出。一般来说，谷底是应力集中的部位，越靠近谷底应力集中越明显。最大主应力方向在谷底或河床中心近于水平，而在峡谷或山谷两侧台地则是沿两侧坡地坡面分布。同时，地表或坡面附近岩体与深部或相邻岩体天然应力状态显著不同，而且无明显规律性，随着深度不断增加或远离坡地，天然应力分布趋于规律化，并显示出与区域应力场的一致性。

断层和结构面附近的天然应力分布扰动影响明显。断层端部、拐角处与交汇处会出现应力集中。端部应力集中与断层长度有关，断层越长，应力集中越强烈。拐角处的应力集中程度主要取决于拐角大小以及与天然应力的相互关系。当最大主应力的方向和拐角的对称轴一致时，外侧应力大于内侧应力。处于断层带的岩体一般比较软弱和破碎，不能承受高应力，不利于能量积累，容易形成应力降低带，与周围岩体相比，其最大、最小主应力显著减小。同时，断层性质不同对天然应力状态的影响不同。压性断层的应力状态与周围岩体相对接近，只是主应力值相对有所下降。张性断层天然应力大小和方向相对周围岩体变化显著。

三、岩体中水平天然应力与铅直天然应力的比值及其分布规律

岩体中水平天然应力与铅直天然应力之比定义为天然应力比值系数，即：

$$\lambda = \frac{\sigma_h}{\sigma_v} \tag{7-2}$$

式中　λ——天然应力比值系数，无量纲；

σ_h——岩体中水平天然应力，MPa；

σ_v——岩体中铅直天然应力，MPa。

世界各地的天然应力测量结果表明，绝大多数情况下，水平天然应力与铅直天然应力的比值在1.5～10.6范围内。天然应力比值系数随深度增加而减小，但在不同地区变化速度有所不同。图7－2是胡克（E. Hoek）和布朗（E. T. Brown）根据世界各地天然应力测量结果得出的平均水平天然应力σ_{hav}与铅直天然应力σ_v比值随深度Z的变化曲线。可见，σ_{hav}/σ_v在如下范围内变化：

$$0.3+\frac{100}{z}<\frac{\sigma_{hav}}{\sigma_v}<0.5+\frac{1500}{z}$$

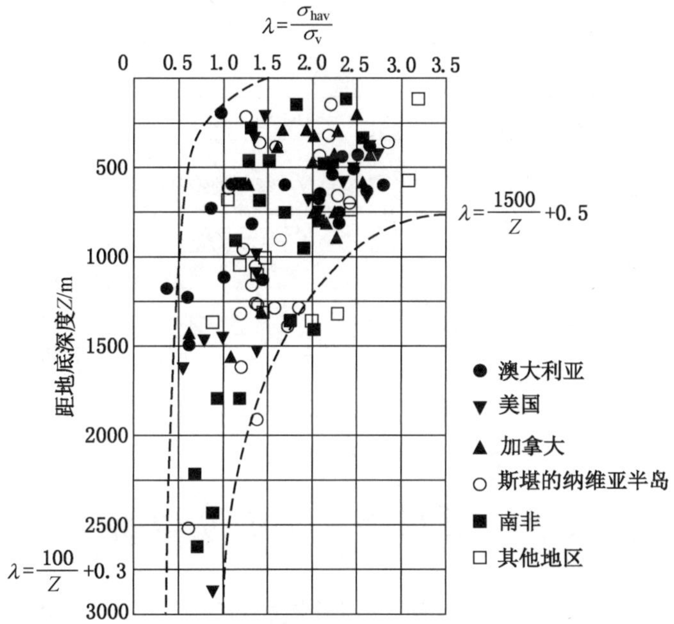

图7－2　平均水平天然应力与埋藏深度关系的实测结果

四、天然应力的方向性及其分布规律

天然应力状态岩体中天然应力一般处于三维应力状态。根据三个主应力轴与水平面的相对位置关系，把天然应力场分为水平应力场与非水平应力场两类。水平应力场的特点是：两个主应力轴呈水平或与水平面夹角小于30°，另一个主应力轴垂直于水平面或与水平面夹角大于或等于70°。非水平应力场的特点是：一个主应力轴与水平面的夹角在45°左右，另两个主应力轴与水平面的夹角在0°～45°之间变化。应力测量结果表明，水平应力场在地壳表层分布比较广泛，而非水平应力场仅分布在板块接触带或两地块之间的边界地带。

在水平应力场条件下，两个水平或近似水平方向的应力是两个主应力或近似主应力。在这种情况下，岩体垂直平面内没有或仅有很小的垂直剪应力，而存在的垂直剪应力数值取决于两水平主应力之差的水平剪应力。当水平剪应力足够大时，岩体就会沿垂直平面发生剪切破坏。哈斯特认为各种行星外壳中正交断裂系统，都是这种水平应力场作用的结果。

根据哈斯特的应力测量资料，芬兰斯堪的纳维亚半岛与大西洋和挪威海相接触地带，以及太平洋与美洲大陆之间的接触地带都存在非水平应力场。在非水平应力场条件下，岩体中铅垂平面内存在铅垂向剪应力，在水平面内存在水平向剪应力。哈斯特还认为，非水平应力场和很高的铅垂向天然剪应力出现在地壳不稳定地区，以及正在发生垂向运动的地区。故可推知，目前存在非水平应力场的地区，很可能是现今正在发生垂直运动的不稳定地区。应力场类型与特点见表 7－3。

表7－3　应力场类型与特点

应力场类型	主应力方向	剪应力	分布
水平应力场	两个主应力轴呈水平或与水平面夹角小于 30°，另一个主应力轴垂直于水平面或与水平面夹角大于 70°	没有或仅有很小的铅直剪应力，存在水平剪应力，其大小取决于两水平主应力差	分布较广
非水平应力场	一个主应力轴与水平面的夹角为 45°，另两个主应力轴与水平面的夹角为 0°～45°	存在铅直剪应力，也存在水平剪应力	仅分布在板块接触带或两地块间的边界地带，区域铅直运动明显，属不稳定区

第二节　岩体中天然应力的测量

岩体中天然应力的测量就是确定存在于拟开挖岩体及其周围区域的未受扰动的三维应力状态。通常是通过足够数量的“点”测量，并借助数值分析和数理统计、人工智能等方法，进一步确定测量地区的天然应力状态。根据测量原理不同，天然应力测量方法可分为直接法和间接法两大类，直接法是由测量仪器直接测量和记录各种应力量，并由这些应力量和初始应力的相互关系，通过计算获得初始应力；间接法是借助某些传感元件或介质，测量和记录岩体中某些与初始应力有关的间接物理量的变化。其中直接法又可进一步分为应力恢复法、水压致裂法、声发射法等；间接法也可进一步分为应力解除法、应变恢复法、应变解除法、X 射线法、重力法等。根据测量手段不同，可将在实际测量中使用过的测量方法分为构造法、变形法、电磁法、地震法、放射性法等五大类。国际岩石力学学会试验方法委员会建议，应力恢复法、水压致裂法和应力解除法是确定岩体应力的有效方法，本节主要介绍这三种方法，此外简要介绍一下声发射法。

一、应力恢复法

应力恢复法又称扁液压千斤顶法、“压力枕”测量法或狭缝法，是一种一维应力测量方法，测量受开挖扰动的次生应力，而非原岩应力场。该法主要用于隧道与地下工程或其他开挖岩体表面附近岩体的天然应力测量，测量的是一种受开挖扰动的二次应力场。

1. 基本原理

扁液压千斤顶施加给岩体表面凿出的岩槽两壁压力后，岩槽附近岩体产生位移，通过岩槽开挖前后岩槽两侧岩面上确定测点位移的恢复，可以转换为岩体的垂直岩槽方向的应力值，并可基于开挖岩体的多点天然应力测量确定岩体的垂直应力与水平应力。如图 7 - 3 所示，扁液压千斤顶由两块薄钢板沿周边焊接在一起而成，在周边处有一个油压入口和一个出气阀，通过压力表确定扁液压千斤顶的施加荷载。

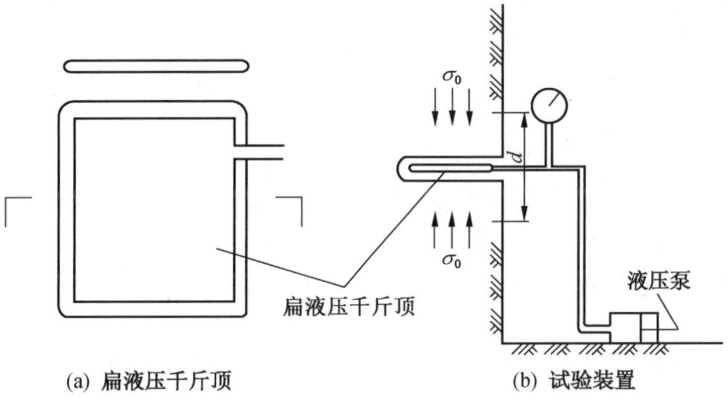

图 7 - 3　扁液压千斤顶应力法测量装置示意图

2. 测量步骤

（1）在选定测量应力的岩石表面安装两个测柱，通过微米表测量两侧柱间的距离 d，一般 $d = 15$ cm。

（2）在与两侧柱对称的中间位置向岩体内开挖一个垂直于侧柱连线的岩槽，岩槽大小、形状和厚度应与扁液压千斤顶尺寸一致。岩槽由盘锯切割而成。由于岩槽开挖，局部应力释放，洞壁岩体会受到环向压应力 σ_0 的作用，并引起侧柱间距离发生变化，测量并记录变化值 d'。

（3）将扁液压千斤顶完全塞入岩槽内，必要时注浆将扁液压千斤顶和岩石紧密胶结，然后通过液压泵向其施加压力。压力增加，两侧柱间距离增大。当两侧柱间距离恢复到岩槽开挖前的值时，停止施加压力，并记录此时扁液压千斤顶的压力 P。该压力 P 称为“平衡应力”或“补偿应力”，即岩槽开挖前表面岩体垂直于扁液压千斤顶方向，也就是侧柱连线方向的应力。

对于普通液压千斤顶，尤其是面积较小的扁液压千斤顶，会因为周边焊接圈的影响，由液压泵施加到扁液压千斤顶中的压力高于扁液压千斤顶作用于岩体上的压力。因此，测量前应在实验室标定扁液压千斤顶。

同时，扁液压千斤顶的测量原理是基于岩石为完全线弹性的假设，对于非线性岩体，其加载和卸载路径的应力 - 应变关系不同，扁液压千斤顶测得的平衡应力不等于岩槽开挖前岩体应力。而且，由于开挖影响，各种开挖体表面的岩体将会受到不同程度的损坏，这会使测量结果出入较大。另外，由于扁液压千斤顶法是一维应力测量方法，一个岩槽只能测量点连线方向的应力分量。要确定同一位置点 6 个应力分量，必须沿不同方向切割 6 个岩槽，而岩槽的相互重叠将造成不同方向测量结果的相互干扰，使测量毫无意义。

耶格（Jaeger）和库克（Cook）发明了一种与扁液压千斤顶工作原理相同的弯曲液压千斤顶。弯曲液压千斤顶两个工作侧面为弯曲的圆弧，圆弧圆心角为 90°。弯曲液压千斤顶可用于测量离表面较深一点的岩体中的应力。

二、水压致裂法

水压致裂法是 20 世纪 50 年代以来发展起来的一种二维地应力测量方法，最早主要用于油田钻孔中人工制造裂缝，进而提高油田产量。该法具有基本理论完善、测试方法简单，可以不用知道岩石力学性质参数等特点，是国际上能较好地直接进行深孔应力测量的先进方法，广泛应用于地下空间利用、水电交通、资源能源开采、地球动力学等领域。成功的深孔水压致裂地应力测量，可以很好地补充断层擦痕反演、震源机制解分析、孔壁崩落法等诸多间接方法的不足，准确获得现今应力场数据。

1. 基本原理

对平面应力测量而言，3 个基本假设条件为：①岩石呈线弹性且各向同性；②岩石是完整的、非渗透性的；③岩石中主应力之一的方向和钻孔轴平行。因此，水压致裂的力学模型可简化为一个平面应力问题，即相当于两个相互垂直的水平应力 σ_{hmax} 和 σ_{hmin} 作用在一个带圆孔的无限大平面上（图 7 - 4）。

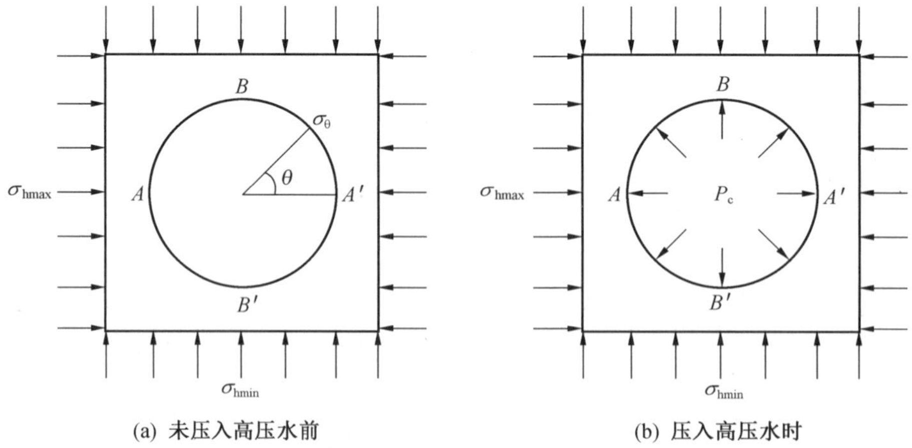

图 7 - 4　孔壁应力分析

水压致裂法是把高压水泵入由栓塞隔开的试段中，当钻孔试段中的水压升高时，钻孔孔壁的环向压应力降低，并在某些点出现拉应力。随着泵入的水压力不断升高，钻孔孔壁的拉应力也逐渐增大。当钻孔中水压力引起的孔壁拉应力达到孔壁岩石抗拉强度 σ_t 时，就在孔壁形成拉裂隙。若设形成孔壁拉裂隙时，钻孔的水压力为 P_{c1}，拉裂隙一经形成后，孔内水压力就要降低，然后达到某一稳定的压力 P_s，称为“封井压力”。这时，如人为地降低水压，孔壁拉裂隙将闭合，若再继续泵入高压水流，则拉裂隙将再次张开，这时孔内的水压力为 P_{c2}（图 7－5）。

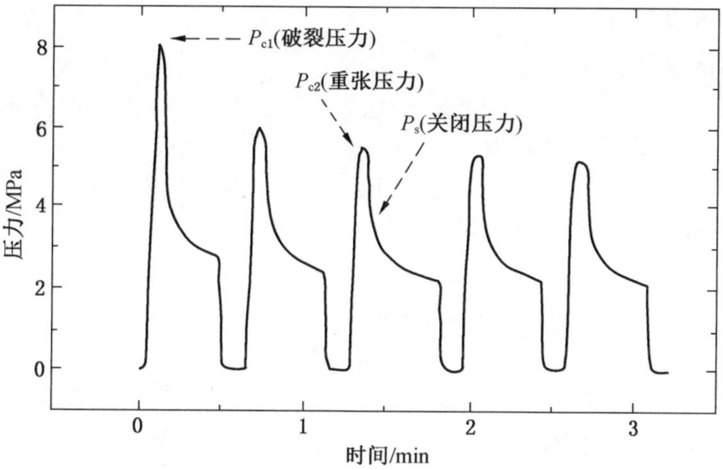

图 7－5　孔内压力随时间的变化曲线

设钻孔形成前的天然应力场为：铅直方向 $\sigma_v=\rho gh$，水平方向最大主应力为 σ_{hamx}，最小主应力为 σ_{hmin}。如果取垂直钻孔平面考虑（图 7－4），则钻孔孔壁上的应力可以用柯西孔壁应力集中解（Krishsolution）来分析。

根据柯西孔壁应力集中解，在内水压力作用下，孔壁处的环向应力可表示为：$\sigma_\theta=\sigma_{hmax}+\sigma_{hmin}-2(\sigma_{hmax}-\sigma_{hmin})\cos2\theta-P_c$。则环向应力最小处位于 $\theta=0°$ 或 180°处（此时 $\cos2\theta=1$）。因此，如果在圆孔内施加的液压大于孔壁上岩石所能承受的应力，那么张破裂将会在最小切向应力的位置上，也即 A 点及其对称点 A' 处产生，$\sigma_{\theta A}$ 可表示为

$$\sigma_{\theta A}=3\sigma_{hmin}-\sigma_{hmax}-P_c \tag{7-3}$$

式中　P_c——内水压力，MPa；

σ_{hamx}——水平方向最大主应力，MPa；

σ_{hmin}——水平方向最小主应力，MPa；

$\sigma_{\theta A}$——孔壁 A 点处的环向应力，MPa。

由此可知，若岩石的抗拉强度为 σ_t，当泵入高水压 $P_c(P_{c1})$ 时，拉裂隙形成时 A 或 A' 的破坏条件为

$$3\sigma_{hmin}-\sigma_{hmax}+\sigma_t=P_{c1} \tag{7-4}$$

式中　σ_t——岩石的抗拉强度，MPa。

如果考虑到岩石中还存在着的孔隙压力，则须在式（7－4）等式右侧附加孔隙压力，在野外如无特殊说明，一般等于静水压力。在孔壁拉裂隙形成以后，要维持拉裂隙张开而又不进一步扩展，则水压需满足：

$$\sigma_{hmin} = P_s \tag{7-5}$$

式中 P_s——封底压力（关闭压力），MPa。

将式（7－5）代入式（7－4）得：

$$\sigma_{hmax} = 3P_s - P_{c1} + \sigma_t \tag{7-6}$$

式（7－5）和式（7－6）即为计算水平天然应力的公式。σ_t 为孔壁岩石的抗拉强度，可以由试验本身确定。

当张裂隙再次开启时有：

$$3\sigma_{hmin} - \sigma_{hmax} - P_{c2} = 0 \tag{7-7}$$

式（7－7）减去式（7－4）得：

$$\sigma_t = P_{c1} - P_{c2} \tag{7-8}$$

则由式（7－6）和式（7－8）可得：

$$\sigma_{hmax} = 3P_s - P_{c2} \tag{7-9}$$

若考虑孔隙压力的影响，则上式可写为

$$\sigma_{hmax} = 3P_s - P_{c2} - P_0 \tag{7-10}$$

式中 P_0——岩石中的孔隙压力，MPa；

P_s——封底压力（关闭压力），MPa；

P_c——内水压力，MPa。

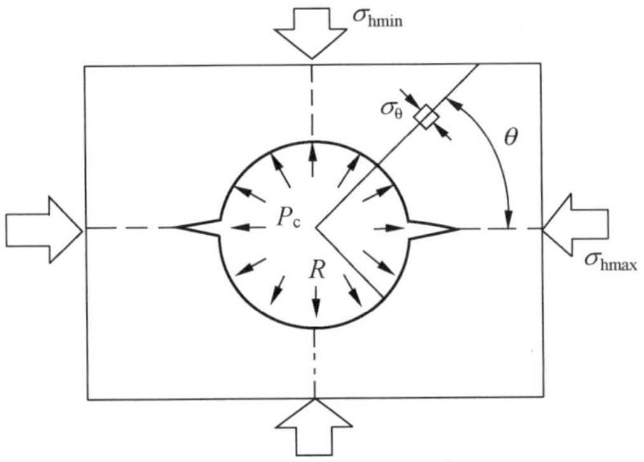

图7－6 水压致裂裂隙方向

可见，通过水压致裂试验，只要确定 P_{c1}、P_{c2}、P_s 的值，即可利用式（7－5）、式（7－9）和式（7－10）求出水平天然应力 σ_{hmax}、σ_{hmin}，而铅直天然应力 σ_v 等于铅直自重应力，同时由式（7－8）还可以得到孔壁岩石的抗拉强度。

大量实测资料表明，水压破裂引起的裂隙是垂直的，尤其是试段深度在 800 m 以下，垂直向是水压破坏引起裂隙的最常见方向，而最大水平主应力 σ_{hmax} 方向即为裂隙开口方向（图7－6）。在实际工作中，水压破裂方向可以用井下电视来观察，但最常用的是胶塞印痕方法，即把裂隙压印于胶塞上，然后观察胶塞印痕方向。

2. 测量步骤

在水压致裂原地应力测量方法中，首先进行压裂试验，该试验是利用一对可膨胀的封隔器在选定的测量深度封隔一段钻孔，然后通过泵入流体对该试验段（常称压裂段）增压，同时利用 X－Y 记录仪、计算机数字采集系统或数字磁带记录仪记录压力随时间的变化。对实测记录曲线进行分析，得到特征压力参数，再根据相应的理论计算公式，就可得到测点处的最大和最小水平主应力的量值以及岩石的水压致裂抗张强度等岩石力学参数。该测量系统的主要技术特点是利用钻杆作为单回路供水通道，通过安装在封隔器上部的多功能推拉开关，按照测试程序，分别向封隔器和压裂段压入高压流体，以实现密封和压裂目的（图7－7a）。

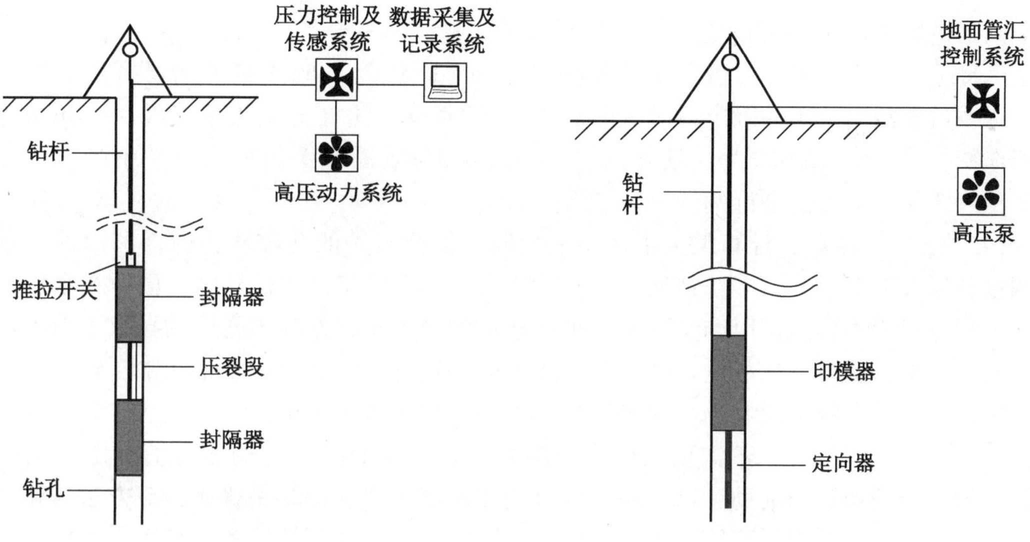

(a) 压裂试验　　(b) 定向印模试验

图7－7　水压致裂地应力测量系统示意图

压裂试验结束后可进行水压裂缝方位测定的定向印模试验，以确定最大水平主压应力的方向。该试验的设备由自动定向仪和印模器组成，印模器从外观上看，与封隔器大致相同，所不同的是，它的表层覆盖着一层半硫化橡胶，用以增强其塑性，从而使得破裂的印痕得以清晰地记录并保持较长时间，在测定方位时，先将接有定向仪的印模器放到水压致裂应力测量段的深度，然后在地面通过增压系统使印模器膨胀。为了获得清晰的裂缝痕迹，需要施加足够的高压，促使孔壁已有裂缝重新张开以便半硫化橡胶挤入，并保持相应的时间，印模器表面就印制与裂缝相对应的凸起印迹，最后依据电磁罗盘确定的基线方位值和印痕与基线之间的关系即可算出破裂面的方位，该方位值就是最大水平主压应力的方向（图7－7b）。

3. 压力特征参数的判读及计算方法

（1）破裂压力 P_{c1}：破裂压力 P_{c1} 一般比较容易确定，即把压裂过程中第1循环回次的峰值压力称为岩石的破裂压力。

（2）重张压力 P_{c2}：重张压力 P_{c2} 为后续几个加压回次中使已有裂缝重新张开时的压力。通常取压力－时间曲线上斜率发生明显变化时对应的一点为破裂重新张开的压力值。在测试中通常采用第2、第3回次的平均值。

（3）关闭压力 P_s：在3个压裂特征参数中，关闭压力 P_s 值判读准确与否最为重要，主要因为瞬时关闭压力直接代表最小水平主应力，由关闭压力 P_s 造成的误差直接代表了最小水平主应力 σ_{hmin} 的误差，同时在计算最大水平主应力值时，由关闭压力 P_s 判读造成的误差会在最大水平主应力 σ_{Hmax} 中扩大 3 倍。因此，用合理可靠的方法，准确、客观地判读压裂曲线上的关闭压力 P_s 的值对提高水压致裂地应力测量结果精度具有十分重要的作用。关于瞬时关闭压力 P_s 的判读问题，国内外从事水压致裂地应力测量的研究人员针对不同的情况提出了多种确定方法，如拐点法、单切线法、双切线法、$p-\sqrt{t}$法、马斯卡特法（$\log(p)-t$）、压力－流量法、dp/dt 法、dt/dp 法等。2003 年国际岩石力学学会试验方法委员会给出了 5 种确定瞬时关闭压力 P_s 的判读方法（分别为单切线法、dp/dt 法、马斯卡特法、dt/dp 法和压力－流量法），并要求在确定瞬时关闭压力时使用该 5 种方法中 2 种或 2 种以上方法进行判读。

（4）孔隙压力 P_0：计算最大水平主应力时，需要岩层的孔隙压力值，国内外大量实际测量和研究表明，绝大多数情况下，孔隙压力基本上等于静水位压力，因此在水压致裂法应力测量过程中，通常以测量段所处地下水位的静水压力作为该岩层的孔隙压力 P_0。

与其他应力测量方法相比较，钻孔水压致裂法具有以下优点：①钻孔水压致裂法不需要套芯，不受测量深度限制，可用来测量深部地壳的构造应力场；②钻孔水压致裂法不需要使用应变计或变形计，不需要岩体力学参数，根据压裂时相应的压力值确定天然应力值，无须复杂的换算与辅助测试，还可反算岩体的抗拉强度；③用普通钻探方法钻孔、止水装置密封、液压泵提供高压注入水即可，无须复杂的电磁测量设备，且操作方便；④测量结果具有代表性，测得的天然应力值与岩体抗拉强度体现了较大范围内的平均值，具有较好的代表性。

三、应力解除法

应力解除法又称套孔应力解除法、套芯法或钻孔套芯应力解除法。应力解除法也是基于弹性理论，视岩体为一无限大均质、连续、各向同性线弹性体。通过岩体测量部位钻孔同心套钻，并假设钻孔轴线与测量岩体的某一天然应力相一致，测量钻孔孔壁的径向位移，岩体天然主应力间的关系可根据弹性理论计算。

1. 基本原理

在钻孔孔底部位安装位移或应变测量元件，利用套芯钻头实现套孔岩芯的完全应力解除，通过测量套孔岩芯应力解除前后钻孔孔径的变化、孔底应变变化或孔壁表面应变变化值来确定天然应力值及其方向。套芯钻头直径较测量孔径要大，并对测量钻孔进行同心套钻，以解除套孔岩芯部位的天然受力状态（图 7－8）。

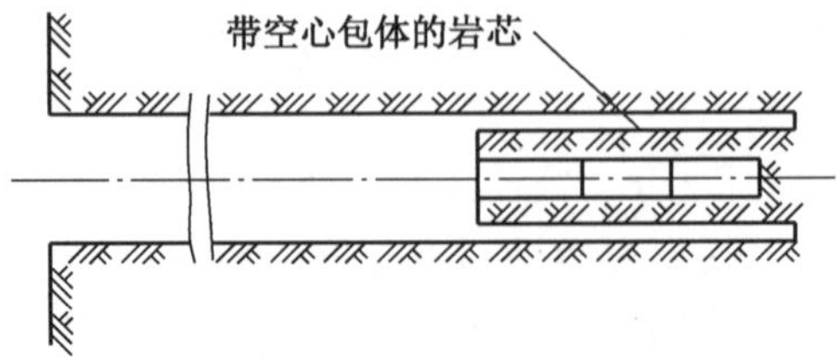

图 7－8　应力解除法安装示意图

根据钻孔测量元器件以及测量物理量的不同，应力解除法又可进一步分为钻孔位移法、钻孔应力法和钻孔应变法三种。钻孔位移法又称钻孔变形法，即利用钻孔变形计测量套孔岩芯应力解除前后钻孔孔径变化，通过钻孔孔径变化值确定天然应力值。钻孔应力法则利用刚性钻孔变形计（钻孔应力计）测量套孔岩芯应力解除前后钻孔压力变化，进而确定钻孔位移来推算岩体天然应力值。钻孔应变法是利用钻孔应变计测量套孔岩芯应力解除前后钻孔孔底或孔壁壁面应变的变化来确定岩体天然应力状态。目前常用的钻孔应变计包括门塞式应变计（又称空心包体）、光弹性圆盘应变计和利曼三维应变计等。

若按平面应力问题考虑有：

$$u_\theta = \frac{R}{E_m}[(\sigma_1+\sigma_3)+2(\sigma_1-\sigma_3)\cos2\theta] \tag{7-11}$$

式中　u_θ——与 σ_1 作用方向成 θ 角的孔壁一点的径向位移，cm；

R——钻孔半径，cm；

E_m——岩体弹性模量，MPa；

σ_1——垂直钻孔轴平面内岩体中最大天然主应力，MPa；

σ_3——垂直钻孔轴平面内岩体中最小天然主应力，MPa；

θ——σ_1 作用方向至位移测量方向的夹角，以逆时针方向为正，(°)。

由上述公式可知，为了求得 σ_1、σ_3 和 θ 值，在钻孔中必须安装三个互成一定角度的测量元件，分别测出应力解除后孔壁在这三个方向上的径向位移，然后建立三个联立方程，才可求解这三个值。

目前在生产上有两种布置方法：一种是三个测量元件互成45°；另一种是互成60°。若三个测量元件之间互成45°，且按平面应力问题考虑时，则 σ_1、σ_3 和 θ 的计算公式为

$$\begin{cases}\sigma_1 = \dfrac{E_m}{4R}\left[u_a+u_c+\dfrac{1}{\sqrt{2}}\sqrt{(u_a-u_b)^2+(u_b-u_c)^2}\right]\\ \sigma_3 = \dfrac{E_m}{4R}\left[u_a+u_c-\dfrac{1}{\sqrt{2}}\sqrt{(u_a-u_b)^2+(u_b-u_c)^2}\right]\\ \tan2\theta = \dfrac{2u_b-u_a-u_c}{u_a-u_c}\end{cases} \tag{7-12}$$

式中　u_a、u_b、u_c——与最大主应力作用方向夹角分别为 θ、$\theta+45°$、$\theta+90°$的三个方向上测得的孔壁径向位移值，mm；

θ——最大主应力至第一个测量元件之间的夹角，(°)（图7-9）；

其他符号意义同前。

当三个测量元件之间互成60°时，则垂直钻孔平面内天然应力的大小和方向可按下列公式计算：

$$\begin{cases}\sigma_1 = \dfrac{E}{6R}\left[u_a+u_b+u_c+\dfrac{1}{\sqrt{2}}\sqrt{(u_a-u_b)^2+(u_b-u_c)^2+(u_c-u_a)^2}\right]\\ \sigma_3 = \dfrac{E}{6R}\left[u_a+u_b+u_c-\dfrac{1}{\sqrt{2}}\sqrt{(u_a-u_b)^2+(u_b-u_c)^2+(u_c-u_a)^2}\right]\\ \tan2\theta = \dfrac{-\sqrt{3}(u_b-u_c)}{2u_a-(u_b+u_c)}\end{cases} \tag{7-13}$$

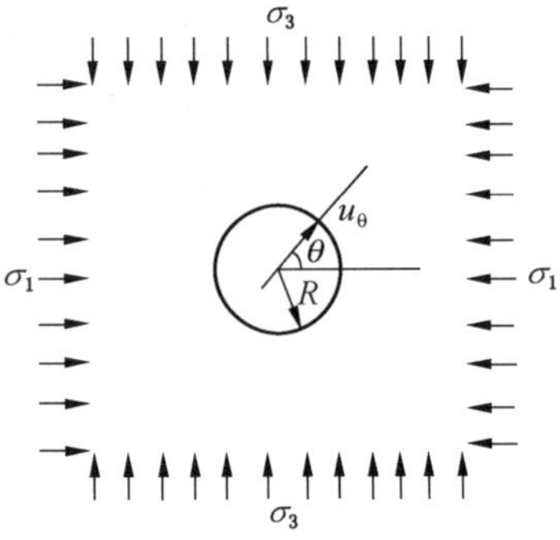

图7-9 垂直于钻孔轴平面内的应力状态

2. 测量步骤

目前，应力解除法已形成一套标准化的测量程序，以空心包体法为例，具体测试步骤如下（图7-10）：

（1）选定测量岩体表面,并采用大孔径钻头钻孔至测量岩体一定深度部位(图7-10a)。在磨平的孔底中心位置钻一个锥形孔,以便钻出同心小孔,同时清洗钻孔。

（2）在大孔径孔底钻与选用探头直径匹配的同心小孔，以便安装量测探头（图7-10b），小孔深度一般为孔径的10倍左右，以保证小孔中央部位处于平面应变状态，完成后清洗小孔。

（3）利用专用装置在小孔中央部位安装好空心包体（图7-11）等测量装置（图7-10c）。

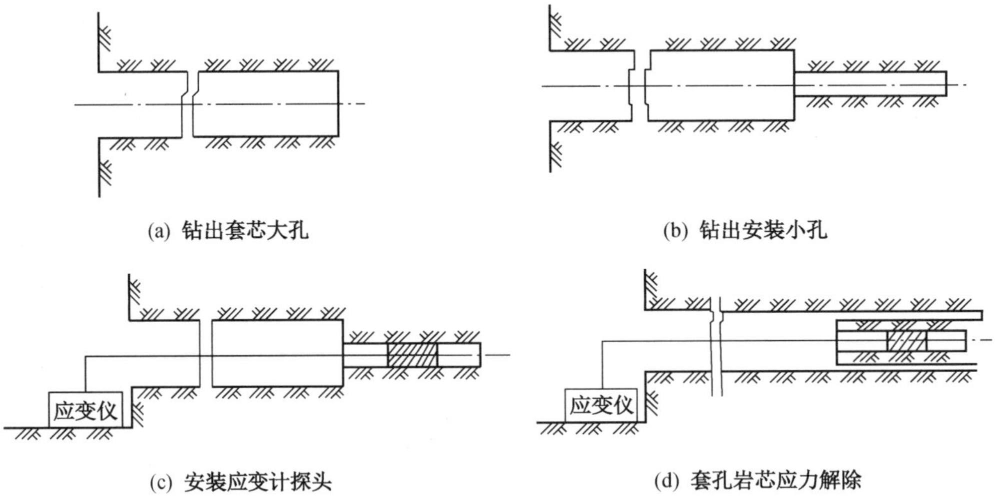

图7-10 钻孔套芯应力解除法步骤（以空心包体法为例）

（4）用与大孔直径相同的套芯钻头延伸大孔，使小孔周围岩芯实现应力解除（图7-10d）。测定并记录应力解除引起的小孔变形或应变，然后通过有关公式确定小孔周围的原岩应力状态。

应力解除完后取出套孔岩芯，通过与应力解除相反的试验过程，对套孔岩芯施加围压，求弹性模量与泊松比。围岩率定试验采用围压率定仪进行试验。通过液压泵对围岩率定仪加压，作用在围岩上，不断改变压力值，反映在应变计上为应变数值不断改变，并被记录下来，通过对应的压力值与应变值，即可计算得到“岩芯-空心包体”整体的弹性模量和泊松比值。

理论上，套孔的形状与尺寸不影响套孔岩芯的应力完全解除。但是，测量探头对应力解除过程中的小孔变形存在限制或约束，从而影响套孔岩芯的应力释放。探头刚度越大，

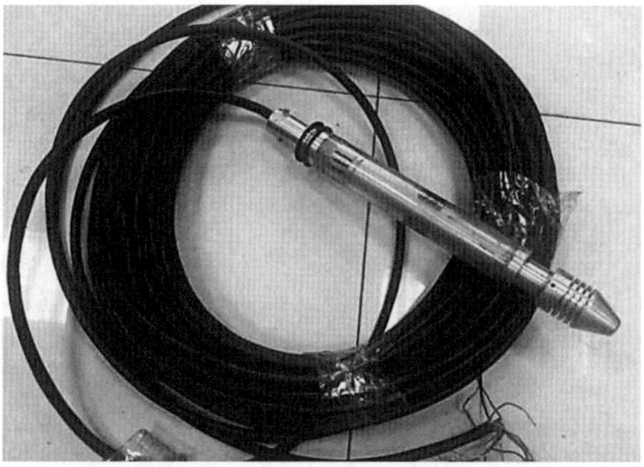

(a) 空心包体实物

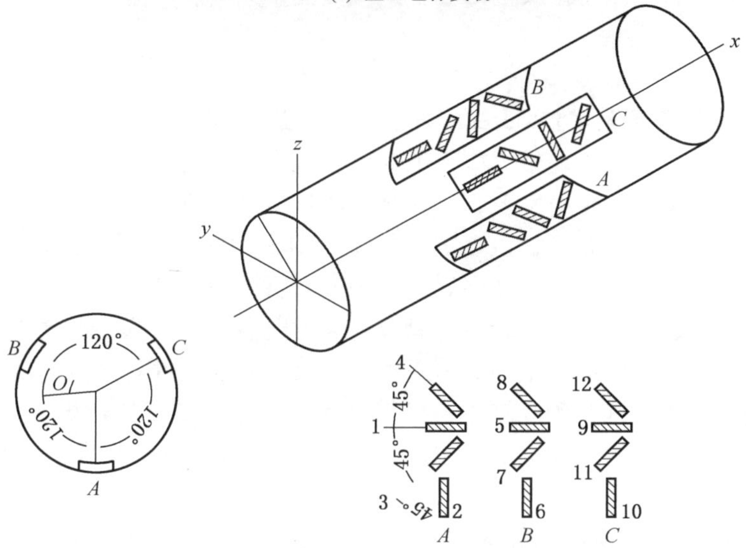

(b) 空心包体应变花

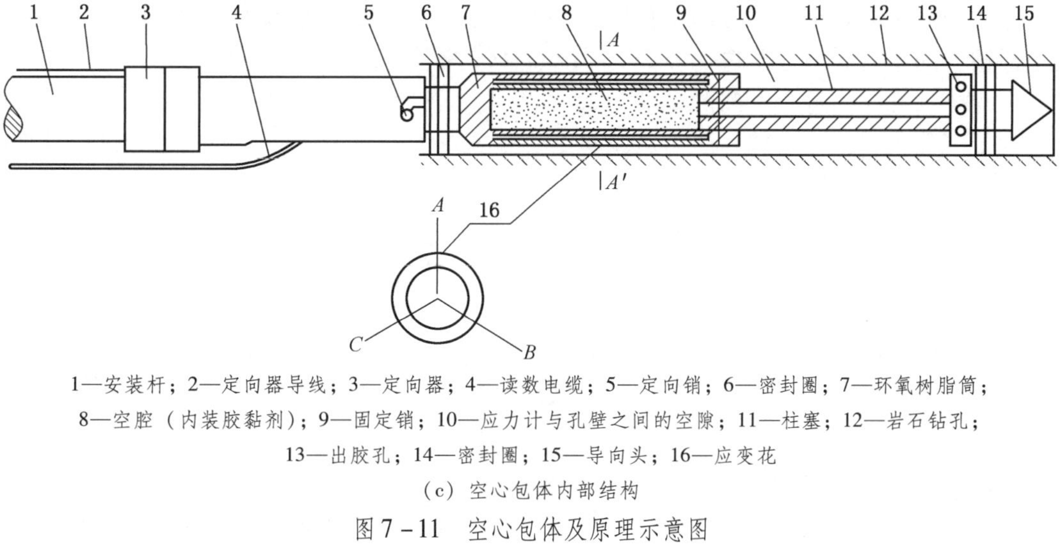

1—安装杆；2—定向器导线；3—定向器；4—读数电缆；5—定向销；6—密封圈；7—环氧树脂筒；8—空腔（内装胶黏剂）；9—固定销；10—应力计与孔壁之间的空隙；11—柱塞；12—岩石钻孔；13—出胶孔；14—密封圈；15—导向头；16—应变花

(c) 空心包体内部结构

图7－11　空心包体及原理示意图

对小孔变形的约束越大，因此套孔的直径也就需要越大。绝对刚性探头要求套孔尺寸无穷大，才能实现完全应力解除，所以刚性探头不能用于应力解除测量。当测量探头对钻孔变形约束很小时，套孔尺寸和形状则要求并不严格，一般只要套孔直径超过小孔直径的 3 倍即可。对实心包体应变计而言，套孔直径要求适当大些。

全应力解除法也是一种二维应力测量方法，但测量结果的可靠性和准确性较水压致裂法要高。在工程前期，可以使用水压致裂法大致测出一个工程区域的天然应力状态，而在工程施工过程中或施工结束后则可使用应力解除法比较准确地测定工程区域所需各点的天然应力大小和方向。

四、声发射法

材料在受到外荷载作用时，其内部储存的应变能快速释放产生弹性波，发生声响，称为声发射。

1. 基本原理

1950 年，德国学者凯撒（J. Kaiser）发现多晶金属的应力从其历史最高水平释放后，再重新加载，当应力未达到先前最大应力值时，很少有声发射产生，而当应力达到和超过历史最高水平后，则大量产生声发射，这一现象叫作凯撒效应。从很少产生声发射到大量产生声发射的转折点称为凯撒点，该点对应的应力即为材料先前受到的最大应力。后来，许多人通过试验证明，许多岩石如花岗岩、大理岩、石英岩、砂岩、安山岩、辉长岩、闪长岩、片麻岩、辉绿岩、灰岩、砾岩等也具有显著的凯撒效应。这为测量岩石应力提供了一个途径，即如果从原岩中取回定向的岩石试件，通过对加工的不同方向的岩石试件进行声发射试验，测定凯撒点（从很少产生声发射到大量产生声发射的转折点），即可找出每个试件以前所受的最大应力，并进而求出取样点的原始（历史）三维应力状态。

2. 测量步骤

（1）试件制备。从现场钻孔提取岩石试样，试样在原环境状态下的方向必须确定。将试样加工成圆柱体试件，径高比为 1∶3～1∶2。为了确定测点的三维应力状态，必须在该点的岩样中沿 6 个不同方向制备试件，假如该点局部坐标系为 $OXYZ$，则 3 个方向选为坐标轴方向，另 3 个方向选为 OXY、OYZ、OZX 平面内的轴角平分线方向。为了获得测试数据的统计规律，每个方向的试件为 15～25 块。

为了消除由于试件端部与压力试验机上、下压头之间摩擦所产生的噪声和试件端部应力集中，试件两端浇铸由环氧树脂或其他复合材料制成的端帽。

（2）声发射测试。将试件放在单轴压缩试验机上加压，并同时监测加压过程中从试件中产生的声发射现象。图 7－12 是一组典型的声发射监测系统框图。在该系统中，两个压电换能器（声发射接收探头）固定在试件上、下部，用来将岩石试件在受压过程中产生的弹性波转换成电信号。该信号经放大、鉴别之后送入定区检测单元，定区检测是检测两个探头之间特定区域里的声发射信号，区域外的信号被认为是噪声而不被接受。定区检测单元输出的信号送入计数控制单元，计数控制单元将规定的采样时间间隔内的声发射模拟量和数字量（事件数和振铃数）分别送到记录仪或显示器。

凯撒效应一般发生在加载初期，故加载系统应选用小吨位的应力控制系统，并保持加

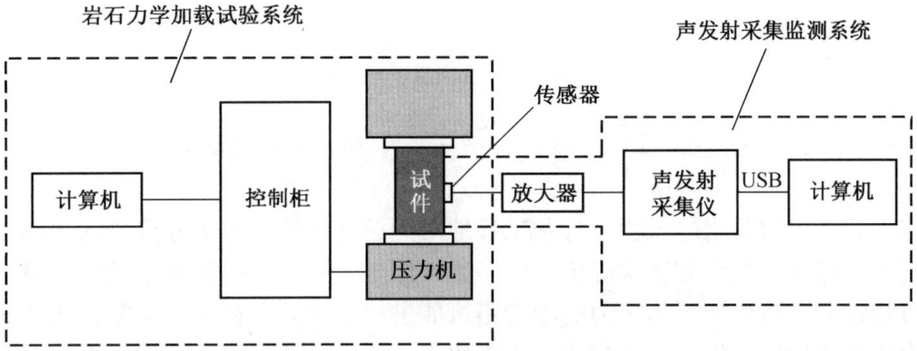

图 7-12　声发射监测系统框图

载速率恒定，尽可能避免用人工控制加载速率。如用手动加载，则应采用声发射事件数或振铃总数曲线判定凯撒点，而不应根据声发射事件速率曲线判定凯撒点。这是因为声发射速率和加载速率有关，加载初期，人工操作很难保证加载速率恒定，在声发射事件速率曲线上可能出现多个峰值，难以判定真正的凯撒点。

（3）计算天然应力。由声发射监测所获得的应力－声发射事件数（速率）曲线（图 7-13），即可确定每次试验的凯撒点，并进而确定该试件轴线方向先前受到的最大应力值。15～25 块试件获得一个方向的统计结果，6 个方向的应力值即可确定取样点的历史最大三维应力大小和方向。

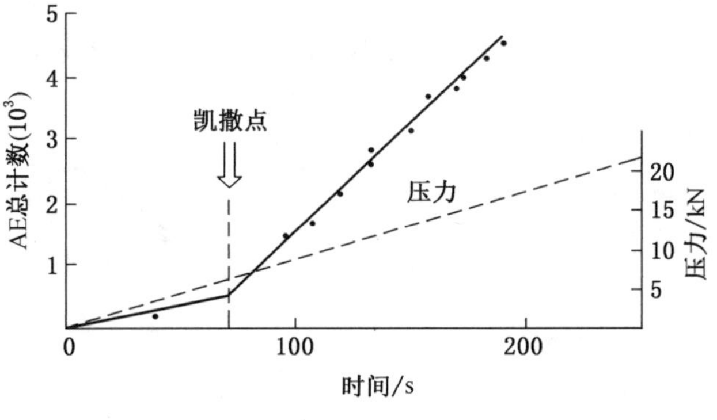

图 7-13　压力－声发射事件数（速率）曲线

根据凯撒效应的定义，用声发射法测得的是取样点的先存最大应力，而非现今天然应力。但是也有一些人对此持相反意见，并提出了“视凯撒效应”概念。认为声发射可获得两个凯撒点：一个对应于引起岩石饱和残余应变的应力，它与现今应力场一致，比历史最高应力值低，因此称为视凯撒点；在视凯撒点之后，还可获得另一个真正的凯撒点，它对应于历史最高应力。

由于声发射与弹性波传播有关，所以高强度的脆性岩石有较明显的声发射凯撒效应出现，而多孔隙低强度及塑性岩体的凯撒效应不明显，所以不能用声发射法测定软弱疏松岩体中的应力。

第三节　岩体中天然应力的估算

岩体中天然应力是岩体工程设计和工程地质问题评价的一个十分重要的指标。岩体中的天然应力一般需用实测方法来确定。但是，岩体应力测量工作费用昂贵，一般中小型工程或在可行性研究阶段，天然应力的测量不可能进行。因此，在无实测资料的情况下，如何根据岩体地质构造条件和地质演化历史来估算岩体中天然应力，就成为岩体力学和工程地质工作者的一个重要任务。

一、铅直天然应力估算

在地形较平坦，未经强烈构造变动的岩体中，天然主应力方向可视为近铅直和水平。这时，铅直天然应力等于上覆岩体的自重，即：

$$\sigma_v = \rho g Z \tag{7-14}$$

式中　σ_v——铅直天然应力，MPa；

ρ——岩体密度，kg/m^3；

g——重力加速度，9.8 N/kg；

Z——深度，m。

这一结论的证据是：①图7－14a 所示岩体中发育有倾角为60°左右的正断层，其形成的应力条件是铅垂向为最大主应力，水平向为最小主应力；②图7－14b 所示岩体中倾角为30°左右的逆断层存在，反映铅垂向为最小主应力，水平向为最大主应力。

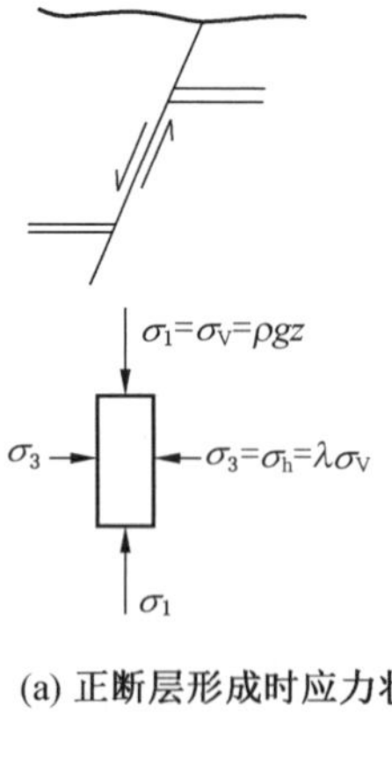

(a) 正断层形成时应力状态

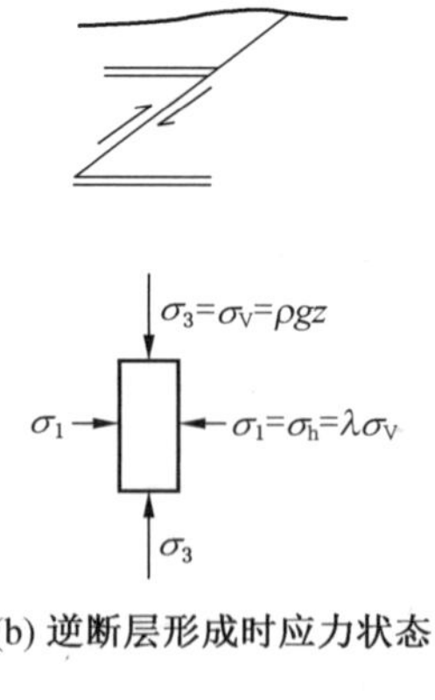

(b) 逆断层形成时应力状态

图7－14　断层形成对应力状态的影响

这种铅直向应力的估算方法不适用于下列情况：①沟谷附近的岩体，最大主应力 σ_1

平行于斜坡坡面，而最小主应力 σ_3 垂直于坡面，在坡面上 $\sigma_3=0$；②经强烈构造变动的岩体，例如褶皱强烈的岩体，在背斜中 σ_v 常比岩体自重小，甚至出现 $\sigma_v=0$；而在向斜中，尤其在核部，σ_v 常比自重压力大60%左右。

二、水平天然应力估算

由天然应力比值系数 λ 的定义可知，水平天然应力 σ_h 可由下式估算：

$$\sigma_h=\lambda\sigma_v$$

所以，水平天然应力的估算，实际上就是确定 λ 值的问题。天然应力比与岩体的地质构造条件有关。在未经强烈构造变动的新近沉积岩体中，σ_h 可按自重压力场估算，此时的应力比 λ 为

$$\lambda=\frac{\nu}{1-\nu} \tag{7-15}$$

式中　λ——天然应力比；

　　ν——岩体的泊松比。

在经历多次构造运动的岩体中，由于岩体经历了多次卸载、加载作用，此时式（7－15）不再适用。下面讨论几种简单的情况。

1. 隆起、剥蚀卸载作用的影响

设剥蚀前距地面深度为 Z_0 的一点 A 处，天然应力比值为 λ_0（图7－15），即：

$$\lambda_0=\frac{\sigma_{h0}}{\sigma_{v0}}=\frac{\sigma_{h0}}{\rho g Z_0}$$

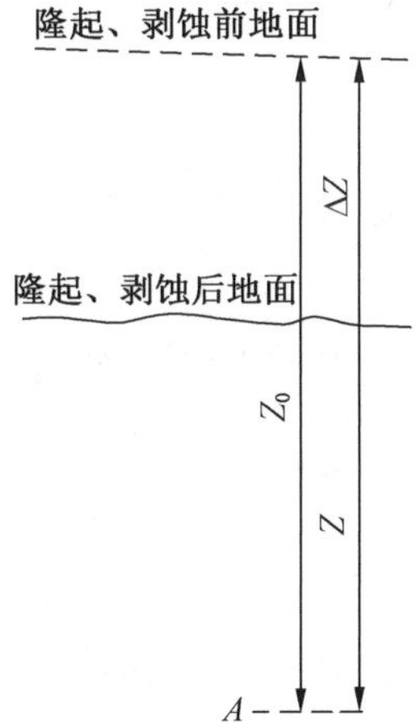

图7－15　隆起、剥蚀卸载作用对 λ 值的影响

遭受剥蚀去掉厚度 ΔZ，所造成的铅垂向卸载为 $\rho g\Delta Z$，相应水平天然应力减少了 $\frac{\nu}{1-\nu}\rho g\Delta Z$。剥蚀后的水平天然应力为

$$\sigma_h=\sigma_{h0}-\frac{\nu}{1-\nu}\rho g\Delta Z=\rho g\left(\lambda_0 Z_0-\frac{\nu}{1-\nu}\Delta Z\right)$$

剥蚀后的铅直天然应力为

$$\sigma_v = \sigma_{v0} - \rho g \Delta Z = \rho g (Z_0 - \Delta Z)$$

剥蚀后的天然应力比为

$$\lambda = \frac{\sigma_h}{\sigma_v} = \frac{\lambda_0 Z_0 - \frac{\nu}{1-\nu}\Delta Z}{Z_0 - \Delta Z}$$

令 $Z = Z_0 - \Delta Z$ 为剥蚀后 A 点的实际深度，则 $Z_0 = \Delta Z + Z$，所以：

$$\lambda = \lambda_0 + \left(\lambda_0 - \frac{\nu}{1-\nu}\right)\frac{\Delta Z}{Z} \tag{7-16}$$

可见，隆起、剥蚀作用使得岩体中天然应力比 λ 增大。若剥蚀厚度达到某一临界值后，会出现 $\lambda > 1$ 的情况。

2. 断层作用对 λ 值的影响

对于正断层来讲，正断层形成时的应力状态——σ_1 为铅直应力、σ_3 为水平应力，所以会出现：

$$\sigma_1 = \sigma_v = \rho g Z$$
$$\sigma_3 = \sigma_h = \lambda_a \rho g Z$$

由库仑强度判据，正断层形成时，破坏主应力与岩体强度参数间的关系为

$$\sigma_1 = \sigma_c + \sigma_3 \tan^2\left(45° + \frac{\phi}{2}\right) \tag{7-17}$$

即：

$$\rho g Z = \sigma_c + \lambda_a \rho g Z \tan^2\left(45° + \frac{\phi}{2}\right)$$

$$\lambda_a = \cot^2\left(45° + \frac{\phi}{2}\right) - \left[\frac{\sigma_c}{\rho g}\cot^2\left(45° + \frac{\phi}{2}\right)\right]\frac{1}{Z}$$

对于逆断层来讲，逆断层形成时的应力状态——σ_3 为铅直应力、σ_1 为水平应力，即：

$$\sigma_3 = \sigma_v = \rho g Z \tag{7-18}$$
$$\sigma_1 = \sigma_h = \lambda_p \rho g Z$$

将式（7-18）代入式（7-17）得：

$$\lambda_p = \tan^2\left(45° + \frac{\phi}{2}\right) + \frac{1}{Z}\left(\frac{\sigma_c}{\rho g}\right) \tag{7-19}$$

正断层和逆断层对应的应力比 λ_a 和 λ_p 是两种极端情况，一般有：$\lambda_a \leqslant \lambda \leqslant \lambda_p$。

如把这一理论估算得出的结论，与胡克（Hoek）-布朗(Brown) 根据全球实测结果得出的平均天然应力比值系数随深度变化的经验关系相比，两者的形式极为一致，即天然应力比值系数与深度 Z 成反比。

练习题

1. 简述岩体天然应力测量的重要性。

2. 岩体天然应力是如何形成的？控制某一工程区域地应力状态的主要因素是什么？

3. 简述浅部岩体天然应力分布的基本规律。

4. 岩体天然应力的测量方法主要有哪几种？

5. 简述应力解除法测量岩体天然应力的原理与主要步骤。

6. 简述水压致裂法测量岩体天然应力的原理与主要步骤。

7. 采用水力压裂方法测试岩体中的天然应力，压裂曲线和压裂裂隙方位如图 7－16 所示。分别求解最大、最小水平主应力，并确定最大水平主应力的方向。

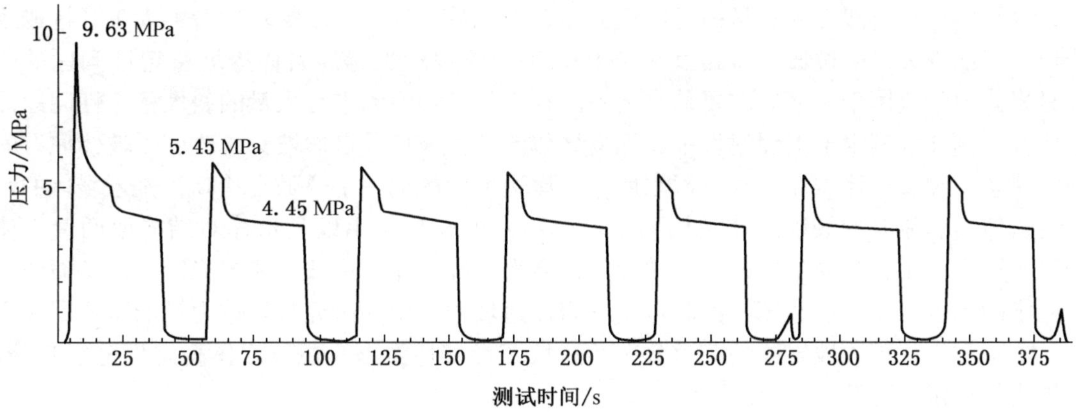

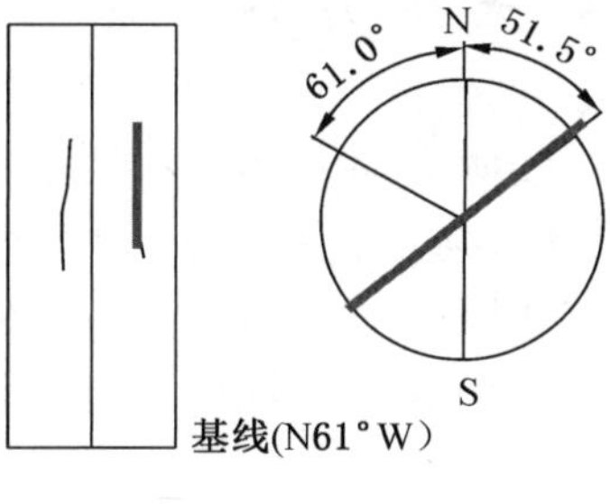

图 7－16　题 7 图

第八章 岩体边坡稳定性分析

斜坡（Slope）指地表一切具有侧向临空面的地质体，是地表广泛分布的一种地貌形式。它可划分为天然斜坡和人工边坡两种。前者是自然地质作用形成未经人工改造的斜坡，这类斜坡在自然界特别是山区广泛分布，如山坡、沟谷岸坡等；后者经人工开挖或改造形成，如露天采矿边坡、铁路（公路）路堑与路堤边坡等。岩体边坡稳定性问题的研究是岩体力学应用于实践的重要课题之一。在人类工程活动中有大量的斜坡稳定性问题需要研究。例如水利水电工程建设中，坝肩岩体的开挖破坏了自然坡脚，改变了坡体原有的稳定状态，导致坡体破坏；水库蓄水后，库岸边坡内的地下水位随之抬高，侵入岩体的水体对岩体（特别是对裂隙岩体结构面中填充物）的软化作用以及水体对结构面两壁岩体的静水压力作用，削弱了岩体的力学性能，会大大降低库岸边坡岩体的稳定性，从而使原来稳定的岸坡出现失稳破坏。由此可见，岩体边坡的稳定性研究是岩体力学的重要课题之一。本章重点认识边坡岩体的应力分布及边坡变形破坏类型、边坡岩体稳定性分析步骤、边坡岩体稳定性计算等内容。

第一节 边坡岩体应力分布及其变形破坏类型

边坡在侧向临空面形成过程中边坡岩体经历着自上而下的临空卸荷作用，临空卸荷作用打破了临空面附近边坡岩体原有的应力平衡状态，从而坡体内部应力也随之不断调整变化，形成次生应力场。临空卸荷作用一方面导致岩体内部结构趋于松弛，另一方面趋向临空面的变形也使得边坡岩体稳定性大大降低。因此，边坡应力分布特征的研究是边坡稳定性分析的重要基础。

一、边坡岩体应力分布特征

边坡形成前，岩体中的应力场是相对平衡的天然应力状态，由于自然应力作用或人工开挖成坡后，初始应力的平衡状态被破坏，应力重新调整变化而形成重分布应力。

边坡岩体的应力分布特征一方面取决于天然应力场的特征，另一方面又受坡体形态及岩体自身性状的影响。归纳起来边坡应力分布有以下特征：

（1）无论什么样的天然应力场，边坡形成过程中的卸荷作用所导致的应力重分布结果均表现为越接近临空面（坡面）边坡岩体中最大主应力方向越近平行于临空面，最小主应力则趋向于与临空面垂直；而随着离开临空面的距离增加，坡体内的应力状态逐渐恢复为天然应力状态（图 8－1）。

（2）由于应力重分布作用，坡体在临空面附近产生应力集中，即平行于临空面的应力（相当于切向应力）显著升高，在边坡表面达到最大值，向坡体内逐渐减弱；而垂直

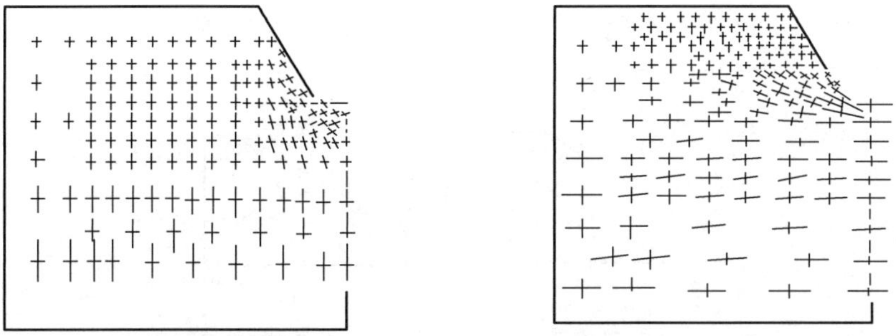

(a) 重力场条件　　(b) 以水平应力为主的构造应力场条件

图 8-1　用弹性有限单元法解出的边坡主应力迹线图

于临空面的应力在坡面附近降低，在坡面上最低，达到零或出现负值，即出现拉应力，向坡体内又逐渐升高。由此可以看出坡面附近的切向应力和法向应力差值最大，是最易发生剪切破坏的部位。主应力转为拉应力的地方，则易出现拉张破坏（图 8-2）。

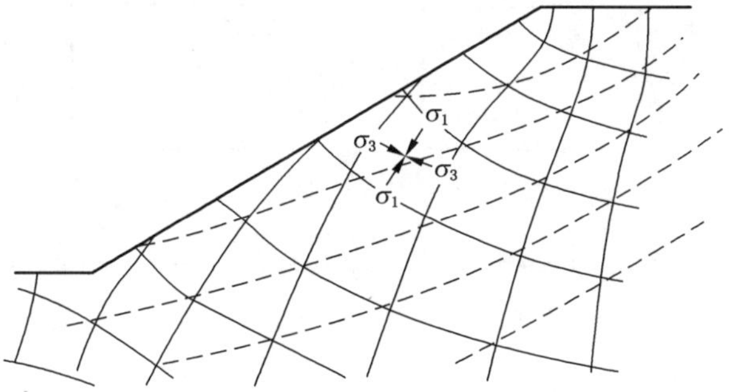

实线—主应力迹线；虚线—最大剪应力迹线

图 8-2　边坡中最大剪应力迹线与主应力迹线示意图

（3）由于主应力迹线发生偏转，最大剪应力迹线也变为凹向临空面呈弧形形状。

（4）由于坡面附近岩体中垂直于坡面的法向应力趋于零，岩体处于两向应力状态（沿坡面倾斜方向的切向应力和沿坡面走向的轴向应力），而在垂直于坡面的边坡剖面上，坡面附近的岩体则处在近乎单向应力状态中，从而增大了边坡失稳破坏的可能性。随着向坡体内部深入，边坡岩体中的应力又逐渐恢复为三向应力状态。

二、影响边坡岩体应力分布的因素

（1）天然应力。岩体中的原始应力，尤其是水平应力的大小对边坡应力分布有明显影响。表现在水平应力使坡体应力重分布作用加剧，即随水平应力增加，坡内拉应力范围加大（图 8-3）。

（2）坡高、坡形及坡角。坡高虽然不改变应力等值线的形状，但改变主应力的量值，随坡高增大，主应力量值增大；坡角影响边坡岩体应力分布图像，随坡角增大，边坡岩体中的拉应力区范围增大（图 8－3）。

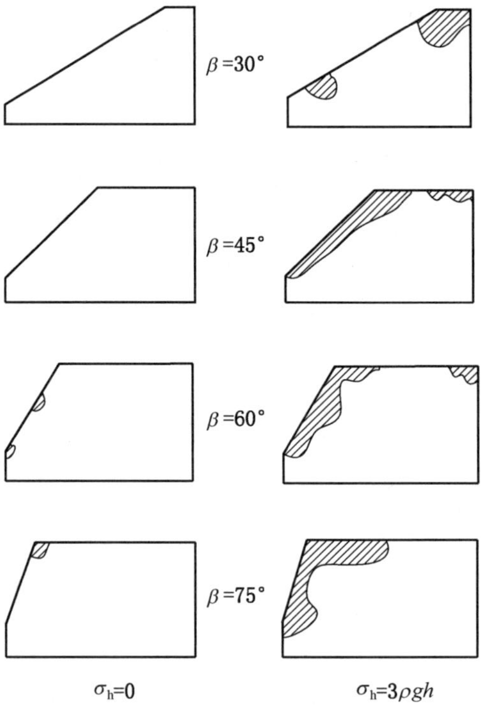

图中阴影部分表示拉应力分布区：ρ、g、h 分别为密度、重力加速度、坡高

图 8－3　边坡张力带的分布与水平应力（σ_h）、坡角（β）的关系示意图

（3）岩体性质及结构特征。研究表明，岩体的变形模量对边坡应力影响不大，而泊松比对边坡应力有明显影响（图 8－4）。这是由于泊松比的变化，可以使水平自重应力发生改变。结构面对边坡应力也有明显影响。因为结构面的存在使坡体中应力发生不连续分布，并在结构面周边或端点形成应力集中带或阻滞应力的传递，这种情况在坚硬岩体边坡中尤为明显。

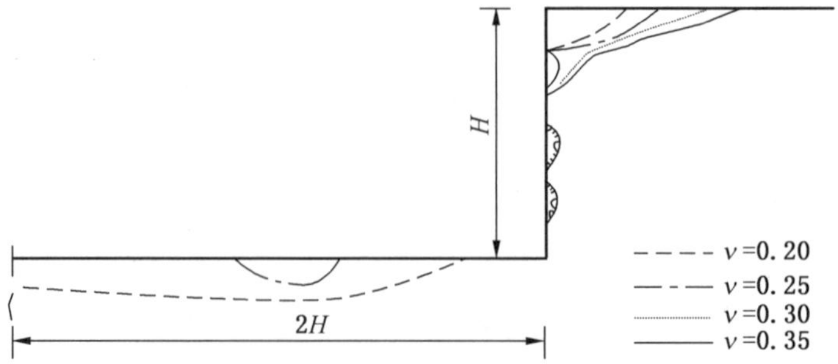

图 8－4　泊松比对边坡张应力分布区的影响示意图

三、边坡变形破坏及其基本类型

边坡在重分布应力作用下将发生不同程度的变形破坏，以达到新的平衡状态。边坡的变形与破坏是边坡演变的两种形式，前者以坡体中未出现贯通性破坏面为特征，后者则以坡体中形成贯通性破坏面并发生具有一定加速的位移为标志。变形和破坏是一个连续的发展过程，其间存在从量变到质变的转化关系。边坡在变形演变过程中所出现的各种表生结构面一旦贯通，被分割的坡体就可以脱离母体，使边坡整体失稳破坏。近年来，岩体破坏机理及蠕变理论研究已充分揭示了二者之间所存在的内在联系，为边坡稳定性研究奠定了理论基础。因此，将边坡的变形和破坏作为一个连续过程来研究对于揭示坡体应力与结构强度的矛盾关系、掌握坡体的稳定状况、预测边坡破坏的发展趋势具有重要意义。

（一）边坡的变形

边坡变形是坡体在非均衡应力场作用下边坡岩体的一种力学行为，主要表现为卸荷回弹和蠕变两种形式。

1. 卸荷回弹

由于地应力的作用，边坡成坡前的岩体中蓄积了一定的变形能，成坡后，坡面附近的岩体在临空面的卸荷作用下，变形能得以释放，产生变形，这就是卸荷回弹。卸荷回弹是滑移压致拉裂型，滑移压致拉裂型主要发生在平缓层状岩层的坡体中。若原始的残余构造应力较大，则向临空面回弹变形量就大，当变形量超过极限状态时，则将产生一系列的张性表生结构面（张性破裂面）。譬如在陡坡坡顶有时会出现近乎垂直发育的张裂面（图8－5a），靠近坡面处的坡体内出现大致平行于坡面的压致拉裂面（图8－5b），以及坡底附近近乎水平发育的缓倾角拉裂面（图8－5c）等。另外，由于组成边坡岩体岩性的差异，各部分的变形程度出现差异，从而出现差异回弹错动（图8－5d），这些变形多为局部的，一般不会引起边坡的整体失稳。

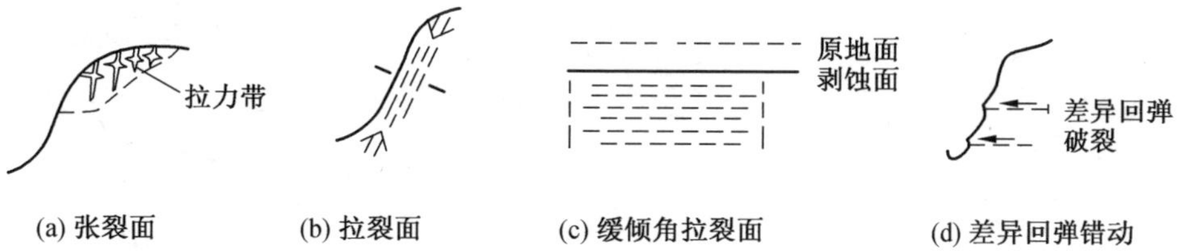

图8－5　边坡由卸荷作用产生的裂隙

2. 蠕变

除了应力环境变化引起的卸荷回弹，边坡在恒定应力作用下随时间增长也会产生不断累积的变形，这种变形称为边坡的蠕变变形，蠕变变形常导致坡体的蠕滑拉裂。边坡蠕变可分为表层蠕变和深层蠕变。

表层蠕变是指在长期自重应力作用下，边坡浅部岩体向临空方向缓慢变形，形成剪切变形带，带内位移表现出由坡面向坡体内部的渐变，乃至消失的现象。岩质边坡的表层蠕动多为岩层末端挠曲，即长期自重应力作用下的岩层或层状结构面较发育岩体，沿结构面错动或局部破裂形成的屈曲现象。页岩、薄层状砂岩或石灰岩、片岩以及破碎的花岗岩边坡，往往多存在表层蠕变。软弱结构面愈密集、倾角愈陡、走向愈接近坡面，表层蠕变愈严重。破碎岩质边坡与土质边坡在自重应力长期作用下多表现为表层蠕变。表层蠕变会使松动裂隙进一步张开，并向纵深发展，有时达到数十米范围。

深层蠕变主要发生在坡体下部或坡体内部，可分为软弱基座蠕变和坡体蠕变两类。软弱基座蠕变一般发生在坡体基座产状较平缓，且存在一定厚度的相对软弱岩层的情况，表现为在长期自重应力作用下基座软弱岩层向临空方向蠕变，并引起上覆坡体岩层的变形与解体。坡体蠕变表现为坡体沿缓倾角软弱结构面向临空方向缓慢移动变形。坡体蠕变在卸荷裂隙较发育并伴随有缓倾角结构面的坡体中比较普遍。若坡体内的非均衡应力未超过岩体的长期强度，则蠕变的发展有一定限度，最终会趋于稳定；否则，蠕变的持续发展必将导致边坡岩体的失稳破坏。这种变形破坏的过程是渐进破坏的过程——持续的变形首先在坡体某些部位产生应力集中，并出现局部破裂，局部破裂的进一步发展会导致整体的失稳破坏。

（二）边坡的破坏类型

岩质边坡的破坏类型具有多样性，主要取决于边坡的岩性、岩体结构特征、结构面的发育分布特征以及边坡形态等。边坡不同的破坏类型代表着不同的力学作用及破坏机理，因此其稳定性评价的理论和方法也不同。目前，国内外对岩质边坡破坏类型的分类有多种，归纳起来有如下几种类型。

1. 滑坡（Landslide）

表现为边坡岩体沿滑动面发生整体滑动破坏，其力学作用机理是剪切破坏，按滑动面的形状又分为平面滑动、楔形滑动和圆弧滑动三种类型（图 8－6）。平面滑动是指滑动面走向与坡面走向近于平行。

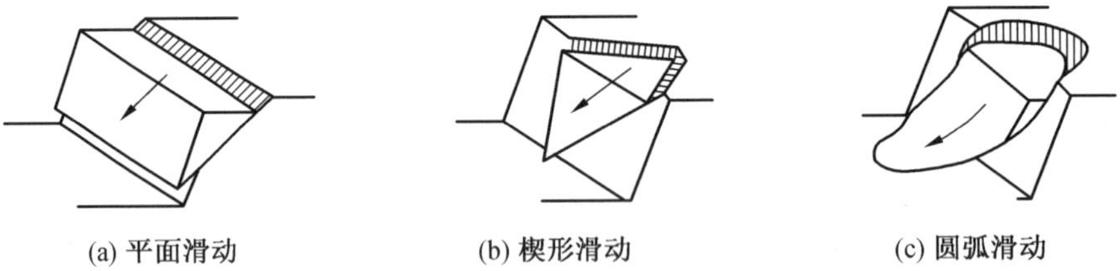

(a) 平面滑动　　(b) 楔形滑动　　(c) 圆弧滑动

图 8－6　滑坡按滑面形态分类示意图

平面滑动主要有单平面滑动、双平面滑动及多平面滑动。位于倾向与坡向相同且倾角小于坡角的软弱结构面之上的坡体，同时受到与边坡走向近垂直的结构面作为侧向切割，并与边坡临空面共同构成滑动分离体，当边坡分离体底部的软弱结构面丧失对坡体下滑的抗力时，就会发生沿底部软弱结构面滑动的平面滑动滑坡。通常截取垂直于边坡走向的某一剖面作平面滑动滑坡稳定性力学分析，分析方法主要采用极限平衡法及各种数值法。

楔形滑动是由几组斜交于边坡的贯通性结构面组合构成滑动分离体，属于空间滑动问题，力学分析方法主要是刚体极限平衡法。

圆弧滑动是指从剖面上看，滑动面呈圆弧形曲线，一般发生于均质松散介质的坡体中，以土坡较为常见，当岩体极度破碎松散时也可能出现圆弧形滑动面，其力学分析方法主要有瑞典条分法、比肖普法和萨尔玛法等。

2. 崩塌（Rupture）

表现为陡坡顶部的块状岩体与母体分离后以重力作用塌落或滚落，如图 8－7a 所示。坡顶分离体的形成有岩体表层的风化剥蚀作用，地表水的冲刷作用，坡顶的卸荷作用以及各类结构面的切割作用等。它的力学作用机理以张力拉裂作用为主，其稳定性评价除了从动力地质作用角度分析外，弯曲拉裂是它的主要力学行为。弯曲拉裂主要发育在直立或陡倾的层状岩层坡体中。

3. 倾覆（Toppling）

如图 8－7b 所示，边坡岩体被一组反坡倾向的结构面切割成板状或柱状结构体，在岩板或岩柱重力产生的弯矩作用下向临空面作悬臂梁式的弯曲变形。当作用的弯矩达到岩体的极限状态时，岩板或岩柱被折断，导致边坡倾倒破坏。这种破坏型式的力学作用机理是岩板或岩柱的纵弯拉裂破坏。

(a) 崩塌

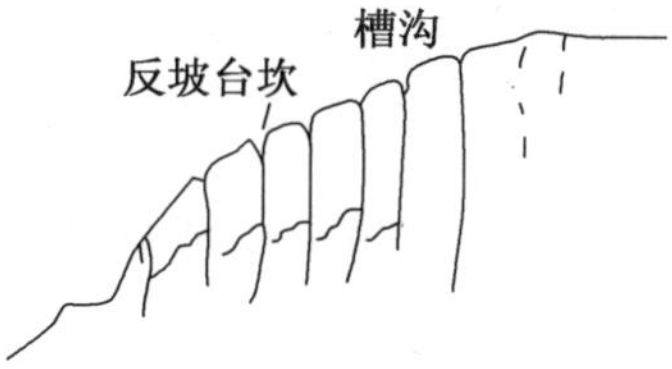

(b) 倾覆

图 8－7　非滑动型边坡破坏

4. 溃屈（Buckling）

如图 8－8 所示，坡角较大的边坡岩体被一组顺坡倾的结构面切割成板状或柱状的情况下，岩体的重力作用使岩板或岩柱底部受压，当压力较大并超过岩石的屈服极限时岩板或岩柱会发生纵向弯曲，并发生折断破坏，底部破坏的岩板或岩柱失去了对上部岩板或岩柱的支撑，从而使上部岩体垮落。这种破坏形式的力学作用机理是岩板或岩柱的纵向压致折曲破坏。

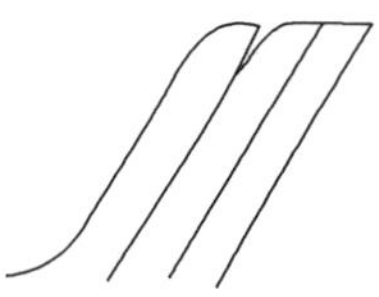
(a) 裂隙扩展

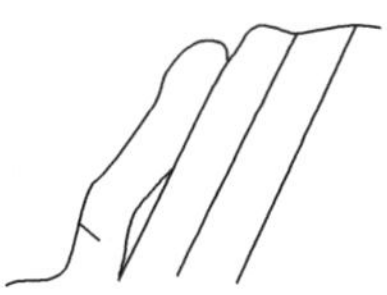
(b) 纵向弯曲

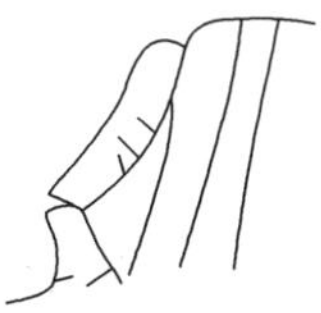
(c) 折断破坏

图 8－8　边坡溃屈破坏示意图

倾覆和溃屈破坏的稳定性评价一般采用材料力学的方法进行分析。

5. 剥落（Spalling）

边坡岩体表层受风化以及地质构造作用呈严重碎裂或松散结构，力学强度极低，其松散介质的摩擦角小于坡角（$\phi < \alpha$），在重力作用下碎裂岩石块体散落堆积于坡脚，可称为坡体剥落破坏。从岩性上看，剥落破坏多发生于片岩、片麻岩、板岩等结构面密集的变质岩边坡。这种破坏往往由表层逐渐向边坡内发展，其破坏机理主要是风化作用及岩体自身的严重破碎，其稳定性评价着重于岩体的工程地质因素分析及外荷载作用。

第二节　边坡岩体稳定性方法及原理

边坡岩体稳定性分析，应采用定性与定量相结合的方法进行综合研究。定性分析是指在工程地质勘察工作的基础上，对边坡岩体变形破坏的可能性及破坏形式进行初步判断；而定量分析是在定性分析的基础上，应用一定的计算方法对边坡岩体进行稳定性计算及定量评价。目前，用于边坡岩体稳定性分析的方法，主要有数学力学分析法（包括块体极限平衡法、弹性力学与弹塑性力学分析法和有限元法等）、工程类比法和图解法（赤平极射投影法、实体比例投影法、摩擦圆法等）、模型模拟试验法（相似材料模型试验、光弹试验和离心模型试验等）及原位观测法等，此外，还有破坏概率法、信息论方法及风险决策等新方法。这里主要介绍数学力学分析法中的块体极限平衡法。

一、块体极限平衡法的基本原理及分析步骤

块体极限平衡法是在研究边坡岩体稳定性问题中经常采用的一种解析法，普遍认为是比较简便且效果较好的一种方法。岩体的稳定问题有时可以看作是受某一个或某几个软弱结构面控制的滑动破坏问题。块体极限平衡法是把可能滑动的岩体假设为刚体（完整体），并且沿着某一假定的滑动面产生滑动破坏。可能的（假定的）滑动面由岩体中的各类软弱结构面确定，通常把滑动面上的应力简化为均匀分布。当滑动面上由于岩体自重、水压力以及其他外力引起的滑动力和抗滑力之间达到某种极限平衡状态时，岩体处于破坏的临界状态。因此块体极限平衡法是把这种临界状态的应力关系作为破坏判据。

应用块体极限平衡法计算边坡岩体稳定性时，常需遵循如下步骤。

（一）几何边界条件分析

所谓几何边界条件是指构成可能滑动岩体的各种边界面及其组合关系。几何边界条件中的各种界面由于其性质及所处的位置不同，在稳定性分析中的作用也是不同的，通常包括滑动面、切割面和临空面三种。滑动面一般是指起滑动（即失稳岩体沿其滑动）作用的面，包括潜在破坏面；切割面是指起切割岩体作用的面，由于失稳岩体不沿该面滑动，因而不起抗滑作用，如平面滑动的侧向切割面。岩体中的各类软弱结构面，如层面、断裂（层）面、节理面、层间错动面以及各类泥化夹层等多半可构成滑动面或切割面，因此根据岩体结构分析所确定的滑动破坏边界一般与实际情况相吻合。临空面是指临空的自由面，它的存在为滑动岩体提供活动空间，临空面常由地面或开挖面组成。以上三种面是边坡岩体滑动破坏必备的几何边界条件。

几何边界条件分析的目的是确定边坡中可能滑动岩体的位置、规模及形态，定性地判断边坡岩体的破坏类型及主滑方向。为了分析几何边界条件，就要对边坡岩体中结构面的组数、产状、规模及其组合关系以及这种组合关系与坡面的关系进行分析研究。初步确定作为滑动面和切割面的结构面形态与位置及可能滑动的方向。

几何边界条件的分析可通过赤平投影、实体比例投影等图解法或三角几何分析法进行。通过分析，如果不存在岩体滑动的几何边界条件，而且也没有倾倒破坏的可能性，则边坡是稳定的；如果存在岩体滑动的几何边界条件，则说明边坡有可能发生滑动破坏。

（二）受力条件分析

滑动边界上的力学分析，主要是滑动面上的力学（应力）分析，找出滑动力和抗滑力。滑动力是指在工程使用期间，可能滑动岩体或其边界面上承受力的合力。边坡岩体上承受的力常见有岩体重力、静水压力、动水压力、建筑物作用力及震动力等。岩体重力及静水压力的确定将在下节详细讨论，建筑物作用力及震动力可按设计意图参照有关规范及标准计算。而抗滑力分析需要合理地确定计算参数，主要是滑动面上的抗剪强度参数（c、ϕ 值）。滑动面上的抗剪强度参数通常依据试验数据、极限状态下的反算数据和工程地质类比法（经验数据）确定。

1. 试验法

试验法包括室内试验和原位试验。室内试验是在现场取代表性试件（含结构面）进行室内剪切试验，求取结构面的 c、ϕ 值。室内试验的优点是简洁、快速，边界条件明确，容易控制；缺点是试样尺寸小，代表性差，且对被测试件的扰动影响大。原位试验是在现场（一般是在平硐中）进行结构面剪切试验，求取其 c、ϕ 值。目前，大型工程中常用原位试验求结构面的抗剪强度参数。原位试验的优点是对岩体扰动小，尽可能地保持了它的天然结构和环境状态，使测出的岩土体力学参数直观、准确；缺点是试验设备笨重、操作复杂、工期长、费用高。

根据剪切试验中抗剪强度随剪切位移而变化，以及岩体滑动破坏为一渐进性破坏过程的事实，可以认为滑动面上可供利用的抗剪强度必定介于峰值强度与残余强度之间。即计算参数最大不能大于峰值强度，最小不能小于残余强度。具体取值则应根据滑动面的具体情况而定。从偏安全的角度起见，一般选用的计算参数应接近残余强度。研究表明：残余强度与峰值强度的比值大多在 0.6～0.9 之间变化。因此，在没有获得残余强度的条件下，建议摩擦系数（$\tan\phi$）计算值在峰值摩擦系数的 60%～90% 之间选取，黏聚力计算值在峰值黏聚力的 10%～30% 之间选取。

2. 参数反演法

通过恢复已破坏边坡的原始状态，在分析其破坏机理的基础上，建立极限平衡方程（即稳定性系数等于 1 左右，对于处于蠕滑阶段的滑坡，一般假定稳定性系数为 0.98，基岩滑坡考虑滑坡局部应力集中、产生渐进破坏，可假定稳定性系数为 0.9），然后反求滑动面的 c、ϕ 值。这种方法适应于滑坡模型和边界条件清楚，且有多个滑动体可供实测的地方。在进行反演分析时，应特别注意以下几点：

（1）应尽可能地模拟滑坡蠕滑时的边界条件，尤其是地下水水位，如果难以做到，则可取勘探时雨季最高地下水位。

（2）选择的分析剖面与主滑剖面一致。

（3）用作反演分析的刚体极限平衡理论方法，应与稳定性计算方法一致，一般采用设计规范所推荐的不平衡推力法。

3. 工程地质类比法

在结构面类型及地质特征基本相似的情况下，将过去已有的并在实际中成功应用的结构面抗剪强度参数值（经验数据）运用到拟分析的问题中。如三峡地区曾经进行了大量的结构面抗剪强度试验，取得了大量试验数据，为以后同类问题分析提供了大量经验数据。

在工程实际中，结合具体工程地质条件与受力状态，应采用多种方法获得的各种数据进行对比研究，并结合具体情况综合选取计算参数。

（三）稳定性系数计算

由以上三点可知，极限平衡分析法是在假定的边界条件下进行应力分析，而不能求得滑动体内的应力状况，并且不考虑滑体内的变形（视为刚体），只是以求出滑动面上的稳定性系数来评价其稳定性，因此所得出的结果会与实际情况之间存在一定偏差。尽管如此，大量实践证明，只要对这种方法的基本原理有透彻理解，合理选择力学参数及采用正确的试验方法，仍然能取得较为满意的解答。稳定性系数（K）是指滑动面上可利用的所有抗滑力与维持平衡所需要的滑动面上的滑动力之比值，它是衡量边坡岩体实际稳定程度的指标，也是分析评价岩体稳定性的客观依据。从理论上讲 K 值大于 1.0 则岩体稳定，K 值小于 1.0 则岩体不稳定。

（四）确定安全系数，进行稳定性评价

运用块体极限平衡法进行工程设计时选择的标准是安全系数，因此有必要弄清楚安全系数与稳定性系数的关系和区别。安全系数是根据各种影响因素的作用而在工程设计中限定的允许稳定性系数，是按照工程设计要求所必须达到的稳定性程度指标。安全系数必须大于 1.0，并且具体的数值确定应从工程的安全稳定和经济合理两方面综合考虑。

在工程设计中安全系数应综合考虑以下几方面因素进行确定：

（1）对工程岩体性质研究的详细程度，是否已查清掌握了工程岩体的工程地质条件，通过地质分析所建立的滑动破坏模式是否符合客观实际。

（2）由于岩体性质的错综复杂，运用各种试验方法测得的各项物理力学参数往往存在一定的偶然性，也就是说在试验中测得的各项参数难免存在与实际状况之间的偏差，因此采用这样的参数计算出来的结果，也难免存在与实际的偏差。另外，在稳定性分析计算中，是否考虑到了所有的力学作用因素，譬如除岩土体自身的重力荷载外，还有水的压力作用，附属建筑物的荷载作用，地震的作用影响以及临时性荷载作用影响等。为了弥补这些偏差，从工程安全稳定的角度考虑，需采用安全系数。

（3）刚体极限平衡法在分析问题中是假设沿某一滑面滑动的岩体为刚体（整体），而没有把滑体在滑动破坏过程中自身的变形和应力变化情况考虑在内。实际上岩体的破坏是一个渐进破坏的过程，在这一过程中岩体会发生变形以及应力的调整变化，导致会出现某些部位的应力集中现象，与该方法中“刚体”的假设以及滑面上应力分布均匀的假设不相符，因而存在计算结果与实际的偏差。安全系数的作用就在于弥补这方面的偏差。

（4）从工程建设的重要性以及建筑物使用年限的长期性考虑，也需要在设计上留有足够的安全储备，因此不能仅仅满足于计算上的稳定。

根据《建筑边坡工程技术规范》（GB 50330—2013）对永久性边坡和临时性边坡工程进行稳定性验算时，其稳定性系数应不小于表 8－1 规定的安全系数的要求，否则应对边坡进行处理。永久性边坡是指设计使用年限超过 2 年的边坡，临时性边坡是指设计使用年限不超过 2 年的边坡。边坡工程的安全等级是根据其损坏后可能造成的破坏后果（危及人的生命、造成经济损失、产生不良社会影响）的严重性、边坡类型和坡高等因素确定，具体见规范规定。

表8－1　边坡安全系数

边坡类型		安全等级		
		一级边坡	二级边坡	三级边坡
永久边坡	一般工况	1.35	1.30	1.25
	地震工况	1.15	1.10	1.05
临时性边坡		1.25	1.20	1.15

由此可见，块体极限平衡法在应用于边坡岩体稳定性分析研究中，概念清晰、重点突出、化繁为简、计算方便、易于掌握，这是它的主要优点，但也存在前提条件与实际的偏差等缺点，不过只要在分析问题中把工作做细，力求准确，仍然能够取得有效的结果。

二、常用极限平衡稳定性分析方法

目前工程中用到的极限平衡稳定性分析方法有单一平面滑动法、折线滑动法、简布（Janbu）法、摩根斯坦－普赖斯（Morgenstern－Price）法、斯宾赛（Spencer）法、萨尔玛（Sarma）法、三维楔形体法、简化毕肖普（Bishop）法等。每种分析方法都有其假定条件及适用范围，具体应用中应根据边坡实际情况选用。一般单一平面滑动法适用于平面滑动破坏的边坡；简化毕肖普法适用于圆弧滑动破坏的边坡；简布法、摩根斯坦－普赖斯法和斯宾赛法适用于复合滑动破坏的边坡；折线滑动法适用于折线形滑动破坏的边坡，同时简布法也可用于折线形滑动破坏的边坡；萨尔玛法则可用于上述各种破坏模式下的岩质边坡；三维楔形体法适用于楔形四面体滑动破坏的边坡。以下分别介绍岩质边坡中常用和具有代表性的单一平面滑动法、折线滑动法、萨尔玛法和简布法。

（一）单一平面滑动法

如图 8－9 所示，AC 为边坡中的软弱结构面，构成滑动面，滑体为 ABC，滑动面上的抗滑力为 $F_s = G\cos\beta\tan\phi_j + c_j L$，滑动力 $F_r = G\sin\beta$。根据极限平衡分析方法原理，稳定性系数为

$$K = \frac{F_s}{F_r} = \frac{G\cos\beta\tan\phi_j + c_j L}{G\sin\beta} \quad (8-1)$$

式中 F_s——滑动面上的抗滑力，kN/m；

F_r——滑动面上的滑动力，kN/m；

G——滑体重力，kN/m；

ϕ_j——AC 滑动面的摩擦角，(°)；

c_j——AC 滑动面的黏聚力，MPa。

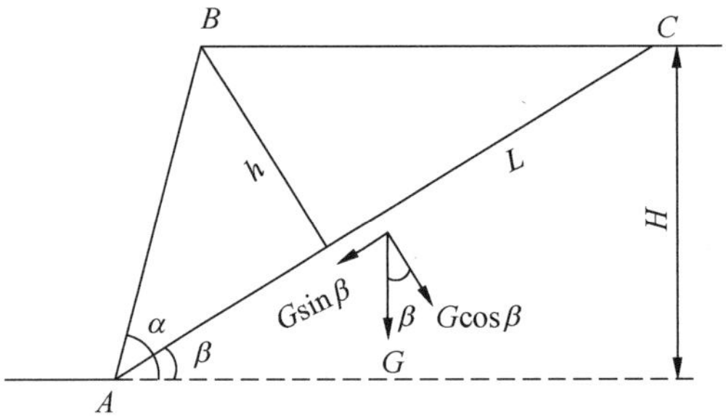

图 8-9 平面滑动单一滑面的情况

由剖面图可见，滑动体的重力

$$G=\frac{1}{2}\rho ghL=\frac{\rho gH^2\sin(\alpha-\beta)}{2\sin\alpha\sin\beta}$$

若 $c_j=0$，将上式代入式（8-1）得：

$$K=\frac{\tan\phi_j}{\tan\beta}+\frac{2c_j\sin\alpha}{\rho gH\sin\beta\sin(\alpha-\beta)} \tag{8-2}$$

由式（8-2）可知，当 $\phi_j>\beta$ 时，K 值恒大于 1，即从理论上讲边坡是稳定的。K 值的大小除了与滑动面上的抗剪强度指标有关外，还与滑体高度 h 成反比。由此，在 c、ϕ 值一定的情况下可由极限平衡条件求得边坡体的极限高度。令 $K=1$，滑动体极限高度计算公式为

$$H_{cr}=\frac{2c_j\sin\alpha\cos\phi_j}{\rho g[\sin(\alpha-\beta)\sin(\beta-\phi_j)]} \tag{8-3}$$

式中 H_{cr}——滑动体极限高度，m。

如果边坡体中有地下水，则在稳定性分析中应考虑地下水的作用，主要是静水压力和动水压力作用，这里仅讨论静水压力作用。

设边坡后缘由于张应力作用而出现张裂隙，地表水由张裂隙渗入后沿滑动面渗透至坡脚（A 点）出露，视滑动体和滑床岩体为不透水体。张裂隙中水柱对滑动体产生一个水平向的静水压力 V，其值为

$$V=\frac{1}{2}\rho_w gZ_w^2$$

式中 V——水柱对滑动体产生的水平向的静水压力，kN/m；

Z_w——张裂隙中水柱高度，如图 8-10 所示，m。

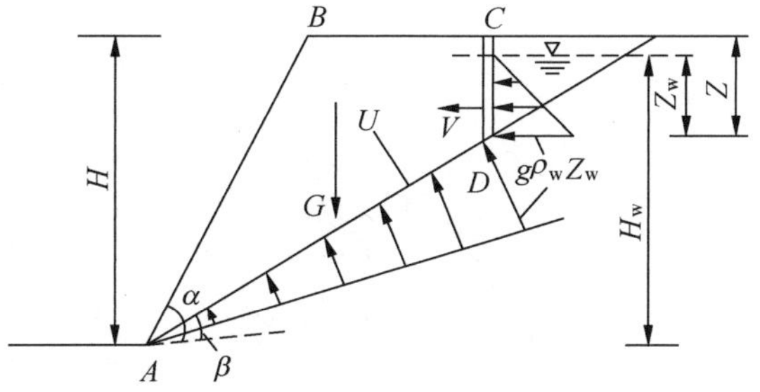

图 8－10　边坡静水压力分布

地下水沿滑动面 AD 渗透时产生静水压力，其方向垂直于 AD 面，其值在 A 点为零，在 D 点为 $\gamma_w Z_w$，视静水压力从 D 点至 A 点呈线性分布，则作用于 AD 面上的静水压力的合力为

$$U=\frac{1}{2}\rho_w g Z_w\frac{H_w-Z_w}{\sin\beta}$$

式中　U——地下水沿滑动面渗透时产生的静水压力，kN/m。

在边坡的稳定性计算中若将地下水的静水压力 V 和 U 考虑进去，则稳定性系数为

$$K=\frac{(W\cos\alpha-U-V\sin\alpha)\tan\phi+c\cdot\overline{AD}}{W\sin\alpha+V\cos\alpha}\tag{8-4}$$

式中　K——稳定性系数，无量纲；

W——边坡所承受的重力，kN/m。

若考虑地震作用对边坡稳定性的影响，则稳定性计算中应加入地震时产生的水平惯性力，这种情况下边坡稳定性系数按下式计算：

$$K=\frac{(G\cos\beta-U-V\sin\beta)\tan\phi_j+c_j\overline{AD}}{G\sin\beta+V\cos\beta+P\cos\beta}\tag{8-5}$$

式中　P——地震时产生的水平惯性力，$P=a_0 W$，kN/m；

a_0——地震系数，$a_0=\frac{a}{g}$，无量纲；

a——地震加速度，g/cm^2；

g——重力加速度，g/cm^2；

K——边坡稳定性系数，无量纲。

单一平面滑动法的主要特点是力学模型和计算公式简单，主要适用于顺层岩质边坡以及沿基岩产生的平面破坏的稳定分析，但要求滑体作整体刚体运动，当滑体内产生剪切破坏时，边坡稳定性分析误差很大。

（二）折线滑动法（不平衡推力法）

图 8－11 所示为岩体边坡沿折线形滑动面滑动时的力学模型。图中 P_i 为第 i 个不平衡条块对下一条块的推力，N 为滑面上的法向应力，T_i 为每一滑面上的切向应力，W_i 为每

一条块的重力。图8－11a中的岩体边坡由4个折线形滑面组成，分为1、2、3、4共4个滑块。

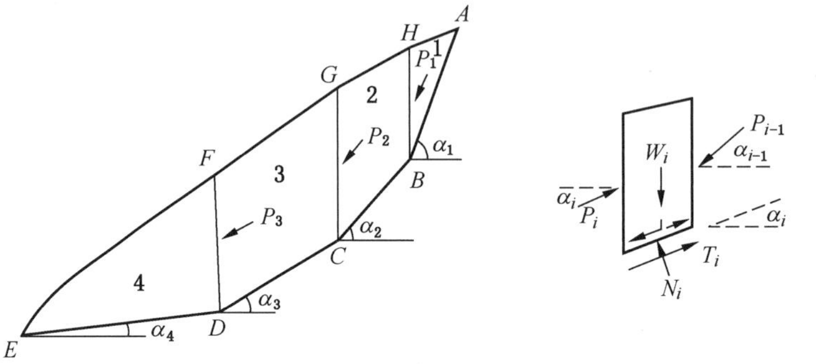

(a) 条块划分示意图　　(b) 单个条块受力分解示意图

图8－11　不平衡推力法示意图

1. 基本假定

（1）滑坡的每一计算段的滑动面为直线，即整个滑动面在断面上为折线。

（2）滑坡推力作用方向平行于该条块的滑面，且作用点在分块线的中央。

（3）当上一条块对下一条块的不平衡推力 P_i 出现负值时，取 $P_i=0$。

2. 力学分析

如图8－11a所示，在滑体中假定第 $i-1$ 条块传来的推力 P_{i-1} 的方向平行于第 $i-1$ 条块的底滑面，而第 i 条块传递给第 $i+1$ 条块的推力 P_i 平行于第 i 条块的底滑面，即假定每一分界上推力的方向平行于上一条块的底滑面，第 i 条块承受的各种作用力如图8－11b所示。

不平衡推力计算公式为

$$P_i=P_{i-1}\psi_{i-1}+KT_i-R_i \tag{8-6}$$

式中　P_i——第 i 条块传递给第 $i+1$ 条块的推力，kN/m；

ψ_{i-1}——不平衡推力系数，无量纲；

T_i——下滑力，kN/m；

R_i——抗滑力，kN/m；

K——稳定性系数，无量纲。

其中，抗滑力 $R_i=N_i\tan\phi_i+c_il_i$，$N_i=W_i\cos\alpha_i$；下滑力 $T_i=W_i\sin\alpha_i$，不平衡推力系数为

$$\psi_i=\cos(\alpha_i-\alpha_{i+1})-\sin(\alpha_i-\alpha_{i+1})\tan\phi_{i+1} \tag{8-7}$$

稳定性系数为

$$K=\frac{\sum_{i=1}^{n-1}\left(R_i\prod_{j=1}^{n-1}\psi_j\right)+R_n}{\sum_{i=1}^{n-1}\left(T_i\prod_{j=1}^{n-1}\psi_j\right)+T_n} \tag{8-8}$$

$$\prod_{j=i}^{n-1}\psi_j = \psi_j\psi_{j+1}\cdots\psi_{n-1}$$

将式（8－7）、式（8－8）代入式（8－6），即可解得作用在各条块边界上的滑坡推力。如果最后一个条块的滑坡推力值为负值，说明该边坡是稳定的。当滑坡体内地下水已形成统一水面时，应计入浮托力和动水压力。

以图 8－11a 条块划分情况为例，可得：

$$\begin{cases}P_1 = KT_1 - R_1\\ P_2 = P_1\psi_1 + KT_2 - R_2\\ P_3 = P_2\psi_2 + KT_3 - R_3\\ P_4 = P_3\psi_3 + KT_4 - R_4\end{cases} \tag{8-9}$$

$$\begin{cases}\psi_1 = \cos(\alpha_1-\alpha_2) - \sin(\alpha_1-\alpha_2)\tan\phi_2\\ \psi_2 = \cos(\alpha_2-\alpha_3) - \sin(\alpha_2-\alpha_3)\tan\phi_3\\ \psi_3 = \cos(\alpha_3-\alpha_4) - \sin(\alpha_3-\alpha_4)\tan\phi_4\end{cases} \tag{8-10}$$

$$K = \frac{\sum_{i=1}^{3}\left(R_i\prod_{j=1}^{3}\psi_j\right) + R_4}{\sum_{i=1}^{3}\left(T_i\prod_{j=1}^{3}\psi_j\right) + T_4} \tag{8-11}$$

$$K = \frac{R_1\psi_1\psi_2\psi_3 + R_2\psi_2\psi_3 + R_3\psi_3 + R_4}{T_1\psi_1\psi_2\psi_3 + T_2\psi_2\psi_3 + T_3\psi_3 + T_4} \tag{8-12}$$

折线滑动法稳定性系数计算中应注意以下几点可能出现的问题：

（1）当滑面形状不规则，局部凸起而使滑体较薄时，宜考虑从凸起部位剪出的可能性，可分段计算。

（2）由于计算的稳定性系数是滑坡最前部条块的稳定性系数，若最前部条块划分过小，在后部传递力不大时，边坡稳定性系数将显著地受该条块形状和滑面角度影响而不能客观地反映边坡整体稳定性状态，因此，在计算条块划分时，不宜将最前部条块划分太小。

（3）当滑体前部滑面较缓，或出现反倾段时，自后部传递来的下滑力和抗滑力较小，前部条块下滑力可能出现负值而使边坡稳定性系数为负值，此时应视边坡为稳定状态；当最前部条块稳定性系数不能较好地反映边坡整体稳定性时，可采用倒数第二条块的稳定性系数，或最前部 2 个条块稳定性系数的平均值。

（三）萨尔玛（Sarma）法

萨尔玛法的基本原理是：边坡破坏的滑体除非是沿一个理想的平面或弧面滑动，才可能作一个完整的刚体运动，否则，滑体必须先破裂成多个可相对滑动的块体才可能发生滑动，也就是说，在滑体内部要发生剪切情况下才可能滑动。

条块受力如图 8－12 所示，由垂直方向力的平衡得：

$$R_i\sin\alpha_i + N_i\cos\alpha_i - W_i + X_i\cos\delta_i - X_{i+1}\cos\delta_{i+1} + E_i\sin\delta_i - E_{i+1}\sin\delta_{i+1} = 0 \tag{8-13}$$

由水平方向力的平衡得

$$R_i\cos\alpha_i - N_i\sin\alpha_i + X_i\sin\delta_i - X_{i+1}\sin\delta_{i+1} - aW_i + E_i\cos\delta_i - E_{i+1}\cos\delta_{i+1} = 0 \tag{8-14}$$

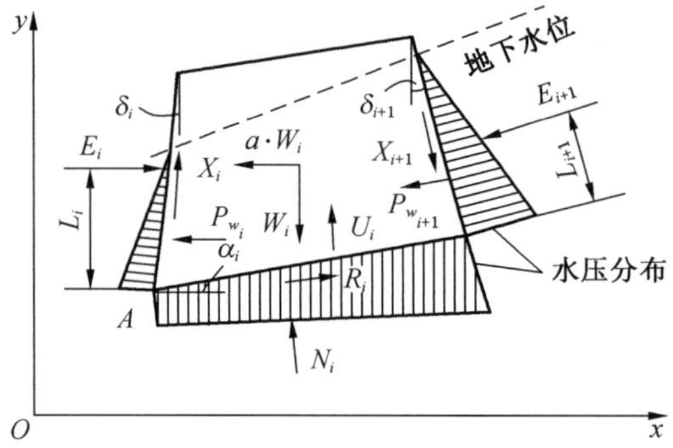

图 8-12 萨尔玛法条块受力简图

抗滑力 R_i 和侧面上总剪力 X_i、X_{i+1} 经稳定性系数 K 折减后分别为

$$R_i = \frac{c_{bi} l_i + (N_i - U_i)\tan\phi_{bi}}{K} \tag{8-15}$$

$$X_i = \frac{c_{si} d_i + (E_i - P_{w_i})\tan\phi_{si}}{K} \tag{8-16}$$

$$X_{i+1} = \frac{c_{si+1} d_{i+1} + (E_{i+1} - P_{w_{i+1}})\tan\phi_{si+1}}{K} \tag{8-17}$$

式中 c_{bi}——分块底面的黏聚力，MPa；

c_{si}——分块侧面的黏聚力，MPa；

ϕ_{bi}——分块底面的内摩擦角，(°)；

ϕ_{si}——分块侧面的内摩擦角，(°)；

d_i——分块侧面长度，m；

l_i——分块滑面的长度，m；

α_i——滑面与水平面的夹角，(°)；

δ_i、δ_{i+1}——分块两侧面与垂直方向的夹角，(°)；

P_{w_i}、$P_{w_{i+1}}$——侧面上的孔隙压力，kN/m；

W_i——分块的重力，则 aW_i 为水平力（a 为水平加速度），kN/m；

U_i——底面上的水压力，kN/m；

E_i、E_{i+1}——侧面上总法向力，kN/m；

X_i、X_{i+1}——侧面上的总剪力，kN/m；

N_i——底面上的法向力，kN/m；

R_i——底面上的抗剪力（抗滑力），kN/m。

将式（8-16）、式（8-17）代入式（8-13）、式（8-14），消去 R_i、X_i 和 X_{i+1}，再消去 N_i，得：

$$E_{i+1} = m_i + E_i n_i - P_i a \tag{8-18}$$

式中：

$$m_i = \theta_i [W_i \sin(\phi_{bi} - \alpha_i) + Q_i \cos\phi_{bi} + T_{i+1}\sin(\phi_{bi} - \alpha_i - \delta_{i+1})] T_i \sin(\phi_{bi} - \alpha_i - \delta_i)$$

$$n_i = \theta_i [\sec\phi_{si}\cos(\phi_{bi} - \alpha_i + \phi_{si} - \delta_i)]$$

$$P_i = \theta_i W_i \cos(\phi_{bi} - \alpha_i)$$

$$\theta_i = \cos\phi_{si+1}\sec(\phi_{bi} - \alpha_i + \phi_{si+1} - \delta_{i+1})$$

$$T_i = \frac{c_{si}d_i - P_{w_i}\tan\phi_{si}}{K}$$

$$T_{i+1} = \frac{c_{si+1}d_i - P_{w_{i+1}}\tan\phi_{si+1}}{K}$$

$$Q_i = \frac{c_{bi}b_i\sec\alpha_i - U_i\tan\phi_{bi}}{K}$$

由式（8－18）逐步递推可得：

$$E_{i+1} = (m_i + m_{i-1}n_i + m_{i-2}n_in_{i-1} + \cdots + m_1n_in_{i-1}\cdots n_2) - a(P_i + P_{i-1}n_i + P_{i-2}n_in_{i-1} + \cdots + P_1n_in_{i-1}\cdots n_3n_2) + E_1n_in_{i-1}\cdots n_1$$

由边界条件 $E_{i+1} = E_1 = 0$，得：

$$a = \frac{m_i + m_{i-1}n_i + m_{i-2}n_in_{i-1} + \cdots + m_1n_in_{i-1}\cdots n_2}{P_i + P_{i-1}n_i + P_{i-2}n_in_{i-1} + \cdots + P_1n_in_{i-1}\cdots n_3n_2} \tag{8-19}$$

计算稳定性系数 K 时，一般假定边坡有一个水平加速度为 a_0 的水平外力作用及无穷小 ε，给出一系列的 K 值迭代求解相应的 a 值。其中满足 $|a - a_0| \leqslant \varepsilon$ 的 K 值即为所要求的稳定性系数。通常 $a_0 = 0$，得到的 K 即为无水平地震力时的边坡稳定性系数。

若假设 $K = 1$，用式（8－19）求解 a，此时为 a_c，即极限水平加速度，则该式的物理意义是使滑体达到极限平衡时的平衡状态，必须在滑体上施加一个临界水平加速度 a_c，当 a_c 为正时，方向向坡外；当 a_c 为负时，方向向坡内。

萨尔玛法可以用于评价各种破坏模式下的边坡稳定性，诸如平面破坏、楔形体破坏、圆弧面破坏和非圆弧面破坏等，而且它的条块划分是任意的，条块边界无须垂直，从而可以对各种特殊的边坡破坏模式进行稳定性分析。

（四）简布（Janbu）法

对于松散均质的边坡，由于受基岩面的限制而产生两端为圆弧、中间为平面或折线的复合滑动，分析具有这种复合破坏面的边坡稳定性可用简布法，如图 8－13 所示。

假设条件：①垂直条块侧面上的作用力位于滑面之上 1/3 条块高处；②作用于条块上的重力、反力通过条块底面的中点。

由垂直方向力的平衡得：

$$W_i + Q_i - N_i\cos\alpha_i - R_i\sin\alpha_i + Y_i - Y_{i+1} = 0 \tag{8-20}$$

式中　W_i——分块的重量，kN/m；

Q_i——作用在分块上的地面荷载，kN/m；

N_i——条块底面的法向力，kN/m；

α_i——分块滑面相对于水平面的夹角，（°）；

R_i——条块底面的抗剪力（抗滑力），kN/m；

Y_i——条间作用力的垂直分力，kN/m。

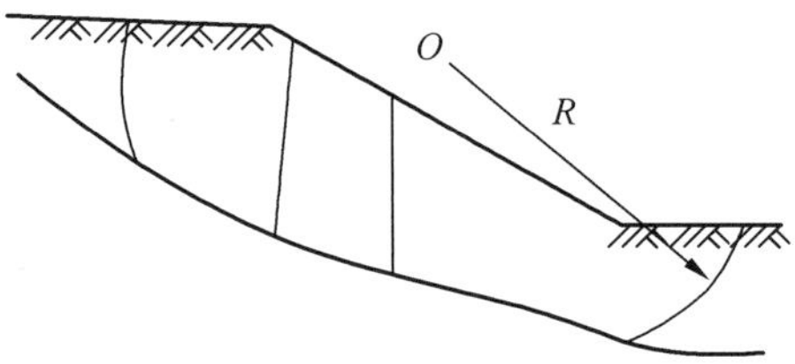

(a) 破坏面

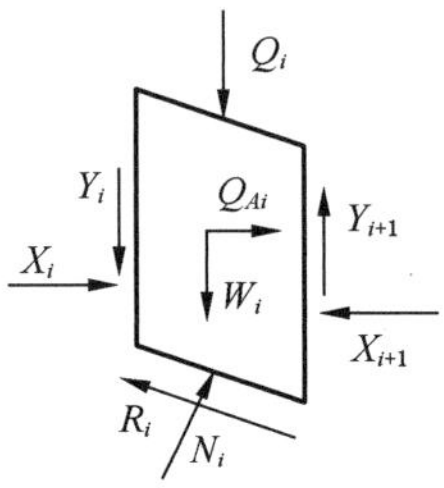

(b) 条块上各作用力

图 8－13　简布法稳定性计算

由水平方向力的平衡得：

$$W_i + Q_{Ai} - N_i \sin\alpha_i - R_i \cos\alpha_i - X_{i+1} = 0 \quad (8-21)$$

式中　Q_{Ai}——作用在分块上的水平作用力（如地震力），kN；

X_i——条间作用力的水平分力，kN。

抗滑力 R_i 经稳定性系数 K 折减后为

$$R_i = \frac{c_i b_i + (N_i - u_i b_i)\tan\phi_i}{K} \quad (8-22)$$

式中　u_i——作用在分块滑面上的空隙水压力，MPa；

b_i——岩石条分块宽度，m；

c_i——滑体分块滑动面上的黏聚力，MPa；

ϕ_i——滑面的内摩擦角，(°)。

联合式（8－20）、式（8－21）和式（8－22），得：

$$K = \frac{\sum \frac{1}{m_{ai}}\{c_i b_i + [(W_i + Q_i - u_i b_i) + (Y_i - Y_{i+1})]\tan\phi_i\}}{\sum\{[W_i + (Y_i - Y_{i+1}) + Q_i]\tan\alpha_i + Q_{Ai}\}} \quad (8-23)$$

式中

$$m_{ai} = \cos^2\alpha_i\left(1 + \frac{\tan\alpha_i \tan\phi_i}{K}\right)$$

若令 $Y_i - Y_{i+1} = 0$，式（8－23）改为

$$K = f_0 \frac{\sum \frac{1}{m_{ai}}[c_i b_i + (W_i + Q_i - u_i b_i)\tan\phi_i]}{\sum[(W_i + Q_i)\tan\alpha_i + Q_{Ai}]} \quad (8-24)$$

式中　f_0——修正系数。

式（8－24）称为简化的简布法。f_0 的取值如图 8－14 所示，其中 d 和 L 的测量方法如图 8－15 所示。

当 $d/L \leqslant 0.02$ 时，可取 $f_0 = 1.0$；当 $c > 0$，$\phi > 0$ 时，可用下式近似求得 f_0：

$$f_0 = \left(\frac{50d}{L}\right)^{\frac{1}{33.6}}$$

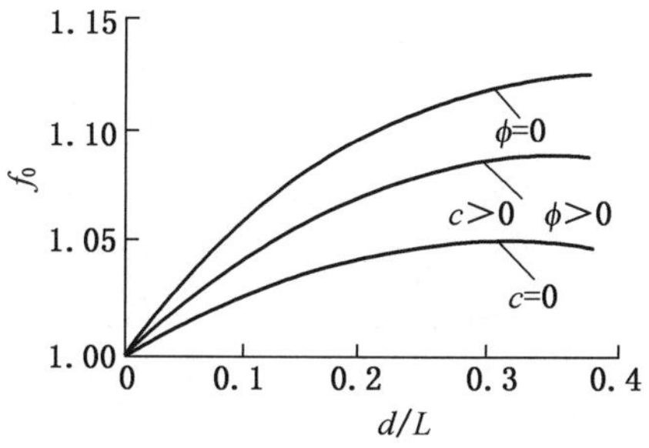

图 8－14　f_0 与 d/L 的关系曲线

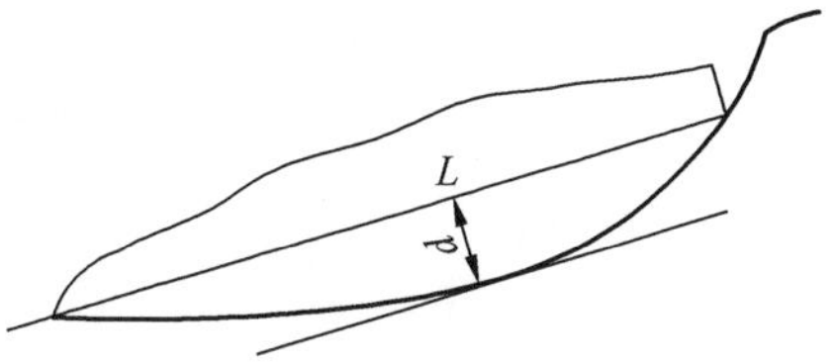

图 8－15　d 与 L 的测量方法

采用简布法计算稳定性系数的特点是计算准确但计算复杂，主要适用于复合破坏面的边坡，既可用于圆弧滑动，也可用于非圆弧滑动，但条块分割时要求垂直条分。

练习题

1. 岩质边坡的变形破坏主要有哪些类型？试述各种变形破坏类型的物理力学作用机理。

2. 边坡稳定性分析评价主要有哪些力学方法？各种方法有什么特点？

3. 闪长岩组成的某露天矿边坡如图 8－16 所示，AC 为控制边坡稳定性的软弱结构面，后缘张裂隙有水渗入，并沿 AD 面渗透，滑坡面的抗剪强度指标 $c=0.5$ MPa，$\phi=40°$，滑体岩石容重 $\rho=2.7\ g/cm^3$，试计算边坡的稳定性。

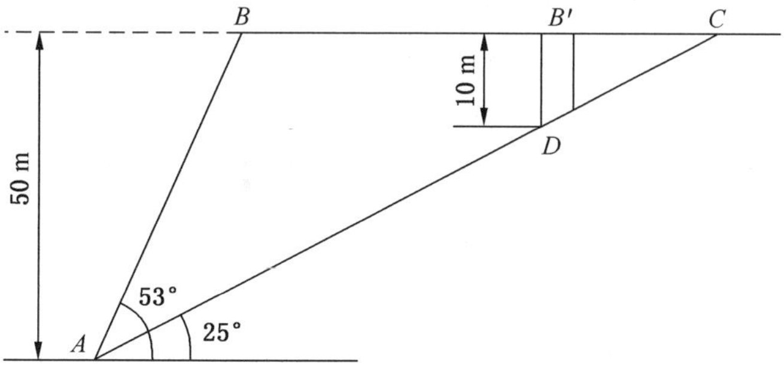

图 8－16　题 3 图

4. 某一滑坡面为折线形，拟设计抗滑结构物，其主轴断面及作用力参数见图 8－17 和表 8－2，分析其稳定性系数，并计算最终作用在抗滑结构物上的推力 P_3。

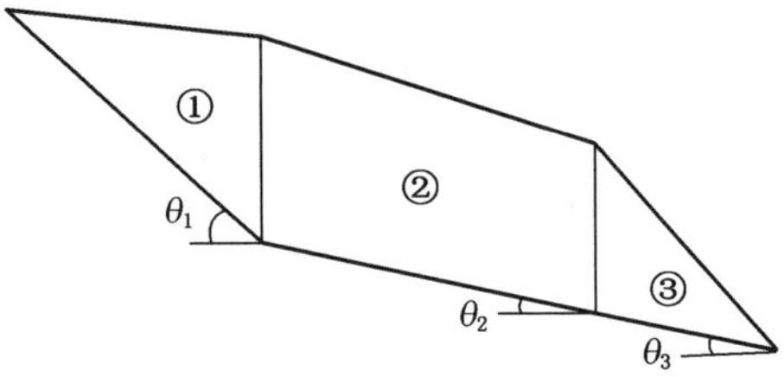

图 8－17　题 4 图

表 8－2　题　4　表

参数	下滑分力 $T/(kN \cdot m^{-1})$	抗滑力 $R/(kN \cdot m^{-1})$	滑面倾角/(°)	传递系数
①	12000	5500	45	0.733
②	17000	19000	17	1.0
③	2400	2700	17	

5. 已知岩质边坡的物理力学指标 $\rho = 2\ g/cm^3$，软弱结构面 $\alpha = 30°$，$\phi = 25°$，$c = 0.17$ MPa。今设计一坡高 30 m，稳定性系数为 1.6 的边坡，试求坡角 β 的值。

6. 某露天矿边坡如图 8－18 所示，AC 为控制边坡稳定性的软弱结构面，后缘张裂隙有地表水渗入，并沿 AD 面渗透，其计算剖面几何尺寸如图，滑动面的抗剪强度指标 $c_j =$ 0.5 MPa，$\phi_j = 40°$，滑体岩石平均容重 $\gamma = 26\ kN/m^3$；若考虑地震的影响，设地震时的地震系数 $a_0 = 0.94$，试验算边坡的稳定性。

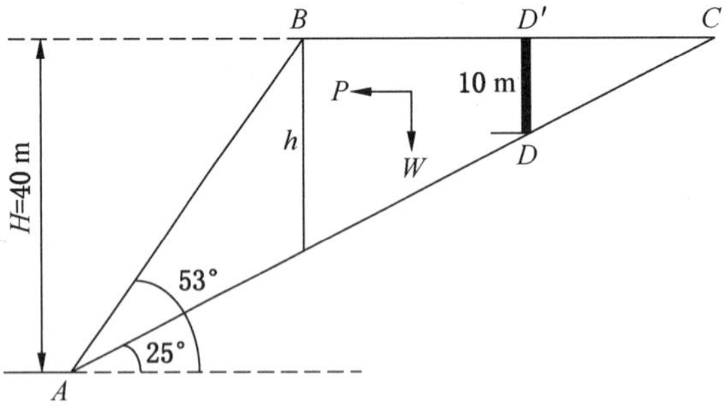

图 8－18　题 6 图

7. 有一岩质边坡如图 8－19 所示，坡高 $H = 100$ m，坡顶垂直张裂隙深 40 m，坡角 $\alpha =$ 35°，结构面倾角 $\beta = 20°$。岩体重度 $\gamma = 25\ kN/m^3$，结构面黏聚力 $c_j = 0$，内摩擦角 $\phi_j =$

25°。试问当裂隙内的水深 Z_w 达何值时，岩质边坡处于极限平衡状态？

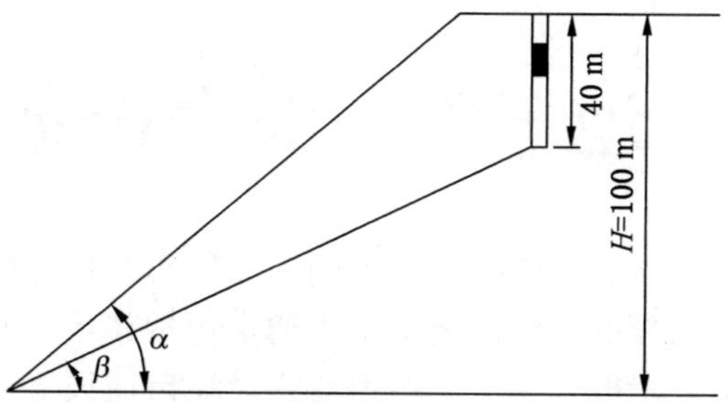

图 8-19 题 7 图

第九章 地下硐室围岩稳定性分析

人工开挖或天然存在于岩土体中，具有不同断面形态和尺寸的地下空间，称为地下硐室。地下硐室是构成地下工程的主体。地下工程通常包括在地下开挖的各种隧道、井巷与硐室。铁路、公路、矿山、水电、国防、城市地铁及城市建设等许多领域，都有大量的地下工程。不同类型的地下硐室所产生的岩体力学效应具有以下共同点：①地下硐室的开挖破坏了岩体天然应力的相对平衡状态。地下硐室开挖后围岩向临空面的位移变形和应力释放导致围岩应力应变调整而引起围岩中原有应力大小、方向和性质改变，形成新的应力状态，称为重分布应力状态。②在重分布应力作用下，硐室围岩将发生向硐内的收敛变形位移，从而会破坏围岩稳定性。如果重分布应力超过岩体的承受能力，围岩会发生破坏。③围岩变形破坏将给地下硐室的施工和安全运行造成危害，因此，必须对围岩进行支护。把围岩作用于支护结构上的力称为围岩压力；反过来，支护结构对围岩收敛变形的支撑和限制作用力称为支护力。支护力与围岩压力互为反力。④在有压硐室中，如果作用有很高的内水压力，并通过衬砌或硐壁传递给围岩，这时围岩对硐内水压会有一个反力，称为围岩抗力。

请注意围岩压力与围岩抗力的区别，同时也要注意支护力和内水压力的差异。

地下硐室围岩稳定性分析实质上是研究地下硐室开挖后上述四种力学作用的形成机理和计算方法，主要研究围岩重分布应力与围岩强度间的相对关系。本章主要认识围岩重分布应力计算、围岩的变形与破坏、围岩压力计算以及围岩抗力与极限承载力。

第一节 围岩重分布应力计算

地下硐室围岩压力计算问题可归纳为：①开挖前岩体天然应力状态的确定；②开挖后围岩重分布应力的计算；③支护衬砌后围岩压力状态的改善。

一、弹性围岩重分布应力

1. 圆形硐室轴对称条件下的围岩重分布应力（$\sigma_h=\sigma_v=\sigma_0$）

有压硐室在水电工程中较为常见。由于硐室内壁上作用有较高的内水压力，使围岩中的重分布应力比较复杂，即硐室围岩最初处于开挖后引起的重分布应力中；然后进行支护衬砌，又使围岩重分布应力得到改善；硐室建成运行后，硐内壁作用有内水压力，使围岩中产生一个附加应力。有压硐室围岩的附加应力可用弹性厚壁筒理论计算。

如图 9-1 所示，在厚壁筒内壁上作用有均布内水压力 P_a，外壁作用有均布压力 P_b。

该问题为应力分布与极角 θ 无关的对称平面形变问题。由弹性理论可以推得，在内水压力和筒外围压作用下，筒壁内无剪应力，即 $\tau_{r\theta}=0$；而径向应力和环向应力可由下列公式计算：

$$\begin{cases}\sigma_r=\dfrac{b^2P_b-a^2P_a}{b^2-a^2}-\dfrac{b^2a^2}{b^2-a^2}\dfrac{P_b-P_a}{r^2}\\ \sigma_\theta=\dfrac{b^2P_b-a^2P_a}{b^2-a^2}+\dfrac{b^2a^2}{b^2-a^2}\dfrac{P_a-P_b}{r^2}\end{cases}\qquad(9-1)$$

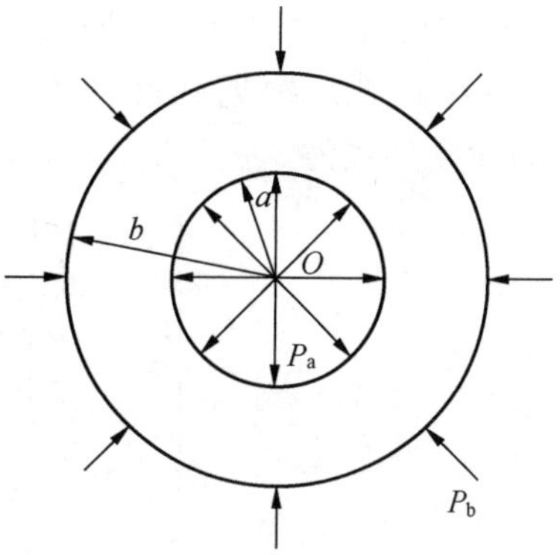

图 9-1　厚壁圆筒受力图

式中　σ_r——径向应力，MPa；

σ_θ——环向应力，MPa；

P_b——筒外围压，MPa；

P_a——内水压力，MPa；

a——内半径，m；

b——外半径，m。

对于地下硐室，可令 $b\to\infty$，$P_b=\sigma_0$（天然应力），式（9-1）成为

$$\begin{cases}\sigma_r=\sigma_0\left(1-\dfrac{a^2}{r^2}\right)+p_a\dfrac{a^2}{r^2}\\ \sigma_\theta=\sigma_0\left(1+\dfrac{a^2}{r^2}\right)-p_a\dfrac{a^2}{r^2}\end{cases}\qquad(9-2)$$

由式（9-2）可知，有压硐室围岩重分布应力 σ_r 和 σ_θ 由两项组成：第一项 $\sigma_0\left(1-\dfrac{a^2}{r^2}\right)$为硐室开挖形成的围岩重分布应力；第二项 $\pm p_a\dfrac{a^2}{r^2}$为内水压力引起的附加应力。在环向应力 σ_θ 中第二项为负，说明内水压力所引起的环向应力为拉应力。当环向应力很大时，常使围岩产生放射状裂隙。

2. $\sigma_h\neq\sigma_v$ 条件下圆形硐室围岩重分布应力

对于坚硬致密的块状岩体，当天然应力大约等于或小于其单轴抗压强度的一半时，地下硐室开挖后围岩将呈弹性变形状态。这时可近似用均匀、各向同性、连续线弹性理论对围岩重分布应力进行分析。

若硐室半径 a 相对于硐长很小时，可按平面应变问题考虑，从而可用平板上圆孔周围的应力分布来模拟圆形硐室围岩的重分布应力。如图 9-2 所示，无限大（相对于圆孔而

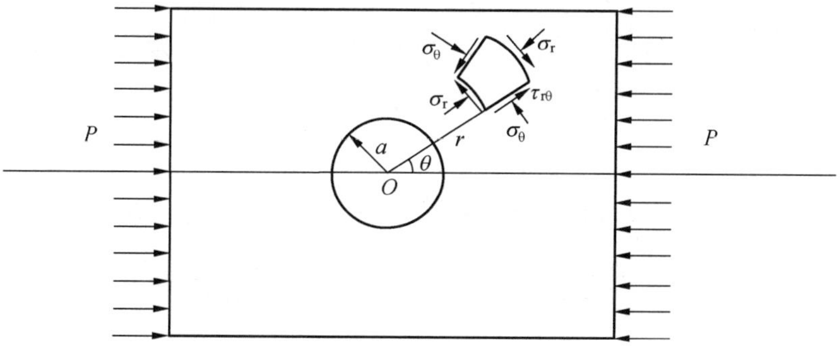

图 9-2　圆孔周围的应力分析

言，板的尺寸很大）弹性薄板在边界上受沿 x 方向的均布压力 P 作用，薄板中有一半径为 a 的小圆孔。根据弹性理论，薄板中任一点的径向应力 σ_r、环向应力 σ_θ 和剪应力 $\tau_{r\theta}$的计算公式为

$$\begin{cases}\sigma_r = \dfrac{P}{2}\left[\left(1-\dfrac{a^2}{r^2}\right)+\dfrac{P}{2}\left(1+3\dfrac{a^4}{r^4}-4\dfrac{a^2}{r^2}\right)\cos2\theta\right]\\ \sigma_\theta = \dfrac{P}{2}\left[\left(1+\dfrac{a^2}{r^2}\right)-\dfrac{P}{2}\left(1+3\dfrac{a^4}{r^4}\right)\cos2\theta\right]\\ \tau_{r\theta} = -\dfrac{P}{2}\left(1-3\dfrac{a^4}{r^4}+2\dfrac{a^2}{r^2}\right)\sin2\theta\end{cases} \tag{9-3}$$

式中：应力以压应力为正，拉应力为负。极角自水平（x）轴起始，逆时针为正。

实际深埋于岩体中轴向水平的圆形硐室所处的应力条件是上述情况的复合。设硐室开挖在天然应力比为 λ 的岩体中，则问题可简化为如图 9－3 所示的平面变形问题。若水平和铅直天然应力都是主应力，则开挖前板内的天然应力为

$$\begin{cases}\sigma_z = \sigma_v\\ \sigma_x = \sigma_h = \lambda\sigma_v\\ \tau_{xz} = \tau_{zx} = 0\end{cases}$$

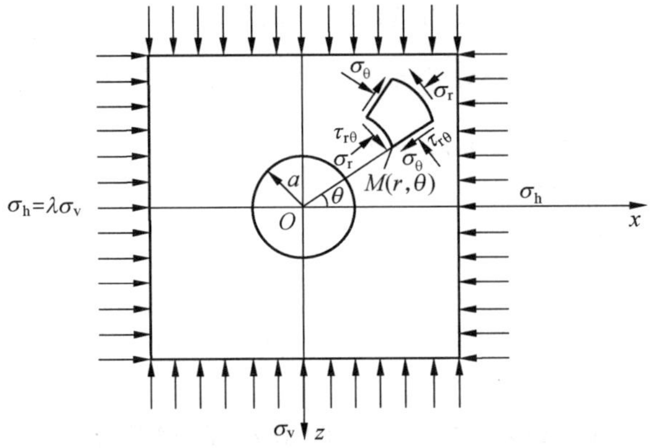

图 9－3　圆形硐室围岩应力分析模型

取铅直坐标轴为 y，水平坐标轴为 x。硐室开挖后水平应力 $\sigma_h = \lambda\sigma_v$，引起的围岩重分布应力仍可按式（9－3）计算，只需令 $P = \lambda\sigma_v$。

即：

$$\begin{cases}\sigma_r = \dfrac{\lambda\sigma_v}{2}\left[\left(1-\dfrac{a^2}{r^2}\right)+\dfrac{\lambda\sigma_v}{2}\left(1+3\dfrac{a^4}{r^4}-4\dfrac{a^2}{r^2}\right)\cos2\theta\right]\\ \sigma_\theta = \dfrac{\lambda\sigma_v}{2}\left[\left(1+\dfrac{a^2}{r^2}\right)-\dfrac{\lambda\sigma_v}{2}\left(1+3\dfrac{a^4}{r^4}\right)\cos2\theta\right]\\ \tau_{r\theta} = -\dfrac{\lambda\sigma_v}{2}\left(1-3\dfrac{a^4}{r^4}+2\dfrac{a^2}{r^2}\right)\sin2\theta\end{cases} \tag{9-4}$$

式中　θ——径向 OM 与 x 轴的夹角，(°)；

σ_v——铅直天然应力，MPa。

同样铅直应力引起的重分布应力也可以用式（9－3）计算，这时需令 $P=\sigma_v$ 和 $\theta=\theta'$。θ'为径向 OM 与 y 轴之间的夹角，若统一用 OM 与 x 轴的夹角 θ 表示，则有 $\theta'=\theta-\frac{\pi}{2}$。所以，在式（9－3）中用 σ_v 代替 P，用 $\theta-\frac{\pi}{2}$代替 θ，即：

$$\cos 2\theta'=\cos 2\left(\theta-\frac{\pi}{2}\right)=\cos(2\theta-\pi)=-\cos 2\theta$$

$$\sin 2\theta'=\sin 2\left(\theta-\frac{\pi}{2}\right)=\sin(2\theta-\pi)=-\sin 2\theta$$

从而得到铅直天然应力引起的围岩重分布应力为

$$\begin{cases}\sigma_r=\dfrac{\sigma_v}{2}\left[\left(1-\dfrac{a^2}{r^2}\right)-\dfrac{\sigma_v}{2}\left(1+3\dfrac{a^4}{r^4}-4\dfrac{a^2}{r^2}\right)\cos 2\theta\right]\\ \sigma_\theta=\dfrac{\sigma_v}{2}\left[\left(1+\dfrac{a^2}{r^2}\right)+\dfrac{\sigma_v}{2}\left(1+3\dfrac{a^4}{r^4}\right)\cos 2\theta\right]\\ \tau_{r\theta}=\dfrac{\sigma_v}{2}\left(1-3\dfrac{a^4}{r^4}+2\dfrac{a^2}{r^2}\right)\sin 2\theta\end{cases}\tag{9－5}$$

按照叠加原理，将式（9－4）和式（9－5）相加，即可得到铅直应力和水平应力同时作用时圆形硐室围岩重分布应力的计算公式：

$$\begin{cases}\sigma_r=\sigma_v\left[\dfrac{1+\lambda}{2}\left(1-\dfrac{a^2}{r^2}\right)-\dfrac{1-\lambda}{2}\left(1+3\dfrac{a^4}{r^4}-4\dfrac{a^2}{r^2}\right)\cos 2\theta\right]\\ \sigma_\theta=\sigma_v\left[\dfrac{1+\lambda}{2}\left(1+\dfrac{a^2}{r^2}\right)+\dfrac{1-\lambda}{2}\left(1+3\dfrac{a^4}{r^4}\right)\cos 2\theta\right]\\ \tau_{r\theta}=\sigma_v\dfrac{1-\lambda}{2}\left(1-3\dfrac{a^4}{r^4}+2\dfrac{a^2}{r^2}\right)\sin 2\theta\end{cases}$$

或

$$\begin{cases}\sigma_r=\dfrac{\sigma_h+\sigma_v}{2}\left(1-\dfrac{a^2}{r^2}\right)+\dfrac{\sigma_h-\sigma_v}{2}\left(1+3\dfrac{a^4}{r^4}-4\dfrac{a^2}{r^2}\right)\cos^2\theta\\ \sigma_\theta=\dfrac{\sigma_h+\sigma_v}{2}\left(1+\dfrac{a^2}{r^2}\right)-\dfrac{\sigma_h-\sigma_v}{2}\left(1+3\dfrac{a^4}{r^4}\right)\cos 2\theta\\ \tau_{r\theta}=-\dfrac{\sigma_h-\sigma_v}{2}\left(1-3\dfrac{a^4}{r^4}+2\dfrac{a^2}{r^2}\right)\sin^2\theta\end{cases}\tag{9－6}$$

令 $r=a$，得到硐壁上的重分布应力为

$$\begin{cases}\sigma_r=0\\ \sigma_\theta=\sigma_h+\sigma_v-2(\sigma_h-\sigma_v)\cos 2\theta\\ \tau_{r\theta}=0\end{cases}\tag{9－7}$$

此式为水压致裂法应力测量的理论依据。

可见，硐壁上 $\tau_{r\theta}=0$，$\sigma_r=0$，仅有 σ_θ 作用，为单向应力状态，且 σ_θ 大小仅与天然应力状态及计算点位置（θ）有关，而与硐室尺寸 a 无关。

硐壁上的应力 σ_θ 随应力比 $\lambda=\dfrac{\sigma_h}{\sigma_v}$ 的变化规律[按式(9－7)计算]见表9－1和图9－4。

表9－1 硐壁上特征部位的 σ_θ 值

λ	θ	
	两侧 0°、180°	顶、底 90°、270°
0	$3\sigma_v$	$-\sigma_v$
1/3	$8\sigma_v/3$	0
1	$2\sigma_v$	$2\sigma_v$
2	σ_v	$5\sigma_v$
3	0	$8\sigma_v$
4	$-\sigma_v$	$11\sigma_v$
5	$-2\sigma_v$	$14\sigma_v$

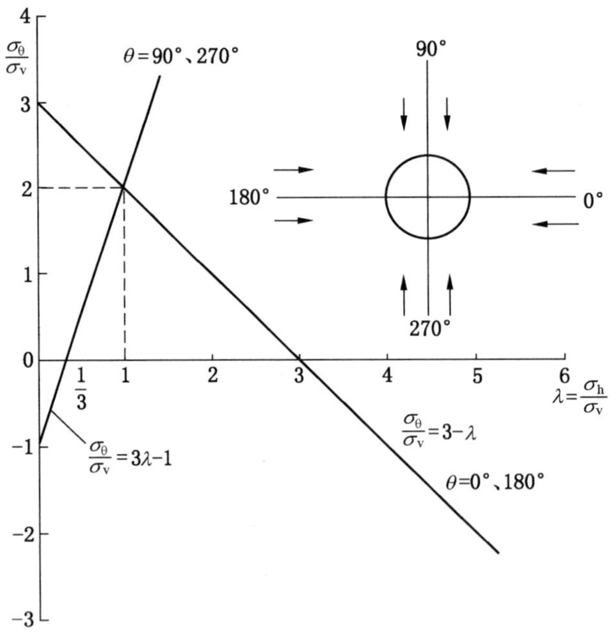

图9－4 硐室壁围岩应力随 λ 的变化曲线

由此可知，当 $\lambda<1/3$ 时硐顶、底将出现拉应力；当 $1/3<\lambda<3$ 时，硐壁围岩内的 σ_θ 全为压应力，且应力分布较均匀；当 $\lambda>3$ 时，硐壁两侧将出现拉应力，硐顶、底则出现较高的压应力集中。

由上述分析可知，地下硐室有一个硐壁围岩不出现拉应力的应力比范围，圆形硐室此范围为 $1/3<\lambda<3$，其他形状的硐室此范围会有所变化，这对于在不同的天然应力场中选择合理的硐形很有意义。

设 $\lambda=1$，即 $\sigma_h=\sigma_v=\sigma_0$，则式（9－6）成为

$$\begin{cases}\sigma_r=\sigma_0\left(1-\dfrac{a^2}{r^2}\right)\\ \sigma_\theta=\sigma_0\left(1+\dfrac{a^2}{r^2}\right)\\ \tau_{r\theta}=0\end{cases} \tag{9-8}$$

上式说明，天然应力为静水压力状态时，围岩内重分布应力与 θ 角无关，仅与硐室尺度（a）和天然应力大小（σ_0）有关。因为 $\tau_{r\theta}=0$，所以 σ_r、σ_θ 均为主应力，且 σ_θ 恒为最大主应力，σ_r 恒为最小主应力。

按式（9－8）给出的圆形地下硐室围岩重分布应力的分布特征如图 9－5 所示。

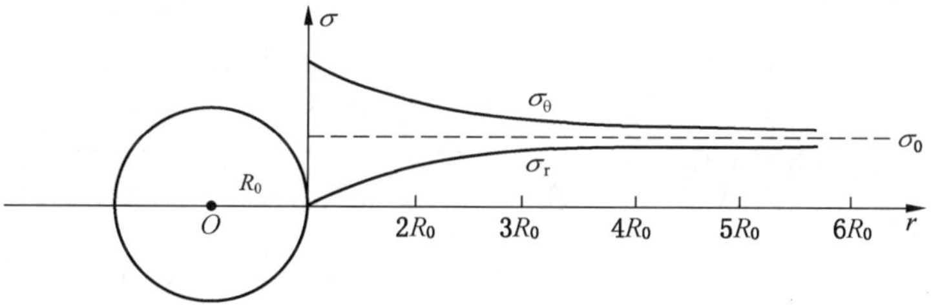

图 9－5　σ_r、σ_0 随 r 增大的变化曲线

在硐壁上（$r=R_0$），$\sigma_r=0$、$\sigma_\theta=2\sigma_0$，可知硐壁处于单向受力状态，且应力差最大。

随 r 增加，$\sigma_r\uparrow$、$\sigma_\theta\downarrow$，$\sigma_\theta\to\sigma_0$；理论上，$r\to\infty$ 时，σ_θ、$\sigma_r\to\sigma_0$；实际上，σ_θ、$\sigma_r\to\sigma_0$ 较快，当 $r=6R_0$ 时，σ_θ、σ_r 与 σ_0 仅差 2.8%。因此，一般认为，地下硐室开挖引起的围岩重分布应力的影响范围为 $6a$，此范围内的岩体就是常说的围岩。

3. 其他形状硐室围岩重分布应力

地下硐室开挖后，硐壁上一点在某一方向上的应力与开挖前岩体中同一点同一方向上天然应力的比值，称为应力集中系数。应力集中系数反映了硐壁上各点开挖前后应力的变化。

以圆形硐室为例，硐壁上仅有 σ_θ，按式（9－7），可表达为

$$\sigma_\theta=\sigma_h(1-2\cos2\theta)+\sigma_v(1+2\cos2\theta)$$

令

$$\alpha=1-2\cos2\theta,\ \beta=1+2\cos2\theta$$

则有：

$$\sigma_\theta=\sigma_h\alpha+\sigma_v\beta \tag{9-9}$$

式中　α——水平应力集中系数，α 的大小仅与计算点的位置有关；

β——铅垂应力集中系数，β 的大小仅与计算点的位置有关。

对于其他形状硐室，也可以用式（9－9）表达硐壁上的重分布应力，只是 α、β 随硐

室的形状变化而变化。表9－2列出了几种常见形状硐室硐壁的应力集中系数α、β，这些系数可由光弹实验或弹性力学方法求得。

表9－2　各种硐形硐壁的应力集中系数

编号	硐室形状	各点应力集中系数			备　注
		点号	α	β	
1	圆形 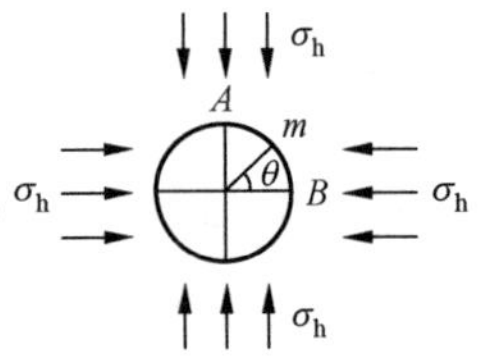	A	3	－1	硐壁上的重分布应力计算公式为 $\sigma_\theta=\alpha\sigma_h+\beta\sigma_v$
		B	－1	3	
		m	$1-2\cos2\theta$	$1+2\cos2\theta$	
2	椭圆形 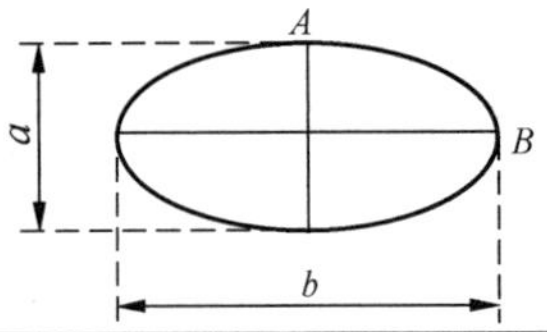	A	$2b/a+1$	－1	
		B	－1	$2a/b+1$	
3	方形 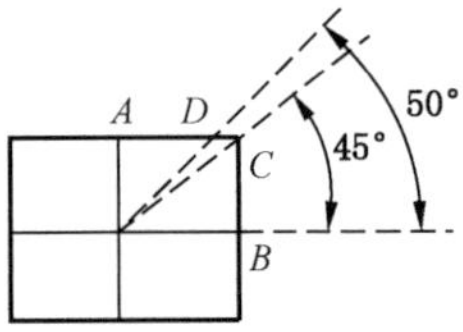	A	1.616	－0.87	
		B	－0.87	1.616	
		C	0.256	4.230	
4	矩形 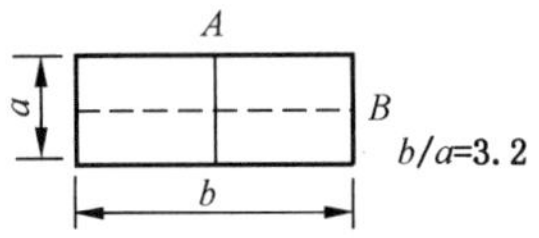	A	1.40	－1.00	
		B	－0.80	2.20	
5	矩形 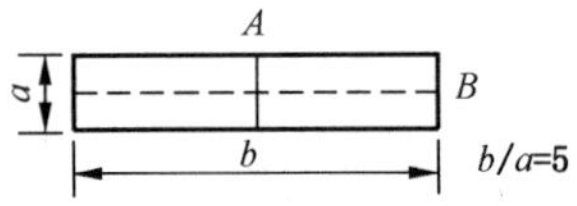	A	1.20	－0.95	
		B	－0.80	2.40	
6	地下厂房 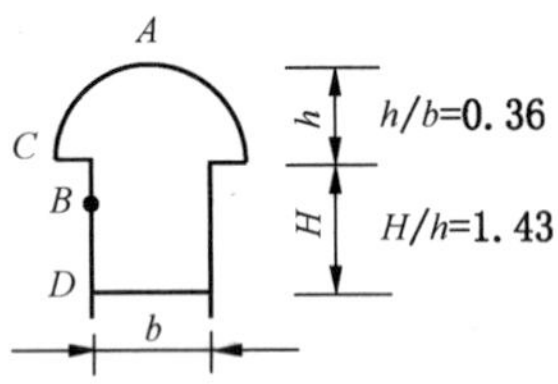	A	2.66	－0.38	据云南昆明水电勘测设计院“第四发电厂地下厂房光弹实验报告”
		B	－0.38	0.77	
		C	1.14	1.54	
		D	1.90	1.54	

不同形状硐室硐壁上的重分布应力特点如下：

（1）椭圆形硐室长轴两端点应力集中最大，易引起压碎破坏；而短轴两端易出现拉应力集中，不利于围岩稳定。

（2）各种形状硐室的角点或急拐弯处应力集中最大，如正方形或矩形硐室角点。

（3）长方形短边中点应力集中大于长边中点，而角点处为应力集中最大，围岩最易失稳。

（4）当岩体中天然应力 σ_h 和 σ_v 相差不大时，圆形硐室围岩应力分布最均匀，围岩稳定性最好。

4. 软弱结构面对围岩重分布应力的影响

假定围岩中结构面无抗拉能力，抗剪强度也很低，无剪胀作用，如图 9－6 所示。

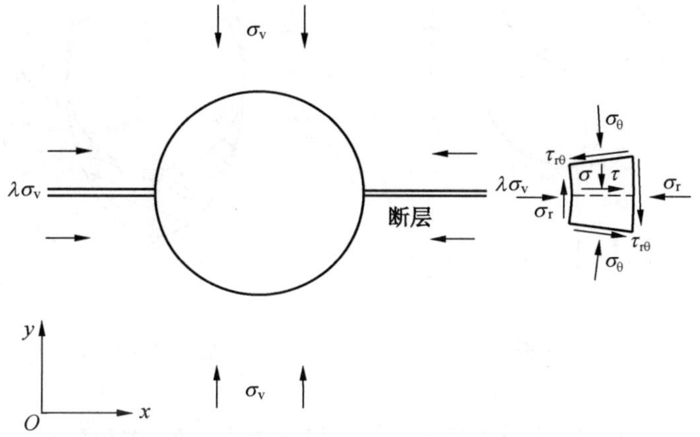

图 9－6　圆形硐室沿水平径向发育软弱结构面的应力分析

（1）沿水平直径与硐壁相交的软弱结构面。

硐室周围剪应力为

$$\tau_{r\theta}=\sigma_v\frac{1-\lambda}{2}\left(1-\frac{3a^4}{r^4}+\frac{2a^2}{r^2}\right)\sin2\theta \qquad (9-10)$$

令 $\theta=0$ 得 $\tau_{r\theta}=\tau=0$，即结构面上无剪力作用，所以结构面两壁岩石不会产生错动。因此可推出，水平径向结构面对围岩重分布应力无影响。

（2）沿铅直直径与硐壁相交的软弱结构面。

在式（9－10）中令 $\theta=90°$，同样得到 $\tau_{r\theta}=\tau=0$，结构面上也无剪应力作用，所以沿圆形硐室直径方向与硐壁相交的铅直结构面也不会改变围岩中的弹性应力分布，如图 9－7 所示。

但是，当应力比 $\lambda<\frac{1}{3}$时，根据表 9－1 和图 9－4 的分析结果，在硐顶和硐底将产生拉应力。在这一拉应力作用下，结构面将被拉开，并在顶、底形成椭圆形应力降低区。

椭圆形应力降低区短轴为 $2a$，与硐室水平直径一致；长轴平行于结构面，其大小为 $2a+2\Delta h$。其中 Δh 可由下式确定：

$$\Delta h=\frac{a(1-3\lambda)}{2\lambda}$$

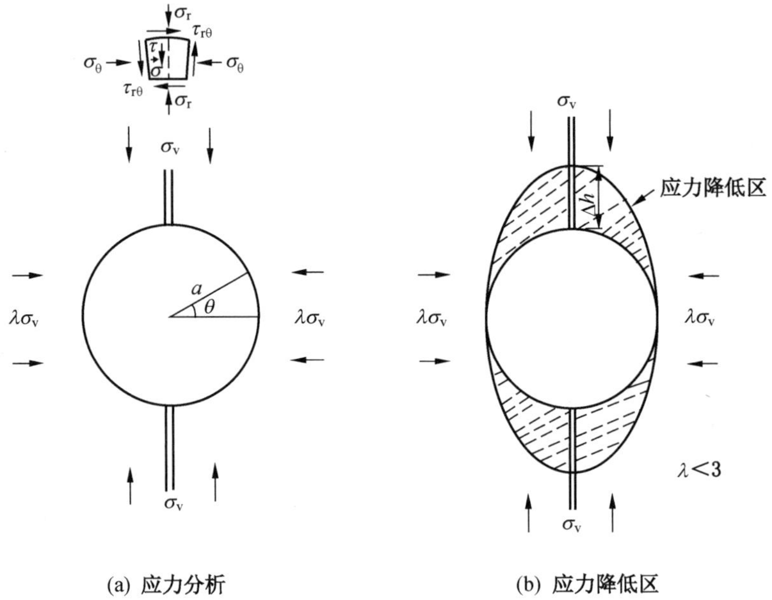

图 9－7 铅垂软弱结构面对圆形硐室应力重分布的影响

二、塑性围岩重分布应力

地下硐室开挖后，洞壁处应力集中最大。当硐壁重分布应力超过围岩屈服极限时，硐壁围岩就由弹性状态转化为塑性状态，并在围岩中形成一个塑性松动圈，如图 9－8 所示。

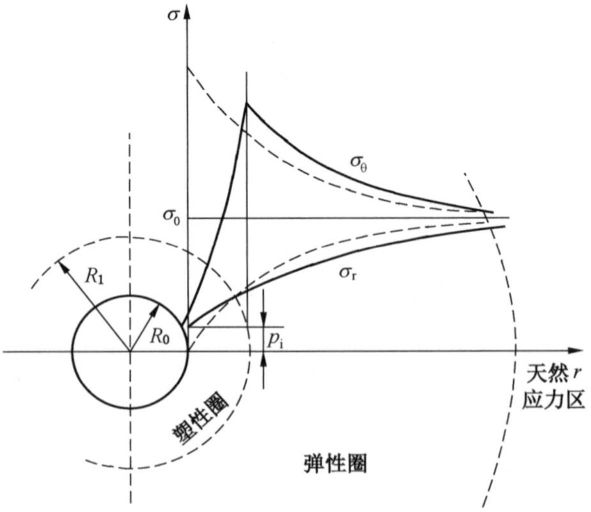

图 9－8 围岩中出现塑性圈时的应力分布示意

随着距硐壁距离的增大，径向应力 σ_r 由零逐渐增大，应力状态由硐壁处的单向应力状态（仅有 σ_θ）逐渐向双向应力状态转化。

莫尔应力圆由与强度包络线相切的状态逐渐内移，变为不相切，从而围岩的强度条件得到改善。围岩也就由塑性状态逐渐转化为弹性状态，形成塑性圈之外的弹性圈。

塑性松动圈的出现使得一定范围内的应力释放，最大应力集中部位由原来的硐壁处移至塑、弹性圈交界处，导致弹性区的应力明显升高。弹性圈以外则是应力基本未产生变化的天然应力区（原岩应力区）。

1. 塑性圈内重分布应力求解

设在均质、各向同性、连续的岩体中开挖一半径为 R_0 的水平圆形硐室；开挖后形成的塑性松动圈半径为 R_1，岩体中的天然应力为 $\sigma_h=\sigma_v=\sigma_0$。塑性圈内岩体强度服从莫尔直线强度条件，塑性圈以外围岩仍处于弹性状态。

如图 9－9 所示，在塑性圈内取一微小单元体 $abcd$，单元体的 bc 面上作用有径向应力 σ_r，在相距 $\mathrm{d}r$ 的 ad 面上的径向应力为 $\sigma_r+\mathrm{d}\sigma_r$，在 ab 和 cd 两个面上分别作用有切向应力 σ_θ，由于 $\lambda=1$，因此单元体各个面上的剪应力 $\tau_{r\theta}=0$。当微元体处于极限平衡状态时，作用在单元体上的全部力在径向 r 上的投影之和为零，即 $\sum F_r=0$。取各力投影后向 r 增加方向为正，反之为负，得平衡方程：

$$\sigma_r r\mathrm{d}\theta-(\sigma_r+\mathrm{d}\sigma_r)(r+\mathrm{d}r)\mathrm{d}\theta+2\sigma_\theta \mathrm{d}r\sin\left(\frac{\mathrm{d}\theta}{2}\right)=0$$

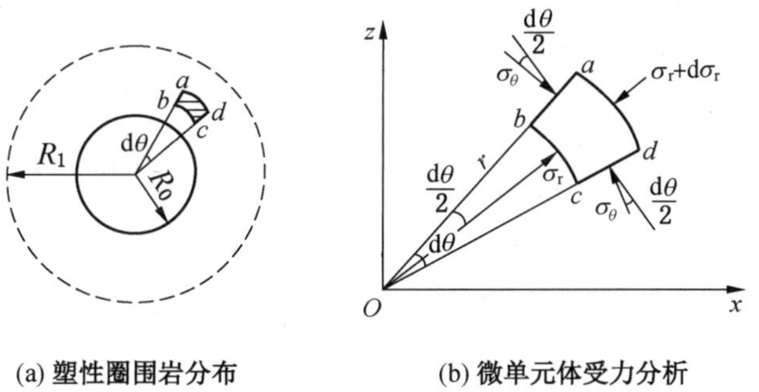

图 9－9　塑性圈围岩应力分析

当 $\mathrm{d}\theta$ 很小时，$\sin\left(\frac{\mathrm{d}\theta}{2}\right)\approx\frac{\mathrm{d}\theta}{2}$，代入上式展开，略去高阶微量（$\mathrm{d}\sigma_r\mathrm{d}r$）并整理得：

$$(\sigma_\theta-\sigma_r)\mathrm{d}r=r\mathrm{d}\sigma_r \tag{9-11}$$

由于 $\tau_{r\theta}=0$，则 σ_θ、σ_r 是主应力，在塑性圈内，$\sigma_\theta>\sigma_r$。

因此 σ_θ 相当于 σ_1，σ_r 相当于 σ_3。设塑性圈内岩体满足的塑性条件为库仑－纳维尔准则（莫尔理论的直线型判据）：

$$\frac{\sigma_\theta+c_m\cot\phi_m}{\sigma_r+c_m\cot\phi_m}=\frac{1+\sin\phi_m}{1-\sin\phi_m} \tag{9-12}$$

由式（9－11）得：

$$\sigma_\theta = r\frac{\mathrm{d}\sigma_r}{\mathrm{d}r} + \sigma_r$$

上式代入式（9－12），整理化简得：

$$\frac{\mathrm{d}(\sigma_\theta + c_m\cot\phi_m)}{\sigma_r + c_m\cot\phi_m} = \frac{2\sin\phi_m}{1-\sin\phi_m}\cdot\frac{\mathrm{d}r}{r}$$

上式两边积分后得：

$$\ln(\sigma_r + c_m\cot\phi_m) = \frac{2\sin\phi_m}{1-\sin\phi_m}\cdot\ln r + A \tag{9-13}$$

式中　A——积分常数。

考虑边界条件，$r=R_0$ 时 $\sigma_\theta = P_i$（支护力），代入式（9－13），确定出积分常数为

$$A = \ln(P_i + c_m\cot\phi_m) - \frac{2\sin\phi_m}{1-\sin\phi_m}\cdot\ln R_0 \tag{9-14}$$

把积分常数 A 的表达式（9－14）代入式（9－13），整理后得出塑性圈内围岩径向应力 σ_r 的表达式为

$$\sigma_r = (P_i + c_m\cot\phi_m)\left(\frac{r}{R_0}\right)^{\frac{2\sin\phi_m}{1-\sin\phi_m}} - c_m\cot\phi_m \tag{9-15}$$

另外，由式（9－12）可解出：

$$\sigma_\theta = \frac{1+\sin\phi_m}{1-\sin\phi_m}(\sigma_r + c_m\cot\phi_m) - \sigma_r + c_m\cot\phi_m \tag{9-16}$$

把式（9－15）代入式（9－16）得：

$$\sigma_\theta = \frac{1+\sin\phi_m}{1-\sin\phi_m}(P_i + c_m\cot\phi_m)\left(\frac{r}{R_0}\right)^{\frac{2\sin\phi_m}{1-\sin\phi_m}} - c_m\cot\phi_m$$

把上述 σ_θ、σ_r 和 $\tau_{r\theta}$ 的表达式写在一起，得到塑性圈内围岩重分布应力的计算公式如下：

$$\begin{cases} \sigma_r = (P_i + c_m\cot\phi_m)\left(\dfrac{r}{R_0}\right)^{\frac{2\sin\phi_m}{1-\sin\phi_m}} - c_m\cot\phi_m \\ \sigma_\theta = \dfrac{1+\sin\phi_m}{1-\sin\phi_m}(P_i + c_m\cdot\cot\phi_m)\left(\dfrac{r}{R_0}\right)^{\frac{2\sin\phi_m}{1-\sin\phi_m}} - c_m\cot\phi_m \\ \tau_{r\theta} = 0 \end{cases} \tag{9-17}$$

式中　c_m——塑性圈中岩体的黏聚力，MPa；

ϕ_m——塑性圈中岩体的内摩擦角，（°）；

r——径向深度，m；

P_i——硐壁支护力，MPa；

R_0——圆形硐室半径，m。

2. 塑性圈与弹性圈交界面（$r=R_1$）上的重分布应力

弹、塑性圈交界面上的应力既满足弹性应力条件，也满足塑性应力条件。弹性圈内的应力等于天然应力 σ_0 引起的应力叠加上塑性圈作用于弹性圈的径向应力 σ_{R1} 引起的附加

应力，如图 9－10 所示。

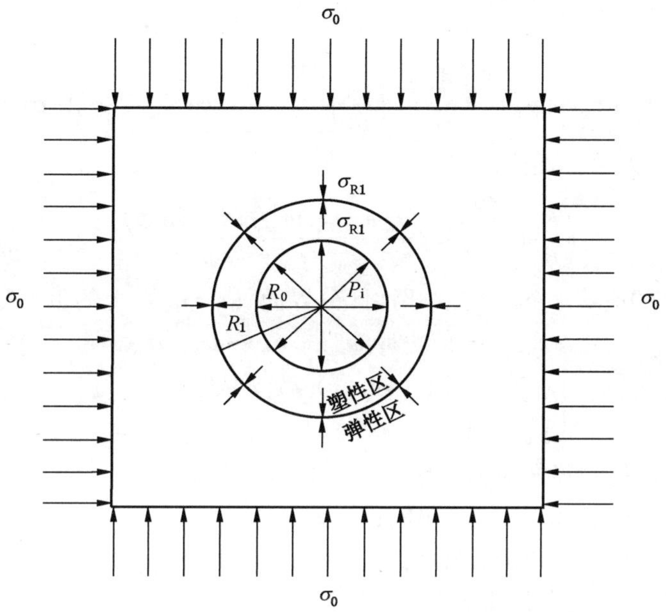

图 9－10　弹、塑性区交界面上的应力条件

引用式（9－2）关于有压硐室围岩附加应力的公式，取 $P_a=\sigma_{R1}$，$a=R_1$，得到弹性区的重分布应力为

$$\begin{cases}\sigma_{re}=\sigma_0\left(1-\dfrac{R_1^2}{r^2}\right)+\sigma_{R1}\dfrac{R_1^2}{r^2}\\ \sigma_{\theta e}=\sigma_0\left(1+\dfrac{R_1^2}{r^2}\right)-\sigma_{R1}\dfrac{R_1^2}{r^2}\end{cases}\tag{9-18}$$

式中　σ_{re}、$\sigma_{\theta e}$——弹性区的重分布应力，MPa。

在式（9－18）中令 $r=R_1$，得到弹、塑区交界面上的弹性应力为

$$\begin{cases}\sigma_{re}=\sigma_{R1}\\ \sigma_{\theta e}=2\sigma_0-\sigma_{R1}\end{cases}$$

在式（9－17）中令 $r=R_1$，得到弹、塑性区交界面上的塑性应力 σ_{rp}、$\sigma_{\theta p}$为

$$\begin{cases}\sigma_{rp}=(P_i+c_m\cot\phi_m)\left(\dfrac{R_1}{R_0}\right)^{\frac{2\sin\phi_m}{1-\sin\phi_m}}-c_m\cot\phi_m\\ \sigma_{\theta p}=(P_i+c_m\cot\phi_m)\dfrac{1+\sin\phi_m}{1-\sin\phi_m}\left(\dfrac{R_1}{R_0}\right)^{\frac{2\sin\phi_m}{1-\sin\phi_m}}-c_m\cot\phi_m\end{cases}$$

式中　σ_{rp}、$\sigma_{\theta p}$——弹、塑性区交界面上的塑性应力，MPa。

在弹、塑性分界面（$r=R_1$）上有：

$$\sigma_{rp}=\sigma_{re}\quad \sigma_{\theta p}=\sigma_{\theta e}$$

即：

$$\begin{cases}(P_i + c_m\cot\phi_m)\left(\dfrac{R_1}{R_0}\right)^{\frac{2\sin\phi_m}{1-\sin\phi_m}} - c_m\cot\phi_m = \sigma_{R1}\\(P_i + c_m\cot\phi_m)\dfrac{1+\sin\phi_m}{1-\sin\phi_m}\left(\dfrac{R_1}{R_0}\right)^{\frac{2\sin\phi_m}{1-\sin\phi_m}} - c_m\cot\phi_m = 2\sigma_0 - \sigma_{R1}\end{cases}$$

将上两式相加消去后整理得：

$$\left(\frac{R_1}{R_0}\right)^{\frac{2\sin\phi_m}{1-\sin\phi_m}} = \frac{(\sigma_0 + c_m\cot\phi_m)(1-\sin\phi)}{P_i + c_m\cdot\cot\phi_m} \tag{9-19}$$

把上式代入式（9－17）得到弹、塑性区分界面（$r=R_1$）上的重分布应力为

$$\begin{cases}\sigma_{rpe} = \sigma_0(1-\sin\phi_m) - c_m\cos\phi_m = \sigma_{R1}\\\sigma_{\theta pe} = \sigma_0(1+\sin\phi_m) + c_m\cos\phi_m\\\tau_{r\theta pe} = 0\end{cases} \tag{9-20}$$

式中　σ_{rpe}——$r=R_1$ 处的径向应力，MPa；

$\sigma_{\theta pe}$——$r=R_1$ 处的环向应力，MPa；

$\tau_{r\theta pe}$——$r=R_1$ 处的剪应力，MPa；

σ_0——岩体天然应力，MPa。

由式（9－17）可知，塑性圈内围岩重分布应力与岩体天然应力 σ_0 无关，而取决于支护力 P_i 和岩体强度（c_m，ϕ_m）。由式（9－20）可知，塑、弹性区分界面上的重分布应力取决于 σ_0、c_m、ϕ_m，而与 P_i 无关。这说明支护力（P_i）不能改变塑、弹性区分界面上的应力大小，只能控制塑性松动圈半径（R_1）的大小［式（9－19）］。

第二节　围岩的变形与破坏

围岩变形是指围岩因当时开挖失去支撑而发生的向硐内的松胀变形。围岩破坏是指围岩变形超过自身能力所导致的坍塌、滑动或岩爆。围岩变形破坏的影响因素有围岩应力状态、岩体结构、断面形状等。

一、各类结构围岩的变形破坏特点

1. 整体状和块状岩体围岩

岩体的完整性好，力学强度高，主要结构面是节理。其变形破坏形式为岩爆、脆性开裂、块体滑移等。所采用的分析理论是弹性理论（整体变形）和块体极限平衡理论（局部块体滑移）。

2. 层状岩体围岩

岩体常呈软硬相间互层，主要结构面是层理面和泥化夹层。变形破坏形式主要为沿层面张裂、折断塌落和弯曲内鼓等。所采用的分析理论为弹性梁、板理论或材料力学压杆平衡理论。

3. 碎裂状岩体围岩

岩体一般处于断层、褶曲、岩脉穿插挤压处，风化破碎，次生夹泥。变形破坏形式主要有塌方和滑动。采用的分析理论是松散介质极限平衡理论。

4. 散体状岩体围岩

岩体为构造破碎、风化强烈、新近堆积土体。其变形破坏特征为弹塑性、塑性、流变性等，以拱形冒落为主。采用的分析理论一般是松散介质极限平衡理论配合流变理论。

二、围岩位移计算

在坚硬完整岩体中开挖硐室，在天然应力不大的情况下，围岩常处于弹性状态，硐壁围岩位移可用弹性理论计算。

硐室开挖后围岩内存在塑性圈时，硐壁围岩位移宜采用弹塑性理论分析。

1. 弹性位移计算

设硐室围岩变形符合平面应变条件。根据弹性理论，平面应变与位移间的关系在极坐标系中可表示为

$$\begin{cases}\varepsilon_{\mathrm{r}}=\dfrac{\partial u}{\partial r}\\ \varepsilon_{\theta}=\dfrac{u}{r}+\dfrac{1}{r}\dfrac{\partial V}{\partial r}\\ \gamma_{\mathrm{r}\theta}=\dfrac{1}{r}\dfrac{\partial u}{\partial \theta}+\dfrac{\partial V}{\partial r}-\dfrac{V}{r}\end{cases}\tag{9-21}$$

应力和应变关系（物理方程）为

$$\begin{cases}\varepsilon_{\mathrm{r}}=\dfrac{1-\nu^2}{E}\left(\sigma_{\mathrm{r}}-\dfrac{\nu}{1-\nu}\sigma_{\theta}\right)\\ \varepsilon_{\theta}=\dfrac{1-\nu^2}{E}\left(\sigma_{\theta}-\dfrac{\nu}{1-\nu}\sigma_{\mathrm{r}}\right)\\ \gamma_{\mathrm{r}\theta}=\dfrac{2(1+\nu)}{E}\tau_{\mathrm{r}\theta}\end{cases}\tag{9-22}$$

式中　r——极径，m；

θ——极角，（°）；

u——径向位移，m；

V——环向（θ）位移，m；

E——岩体的弹性模量，MPa；

ν——泊松比，无量纲。

由式（9-6）可知，在铅直天然应力 σ_{v} 和水平天然应力 σ_{h} 的应力场中，半径为 a 的圆形硐室围岩重分布应力为

$$\begin{cases}\sigma_{\mathrm{r}}=\dfrac{\sigma_{\mathrm{v}}+\sigma_{\mathrm{h}}}{2}\left(1-\dfrac{a^2}{r^2}\right)+\dfrac{\sigma_{\mathrm{h}}-\sigma_{\mathrm{v}}}{2}\left(1+\dfrac{3a^4}{r^4}-\dfrac{4a^2}{r^2}\right)\cos2\theta\\ \sigma_{\theta}=\dfrac{\sigma_{\mathrm{v}}+\sigma_{\mathrm{h}}}{2}\left(1+\dfrac{a^2}{r^2}\right)-\dfrac{\sigma_{\mathrm{h}}-\sigma_{\mathrm{v}}}{2}\left(1+\dfrac{3a^4}{r^4}\right)\cos2\theta\\ \tau_{\mathrm{r}\theta}=-\dfrac{\sigma_{\mathrm{h}}-\sigma_{\mathrm{v}}}{2}\left(1-\dfrac{3a^4}{r^4}+\dfrac{2a^2}{r^2}\right)\sin2\theta\end{cases}\tag{9-23}$$

把式（9－21）代入式（9－22）得：

$$\begin{cases}\dfrac{\partial u}{\partial r}=\dfrac{1-\nu^2}{E}\sigma_{\rm r}-\dfrac{\nu(1+\nu)}{E}\sigma_\theta\\ \dfrac{u}{r}+\dfrac{1}{r}\dfrac{\partial V}{\partial r}=\dfrac{1-\nu^2}{E}\sigma_\theta-\dfrac{\nu(1+\nu)}{E}\sigma_{\rm r}\\ \dfrac{1}{r}\dfrac{\partial u}{\partial\theta}+\dfrac{\partial V}{\partial r}-\dfrac{V}{r}=\dfrac{2(1+\nu)}{E}\tau_{\rm r\theta}\end{cases}\tag{9-24}$$

把式（9－23）中的前两式代入式（9－24）的第一式积分得：

$$u=\frac{(1-\nu^2)r}{2E}\left[(\sigma_{\rm v}+\sigma_{\rm h})\left(1+\frac{a^2}{r^3}\right)+(\sigma_{\rm h}-\sigma_{\rm v})\left(1-\frac{a^4}{r^4}+\frac{4a^2}{r^2}\right)\cos2\theta\right]-$$
$$\frac{\nu(1+\nu)r}{2E}\left[(\sigma_{\rm h}+\sigma_{\rm v})\left(1-\frac{a^2}{r^3}\right)-(\sigma_{\rm h}-\sigma_{\rm v})\left(1-\frac{a^4}{r^4}\right)\cos2\theta\right]+f'(\theta)\tag{9-25}$$

式中 $f'(\theta)$——θ 的任意函数，$f'(\theta)=\dfrac{\mathrm{d}f(\theta)}{\mathrm{d}\theta}$。

由式（9－24）整理得：

$$\frac{\partial V}{\partial r}=\frac{1-\nu^2}{E}\cdot r\cdot\sigma_\theta-\frac{\nu(1+\nu)}{E}\cdot r\cdot\sigma_{\rm r}-u\tag{9-26}$$

把式（9－23）中的前两式和式（9－25）代入式（9－26），积分得：

$$V=-\frac{(1+\nu)r}{2E}(\sigma_{\rm h}-\sigma_{\rm v})\left[(1-\nu)\left(1+\frac{a^2}{r^2}\right)^2\right]\sin2\theta-f(\theta)+g(r)\tag{9-27}$$

式中 $g(r)$——r 的任意函数。

把式（9－23）中的第三式以及式（9－25）和式（9－27）代入式（9－24）中的第三式，整理得：

$$\frac{1}{r}f''(\theta)+\frac{1}{r}f(\theta)+g'(r)-\frac{1}{r}g(r)=\frac{1+\nu}{E}(\sigma_{\rm h}-\sigma_{\rm v})\left[(1-2\nu)\frac{2a^2}{r^2}+\frac{5a^4}{r^4}\right]\sin2\theta\tag{9-28}$$

上式为式（9－25）、式（9－27）中任意函数 $f(\theta)$、$g(r)$ 的约束方程。

当 $\sigma_{\rm h}=\sigma_{\rm v}=\sigma_0$（静水压力状态）时，式（9－25）、式（9－27）、式（9－28）分别变形为

$$\begin{cases}u=\dfrac{(1-\nu^2)\sigma_0}{E}\left(1+\dfrac{a^2}{r^2}\right)-\dfrac{\nu(1+\nu)\sigma_0}{E}r\left(1-\dfrac{a^2}{r^2}\right)+f'(\theta)\\ V=-f(\theta)+g(r)\\ \dfrac{1}{r}f''(\theta)+\dfrac{1}{r}f(\theta)+g'(r)-\dfrac{1}{r}g(r)=0\end{cases}\tag{9-29}$$

由式（9－29）中的第三式得：

$$f''(\theta)+f(\theta)=0\text{，可解出 }f(\theta)=A\sin\theta+B\cos\theta$$
$$rg'(r)-g(r)=0\text{，可解出 }g(r)=Dr$$

式中 A、B、D——积分常数。

由于问题的轴对称性，必有 $A=B=0$。所以环向位移 $V=Dr$，与 θ 无关，为 r 的线性函数。径向位移为

$$u=\frac{(1-\nu^2)\sigma_0}{E}\left(1+\frac{a^2}{r^2}\right)-\frac{\nu(1+\nu)\sigma_0}{E}r\left(1-\frac{a^2}{r^2}\right)$$

在硐壁上有 $r=a$，代入上式得：

$$u=\frac{2a\sigma_0(1-\nu^2)}{E} \tag{9-30}$$

式（9－30）是在 $\sigma_h=\sigma_v=\sigma_0$ 时，天然应力 σ_0 与开挖卸荷共同作用引起的围岩径向位移。但是，一般认为，天然应力引起的位移在硐室开挖前就已经完成了，开挖后硐壁的位移仅是由于开挖卸荷（开挖后重分布应力与天然应力的压力差）引起的。

设岩体中天然应力为 $\sigma_h=\sigma_v=\sigma_0$，则开挖前后硐壁围岩中一点的应力为

开挖前：

$$\sigma_{r1}=\sigma_{\theta1}=\sigma_0$$

开挖后：

$$\begin{cases}\sigma_{r2}=\sigma_0\left(1-\dfrac{a^2}{r^2}\right)\\[2ex]\sigma_{\theta2}=\sigma_0\left(1+\dfrac{a^2}{r^2}\right)\end{cases}$$

开挖卸荷引起的应力差：

$$\begin{cases}\Delta\sigma_r=\sigma_{r2}-\sigma_{r1}=-\sigma_0\dfrac{a^2}{r^2}\\[2ex]\Delta\sigma_\theta=\sigma_{\theta2}-\sigma_{\theta1}=\sigma_0\dfrac{a^2}{r^2}\end{cases}$$

把 $\Delta\sigma_r$、$\Delta\sigma_\theta$ 代入式（9－24）中的第一式，整理得：

$$\frac{\partial u}{\partial r}=\frac{1-\nu^2}{E}\Delta\sigma_r-\frac{\nu(1+\nu)}{E}\Delta\sigma_\theta=-\frac{1+\nu}{E}\sigma_0\frac{a^2}{r^2}$$

上式对 r 积分得：

$$u=\frac{1+\nu}{E}\sigma_0\frac{a^2}{r}+f'(\theta)$$

考虑对称性（理由同前），令 $f'(\theta)=0$，有：

$$u=\frac{1+\nu}{E}\sigma_0\frac{a^2}{r}$$

在硐壁上 $r=a$，从而有：

$$u_a=\frac{1+\nu}{E}\sigma_0 a \tag{9-31}$$

比较式（9－30）和式（9－31）可知，无然应力与开挖卸荷共同作用引起的硐壁位移比单纯由开挖卸荷引起的硐壁位移大 $2(1-\nu)$ 倍。

另外，开挖后若有支护力作用，支护力会抵消一部分卸荷位移，这时式（9－31）所表示的硐壁位移成为

$$u_a=\frac{1+\nu}{E}(\sigma_0-P_i)a \tag{9-32}$$

式中 P_i——硐壁支护力，MPa。

2. 塑性位移计算

当围岩存在塑性圈时，首先应用弹性理论计算塑性圈以外的弹性区围岩的弹性位移，据此得到弹塑性区分界面上的围岩位移；然后再利用塑性圈体积不变的条件进一步求出硐壁位移。

为计算硐室开挖卸荷引起的围岩位移，首先要考虑围岩中同一点上硐室开挖前、后的应力差，设岩体中的天然应力为 $\sigma_h=\sigma_v=\sigma_0$，则在弹性区内开挖前、后的应力分别为

开挖前：
$$\sigma_{r1}=\sigma_{\theta1}=\sigma_0$$

开挖后：
$$\begin{cases}\sigma_{r2}=\sigma_0\left(1-\dfrac{R_1^2}{r^2}\right)+\sigma_{R1}\dfrac{R_1^2}{r^2}\\ \sigma_{\theta2}=\sigma_0\left(1+\dfrac{R_1^2}{r^2}\right)-\sigma_{R1}\dfrac{R_1^2}{r^2}\end{cases}$$

开挖卸荷引起的应力差：
$$\begin{cases}\Delta\sigma_r=\sigma_{r2}-\sigma_{r1}=-(\sigma_0-\sigma_{R1})\dfrac{R_1^2}{r^2}\\ \Delta\sigma_\theta=\sigma_{\theta2}-\sigma_{\theta1}=(\sigma_0-\sigma_{R1})\dfrac{R_1^2}{r^2}\end{cases}$$

式中 $\sigma_{R1}=\sigma_{rpe}=\sigma_0(1-\sin\phi_m)-c_m\cos\phi_m$，为塑性圈作用于弹性区的径向压力。

把 $\Delta\sigma_r$、$\Delta\sigma_\theta$ 代入式（9－24）中的第一式得：

$$\frac{\partial u}{\partial r}=\frac{1-\nu^2}{E}\Delta\sigma_r-\frac{\nu(1+\nu)}{E}\Delta\sigma_\theta=-\frac{1+\nu}{E}(\sigma_0-\sigma_{R1})\frac{R_1^2}{r^2}$$

考虑问题的对称性，对上式进行积分得：

$$u=\frac{1+\nu}{E}(\sigma_0-\sigma_{R1})\frac{R_1^2}{r^2}$$

在弹塑性分界面上 $r=R_1$，再把式 $\sigma_{R1}=\sigma_{rpe}=\sigma_0(1-\sin\phi_m)-c_m\cos\phi_m$ 代入上式，得到弹塑性圈交界面的径向位移为

$$u_{R1}=\frac{(1+\nu)R_1\cdot\sin\phi_m}{E}(\sigma_0+c_m\cot\phi_m) \tag{9-33}$$

式中　u_{R1}——弹塑性圈交界面的径向位移，mm。

设硐壁上（$r=R_0$）的位移为 u_{R0}，并设弹塑性圈变形前、后体积不变，从而有：

$$\pi(R_1^2-R_0^2)=\pi[(R_1-u_{R1})^2-(R_0-u_{R0})^2]$$

整理得：
$$u_{R0}-\frac{u_{R0}^2}{2R_0}=\frac{R_1}{R_0}u_{R1}-\frac{u_{R1}^2}{2R_0}$$

由于 u_{R0} 和 u_{R1} 都远小于 R_0，所以上式中 $\dfrac{u_{R0}^2}{2R_0}$、$\dfrac{u_{R1}^2}{2R_0}$ 都是高阶微量，略去两者对方程解的精度影响不大，从而有：

$$u_{R0}=\frac{R_1}{R_0}u_{R1}$$

把式（9－33）代入上式得：

$$u_{R0}=\frac{1+\nu}{E}\cdot\frac{R_1^2}{R_0}\cdot(\sigma_0+c_m\cot\phi_m)\cdot\sin\phi_m \tag{9-34}$$

式中 R_1——塑性圈半径，m；

R_0——硐室半径，m；

σ_0——岩体天然应力，MPa；

c_m——岩体的黏聚力，MPa；

ϕ_m——岩体的内摩擦角，(°)。

三、围岩破坏区范围的确定

地下硐室支护设计中，围岩破坏圈厚度是必不可少的资料。对不同力学属性的岩体可采用不同的确定方法，整体状、块状岩体一般采用弹性力学和弹塑性力学方法，而松散岩体一般采用松散介质极限平衡方法。

（一）弹性力学方法

1. 应力分析

设岩体的应力状态为：铅直应力 σ_v，水平应力 $\sigma_h=\lambda\sigma_v$，应力比 $\lambda=\frac{\sigma_h}{\sigma_v}$。若圆形硐室半径为 a，围岩中的径向应力 σ_r、环向应力 σ_θ 和剪切应力 $\tau_{r\theta}$ 为

$$\begin{cases}\sigma_r=\sigma_v\left[\frac{1+\lambda}{2}\left(1-\frac{a^2}{r^2}\right)-\frac{1-\lambda}{2}\left(1-\frac{4a^2}{r^2}+\frac{3a^4}{r^4}\right)\cos2\theta\right]\\ \sigma_\theta=\sigma_v\left[\frac{1+\lambda}{2}\left(1+\frac{a^2}{r^2}\right)+\frac{1-\lambda}{2}\left(1+\frac{3a^4}{r^4}\right)\cos2\theta\right]\\ \tau_{r\theta}=\sigma_v\frac{1-\lambda}{2}\left(1+\frac{2a^2}{r^2}-\frac{3a^4}{r^4}\right)\sin2\theta\end{cases} \tag{9-35}$$

在硐壁上，$r=a$，代入上式得：

$$\begin{cases}\sigma_r=0\\ \sigma_\theta=\sigma_v[(1+\lambda)+2(1-\lambda)\cos2\theta]\\ \tau_{r\theta}=0\end{cases} \tag{9-36}$$

在硐壁两侧壁上，$\theta=0$、π，$\cos2\theta=1$，$\sigma_\theta=\sigma_v(3-\lambda)$。

在硐壁两侧壁上，$\theta=\frac{\pi}{2}$、$\frac{3\pi}{2}$，$\cos2\theta=-1$，$\sigma_\theta=\sigma_v(3\lambda-1)$。

在离开硐室无穷远处，$r\to\infty$，代入式（9-35）得：

$$\begin{cases}\sigma_r=\frac{\sigma_v}{2}[(1+\lambda)-(1-\lambda)\cos2\theta]\\ \sigma_\theta=\frac{\sigma_v}{2}[(1+\lambda)+(1-\lambda)\cos2\theta]\\ \tau_{r\theta}=\frac{\sigma_v}{2}(1-\lambda)\sin2\theta\end{cases}$$

$\frac{\sigma_\theta}{\sigma_v}$随 λ 的变化曲线如图 9-11 所示。

在硐壁两侧方向，$\theta=0$、π，$\cos2\theta=1$，$\sin2\theta=0$，$\sigma_r=\lambda\sigma_v$，$\sigma_\theta=\sigma_v$，$\tau_{r\theta}=0$。

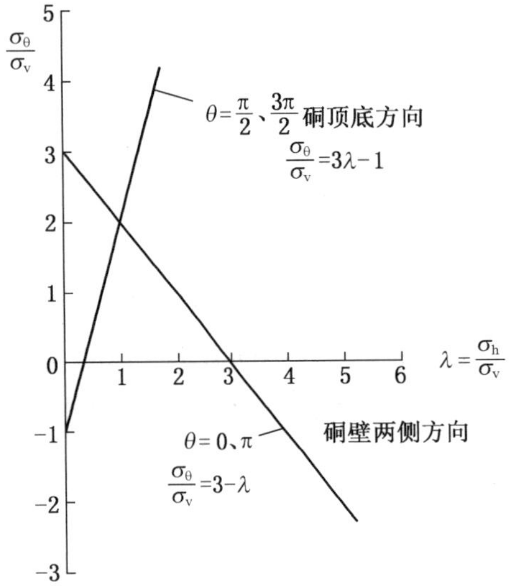

图 9－11　$\frac{\sigma_\theta}{\sigma_v}$随 λ 的变化曲线

在硐顶底方向，$\theta=\frac{\pi}{2}$、$\frac{3\pi}{2}$，$\cos 2\theta=-1$，$\sin 2\theta=0$，$\sigma_r=\sigma_v$，$\sigma_\theta=\lambda\sigma_v$，$\tau_{r\theta}=0$。

2. 破坏形式

天然应力比 $\lambda=\frac{\sigma_h}{\sigma_v}$取值不同，硐壁围岩的应力状态也不同，从而会发生不同形式的围岩破坏。

当 $\lambda<\frac{1}{3}$时，硐顶底的拉应力 $\sigma_\theta=\sigma_v(3\lambda-1)<0$，硐侧壁的压应力 $\sigma_\theta=\sigma_v(3-\lambda)>0$。由于岩体的抗拉强度 σ_t 远小于其抗压强度 σ_c（$|\sigma_\theta|\geqslant|\sigma_t|$），因此极可能发生的破坏形式是在硐顶底壁上的拉张破坏。

当$\frac{1}{3}<\lambda<3$ 时，硐壁各个方向上均为压应力，硐顶底的压应力 $\sigma_\theta=\sigma_v(3\lambda-1)>0$，硐侧壁的压应力 $\sigma_\theta=\sigma_v(3-\lambda)>0$。由于当 $\frac{1}{3}<\lambda<3$ 时，硐两侧壁压应力大于硐顶底应力，因此可能发生硐两侧壁的围岩破坏（当 $\sigma_\theta\geqslant\sigma_c$ 时）。

当 $1<\lambda<3$ 时，硐顶底应力大于硐两侧壁应力，因此可能发生硐顶底的围岩破坏（当 $\sigma_\theta\geqslant\sigma_c$ 时）。

3. 硐壁环向破坏区范围

根据以上对于硐壁围岩破坏形式的讨论，结合式（9－36），对 $\lambda<\frac{1}{3}$和$\frac{1}{3}<\lambda<1$ 两种情况，硐壁环向破坏范围的确定如图 9－12 所示。

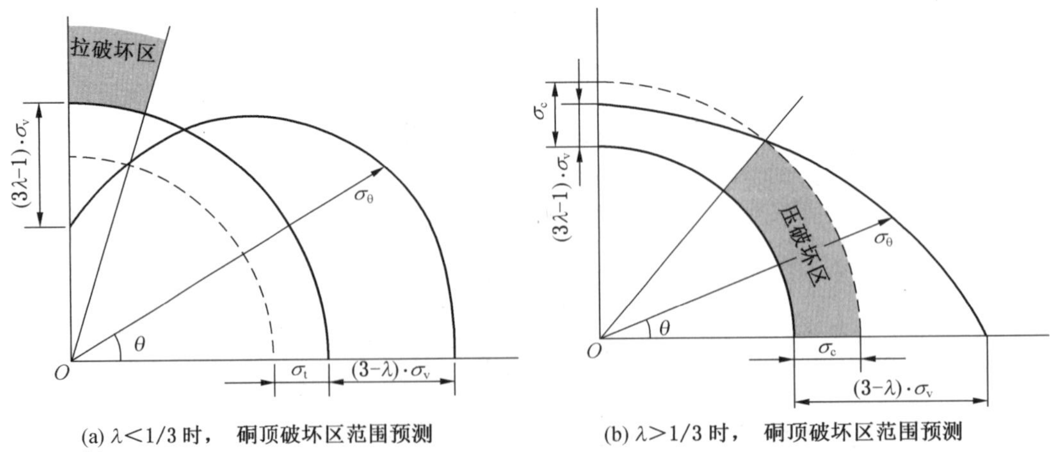

图 9－12　硐壁破坏区范围预测示意图

由莫尔强度条件，围岩的（抗压）强度 σ_m 为

$$\sigma_m = \sigma_3 \tan^2\left(45° + \frac{\phi_m}{2}\right) + 2c_m \tan\left(45° + \frac{\phi_m}{2}\right) \tag{9-37}$$

在硐室两侧和顶底方向 $\tau_{r\theta}=0$，σ_r 和 σ_θ 为主应力，在硐壁附近可取 $\sigma_1=\sigma_\theta$，$\sigma_3=\sigma_r$。将 $\sigma_3=\sigma_r$ 代入式（9－37）有：

$$\sigma_m = \sigma_r \tan^2\left(\frac{\pi}{4} + \frac{\phi_m}{2}\right) + 2c_m \tan\left(\frac{\pi}{4} + \frac{\phi_m}{2}\right)$$

破坏判据：

$$\sigma_\theta \geqslant \sigma_m \tag{9-38}$$

根据判断式（9－38），结合式（9－35）可以对硐壁破坏圈厚度做出判断。判断方法如图 9－13 所示。

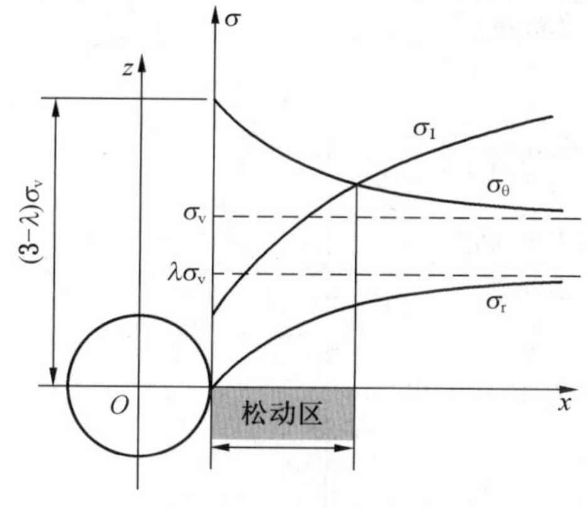

(a) 硐侧壁破坏圈厚度预测

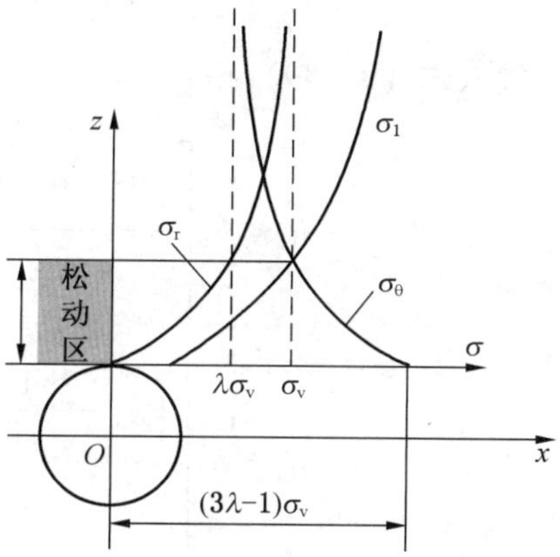

(b) 硐顶底破坏圈厚度预测

图 9－13 硐壁破坏圈厚度预测

应进一步讨论 $\lambda=\dfrac{\sigma_h}{\sigma_v}$不同取值情况下 σ_θ 和 σ_r 的变化，从而确定最大主应力 σ_1、最小主应力 σ_3 与 σ_θ、σ_r 的对应。

硐两侧壁和硐顶底这两个主方向的破坏圈厚度确定后，其他方向上的破坏圈厚度即可根据这两个方向的结果大致推求。

当 $\sigma_h=\sigma_m=\sigma_0(\lambda=1)$ 时，上述方法可以精确确定各方向上破坏圈的厚度。

（二）弹塑性力学方法

在裂隙岩体中开挖地下硐室时，围岩中会出现一个塑性松动圈（破坏圈），松动破坏圈的厚度为（R_1-R_0）。硐室半径 R_0 可以直接测定，问题在于松动圈半径 R_1 的确定。

设岩体中的天然应力为 $\sigma_h=\sigma_v=\sigma_0$，引用塑性圈与弹性圈交界面（$r=R_1$）上重分布应力分析中得到的结果有：

$$R_1 = R_0\left[\frac{(\sigma_0 + c_m\cot\phi_m)(1-\sin\phi_m)}{P_i + c_m\cot\phi_m}\right]^{\frac{1-\sin\phi_m}{2\sin\phi_m}} \tag{9-39}$$

上式为有支护力 P_i 时松动圈半径 R_1 的计算公式，称为修正的芬纳－塔罗勃公式。

如图9－14所示：

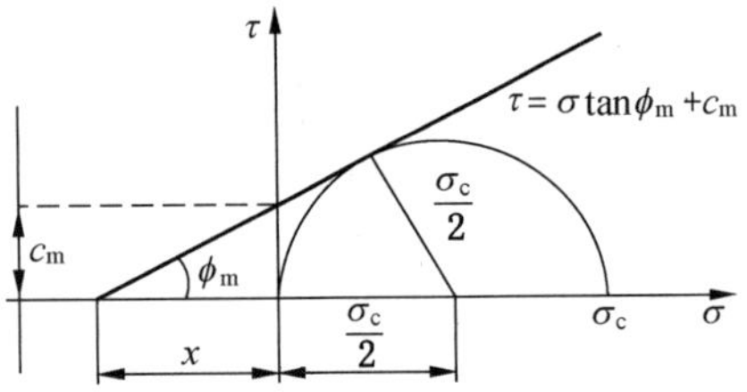

图9－14 单轴抗压强度与抗压强度包络线

$$\begin{cases} c_m = x\tan\phi_m & ① \\ \left(x + \dfrac{\sigma_c}{2}\right)\sin\phi_m = \dfrac{\sigma_c}{2} & ② \end{cases}$$

由②解出：$x = \dfrac{\sigma_c(1-\sin\phi_m)}{2\sin\phi_m}$

代入①得：$c_m = \dfrac{\sigma_c(1-\sin\phi_m)}{2\cos\phi_m}$

或

$$c_m\cot\phi_m = \frac{\sigma_c(1-\sin\phi_m)}{2\sin\phi_m} \quad ③$$

把③代入式（9－39）得：

$$R_1 = R_0\left[\frac{\left(\sigma_0 + \sigma_c\dfrac{1-\sin\phi_m}{2\sin\phi_m}\right)(1-\sin\phi_m)}{P_i + \sigma_c\dfrac{1-\sin\phi_m}{2\sin\phi_m}}\right]^{\frac{1-\sin\phi_m}{2\sin\phi_m}}$$

或

$$R_1 = R_0\left[\frac{\left(\sigma_0\dfrac{2\sin\phi_m}{1-\sin\phi_m} + \sigma_c\right)(1-\sin\phi_m)}{P_i\dfrac{2\sin\phi_m}{1-\sin\phi_m} + \sigma_c}\right]^{\frac{1-\sin\phi_m}{2\sin\phi_m}} \quad ④$$

令 $\dfrac{1+\sin\phi_m}{1-\sin\phi_m} = \xi$，可解出 $\sin\phi_m = \dfrac{\xi-1}{\xi+1}$，$\dfrac{2\sin\phi_m}{1-\sin\phi_m} = \xi - 1$，

$$1 - \sin\phi_m = \frac{2}{\xi+1},\quad \frac{1-\sin\phi_m}{2\sin\phi_m} = \frac{1}{\xi-1}$$

把上述结果代入④得：

$$R_1 = R_0\left[\frac{\sigma_0(\xi-1)+\sigma_c}{P_i(\xi-1)+\sigma_c}\cdot\frac{2}{\xi+1}\right]^{\frac{1}{\xi-1}}$$

上式称为计算硐室围岩松动圈半径 R_1 的卡斯特纳（Kastner）公式。

塑性圈径向应力通解：

$$\ln(\sigma_r + c_m\cot\phi_m) = \frac{2\sin\phi_m}{1-\sin\phi_m}\ln r + A \quad (9-40)$$

在弹、塑区分界面上 $r = R_1$，$\sigma_r = \sigma_{R1}$，代入上式得：

$$A = \ln(\sigma_{R1} + c_m\cot\phi_m) - \frac{2\sin\phi_m}{1-\sin\phi_m}\ln R_1$$

代入式（9－40）得：

$$\sigma_r = (\sigma_{R1} + c_m\cot\phi_m)\left(\frac{r}{R_1}\right)^{\frac{2\sin\phi_m}{1-\sin\phi_m}} - c_m\cot\phi_m$$

在硐壁上，$r=R_0$，$\sigma_r=P_i$，代入上式得：

$$\left(\frac{R_1}{R_0}\right)^{\frac{2\sin\phi_m}{1-\sin\phi_m}}=\frac{\sigma_{R1}+c_m\cot\phi_m}{P_i+c_m\cot\phi_m} \tag{9-41}$$

在弹、塑区分界面上：

$$\sigma_r=\sigma_{R1}=\sigma_0(1-\sin\phi_m)-c_m\cos\phi_m \tag{9-42}$$

在式（9－42）中忽略弹、塑区分界面上的黏聚力 c_m，即令 $c_m=0$，再代入式（9－41），整理得：

$$R_1=R_0\left[\frac{\sigma_0(1-\sin\phi_m)+c_m\cot\phi_m}{P_i+c_m\cot\phi_m}\right]^{\frac{1-\sin\phi_m}{2\sin\phi_m}}$$

上式即为计算松动圈半径 R_1 的芬纳－塔罗勃公式。它与修正的芬纳－塔罗勃公式的区别在于它忽略了弹、塑区分界面上的黏聚力 c_m。

第三节　围岩压力的分类及计算

围岩压力（Peripheral rock pressure）是指围岩由于塑性变形或松动破坏而施加于支护衬砌上的压力。围岩压力是围岩与支护衬砌间的相互作用力，针对支护衬砌结构而言，围岩压力是外力，施力者是围岩；围岩压力的反力为支护力，支护力是支护结构对围岩松动变形的支挡和限制力。注意围岩应力与围岩压力的区别，围岩应力是围岩中的内力。如果围岩足够坚固，能够承受住围岩应力的作用，就不需要设置支护衬砌，也就不存在围岩压力的问题，只有当围岩产生过量的塑性变形或者产生破坏时，才需要设置支护衬砌用以维护围岩的稳定，因而形成了围岩压力。

一、围岩压力的分类及影响因素

（一）围岩压力分类

根据围岩压力的形成机理，可将其划分为形变围岩压力、松动围岩压力和冲击围岩压力。

1. 形变围岩压力

形变围岩压力是由于围岩塑性变形，如塑性挤入、膨胀内鼓以及弯折内鼓等形成的挤压力。地下硐室开挖后围岩的变形包括弹性变形和塑性变形。一般而言，弹性变形在施工过程中基本完成，因此它对支护衬砌一般不产生挤压力。而塑性变形则具有随时间增长而不断增大的特点，如果不及时支护，就会引起围岩失稳破坏，形成较大的围岩压力。产生形变围岩压力的条件有：①岩体较软弱或破碎，这时围岩应力很容易超过岩体的屈服极限而产生较大的塑性变形；②深埋硐室，由于围岩受压力过大，易引起塑性流动变形；③由膨胀围岩产生的膨胀围岩压力，主要是由于岩体中的膨胀性黏土矿物（如蒙脱石等）吸水膨胀产生的对支护衬砌的挤压力。

2. 松动围岩压力

松动围岩压力是由于围岩拉裂塌落、块体滑移及重力坍塌等松动塌落岩体在支护衬砌上的压力，等于塌落岩体的自重或其分量。这是一种有限范围内脱落岩体重力施加于支护衬砌上的压力，其大小取决于围岩性质、结构面交切组合关系及地下水活动和支护时间等因素。松动围岩压力可采用松散体极限平衡或块体极限平衡理论进行分析计算。

3. 冲击围岩压力

冲击围岩压力是由岩爆形成的一种特殊围岩压力。它是强度较高且较完整的弹脆性岩体过度受力后突然发生岩石弹射变形所引起的围岩压力现象。冲击围岩压力的大小与天然应力状态、围岩力学属性等密切相关，并受硐室埋深、施工方法及硐形等因素影响。冲击围岩压力的大小目前无法进行准确计算，只能对冲击围岩压力的产生条件及其产生可能性进行定性评价预测。

（二）影响围岩压力的因素

影响硐室稳定性及围岩压力的因素很多，归纳起来，可分为地质因素和工程因素两方面。地质因素系自然属性，反映硐室围岩稳定与围岩特性的内在联系；工程因素则是改变硐室稳定状态的外部条件。合理地利用内在的和外部的因素，并借助于正确的工程措施，可影响和控制围岩压力的变化和发展。

1. 地质因素

由于岩体是由各类结构面及其切割围限的岩块构成的组合体，岩体的稳定性和强度往往由软弱结构面所控制。因此，影响围岩压力及硐室稳定性的地质因素主要包括以下几方面。

（1）岩体的完整性或破碎程度。对于围岩压力来说，岩体的完整性又比岩体的坚固性重要得多。

（2）各类结构面，特别是软弱结构面的产状、分布特性和力学性质，包括结构面的填充情况、填充物的性质等，都将会影响围岩压力的大小及分布特性。

（3）地下水的赋存及活动状况。

（4）对于软弱岩层，其岩性、强度值也是一项重要的因素。

在坚硬完整的岩层中，硐室围岩一般处于弹性状态，仅有弹性变形或不大的塑性变形，且变形在开挖过程中已经完成，因此，这种地层中不会出现塑性形变压力，支护的作用仅仅是为了防止围岩掉块和风化。

在裂隙、软弱结构面发育岩体及软弱岩层中开挖的地下硐室，硐室围岩都会出现较大的塑性区，因而必须采取支护措施。这时支护结构上会出现较大的围岩塑性形变压力或围岩松动压力。岩体处于初始潜塑状态时支护结构上会出现极大的塑性形变压力。

2. 工程因素

影响围岩压力及硐室稳定性的工程方面的主要因素有硐室形状和尺寸、支护结构的形式和刚度、硐室的埋置深度及施工中的技术措施等。

1）硐室形状和尺寸

硐室的形状和硐室大小，包括硐室的平面、立体形式、高跨比、矢跨比及硐室尺寸等。由于硐形与围岩应力分布有密切关系，因而与围岩压力也有关系。通常认为圆形或椭圆形硐室产生的围岩压力较小，而矩形或梯形则较大，因为对于矩形或梯形硐室顶部容易出现拉应力，而在两边转角处又有较大的应力集中。但究竟何种硐形较好，应视地质情况而定。例如，如果初始应力为均匀压力，圆形最好；若初始应力主要为自重应力，且来自顶部方向，高拱形较好；若初始应力由地质构造和自重应力组成，且来自水平方向的两侧时，宜采用平拱形。此外，从弹性理论分析的结果来看，围岩应力与硐形有关，而与其几何尺寸无关，也就是说，硐室形状不变，跨度大小与围岩应力分布无关。但实际上，硐室形状不变，随跨度增大围岩压力也会发生变化，而且影响较大。特别是大跨度硐室，容易发生局部塌落和不对称地压，其支护结构受力状态是很不利的。

2）支护结构的形式和刚度

在不同的围岩压力下，支护具有不同的作用。例如，在松动压力作用下，支护主要是承受松动或塌落岩体的自重，起承载结构的作用；在塑性形变压力下，支护主要用来限制围岩变形，起维持围岩稳定的作用。通常情况下，支护同时具有上述两种作用。目前采用的支护有两种形式：一种是外部支护，另一种是内承支护（自承支护）。外部支护就是通常的衬砌，它承受松动或塌落岩体自重所产生的荷载，在密实回填的情况下，也能起到维持围岩稳定的作用。内承支护或自承支护是通过化学或水泥灌浆、锚杆、喷射混凝土等方式加固围岩，增强围岩的自承能力，从而增强围岩的稳定性。支护形式、支护刚度和支护时间（开挖后围岩暴露时间的长短）对围岩压力都有一定影响。硐室开挖后随着径向变形的产生，围岩应力产生重分布，同时，随着塑性区的扩大，围岩所要求的支护反力也随之减小。所以，采取喷射混凝土支护或柔性支护结构能充分利用围岩自承能力，使围岩压力减小。但是，支护的柔性不能太大，因为当塑性区扩展到一定程度出现塑性破裂时，岩体的 c、ϕ 值相应降低，引起围岩松动，这时，塑性形变压力就转化为松动压力，且可能达到很大的数值。还须指出，支护刚度不仅与材料和截面尺寸有关，而且与支护形式有关。实践表明，封闭型的支护比非封闭型的支护具有更大的刚度。对于可能出现底鼓现象的硐室，尤宜采用封闭型支护。

3）硐室的埋置深度

硐室的埋置深度对围岩压力有显著影响。对于浅埋硐室，围岩压力随深度增加而增加，且水平向的初始应力较大，相对而言对硐室稳定性有一定帮助。对于深埋硐室，由于埋深直接关系到侧压力系数的大小，特别是埋深很大时还可能出现潜塑性状态，因此埋置深度将影响围岩应力的大小。

4）施工中的技术措施

施工中的技术措施得当与否，对硐室的稳定性及围岩压力的大小都有很大影响。例如，爆破造成围岩松动和破碎的程度，硐室的开挖顺序和方法，支护的及时性、围岩暴露时间的长短，岩体超欠挖等情况，设计的硐形、幅员尺寸改变的情况等均对围岩压力有很大影响。除上述影响因素外，还有一些其他影响因素。例如，硐室的几何轴线与主构造线或软弱结构面的组合关系、相邻硐室的间距、时间因素等对围岩压力也有影响。

综上所述，影响围岩压力的因素很多，但当前的一些围岩压力理论常常忽略了许多影响因素，有时甚至是一些重要因素，致使计算结果与实际出入较大。因此，只有正确、全面地分析这些影响因素，并分清主次，才能正确得出围岩压力的大小及其分布规律。

二、围岩压力计算

（一）形变围岩压力计算

当支护结构与围岩共同工作时，支护力与围岩压力是一对作用力与反作用力，按牛顿第三定律，两者大小相等、方向相反。因此，求出支护力，也就等于求出了围岩压力。

根据式（9－41）得：

$$P_i = (\sigma_{R1} + c_m \cot\phi_m)\left(\frac{R_1}{R_0}\right)^{\frac{2\sin\phi_m}{1-\sin\phi_m}} - c_m \cot\phi_m \tag{9-43}$$

式中 R_0——圆形硐室半径，m；

R_1——围岩中弹、塑性区分界面半径，m；

c_m——围岩的黏聚力，MPa；

ϕ_m——围岩的内摩擦角，（°）；

σ_{R1}——弹、塑性区分界面上的径向应力，MPa。

$$\sigma_{R1} = \sigma_0(1 - \sin\phi_m) - c_m \cos\phi_m \tag{9-44}$$

在式（9－44）中令 $c_m = 0$（不考虑弹、塑性区分界面上的岩体黏聚力），代入式（9－43）得围岩压力计算的芬纳－塔罗勃公式：

$$P_i = [\sigma_0(1 - \sin\phi_m) + c_m \cot\phi_m]\left(\frac{R_0}{R_1}\right)^{\frac{2\sin\phi_m}{1-\sin\phi_m}} - c_m \cot\phi_m \tag{9-45}$$

把式（9－44）直接代入式（9－43）得修正的芬纳－塔罗勃公式：

$$P_i = [(\sigma_0 + c_m \cot\phi_m)(1 - \sin\phi_m)]\left(\frac{R_1}{R_0}\right)^{\frac{2\sin\phi_m}{1-\sin\phi_m}} - c_m \cot\phi_m \tag{9-46}$$

在上式中替换 $c_m = \dfrac{\sigma_0(1 - \sin\phi_m)}{2\cos\phi_m}$，令 $\dfrac{1 + \sin\phi_m}{1 - \sin\phi_m} = \xi$ 并代入上式，得卡斯特纳公式：

$$P_i = \frac{2}{\xi + 1}\left(\sigma_0 + \frac{\sigma_c}{\xi - 1}\right)\left(\frac{R_0}{R_1}\right)^{\xi - 1} - \frac{\sigma_c}{\xi - 1} \tag{9-47}$$

围岩压力除与岩体中的天然应力 σ_0、围岩的强度参数 c_m、ϕ_m 以及硐室的大小 R_0 有关外，还受塑性区大小控制。围岩压力 P_i 与塑性圈半径 R_1 成反比，当 $R_1 = R_0$ 时围岩压力 P_i 最大，这时式（9－45）、式（9－46）和式（9－47）成为

芬纳公式：

$$P_i = \sigma_0(1 - \sin\phi_m)$$

修正的芬纳公式：

$$P_i = \sigma_0(1 - \sin\phi_m) - c_m \cos\phi_m$$

卡斯特纳公式：

$$P_i = \frac{2\sigma_0 - \sigma_c}{\xi + 1}$$

另外，修正的芬纳－塔罗勃公式（9－46）可改写为

$$P_i = \sigma_0(1 - \sin\phi_m)\left(\frac{R_1}{R_0}\right)^{\frac{2\sin\phi_m}{1-\sin\phi_m}} - c_m \cot\phi_m\left[1 - (1 - \sin\phi_m)\left(\frac{R_1}{R_0}\right)^{\frac{2\sin\phi_m}{1-\sin\phi_m}}\right]$$

由上式可知，当 ϕ_m 一定时，P_i 取决于天然应力 σ_0 和岩体的黏聚力 c_m。c_m 的存在可以减小维持围岩稳定所需要的支护力 P_i。

由于塑性松动圈半径 R_1 难以直接测定，所以常用硐壁围岩的位移 u_{R0} 替换 R_1 来表示 P_i。由硐壁围岩塑性位移计算公式（9-34）可得：

$$\left(\frac{R_0}{R_1}\right)^2=\frac{R_0\sin\phi_m+(\sigma_0+c_m\cot\phi_m)}{2Gu_{R0}}$$

上式代入修正的芬纳-塔罗勃公式（9-46）得：

$$P_i=(\sigma_0+c_m\cot\phi_m)(1-\sin\phi_m)\left[\frac{R_0\sin\phi_m+(\sigma_0+c_m\cot\phi_m)}{2Gu_{R0}}\right]e^{\frac{\sin\phi_m}{1-\sin\phi_m}}-c_m\cot\phi_m \tag{9-48}$$

式中 u_{R0}——硐壁的径向位移，m；

u_0——硐室开挖后到支护衬砌前硐壁的径向位移，m；取决于围岩性质及暴露时间，与施工方法有关，常用实测方法求得；

u_1——衬砌和围岩之间回填层的压缩位移，m；取决于回填材料性质和填料的密实程度。对于喷锚支护，可以认为无回填层；对于压浆回填，可把回填层计入衬砌层。所以，这两种情况均可取 $u_1=0$；

u_2——支护衬砌后衬砌的位移，m；取决于支护衬砌型式、形状和刚度。对于封闭式混凝土衬砌的圆形硐室，假定围岩与衬砌共同变形，根据弹性理论，把衬砌层视为弹性厚壁筒，筒外围受围岩压力 P_i，筒内壁不受力，在这种受力条件下弹性厚壁筒外壁的位移即为 u_2。

其中，$u_{R0}=u_0+u_1+u_2$。

根据弹性理论，图 9-15 所示的混凝土衬砌内的位移 u_c 为

$$u_c=\frac{P_iR_0^2}{E_1(R_0^2-R_b^2)}\left[(1+\nu_1)\frac{R_b^2}{r}+(1-\nu_1)r\right] \tag{9-49}$$

式中 P_i——围岩压力，MPa；

R_0——衬砌外径，m；

R_b——衬砌内径，m；

E_1——材料的平面形变问题的弹性模量，MPa；

ν_1——材料的平面形变问题的泊松比。

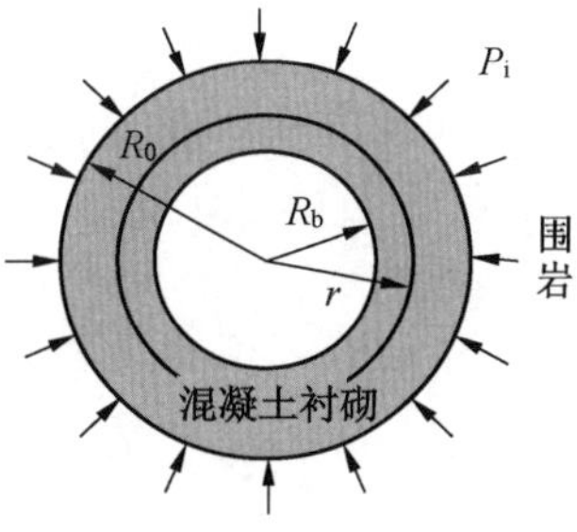

图 9-15 衬砌压力

它们与衬砌材料弹性模量 E_c 和泊松比 ν_c 的关系为

$$E_1=\frac{E_c}{1-\nu_c^2}\quad \nu_1=\frac{\nu_c}{1-\nu_c} \tag{9-50}$$

在围岩和衬砌的接触面（衬砌外壁）上，$r=R_0$，代入式（9-49）得：

$$u_2=u_{cR0}=\frac{P_iR_0}{E_1}\left(\frac{R_0^2+R_b^2}{R_0^2-R_b^2}-\nu_1\right)$$

把式（9-50）代入上式得：

$$u_2=\frac{P_iR_0(1-\nu_c^2)}{E_c}\left(\frac{R_0^2+R_b^2}{R_0^2-R_b^2}-\frac{\nu_c}{1-\nu_c}\right)$$

式（9－45）~式（9－47）都表明，围岩压力 P_i 与塑性松动圈半径 R_1 成反比。因此，在不导致围岩失稳的前提下，允许围岩发生一定的位移，适当扩大塑性松动区，有助于减小围岩压力。由此也可以推断，不仅处于弹性变形阶段的围岩有自稳能力，处于塑性变形阶段的围岩也具有一定自稳能力。所以，有可能用较薄的衬砌也能维持硐室稳定。但塑性围岩的自稳能力是有限的，当 P_i 降到某一低值 P_{imin} 时，塑性圈就要塌落，围岩压力 P_i 可能会再增大（图9－16）。式（9－48）表明，围岩压力 P_i 随硐壁位移 u_{R0} 增大而减小。这说明硐室开挖后，允许硐壁发生适当的位移后再进行支护，有利于降低围岩压力，减小衬砌厚度。所以，实际工作中常采用柔性支护结构。

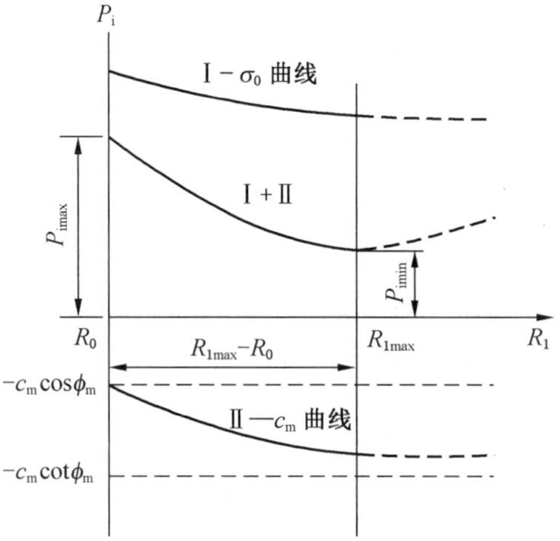

Ⅰ—由 σ_0 引起的 P_i-R_1 关系曲线；Ⅱ—由 c_m 引起的 P_i-R_1 关系曲线；

Ⅰ＋Ⅱ—修正的芬纳－塔罗勃公式 P_i-R_1 关系曲线

图9－16　P_i-R_1 关系曲线

由图9－17可见，当 $u_{R0}=(u_{R0})_{R_1}$（即围岩开始出现塑性变形）时，围岩压力 $P_i=P_{imax}$（最大）。而后，P_i 随 u_{R0} 的增大而减小，到 B 点，$P_i=P_{imin}$（最小）。之后，因围岩松动塌落会使围岩压力 P_i 回升。因此，支护衬砌必须在 AB 之间进行，越接近 B 点，P_i 越小，支护结构越优化。若在 C 点进行支护，则由于衬砌位移 u_2 的影响，最终的围岩压力 P_i 由曲线Ⅰ和曲线Ⅱ的交点确定。

（二）松动围岩压力计算

变形与松动是围岩变形破坏发展的两个阶段，围岩过度变形超过了它的抗变形能力，就会发生松动乃至塌落。对于不同类型的岩体，塌落形式有显著差异：对于深埋的较松散破碎岩体，开挖后往往会发生硐室顶部岩体的塌落，促使顶部岩体进行应力调整，最终形成一个自然平衡拱使得平衡拱上部的岩体保持稳定，而作用在支护上的荷载即为平衡拱内的岩体自重，所以一般采用平衡拱理论进行计算；对于浅埋的地下较松散破碎岩体，开挖

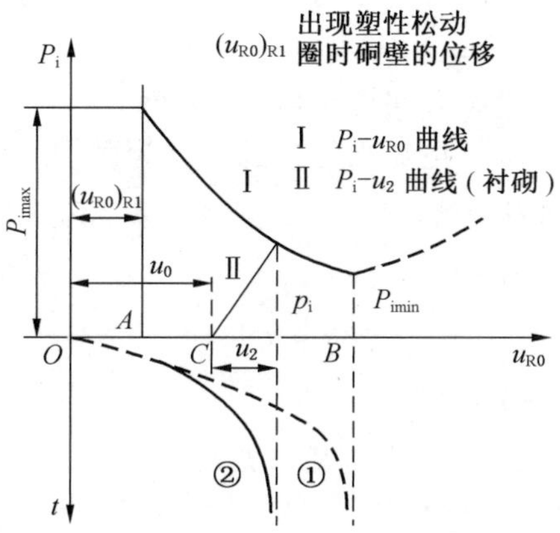

①—无支护曲线；②—有支护曲线

图 9－17　P_i-u_{R0} 关系曲线

后硐室顶部岩体往往会产生较大的沉降，有的岩体甚至会出现塌落、冒顶等现象，基于这样的破坏形式，一般采用岩柱法和太沙基理论；而对于整体状结构岩体常被各种结构面切割成不同形状和大小的结构体，硐室开挖后，由于硐壁临空，围岩中某些块体在自重作用下可能会向硐内滑移、垮落，围岩压力就是由这些滑动块体的重量产生的。这时，可以采用块体极限平衡理论对围岩压力进行分析、计算。

1. 深埋硐室松动围岩压力计算（平衡拱理论）

该理论由普罗托季亚科诺夫在 1907 年提出，因此又称普氏理论。该理论认为硐室开挖后，若不及时支护，硐顶岩体将发生塌落，然而这种塌落是有限的，塌落到一定程度后，岩体会进入新的平衡状态形成一个自然平衡拱。普氏理论假定，围岩是不具有黏聚力的松散体，这种围岩的抗拉、抗剪、抗弯能力都极弱，因此，平衡拱的切线方向上只有压应力。平衡拱以上的岩体自重通过拱传递到硐室两侧，而对拱内岩体无影响。从而，作用于衬砌上的垂向围岩压力就是平衡拱与衬砌之间破碎岩体的重量，与拱外岩体无关。因此，确定平衡拱的形状是计算围岩压力的关键。

1）拱形及拱高

如图 9－18 所示，曲线 *LOM* 为平衡拱，*x* 轴沿水平方向与拱顶相切，指向左，圆点 *O* 与拱顶重合；*y* 轴过拱顶点 *O* 指向下，拱形对称于 *y* 轴。

在左半跨拱形 *LO* 上任取一点 *A*(*x*，*y*) 考察 *OA* 弧段的受力平衡。

考虑以上各力对 *A* 点的力矩平衡有：

$$R_x \cdot y - \sigma_v \cdot x \cdot \frac{x}{2} + W \cdot 0 = 0$$

解得：
$$y = \frac{\sigma_v}{2R_x}x^2 \qquad (9-51)$$

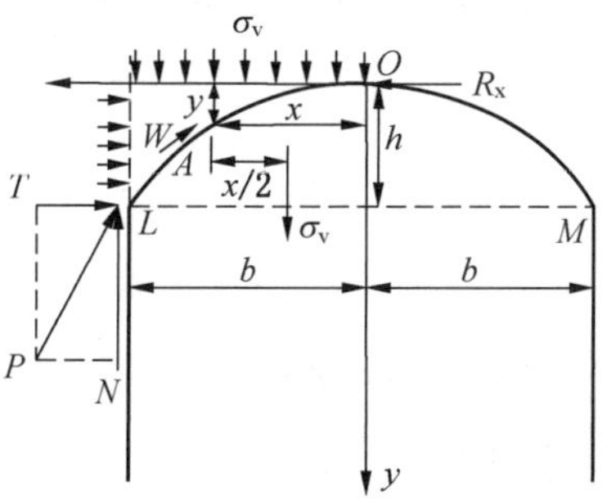

图 9－18　平衡拱受力分析示意图

式中 R_x——右半跨拱形 OM 的反力，作用于 O 点，沿水平方向，kN；

W——LA 段弧的反力，kN；

σ_v——铅直天然应力，沿 x 方向均布作用，MPa。

上式即为平衡拱的曲线方程，可见平衡拱的形状为抛物线。

考虑左半跨拱形 LO 的受力平衡：

Y 方向，$\sum F_y = 0$，$\sigma_v b - N = 0$

$$N = \sigma_v b$$

X 方向，$\sum F_x = 0$，$R_x - T = 0$

$$R_x = T \tag{9-52}$$

拱形处于极限平衡状态：

$$T = Nf \tag{9-53}$$

式中 f——在物理上可理解为拱脚 L 附近岩体的内摩擦系数，称为岩体的普氏系数，又称为岩体的坚固性系数。

普氏理论假定围岩为不具黏聚力的松散体，其抗剪强度为

$$\tau_1 = \sigma f$$

实际岩体是有一定黏聚力的，其抗剪强度为

$$\tau_2 = c_m + \sigma \tan\phi_m$$

普氏用提高摩擦系数的方法来弥补假定中的缺陷，所以令 $\tau_1 = \tau_2$，从而：

$$f = \tan\phi_m + \frac{c_m}{\sigma}$$

若令 $f = \tan\phi_f$，则 ϕ_f 可理解为增大了的内摩擦角。f 或 ϕ_f 是正应力 σ 的函数，对于坚硬岩体可根据岩石的单轴抗压强度 σ_c 估算：

$$f = \frac{\sigma_c}{10}$$

综合式（9-52）、式（9-53）得：$R_x = Nf$

为使拱圈有一定的安全储备，应使 $R_x < Nf$，普氏取

$$R_x = \frac{1}{2}Nf = \frac{1}{2}\sigma_v bf \tag{9-54}$$

把式（9-54）代入式（9-51），整理得到平衡拱的曲线方程如下：

$$y = \frac{x^2}{bf}$$

上式中，当 $x = b$ 时，$y = h$，从而得到平衡拱的拱高 h 为

$$h = \frac{b}{f} \tag{9-55}$$

2）硐顶垂向围岩压力

硐侧壁稳定时，硐顶的松动围岩压力即为平拱 LOM 之下岩体的重量，即：

$$P_v = \rho g A \tag{9-56}$$

式中 P_v——硐顶垂向围岩压力，kN/m；

ρ——岩体的密度，kg/m^3；

g——重力加速度，N/kg；

A——平衡拱下拱高 h 范围内的面积，m^2。

上式表示硐轴线方向单位宽度平衡拱下岩体形成的松动围岩压力。

$$A = \int_{-b}^{b}(h - y)\,dx = \int_{-b}^{b}\left(h - \frac{x^2}{bf}\right)dx = 2hb - \frac{2b^2}{3f} = \frac{4b^2}{3f}$$

把 $A = \dfrac{4b^2}{3f}$ 代入式（9－56）得：

$$P_v = \frac{4\rho g b^2}{3f} \tag{9-57}$$

硐侧壁不稳定时，硐顶的松动围岩压力因两侧壁滑动，平衡拱的半跨宽将由 b 扩大至 b_1。侧壁岩体滑动面与铅垂方向的夹角 $\alpha = 45° - \dfrac{\phi_f}{2}$，设硐室的高度为 H，则：

$$\begin{cases} b_1 = b + H\tan\left(45° - \dfrac{\phi_f}{2}\right) \\ h_1 = \dfrac{b_1}{f} \end{cases}$$

这时矩形硐室（宽度＝$2b$）顶部的围岩压力为扩大了的平衡拱（拱高＝h_1）下至硐顶之间的松动围岩的自重，即：

$$P_v = \rho g\int_{-b}^{b}(h_1 - y)\,dx = 2\rho g\int_{0}^{b}\left(\frac{b_1}{f} - \frac{x^2}{b_1 f}\right)dx = \frac{2\rho g b}{3fb_1}(3b_1^2 - b^2) \tag{9-58}$$

3）侧向围岩压力

侧壁不稳定时，两侧壁岩体的滑动楔体将对衬砌产生侧向围岩压力，此压力值可按土力学中的朗肯（Rankine，W. J. M）土压力理论计算。如图 9－19 所示，侧壁岩体滑动楔体对衬砌的侧向压力按朗肯主动土压力三角形分布，硐顶、硐底处的侧压力计算公式为

$$P_1 = \rho g h_1 \tan^2\left(45° - \frac{\phi_f}{2}\right) \tag{9-59}$$

$$P_2 = \rho g(h_1 + H)\tan^2\left(45° - \frac{\phi_f}{2}\right) \tag{9-60}$$

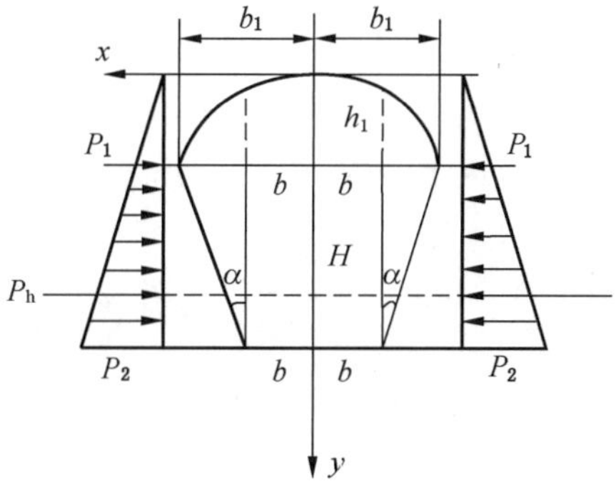

图 9－19　侧壁围岩滑动时的平衡拱

式中　P_1——硐顶处的侧压力，MPa；

P_2——硐底处的侧压力，MPa。

硐室侧向围岩压力分布从硐顶到硐底为梯形，上底为 P_1，下底为 P_2。因此，总的侧向围岩压力为

$$P_h = \frac{1}{2}(P_1 + P_2)H = \frac{1}{2}\rho g H \cdot (2h_1 + H) \cdot \tan^2\left(45° - \frac{\phi_f}{2}\right) \tag{9-61}$$

式中　P_h——总的侧向围岩压力，kN/m。

P_h 的作用点 $y=y_0$，按梯形分布作用力相对于作用点 y_0 的力矩平衡计算：

$$\int_{h_1}^{y_0}(y_0-y)x\mathrm{d}y=\int_{y_0}^{H+h_1}(y-y_0)x\mathrm{d}y$$

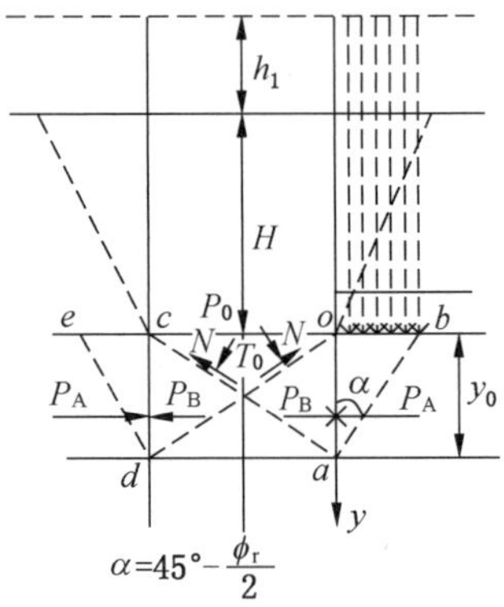

图 9-20 硐室底部围岩压力分析

把 $x=\dfrac{P_2}{H+h_1}y$ 代入积分得：

$$y_0=\frac{2}{3}\frac{(H+h_1)^3-h_1^3}{(H+h_1)^2-h_1^2} \tag{9-62}$$

4）底部围岩压力

硐底岩石的膨胀、硐底两侧岩体挤入等都可能形成硐室底部的围岩压力。下面讨论岩体挤入形成的底部围岩压力。

如图 9-20 所示，在硐底高程处，硐侧壁围岩内有上覆岩体存在，硐底高程面上受到的铅垂向压力可近似为 $\rho g(h_1+H)$；而在硐室中，因硐室挖空，所以硐底上无荷载作用。硐室侧壁内、外存在的这种压力差 $\rho g(h_1+H)$ 有可能使硐室底部围岩挤入、隆起，从而产生向上的底部压力。

在硐底与侧壁交点 O 沿硐壁方向建立 y 轴。把 y 轴视为“虚拟”挡土墙，则 y 轴各点上所承受的主动土压力 P_a 和被动土压力 P_b 分别为

$$\begin{cases}P_a=\rho g(h_1+H+y)\tan^2\left(45°-\dfrac{\phi_f}{2}\right)\\[2ex] P_b=\rho g y\tan^2\left(45°+\dfrac{\phi_f}{2}\right)\end{cases}$$

在 a 点以上，岩体处于塑性状态：$P_a>P_b$。

在 a 点以下，岩体处于弹性状态：$P_a<P_b$。

在 a 点上，岩体处于极限平衡状态：$P_a=P_b$。

从而：

$$\rho g(h_1+H+y_0)\tan^2\left(45°-\frac{\phi_f}{2}\right)=\rho g y_0\tan^2\left(45°+\frac{\phi_f}{2}\right)$$

由上式解出极限深度 y_0：

$$y_0=(h_1+H)\frac{\tan^2\left(45°-\dfrac{\phi_f}{2}\right)}{\tan^2\left(45°+\dfrac{\phi_f}{2}\right)-\tan^2\left(45°-\dfrac{\phi_f}{2}\right)} \tag{9-63}$$

当 $y_0>0$ 时才有底部压力产生。此时，oy 轴外侧的楔体 oab 滑向 oy 轴，对 oy 轴施加主动土压力 P_A；而 oy 轴内侧的楔体 oac 受 oy 轴的推挤，处于被动状态，对 oy 轴施加被动土压力 P_B。P_A 与 P_B 之差即为推动楔体 oac 向硐内滑动的推力，即

$$P=P_A-P_B$$

式中 P——硐内滑动的推力，kN/m。

其中

$$\begin{cases} P_{\mathrm{A}} = \dfrac{1}{2}\rho g y_0(2h_1 + 2H + y_0) \cdot \tan^2\left(45° - \dfrac{\phi_{\mathrm{f}}}{2}\right) \\ P_{\mathrm{B}} = \dfrac{1}{2}\rho g y_0^2 \cdot \tan^2\left(45° + \dfrac{\phi_{\mathrm{f}}}{2}\right) \end{cases}$$

推力 P 在滑移面 ac 上可分解为法向力和切向力，即：

$$\begin{cases} N = P \cdot \sin\left(45° - \dfrac{\phi_{\mathrm{f}}}{2}\right) \\ T = P \cdot \cos\left(45° - \dfrac{\phi_{\mathrm{f}}}{2}\right) \end{cases} \tag{9-64}$$

式中　N——推力 P 在滑移面 ac 上分解的法向力，kN/m；

T——推力 P 在滑移面 ac 上分解的切向力，kN/m。

沿滑移面 ac 的有效滑动力 T_0 为

$$T_0 = T - N\tan\phi_{\mathrm{f}} = P \cdot \left[\cos\left(45° - \frac{\phi_{\mathrm{f}}}{2}\right) - \sin\left(45° - \frac{\phi_{\mathrm{f}}}{2}\right)\tan\phi_{\mathrm{f}}\right]$$

解出：

$$T_0 = \frac{P}{2\cos\left(45° - \dfrac{\phi_{\mathrm{f}}}{2}\right)} \tag{9-65}$$

同理，在与滑移面 ac 对称的滑移面 od 上的有效滑动力同样为 T_0，滑移面 ac 和滑移面 od 上的一对滑动力 T_0 在铅垂方向的合力 P_0，即为所求的硐室底部围岩压力：

$$P_0 = 2T_0\sin\left(45° - \frac{\phi_{\mathrm{f}}}{2}\right) = P\tan\left(45° - \frac{\phi_{\mathrm{f}}}{2}\right) \tag{9-66}$$

式中　P_0——所求的硐室底部围岩压力，kN/m。

【例 9-1】 某硐室修建在致密的泥灰岩中，其断面如图 9-21 所示。硐宽 $2b = 8$ m，高 $H = 5$ m，岩体普氏系数 $f = 3$，密度 $\rho = 2.58$ g/cm³，$\phi_{\mathrm{f}} = 70°$。求：作用在硐室衬砌上的顶部垂向围岩压力、侧向压力及底部压力。

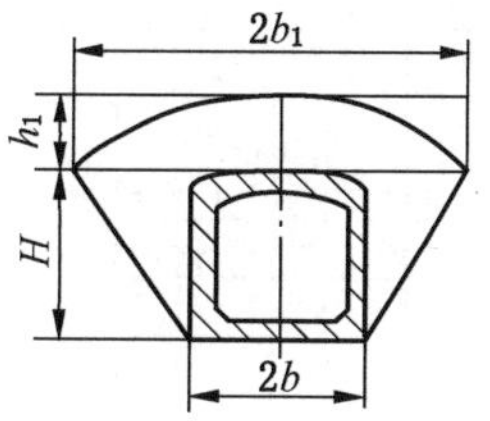

图 9-21　【例 9-1】图

【解】 顶部围岩压力

$$b_1 = b + H\tan\left(45° - \frac{\phi_{\mathrm{f}}}{2}\right) = 4 + 5\tan\left(45° - \frac{70°}{2}\right) = 4.882(\mathrm{m})$$

$$h_1 = \frac{b_1}{f} = \frac{4.882}{3} = 1.627(\mathrm{m})$$

$$P_{\mathrm{v}} = \frac{2}{3}\frac{\rho g b}{f b_1}(3b_1^2 - b^2) = \frac{2 \times 2.5 \times 9.8 \times 4}{3 \times 3 \times 4.882}[3 \times (4.882)^2 - 4^2] = 247.58(\mathrm{kN/m})$$

侧向围岩压力

$$P_{\mathrm{h}} = \frac{1}{2}\rho g H(2h_1 + H) \cdot \tan^2\left(45° - \frac{\phi_{\mathrm{f}}}{2}\right) = \frac{1}{2} \times 2.5 \times 9.8 \times 5 \times$$
$$(2 \times 1.627 + 5)\tan^2\left(45° - \frac{70°}{2}\right) = 15.72(\mathrm{kN/m})$$

底部围岩压力

$$y_0 = (h_1 + H)\frac{\tan^2\left(45° - \dfrac{\phi_f}{2}\right)}{\tan^2\left(45° + \dfrac{\phi_f}{2}\right) - \tan^2\left(45° - \dfrac{\phi_f}{2}\right)} = (1.672 + 5)\frac{\tan^2 10°}{\tan^2 80° - \tan^2 10°}$$

$$= 0.00646(\text{m})$$

由于 $y_0 \approx 0$，故无底部围岩压力。

5）关于普氏理论的讨论

普氏理论的基本前提：①硐室围岩为几乎无黏聚力的松散体；②硐室上方能形成稳定的平衡拱。这种假定大大简化了围岩压力的计算，因此，普氏理论的围岩压力公式较简单，使用较方便。但存在以下问题：

（1）普氏理论把岩体视为松散体，与大多数岩体实际情况不符。

（2）普氏系数 f 随应力 σ 变化，不是岩体本身的特性参数，也无法由实验确定。

（3）按普氏理论，围岩压力在顶部中央最大。但许多工程的最大顶压常偏离拱顶，这由普氏理论不好解释。

（4）按普氏理论，围岩压力只与硐室跨度有关，而与硐形、上覆岩层厚度及施工方法、程序等无关，这些都与实际情况不完全相符。

这些问题都是普氏理论的基本假设与实际情况有出入造成的。因此，应用普氏理论时必须注意研究对象与普氏假定的符合程度，最主要的要看硐室围岩是否符合松散体的假定，以及硐室上覆岩体是否具有相当的厚度（硐室埋深 $Z > 5b_1$），从而能够形成平衡拱。另外，还要注意围岩是否存在明显偏压、f 值选择是否合适等。若实际情况与理论假设相符，常能获得较满意的结果。

2. 浅埋硐室松动围岩压力计算

1）太沙基理论

该理论把松动岩体看作具有一定黏聚力的松散体，从应力传递概念出发，推导作用于衬砌上的硐顶垂向围岩压力。

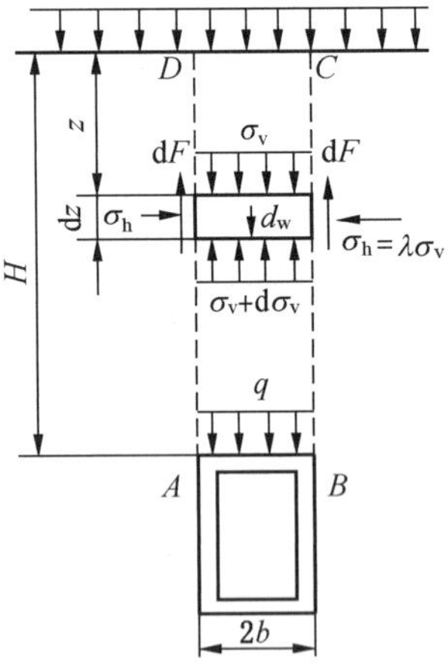

图 9-22 侧壁稳定时的硐顶围岩压力

如图 9-22 所示，设硐顶 A、B 处发生垂向破裂面 AD、BC 并延至地表，形成松动岩体 $ABCD$。在松动体中距地表深度为 z 处切取厚度为 $\mathrm{d}z$ 的薄层单元，单元体自重 d_w 为

$$d_w = 2\rho g b \mathrm{d}z \tag{9-67}$$

单元体两侧均受到摩擦力 $\mathrm{d}F$：

$$\mathrm{d}F = (\sigma_h \tan\phi_m + c_m)\mathrm{d}z \tag{9-68}$$

单元体上面受铅垂应力 σ_v，单元体下面受铅垂应力 $\sigma_v + \mathrm{d}\sigma_v$。

设

$$\sigma_h = \lambda\sigma_v \tag{9-69}$$

考虑单元体在铅垂方向的平衡有：

$$d_w + 2b\sigma_v - 2b(\sigma_v + \mathrm{d}\sigma_v) - 2\mathrm{d}F = 0 \tag{9-70}$$

将式（9-67）、式（9-68）、式（9-69）代入式（9-70）得：

$$\frac{\mathrm{d}\sigma_{\mathrm{v}}}{\mathrm{d}z}+\frac{\lambda\tan\phi_{\mathrm{m}}}{b}\sigma_{\mathrm{v}}=\rho g-\frac{c_{\mathrm{m}}}{b} \tag{9-71}$$

由式（9－71）解出：

$$\sigma_{\mathrm{v}}=\frac{b}{\lambda\tan\phi_{\mathrm{m}}}\left[\left(\rho g-\frac{c_{\mathrm{m}}}{b}\right)-A\mathrm{e}^{-\frac{\lambda\tan\phi_{\mathrm{m}}Z}{b}}\right] \tag{9-72}$$

考虑边界条件，当 $Z=0$ 时，$\sigma_{\mathrm{v}}=P$，代入上式求出常数 A：

$$A=\rho g-\frac{c_{\mathrm{m}}}{b}-\frac{\lambda\tan\phi_{\mathrm{m}}}{b}P$$

从而：

$$\sigma_{\mathrm{v}}=\frac{b}{\lambda\tan\phi_{\mathrm{m}}}\left(\rho g-\frac{c_{\mathrm{m}}}{b}\right)\left(1-\mathrm{e}^{-\frac{\lambda\tan\phi_{\mathrm{m}}Z}{b}}\right)+p\cdot\mathrm{e}^{-\lambda\frac{Z}{b}\tan\phi_{\mathrm{m}}}$$

若 $c_{\mathrm{m}}=0$，$P=0$，上式变为

$$\sigma_{\mathrm{v}}=\frac{\rho g b}{\lambda\tan\phi_{\mathrm{m}}}\left(1-\mathrm{e}^{-\lambda\frac{Z}{b}\tan\phi_{\mathrm{m}}}\right)$$

若 $c_{\mathrm{m}}\neq0$，$P\neq0$，$Z=H$ 时 $\sigma_{\mathrm{v}}=q$，即：

$$q=\frac{b\rho g-c_{\mathrm{m}}}{\lambda\tan\phi_{\mathrm{m}}}\left(1-\mathrm{e}^{-\lambda\frac{H}{b}\tan\phi_{\mathrm{m}}}\right)+P\mathrm{e}^{-\lambda\frac{H}{b}\tan\phi_{\mathrm{m}}} \tag{9-73}$$

若开挖后，硐室侧壁亦不稳定时，硐室侧壁与铅垂线相交成 $45°-\frac{\phi_{\mathrm{m}}}{2}$角的滑裂面（图9－23）。

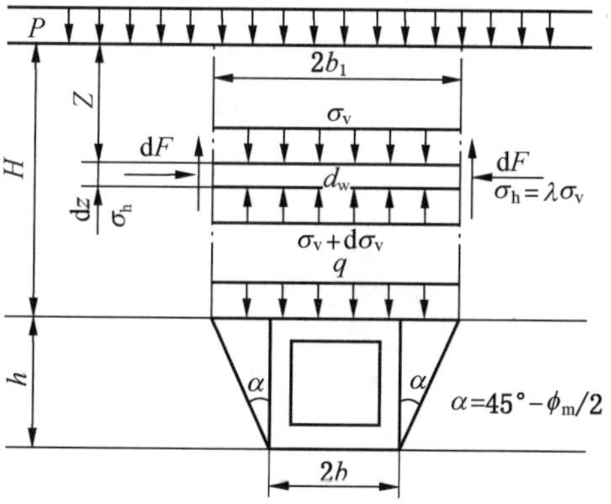

图9－23 侧壁出现滑移面时硐顶围岩压力

硐顶围岩压力的计算与上述方法相同，只需将式（9－73）中的 b 替换为 b_1：

$$b_1=b+h\tan\left(45°-\frac{\phi_{\mathrm{m}}}{2}\right)$$

硐顶垂向围岩压力为

$$q=\frac{b_1\rho g-c_{\mathrm{m}}}{\lambda\tan\phi_{\mathrm{m}}}\left(1-\mathrm{e}^{-\lambda\frac{H}{b_1}\tan\phi_{\mathrm{m}}}\right)+P\mathrm{e}^{-\lambda\frac{H}{b_1}\tan\phi_{\mathrm{m}}} \tag{9-74}$$

2）岩柱法理论

由于硐室的开挖，当硐顶以上的岩体不能形成平衡拱，或平衡拱承载力不够时，围岩压力的计算可按下述应力传递原则。硐室顶部的松散岩体将产生很大的沉降甚至塌落，因此考虑从地面到硐室顶部的岩体自重，扣除部分摩擦阻力后，作用在硐室顶部的压力即为围岩压力。

（1）基本假设条件：①松散岩体的黏聚力 c 为零；②松散岩体的计算模式如图 9－24 所示，硐室开挖后上覆岩体向下位移，同时硐室两侧的岩体会出现两个破裂面，该破裂面与硐室侧壁的夹角为 $45°-\phi_f/2$，作用在硐室顶部的围岩压力为可能向下位移的最大块体的自重，并克服了两侧岩体的摩擦力后所剩余的力。

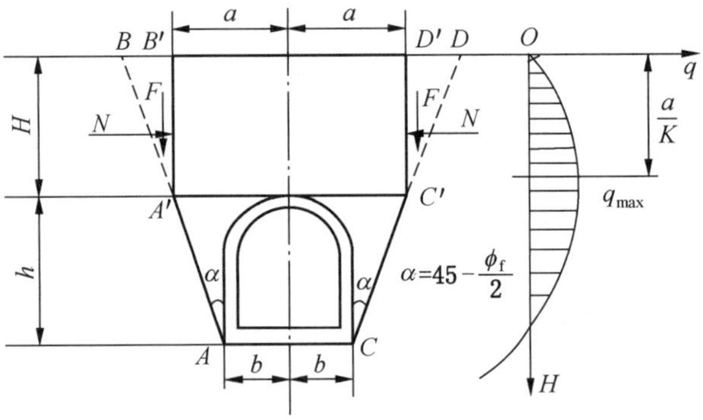

图 9－24　浅埋硐室围岩压力分析

（2）岩柱法围岩压力的计算。如图 9－24 所示，硐顶 $A'C'$ 以上的岩体 $A'B'D'C'$ 的重量 W 是形成硐顶围岩压力的主要原因。另外，硐室两侧的滑面 AA' 和 CC' 会延伸至地表，从而形成楔体 $A'B'B$ 和 $C'D'D$ 沿倾斜滑面向下移动，导致楔体对垮落体的挤压，按朗肯主动土压力理论，压力为

$$N=\frac{1}{2}\rho gH^2\tan^2\left(45°-\frac{\phi_f}{2}\right)$$

式中　N——压力，kN/m。

压力 N 在 $A'B'$ 和 $C'D'$ 面上形成的摩阻力为

$$F=N\tan\phi_f=\frac{1}{2}\rho gH^2\tan^2\left(45°-\frac{\phi_f}{2}\right)\tan\phi_f$$

式中　F——摩阻力，kN/m。

作用于硐顶 AC 上的垂向压力为

$$Q=W-2F=2a\rho gH-\rho gH^2\tan^2\left(45°-\frac{\phi_f}{2}\right)\tan\phi_f$$

若硐顶围岩压力是均匀分布的，则单位承压面积上的围岩压力为

$$q=\frac{Q}{2a}=\rho gH-\frac{\rho gH^2}{2a}\tan^2\left(45°-\frac{\phi_f}{2}\right)\tan\phi_f \tag{9-75}$$

式中　q——单位面积上的围岩压力，MPa/m^2；

Q——垂向压力，MPa；

H——硐高，m；

g——重力加速度，N/kg；

a——硐顶承压宽度的一半，m。

令 $\tan^2\left(45°-\frac{\phi_f}{2}\right)\tan\phi_f=K$，则上式变为

$$q=\rho gH\left(1-\frac{K}{2a}H\right) \tag{9-76}$$

由上式可知，垂向围岩压力 q 始终小于岩柱的重量 ρgH，反映了垮落岩体两侧面上摩阻力 F 的作用，部分重量通过侧摩阻作用传递给两侧岩体，减轻了硐顶围岩的垂向压力。另外，q 是硐顶埋深 H 的二次函数，开始它随 H 的增大而增加，当超过某一极限埋深 H_{max} 时，q 将随 H 的增大而减小。令 $\frac{d_q}{d_H}=0$，求得 H_{max} 为

$$H_{max}=\frac{a}{K}$$

将上式代入式（9－76）得：

$$q_{max}=\frac{1}{2}\rho gH \tag{9-77}$$

上述分析说明，当 $H>\frac{a}{K}$ 时，q 不但逐渐减小，还可能出现负值，这显然与实际情况不符。因此，式（9－75）或式（9－76）只适用于 $H\leqslant\frac{a}{K}$ 的情况，即只适用于浅埋硐室的硐顶围岩压力计算。

3. 块体极限平衡理论

对于整体状结构岩体，需要运用块体极限平衡法进行围岩压力分析，主要包括以下内容：①地质构造分析，研究结构面的组合形式及其与硐轴线的关系，确定潜在滑动块体的位置、形状、大小和产状；②运动特征分析，确定潜在滑动块体可能的滑面位置、产状、力学强度参数和可能的滑动方向；③稳定性分析，通过对块体行为进行受力分析，确定潜在滑动块体的极限平衡条件，进一步确定块体的稳定状态；④围岩压力计算，若块体处于稳定状态，则围岩压力 $P=0$；若块体处于不稳定状态，则要根据具体情况计算块体产生的围岩压力。以下从③、④两方面阐述硐室顶部、侧壁围岩块体以及密集节理切割围岩体的围岩压力分析。

1）硐顶围岩体分析

不同结构面组合可能切割出不同形状的围岩体，现以楔形体和柱形体为例，介绍硐顶围岩压力极限平衡分析方法。

（1）楔形围岩体。如图 9－25 所示，硐顶围岩被一对走向平行于硐轴向，而倾向相反的人字形软弱结

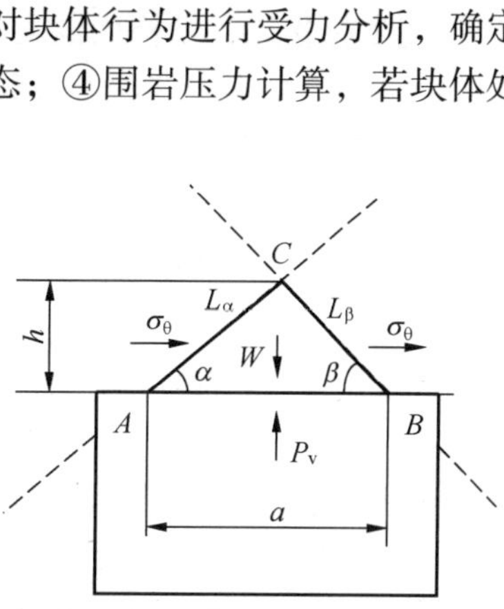

图 9－25　硐顶楔形围岩体受力

构面切割出一个与硐室延伸方向相同的楔形围岩体。楔形体高度为 h，在硐顶上出露的宽度为 a，两组结构面 L_α、L_β 的倾角分别为 α 和 β。结构面的黏聚力为 c、内摩擦角为 ϕ_j。楔形体的自重为 W，并受到硐顶附近切向重分布应力 σ_θ 和支护力 P_v。

楔形体可以测量的几何参数：倾角 α、β，出露宽度 a。

导出几何参数： $h=\dfrac{a}{\cot\alpha+\cot\beta}$，$L_\alpha=\dfrac{h}{\sin\alpha}$，$L_\beta=\dfrac{h}{\sin\beta}$

式中 h——楔形体高度，m；

a——硐顶上出露的宽度，m；

α——结构面 L_α 的倾角，(°)；

β——结构面 L_β 的倾角，(°)；

c——结构面的黏聚力，MPa；

ϕ_j——结构面的内摩擦角，(°)。

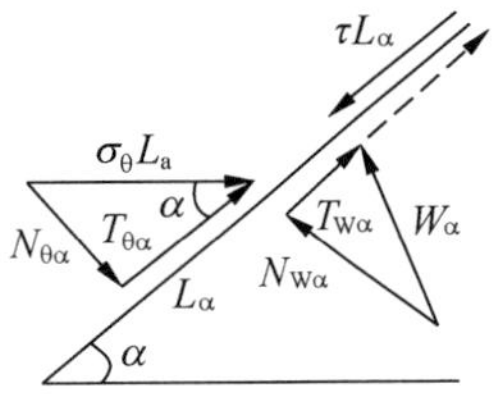

图 9-26 结构面受力分析

若 σ_θ 为张应力，则 σ_θ、W 对结构面的作用均为拉张效应。因结构面基本无抗拉强度，所以楔形体必然处于不稳定状态。若 σ_θ 为压应力，此时结构面 L_α 的受力分析如图 9-26所示。

围岩重分应力 σ_θ 和楔形体自重 W 作用于结构面 L_α 切向和法向的分力见表 9-3。

表 9-3 结构面 L_α 切向和法向分力

方向	σ_θ	W
切向	$\tau_{\theta\alpha}=\sigma_\theta L_\alpha\cos\alpha\sin\alpha$	$T_{w\alpha}$、$N_{w\alpha}$ 由楔形体受力平衡条件确定
法向	$N_{\theta\alpha}=\sigma_\theta L_\alpha\sin^2\alpha$	

首先考虑结构面法向受力，若 $N_{w\alpha}>N_{\theta\alpha}$，则结构面处于受拉状态，楔形体不稳定；若 $N_{w\alpha}=N_{\theta\alpha}$，则结构面法向受力为零，仅 c_j 提供抗力，从安全角度考虑，也认为楔形体不稳定；若 $N_{w\alpha}<N_{\theta\alpha}$，则结构面处于受压状态，结构面的摩擦强度（$\tan\phi_j$）和结构强度（$c_j$）均能发挥作用，结构面的切向抗力为 τL_α：

$$\tau L_\alpha=(N_{\theta\alpha}-N_{w\alpha})\tan\phi_j+c_jL_\alpha \tag{9-78}$$

此时的判定依据为

$$|T_{w\alpha}-T_{\theta\alpha}|-\tau L_\alpha<0 \tag{9-79}$$

当 $T_{w\alpha}-T_{\theta\alpha}>0$ 时有：

$$T_{w\alpha}-T_{\theta\alpha}-\tau L_\alpha<0 \tag{9-80}$$

当 $T_{w\alpha}-T_{\theta\alpha}<0$ 时有：

$$T_{\theta\alpha}-T_{w\alpha}-\tau L_\alpha<0$$

对结构面 L_β，重复对结构面 L_α 讨论的同样过程，也可得到：

当 $N_{w\beta}\geqslant N_{\theta\beta}$时，楔形体不稳定；

当 $N_{w\beta}<N_{\theta\beta}$时，结构面的切向抗力为 τL_β：

$$\tau L_\beta=(N_{\theta\beta}-N_{w\beta})\tan\phi_j+c_jL_\beta$$

楔形体的稳定判据为

$$|T_{w\beta}-T_{\theta\beta}|-\tau L_{\beta}<0$$

当 $T_{w\beta}-T_{\theta\beta}>0$ 时有：

$$T_{w\beta}-T_{\theta\beta}-\tau L_{\beta}<0$$

当 $T_{\theta\beta}-T_{w\beta}<0$ 时有：

$$T_{\theta\beta}-T_{w\beta}-\tau L_{\beta}<0$$

上述分析过程中涉及的 $T_{w\alpha}$、$N_{w\alpha}$、$T_{w\beta}$、$N_{w\beta}$ 为楔形体自重对结构面的作用力，由楔形体受力平衡条件确定（图 9－27）；W_{α} 为结构面 L_{α} 对 $W-P_{v}$ 的抗力，W_{β} 为结构面 L_{β} 对 $W-P_{v}$ 的抗力，两者可进一步分解为∥结构面的切向力和⊥结构面的法向力（表 9－4）。

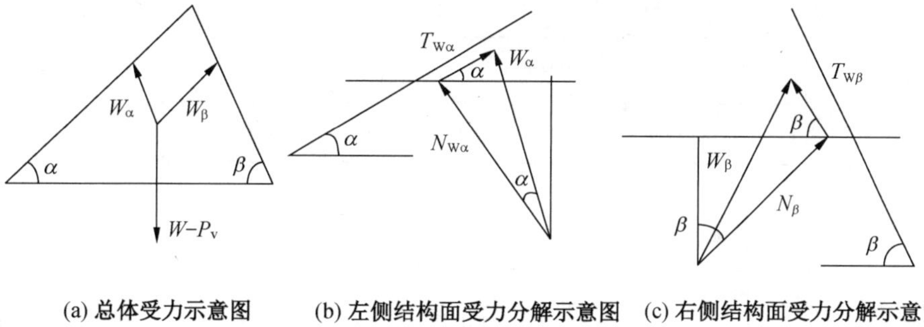

图 9－27　楔形体受力平衡分析

表 9－4　楔形体受力分析结果

方向	W_α			W_β		
	分力	铅垂投影	水平投影	分力	铅垂投影	水平投影
切向	$T_{w\alpha}$	$T_{w\alpha}\cdot\sin\alpha$	$T_{w\alpha}\cdot\cos\alpha$	$T_{w\beta}$	$T_{w\beta}\cdot\sin\beta$	$-T_{w\beta}\cdot\cos\beta$
法向	$N_{w\alpha}$	$N_{w\alpha}\cdot\cos\alpha$	$-N_{w\alpha}\cdot\sin\alpha$	$N_{w\beta}$	$N_{w\beta}\cdot\cos\beta$	$N_{w\beta}\cdot\sin\beta$

根据楔形体在铅垂方向的受力平衡条件得：

$$W-P_{v}=T_{w\alpha}\cdot\sin\alpha+N_{w\alpha}\cdot\cos\alpha+T_{w\beta}\cdot\sin\beta+N_{w\beta}\cdot\cos\beta$$

根据楔形体在水平方向的受力平衡条件得：

$$T_{w\alpha}\cdot\cos\alpha-N_{w\alpha}\cdot\sin\alpha-T_{w\beta}\cdot\cos\beta+N_{w\beta}\cdot\sin\beta=0$$

为求出 $T_{w\alpha}$、$N_{w\alpha}$、$T_{w\beta}$、$N_{w\beta}$，联立式（9－75）、式（9－78）以及式（9－79）、式（9－80），在极限平衡状态下有：

$$\begin{cases}|T_{w\alpha}-T_{\theta\alpha}|-\tau\cdot L_{\alpha}=0\\|T_{w\beta}-T_{\theta\beta}|-\tau\cdot L_{\beta}=0\\T_{w\alpha}\cdot\sin\alpha+N_{w\alpha}\cdot\cos\alpha+T_{w\beta}\cdot\sin\beta+N_{w\beta}\cdot\cos\beta=W-P_{v}\\T_{w\alpha}\cdot\cos\alpha-N_{w\alpha}\cdot\sin\alpha-T_{w\beta}\cdot\cos\beta+N_{w\beta}\cdot\sin\beta=0\end{cases}\tag{9-81}$$

解出 $T_{w\alpha}$、$N_{w\alpha}$、$T_{w\beta}$、$N_{w\beta}$后，再按前面已讨论过的楔形体稳定性判据依次进行稳定性校验（图 9－28），并酌情计算硐室顶部的围岩压力。

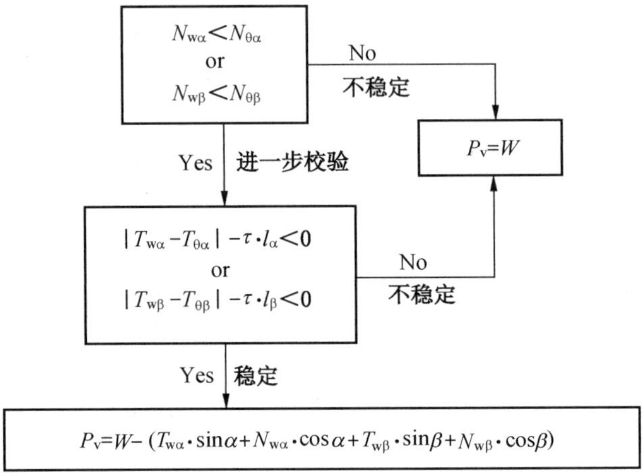

图 9－28　硐顶楔形围岩体稳定性校验及顶压计算

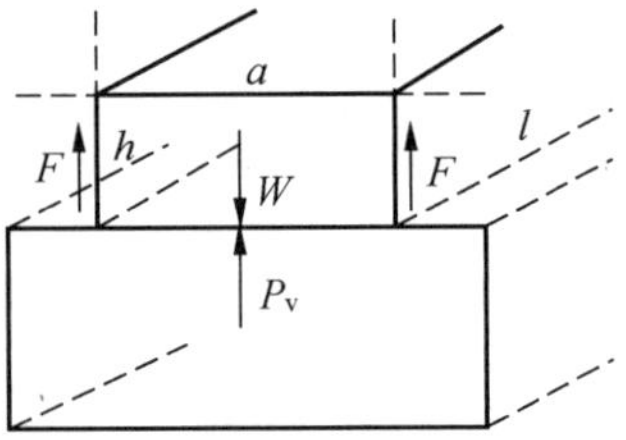

图 9－29　硐顶柱形围岩体

（2）柱形围岩体。如图 9－29 所示，硐顶围岩被铅直和水平两组结构面切割成宽 a、高 h、长 l 的柱形围岩体。

该围岩体稳定性分析时需要考虑 c_j、ϕ_j 作用。而计算围岩压力时，若 $c_j=0$、$\sigma\tan\phi_j=0$，则：

$$P_v = ahlg \tag{9-82}$$

2）侧壁围岩体分析

如图 9－30 所示，两组结构面切割形成硐侧壁围岩体 $ABCD$。结构面①倾角为 α，承受围岩体自重 W 派生的压力作用；结构面②、③均承受围岩体自重派生的拉力作用。从工程安全角度出发，可以认为结构面②、③完全失去抗力，仅受压结构面①能够对围岩块体在自重作用下的下滑提供抗力。结构面①对块体下滑的抗力为 τL_α，此外支护力 P_h 也是阻止块体下滑的抗力。

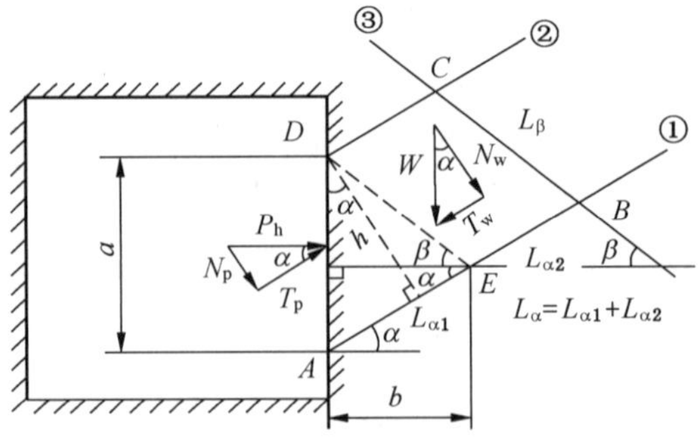

图 9－30　洞侧壁围岩体分析

结构面①受力见表9-5。

表9-5　结构面①受力

作用力	分　力	
	切　向	法　向
自重力 W	$T_w = W \cdot \sin\alpha$	$N_w = \cos\alpha$
支护力 P_h	$T_p = P_h \cdot \cos\alpha$	$N_p = P_h \cdot \sin\alpha$

结构面①抗力：

$$\tau L_\alpha = (N_m + N_p)\tan\phi_\alpha + c_\alpha L_\alpha \tag{9-83}$$

式中　c_α、ϕ_α——结构面强度参数。

沿结构面①方向的受力平衡方程为

$$T_w - T_p - \tau L_\alpha = 0 \tag{9-84}$$

把表9-5和式（9-83）代入式（9-84）整理得：

$$P_h = \frac{W(\sin\alpha - \cos\alpha \cdot \tan\phi_j) - c_j L_\alpha}{\cos\alpha + \sin\alpha \cdot \tan\phi_j} \tag{9-85}$$

式（9-85）中块体自重 W 和结构面①的长度 L_α 根据结构面切割形成的围岩体的具体几何形状和岩体密度 ρ 确定。以图9-30所示的围岩体 $ABCD$ 为例，分析如下。

可测定的几何参数：①围岩体在硐侧壁上的出露宽度 a；②结构面的产状：AB—倾角 α，BC—倾角 β；③结构面 AB 的长度 L_α，可按本组结构面发育密度推算，或用其他方法（例如地震反射波方法）测定。

过 D 点作直线 $/\!/ CB$ 交 AB 于 E，$AE = L_{\alpha1}$，$EB = L_{\alpha2}$，$L_\alpha = L_{\alpha1} + L_{\alpha2}$，$\triangle ADE$ 在 AD 边上的高为 b，则：

$$b = \frac{a}{\tan\alpha + \tan\beta},\ L_{\alpha1} = \frac{b}{\cos\alpha},\ L_\beta = \frac{b}{\cos\beta} \tag{9-86}$$

平行四边形 $BCDE$ 的高 $h = a \cdot \cos\alpha$，底为

$$L_{\alpha2} = L_\alpha - L_{\alpha1} \tag{9-87}$$

围岩体 $ABCD$ 的单宽体积 $V = S_{\triangle ADE} + S_{\square BCDE}$

$$V = \frac{1}{2}ab + L\alpha_2 \cdot h \tag{9-88}$$

围岩体 $ABCD$ 的单宽自重 W 为

$$W = \rho g V \tag{9-89}$$

把式（9-86）、式（9-87）、式（9-88）代入式（9-89）得：

$$W = \frac{1}{2}\rho g a\left(2L_\alpha \cdot \cos\alpha - \frac{a}{\tan\alpha + \tan\beta}\right) \tag{9-90}$$

3）密集节理切割岩体的围岩压力

设硐室围岩被密集节理切割（图9-31a）。

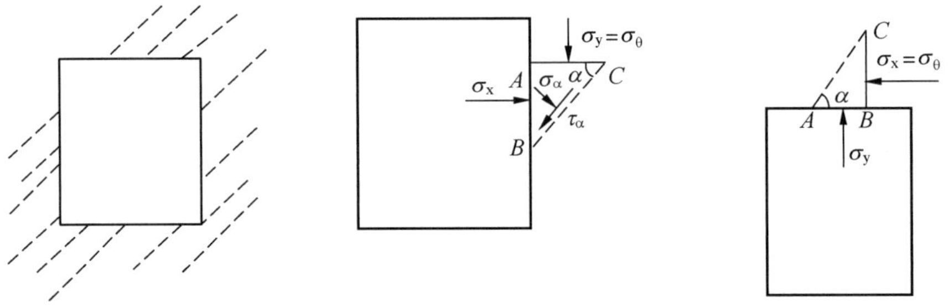

(a) 密集节理切割　(b) 侧壁围岩压力分析　(c) 顶部围岩压力分析

图 9－31　密集节理切割岩体的围岩压力分析

（1）硐侧壁围岩压力分析（图 9－31b）。在硐侧壁上取一微分三角形单元 ABC，AB 为硐顶壁面，BC 是裂隙面。在硐壁处围岩应力 $\sigma_y=\sigma_\theta$，$\sigma_x=\sigma_r=0$，裂隙面上的正应力和剪应力分别为

$$\begin{cases}\sigma_\alpha=\sigma_y\cdot\cos^2\alpha\\ \tau_x=\sigma_y\sin\alpha\cdot\cos\alpha\end{cases}\tag{9-91}$$

式中　σ_x——裂隙面上的正应力，MPa；

τ_x——裂隙面上的剪应力，MPa。

裂隙面的抗剪强度为

$$\tau=\sigma_\alpha\cdot\tan\phi+c\tag{9-92}$$

式中　τ——裂隙面的抗剪强度，MPa。

硐壁稳定的条件为

$$\tau\geqslant\tau_\alpha\tag{9-93}$$

把式（9－91）、式（9－92）代入式（9－93）整理得：

$$\sigma_y\cdot\cos\alpha\cdot\sin(\phi-\alpha)+c\cdot\cos\phi\geqslant0\tag{9-94}$$

由上式可知，当 $\phi>\alpha$ 时，上式左边各项均大于 0，不等式成立。因此，硐壁是稳定的，没有围岩压力产生；当 $\phi<\alpha$ 时，$\sin(\phi-\alpha)<0$，上式左边第一项小于零，不等式是否成立，需具体验算式中两项绝对值的大小。

当 $\alpha=45°+\dfrac{\phi}{2}$，式（9－94）变为

$$\sigma_y\leqslant\frac{2c\cdot\cos\phi}{1-\sin\phi}$$

上式右端为岩体的单轴抗压强度 σ_c，即当硐室周边的切向应力 $\sigma_y=\sigma_\theta<\sigma_c$ 时，洞壁是稳定的。

若围岩的应力状态不满足稳定条件式（9－94），则硐壁不稳定，从而会产生围岩压力。

为维持硐壁稳定，需在垂直于硐壁的方向（水平向）施加支护力 σ_x，支护力 σ_x 与围

岩压力互为反作用力。此时，对应于式（9-91），裂隙面上的正应力与剪应力成为

$$\begin{cases}\sigma_\alpha=\sigma_y\cos^2\alpha+\sigma_x\sin^2\alpha\\ \tau_\alpha=\sigma_y\sin\alpha\cos\alpha-\sigma_x\sin\alpha\cos\alpha\end{cases}\tag{9-95}$$

把式（9-95）、式（9-92）代入式（9-93）后，得：

$$\sigma_y\cos\alpha\cdot\sin(\phi-\alpha)+\sigma_x\sin\alpha\cdot\cos(\phi-\alpha)+c\cos\phi\geqslant0$$

化简得：

$$\sigma_y\cos\alpha\cdot\sin(\phi-\alpha)+\sigma_x\sin\alpha\cdot\cos(\phi-\alpha)+c\cos\phi\geqslant0\tag{9-96}$$

在极限平衡状态时上式取“=”号，解出 σ_x，即为所求的围岩压力。

（2）硐顶部围岩压力分析（图9-31b）。在硐顶取一个微分三角形 ABC，AB 为硐顶壁面，AC 是裂隙面。

应力条件：　$\sigma_x=\sigma_\theta$，$\sigma_y=\sigma_r=0$

硐顶的稳定条件为

$$\sigma_x\cos(90°-\alpha)\sin(\phi+\alpha-90°)+c\cos\phi\geqslant0\tag{9-97}$$

若上式不能满足，则有围岩压力 σ_y 产生，σ_x 按下式计算：

$$\sigma_x\cos(90°-\alpha)\sin(\phi+\alpha-90°)+\sigma_y\sin(90°-\alpha)\cos(\phi+\alpha-90°)+c\cdot\cos\phi\geqslant0\tag{9-98}$$

第四节　围岩抗力与极限承载力

有压硐室内存在很高的内水压力作用，迫使衬砌向围岩方向变形。围岩被迫后退时，将产生一反力来阻止衬砌变形。围岩能否提供足够的反力抵抗内水压力，还与围岩强度、天然应力状态有关，也是围岩承载能力的反映。围岩抗力是指围岩阻止衬砌在内水压力作用下扩张变形的抵抗力，其表征指标为围岩抗力系数（K）。围岩抗力系数 K 指围岩产生单位径向变形所需的内水压力。不同半径硐室产生的单位径向变形所需的内水压力有显著差异，因此规定硐室半径 $R_0=100$ cm 时的抗力系数值为单位抗力系数（K_0）。

一、围岩抗力系数及其确定

1. 围岩抗力系数的定义

设通过衬砌传递作用于硐壁上的内水压力为 P_a，硐壁围岩产生的相应径向位移 u（指向硐径增加方向为正），围岩抗力系数可表示为

$$K=\frac{P_a}{u}\tag{9-99}$$

式中　K——围岩抗力系数，MPa/cm；

P_a——作用于硐壁上的内水压力，MPa；

u——硐壁围岩产生的相应径向位移，cm。

2. 围岩抗力系数的确定

根据弹性理论，硐径 R_0、围岩弹性模量 E 和泊松比 ν 与围岩抗力系数的关系为

$$K = \frac{E}{(1+\nu)R_0} \tag{9-100}$$

关于式（9－100）的证明如下：

引用有支护力 P_i（在此处可有条件地将支护力视为内水压力）作用下硐室开挖卸荷引起的硐壁位移 u_a 公式（9－32），并令 $P_i = P_a$，有：

$$u_a = \frac{1+\nu}{E}(\sigma_0 - P_i)a$$

令 $a = R_0$，上式可写为

$$u_a = \frac{(1+\nu)R_0}{E}\sigma_0 - \frac{(1+\nu)R_0}{E}P_i$$

上式中右端第一项为天然应力作用下引起的硐壁卸荷位移 u_0，位移方向指向硐内（半径减少方向）；第二项为内水压力 P_a 引起的硐壁位移 u，其方向指向硐外（硐径增加方向）。即：

$$u_a = u_0 - u$$

其中

$$u_0 = \frac{(1+\nu)R_0}{E}\sigma_0, \quad u = \frac{(1+\nu)R_0}{E}P_i$$

可见：

$$K = \frac{P_i}{u} = \frac{E}{(1+\nu)R_0}$$

由式（9－100）可见，K 值随硐室尺寸而变化，硐径越大，K 值越小。这样，在同样的岩体中，不同半径的硐室具有不同的围岩抗力系数，不便于比较。为便于比较，工程中常用单位抗力系数 K_0（$R_0 = 100$ cm），按弹性理论：

$$K_0 = \frac{E}{(1+\nu)100} \tag{9-101}$$

比较式（9－100）和式（9－101）可知：

$$K_0 = \frac{R_0}{100}K \tag{9-102}$$

对于软弱的破碎岩体，或具塑性圈的围岩，围岩抗力系数可按下式计算：

$$K = \frac{E}{\left(1+\nu+\ln\frac{R_1}{R_0}\right)R_0} \tag{9-103}$$

式中 K——围岩抗力系数，MPa/cm；

E——岩体的弹性模量，MPa；

ν——岩体的泊松比；

R_0——硐室半径，m；

R_1——塑性松动圈半径，m。

对于坚硬岩体 $R_1/R_0 = 3.0$，对于软弱破碎岩体 $R_1/R_0 = 300$。

综上，K 值的确定方法可分为：①理论计算采用式（9－100）～式（9－103）；②实验测定按式（9－99）进行；③工程地质类比根据已有的工程数据按经验类比。

二、围岩极限承载力的确定

围岩极限承载力是指围岩承担内水压力的能力。有压硐室开挖以后，在天然应力作用下应力重新分布，围岩处于重分布应力状态中。硐室建成使用后，硐壁受到很高的内水压力作用，围岩内又产生一个附加应力，使围岩内的应力再次分布，产生新的重分布应力。如果两者叠加后的围岩应力小于围岩强度时，围岩不破坏。大量事实表明：在有压硐室中，围岩承担了绝大部分的内水压力，而这种承载力与围岩的力学性质及天然应力状态有关。下面分别讨论在自重应力和天然应力作用下，围岩极限承载力的确定方法。

1. 自重应力作用下的围岩极限承载力

设有一半径为 R_0 的圆形有压隧硐，开挖在仅有自重应力（$\sigma_v = \rho gh$、$\sigma_h = \lambda\rho gh$）作用的岩体中，硐顶埋深为 h，硐内壁作用的内水压力为 P_a。那么，开挖以后，硐壁上的重分布应力为

$$\begin{cases}\sigma_{r1} = 0 \\ \sigma_{\theta 1} = \rho gh[(1+2\cos 2\theta)+\lambda(1-2\cos 2\theta)] \\ \tau_{r1} = 0\end{cases}$$

由内水压力 P_a 引起的硐壁上的附加应力为

$$\begin{cases}\sigma_{r2} = P_a \\ \sigma_{\theta 2} = -P_a \\ \tau_{r\theta 2} = 0\end{cases}$$

则有压隧硐工作时，硐壁围岩的重分布应力状态为

$$\begin{cases}\sigma_{r} = P_a \\ \sigma_{\theta} = \rho gh[(1+2\cos 2\theta)+\lambda(1-2\cos 2\theta)-P_a] \\ \tau_{r\theta} = 0\end{cases} \tag{9-104}$$

考虑硐室围岩的极限平衡条件：

$$\frac{\sigma_r-\sigma_\theta}{\sigma_r+\sigma_\theta+2c_m\cot\phi_m} = \sin\phi_m$$

将式（9－104）代入上式。注意，式（9－104）代入上式表达的围岩极限平衡条件时，意味着内水压力 P_a 达到了围岩的极限承载力（对应的是内水压力的临界值 P_{ac}），即内水压力 P_a 由趋于临界值的状态（$P_a \to P_{ac}$）达到了临界状态（$P_a = P_{ac}$）。将式（9－104）代入围岩极限平衡条件式，即可求得自重应力条件下，围岩极限承载力 P_{ac} 的计算公式为

$$P_a = \frac{1}{2}\rho gh[(1+2\cos 2\theta)+\lambda(1-2\cos 2\theta)](1+\sin\phi_m)+c_m\cos\phi_m \tag{9-105}$$

由式（9－105）可以求得上覆岩层的极限厚度为

$$h_{cr} = \frac{2(P_{ac}-c_m\cos\phi_m)}{\rho g[(1+2\cos\theta)+\lambda(1-2\cos 2\theta)](1+\sin\phi_m)} \tag{9-106}$$

如果考虑硐顶一点，即 $\theta = 90°$，则由式（9－106）得：

$$h_{\mathrm{cr}}=\frac{2(P_{\mathrm{ac}}-c_{\mathrm{m}}\cos\phi_{\mathrm{m}})}{\rho g(3\lambda-1)(1+\sin\phi_{\mathrm{m}})} \tag{9-107}$$

式中 h_{cr}——上覆岩层的最小厚度，m；

P_{ac}——围岩的极限承载力，MPa；

c_{m}——围岩的黏聚力，MPa；

ϕ_{m}——围岩的内摩擦角，(°)；

ρ——岩体密度，$\mathrm{kg/m^3}$；

g——重力加速度，N/kg；

λ——天然应力比值系数。

式（9－107）即为没有考虑安全系数时上覆岩层最小厚度的计算公式。

2. 天然应力作用下的围岩极限承载力

由第七章可知，大部分岩体中的天然应力不符合自重应力分布规律。因此按自重应力计算的极限承载力必然与实际情况有较大偏差。

只要把铅直天然应力和水平天然应力代入硐壁重分布应力计算公式中，经与式（9－105）同样的推导步骤，就可以得到天然应力作用下围岩极限承载力的计算公式：

$$P_{\mathrm{ac}}=\frac{1}{2}[(\sigma_{\mathrm{h}}+\sigma_{\mathrm{v}})+2(\sigma_{\mathrm{h}}-\sigma_{\mathrm{v}}\cos 2\theta)](1+\sin\phi_{\mathrm{m}})+c_{\mathrm{m}}\cos\phi_{\mathrm{m}} \tag{9-108}$$

式中 P_{ac}——围岩的极限承载力，MPa；

ϕ_{h}——水平天然应力，MPa；

σ_{v}——铅直天然应力，MPa；

θ——洞壁一点的极角，(°)；

c_{m}——围岩的黏聚力，MPa；

ϕ_{m}——围岩的内摩擦角，(°)。

由式（9－108）可知，围岩的极限承载力是由岩体天然应力和黏聚力两部分组成的。因此，当岩体的 c_{m}、ϕ_{m} 一定时，围岩的极限承载力取决于天然应力的大小。这就是为什么在许多工程中，即使有很高的内水压力作用，围岩的覆盖层厚度也并不大的情况下，采用较薄的衬砌时仍能维持稳定的原因。

练习题

1. 何谓岩体的二次应力？分析二次应力时采用了哪些假定条件？
2. 何谓围岩？一般情况下围岩的范围有多大？
3. 何谓围岩压力？围岩压力有哪些影响因素？
4. 如何计算弹性状态下，围岩二次应力、位移和应变？它们有哪些规律？
5. 如何计算弹塑性状态下，圆形硐室围岩二次应力？它们有哪些规律？
6. 计算岩体的松动压力有几种方法？它们是如何计算岩体的松动压力？
7. 在中等坚硬的片麻岩中开挖圆形硐室，其半径为4 m，岩石重度为27.5 $\mathrm{kN/m^3}$，埋深 $H=150$ m，黏聚力为45 kPa，内摩擦角为30°，实测塑性松动圈厚度为2 m，试求塑性变形压力的值。

8. 地下 400 m 处掘进一圆形隧道，断面直径为 10 m。覆盖岩层的重度 $\gamma = 25\ \text{kN/m}^3$，弹性模量 $E = 2.0 \times 10^4$ MPa，$\nu = 0.25$。若无构造应力作用，试求：

（1）隧道顶点和侧壁中点的 σ_θ 和 σ_r；

（2）绘出隧道顶板中线和侧壁中点的 σ_θ、σ_r 随 r 变化的曲线。

9. 按上题条件，掘进一椭圆形断面隧道，断面长轴为 12 m，短轴为 8 m，试求：隧道顶部岩石的表面应力以及侧壁中点的表面应力。

第十章　地基岩体稳定性分析

我国山区多，很多地区的基岩浅埋于地面或者完全出露于地面。随着山区高层建筑、水利水电、道路桥梁等工程建设的发展，对于岩质地基的研究越来越受到人们的重视。作为建筑物的地基，岩体相对于土体而言具有强度高、抗变形能力强等优点，因此一般岩石地基具有承载力高和压缩性低的特点，对于一般的工业及民用建筑来说岩石地基比土体地基具有更好的稳定性。但是，对于工程地质性质较差的岩体（如破碎岩体或发育有软弱夹层、破碎带的岩体以及软岩岩体等），以及建筑物荷载较大（如水库大坝、大型及高层建筑物）或一些有特殊要求的建筑物（拱坝等）来说，则可能会由于地基岩体强度不足或者过量变形而发生破坏，甚至导致灾难性后果。这种情况下，在工程勘察设计中需作专门论证，对岩体的工程地质性质及岩体稳定性问题进行分析评价，并在施工中进行专门的处理方可保证建筑物安全和正常使用。本章重点认识地基岩体中的应力分布特征、地基岩体中的沉降变形计算、地基岩体的承载力以及地基岩体抗滑稳定性分析。

第一节　地基岩体中的应力分布特征

地基岩体稳定性分析的前提是掌握地基岩体中的应力分布，包括天然应力分布和建（构）筑物荷载引起的附加应力分布，以便和岩体强度条件相比较，从而得出地基是否会发生破坏失稳的判断。目前，地基岩体中的应力分析一般都基于弹性理论。对于建筑物荷载分布不均一、岩体结构与性质差别较大的岩基，可以采用数值法分析岩体中的应力。本节首先介绍较简单的各向同性、均质岩体中的附加应力分布情况，然后引申到各向异性、非均质岩体中的附加应力分布。

一、各向同性、均质、弹性地基岩体中的附加应力分布特征

假设在各向同性、均质、弹性地基岩体上作用一均布线荷载，可沿垂直荷载方向任一位置截取一个与地基水平表面相垂直的剖面来研究该荷载在地基岩体中产生的附加应力，这是一个典型的平面应变问题。主要分垂直、水平和倾斜三种荷载作用方式来讨论。

1. 垂直荷载情况

如图 10－1 所示，以垂直荷载 P 的作用点 O 为原点，r 为向径，θ 为极角，建立极坐标系。则根据弹性理论，地基岩体中任一点 $M(r,\ \theta)$ 处的附加应力为

$$\begin{cases}\sigma_r = \dfrac{2P\cos\theta}{\pi r}\\ \sigma_\theta = 0\\ \tau_{r\theta} = 0\end{cases} \tag{10-1}$$

式中 σ_r、σ_θ——M 点的径向应力和环向应力，MPa；

$\tau_{r\theta}$——M 点的剪应力，MPa；

P——作用荷载，kN；

θ——极角，(°)；

r——向径，m。

由式（10－1）可知，由于 $\tau_{r\theta}=0$，$\sigma_\theta=0$，则 σ_r 为最大主应力，σ_θ 为最小主应力。当 r 一定时，最大主应力 $\sigma_1(\sigma_r)$ 随 θ 角变化而变化，其等值线为相切于点 O 的圆，圆心位于点（$r_0=P/\pi\sigma_r$，$\theta=0$），直径 $d=2P/\pi\sigma_r$。如图 10－2 所示，若变化 r，则可以得出一系列这样的圆，称为压力包。这些压力包的形态表明了外荷载在地基岩体中的扩散过程。

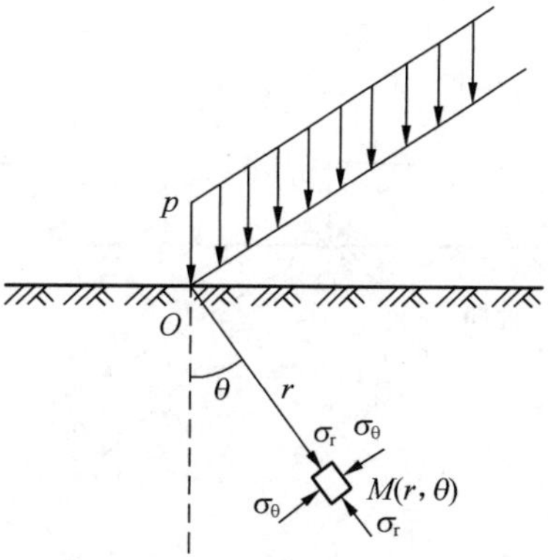

图 10－1 垂直荷载情况及应力分析图

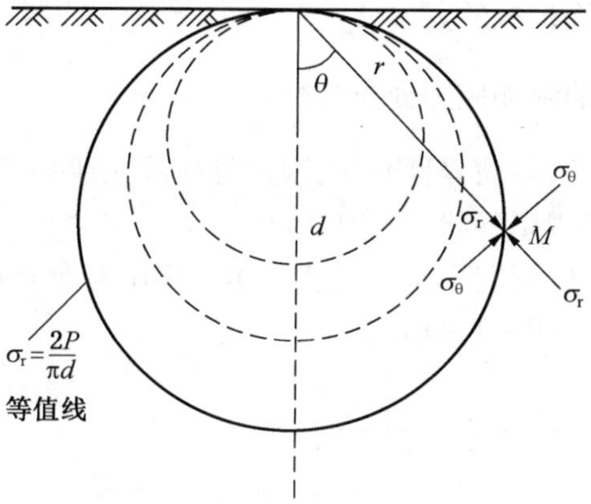

图 10－2 垂直荷载作用下的压力包

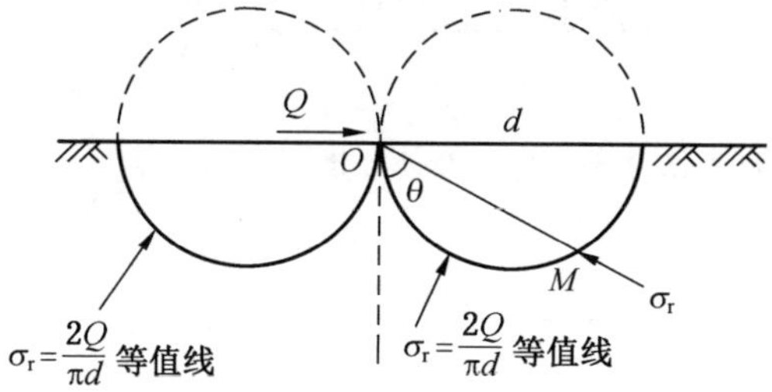

图 10－3 水平荷载情况及应力分析图

2. 水平荷载情况

如图 10－3 所示，在地基岩体地表作用有一水平荷载 Q，在 $r-\theta$ 极坐标系中，地基岩体中任一点处的附加应力为

$$\begin{cases}\sigma_r=\dfrac{2Q\sin\theta}{\pi r}\\ \sigma_\theta=0\\ \tau_{r\theta}=0\end{cases} \tag{10-2}$$

式中各符号意义同前。

可以看出，σ_r 的等值线为相切于点 O 的两个半圆，圆心在 Q 的作用线上，距 O 点的距离（即圆的半径）为 $Q/\pi\sigma_r$，Q 指向的半圆代表压应力，背向的半圆代表拉应力（图 10－3）。同样，若改变 r 则可以得到一系列相切于点 O 的压力包。

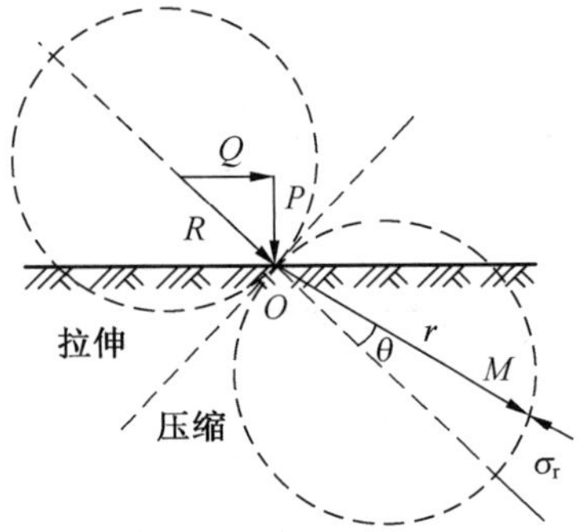

图 10－4　倾斜荷载情况及应力分析图

3. 倾斜荷载情况

可以把倾斜荷载 R 视为垂直荷载 P 与水平荷载 Q 的组合，如图 10－4 所示坐标系中，倾斜荷载在地基中任一点 M 处产生的附加应力为

$$\begin{cases}\sigma_r=\dfrac{2R\cos\theta}{\pi r}\\ \sigma_\theta=0\\ \tau_{r\theta}=0\end{cases}\tag{10-3}$$

式中各符号意义同前。

σ_r 的等值线是圆心位于 R 作用线上，相切于点 O 的一系列圆弧。上面的圆弧表示拉应力线，下面的圆弧表示压应力线（图 10－4）。

因此，在均质、各向同性和弹性岩质地基中，线荷载引起的附加应力是以圆形压力包的形式从荷载作用点向周围扩散的。

二、层状地基岩体中的附加应力分布特征

由于层状岩体为非均质、各向异性介质，因此外荷载在地基岩体中引起的附加应力等值线不再为圆形，而是各种不规则形状（图 10－5）。

美国学者（Bray，1977）曾研究了倾斜层状岩体上作用有倾斜荷载 R 的地基岩体中的附加应力（图 10－6），可由式（10－4）确定。

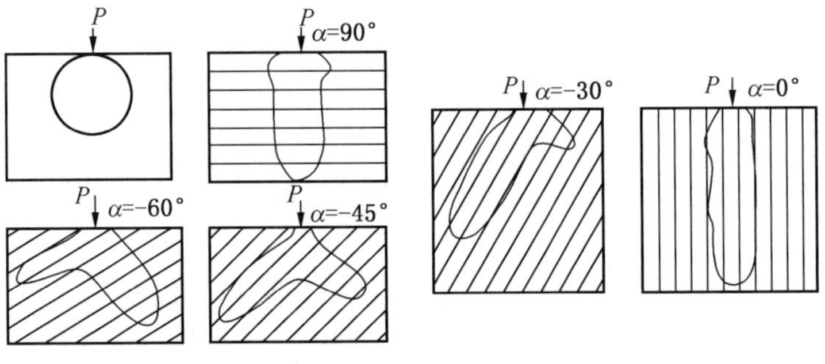

图 10－5　垂直荷载作用在几种层状岩体中产生的压力包形状

$$\begin{cases}\sigma_r=\dfrac{h}{\pi r}\left[\dfrac{X\cos\beta+Y\sin\beta}{(\cos^2\beta-m\sin^2\beta)^2+h^2\sin^2\beta\cos^2\beta}\right]\\ \sigma_\theta=0\\ \tau_{r\theta}=0\end{cases}\tag{10-4}$$

$$\begin{cases}h=\sqrt{\dfrac{E}{1-\nu^2}\left[\dfrac{2(1+\nu)}{E}+\dfrac{1}{K_s\cdot S}\right]+2\left(m-\dfrac{\nu}{1-\nu}\right)}\\ m=\sqrt{1+\dfrac{E}{(1-\nu^2)K_n\cdot S}}\end{cases}\tag{10-5}$$

式中　X、Y——倾斜荷载 R 在平行层面及垂直层面方向上的分量，MPa；

K_n、K_s——层面的法向刚度和剪切刚度，MPa/cm；

S——层厚，cm；

E——岩石的变形模量，MPa；

ν——岩石的泊松比，无量纲；

α、β——层面与竖向及计算点径向的夹角，(°)。

图 10－5 是布雷（Bray）根据式（10－5）所得到的几种产状的层状岩基在垂直荷载 P 的作用下径向附加应力 σ_r 的等值线图，其中取$\frac{E}{1-\nu^2}=K_n\cdot S$、$\frac{E}{2(1+\nu)}=5.63K_n\cdot S$、$\nu=0.25$、$m=2$、$h=4.45$。

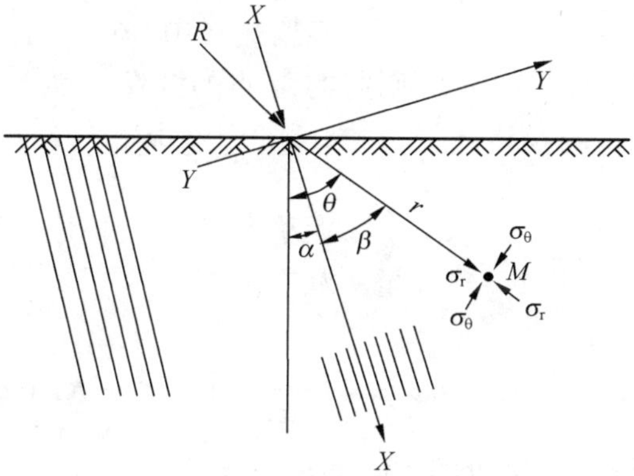

图 10－6　倾斜层状岩体情况及应力分布图

第二节　地基岩体的变形计算

地基岩体的基础沉降变形主要是由于岩体在上部荷载作用下变形而引起的。对于一般的中小工程来说，由于荷载相对较小，所引起的沉降量也较小。但对于重型和巨型建筑物来说，则可能产生较大的沉降量，尤其是当地基较软弱或破碎时，产生的沉降量会更大。一般地基岩体上基础的沉降计算较多的仍采用弹性理论解法，对于岩体不均匀、荷载分布复杂的基础，则采用数值计算方法比较合适。

一、浅基础的沉降

根据布辛涅斯克（Boussinesq）弹性理论解，当半无限体表面上作用有一垂直的集中力 P 时，在半无限体表面处（$Z=0$）的沉降量 s 为

$$s=\frac{P(1-\nu^2)}{\pi E_0 r} \tag{10-6}$$

式中　s——地基的沉降量，m；

E_0——岩基的变形模量，MPa；

r——计算点至集中荷载 P 处的距离，m。

1. 圆形柔性基础的沉降

当圆形基础为柔性时（图 10－7），如果其上作用有均布荷载 P，且基础接触面上无摩擦力，则基底反力 σ_v 也将是均匀分布的，数值上等于 P。这时，通过 M 点作一割线切 MN，再作一无限接近的另一割线 MN_1，则微单元（图 10－7 中阴影部分）的面积 $dF=rdrd\varphi$，于是微单元体上作用的荷载 dP 为

$$dP=pdF=prdrd\varphi$$

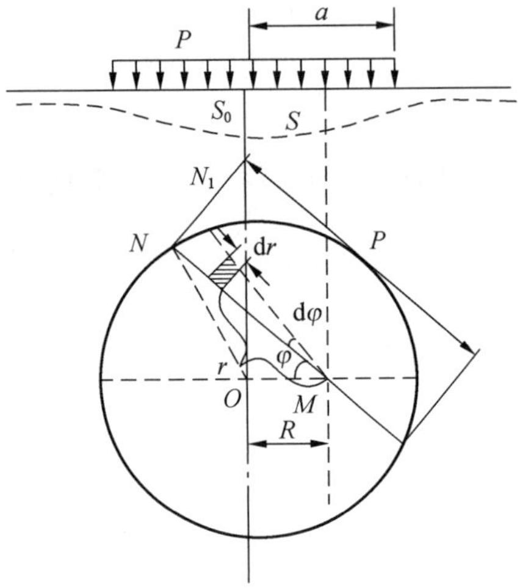

图 10－7　圆形基础沉降计算

根据式（10－6），可得微单元体作用荷载 dP 引起的 M 点的沉降 ds 为

$$ds=\frac{dP(1-\nu^2)}{\pi E_0 r}=\frac{1-\nu^2}{\pi E_0}pdrd\varphi$$

而整个基础上作用的荷载引起 M 点的总沉降量 s 为

$$s=\frac{1-\nu^2}{\pi E_0}p\int dr\int d\varphi=4p\frac{1-\nu^2}{\pi E_0}\int_0^{\frac{\pi}{2}}\sqrt{a^2-R^2\sin\varphi d\varphi}\tag{10-7}$$

式中　R——M 点到圆形基础中心的距离，m；

a——基础半径，m。

由式（10－7）可知，圆形柔性基础中心（$R=0$）处的沉降量 s_0 为

$$s_0=\frac{2(1-\nu^2)}{E_0}pa\tag{10-8}$$

圆形柔性基础边缘（$R=a$）处的沉降量 s_a 为

$$s_a=\frac{4(1-\nu^2)}{\pi E_0}pa\tag{10-9}$$

比较式（10－8）、式（10－9），有：

$$\frac{s_0}{s_a}=1.57$$

可见，对于圆形柔性基础，当承受均布荷载时，其中心沉降量为边缘沉降量的 1.57 倍。

2. 圆形刚性基础的沉降

对于圆形刚性基础（图 10－8），当作用有集中荷载 P 时，基底各点的沉降将是一个常量，但基底接触压力 σ_v 不是常量，即：

$$\sigma_v=\frac{P}{2\pi a\sqrt{a^2-R^2}}\tag{10-10}$$

由上式可知，当 $R \to 0$ 时，$\sigma_v = \dfrac{P}{2\pi a^2}$，当 $R \to a$ 时，$\sigma_v \to \infty$。这表明，在基础边缘上的接触压力为无限大。出现这种情况的原因是假设基础是完全刚性体，使得基础中心下岩基变形大于边缘处，形成一个下降漏斗，造成了荷载集中在基础边缘处的岩基上。但这种无限大的压力实际上不会出现，因为基础结构并非完全刚性，而且当基础边缘应力集中到一定程度时会产生塑性屈服，使边缘处的应力重新调整。

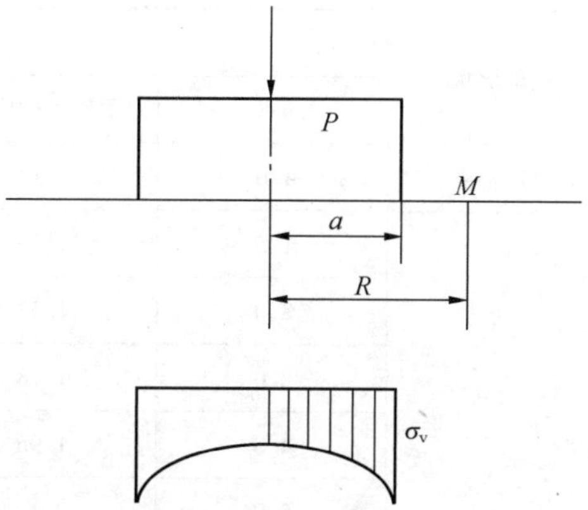

图 10-8　圆形刚性基础及基底反力分布

在集中荷载 P 作用下，圆形刚性基础的沉降量 s 可按下式计算：

$$s = \frac{P(1-\nu^2)}{2aE_0} \tag{10-11}$$

圆形刚性基础以外各点的垂直位移 s_R 可按下式计算：

$$s_R = \frac{P(1-\nu^2)}{\pi a E_0}\arcsin\left(\frac{a}{R}\right) \tag{10-12}$$

式中　s_R——垂直位移，m；

ν——泊松比，无量纲；

a——集中荷载到圆形基础边缘的距离，m；

E_0——岩基的变形模量，MPa；

R——M 点到圆形基础中心的距离，m。

二、矩形基础的沉降

刚性基础承受中心荷载 P 或均布荷载 p 时，基础底面上各点沉降量相同，但基底压力不同；柔性基础承受均布荷载 p 时，基础底面各点沉降量不同，但基底压力相同。

当基础底面宽度为 b，长度为 a 时，无论刚性基础还是柔性基础，其基底的沉降量都可按下式计算：

$$s = \omega \frac{bp(1-\nu^2)}{E_0} \tag{10-13}$$

式中　ω——沉降系数，无量纲，对于不同性质的基础及不同位置，其取值并不相同。

表 10-1 列出了不同类型、不同形状的基础不同位置的沉降系数。

表 10-1　各种基础的沉降系数 ω 值

基础形状	沉降系数 ω				
	a/b	柔性基础中点	柔性基础角点	柔性基础平均值	刚性基础
圆形基础	—	1.00	0.64	0.58	0.79

表10－1（续）

基础形状	沉降系数 ω				
	a/b	柔性基础中点	柔性基础角点	柔性基础平均值	刚性基础
方形基础	1.0	1.12	0.56	0.95	0.88
矩形基础	1.5	1.36	0.68	1.15	1.08
	2.0	1.53	0.74	1.30	1.22
	3.0	1.78	0.89	1.53	1.44
	4.0	1.96	0.98	1.70	1.61
	5.0	2.10	1.05	1.83	1.72
	6.0	2.23	1.12	1.96	—
	7.0	2.33	1.17	2.04	—
	8.0	2.42	1.21	2.12	—
	9.0	2.49	1.25	2.19	—
	10.0	2.53	1.27	2.25	2.12
条形基础	30.0	3.23	1.62	2.88	—
	50.0	3.54	1.77	3.22	—
	100.0	4.00	2.00	3.70	—

第三节　地基岩体的承载力

地基承载力是指地基承受建筑荷载的能力，无论是土质地基还是岩质地基都存在地基承载力的问题。地基承载力一般分为极限承载力和容许承载力两种情况：地基处于极限平衡状态时所能承受的荷载称为极限承载力；在保证地基稳定的条件下，建筑物的沉降量不超过容许值时，地基单位面积上所能承受的荷载即为设计采用的容许承载力。为了保证建筑物的安全使用，地基稳定应同时满足以下两个基本条件：①地基应具有足够的强度，在荷载作用下不发生地基失稳破坏；②地基不能产生影响建筑物安全和正常使用的过量变形。因此，地基承载力是一个包含强度和变形两个方面的概念。岩石地基承载力的确定要考虑岩体在荷载作用下的变形破坏机理。岩体地基的变形不仅由岩体的弹性变形和塑性变形引起，更大程度上还受岩体中结构面变形的影响。由于结构面的存在，可能会产生沿某些结构面的剪切滑移而引起较大的基础沉降。因此，荷载作用引起的岩体地基变形量的大小以及出现破坏的形式，受岩体自身结构特征、力学性质以及受力情况等多方面因素制约。所以，针对不同情况确定地基岩体承载力的方法也有所不同。

一、极限平衡理论法

对于均质、各向同性的弹性岩体，可运用极限平衡理论来确定其极限承载力。在这方面前人做过很多研究，现介绍如下：

设在半无限体上作用有宽度为 b 的条形均布荷载 q_1，为了便于计算，假设：①破坏面由两个互成直角的平面组成；②荷载 q_1 的作用范围很长，以至 q_1 两端面的阻力可以忽略不计；③荷载 q_1 作用面上不存在剪应力；④对于每个破坏楔形体可以采用平均的体积力。

将图 10－9a 所示的岩基分为两个楔体，即 A 楔体和 B 楔体（图 10－9b、图 10－9c）。对于 A 楔体，由于 B 楔体受 q_1 作用会产生一水平正应力 σ_h 作用于 A 楔体，这是作用于 A 楔体的最大主应力，而岩体的自重应力是作用于 A 楔体的最小主应力。假设与 A 楔体的最大主平面成 α 角（$\alpha = 45° + \phi_m/2$）的破坏面上有应力分量 σ_x 和 τ_x，则有：

$$\tau_x = c_m + \sigma_x \tan\phi_m \tag{10-14}$$

而且

$$\sigma_h = \sigma_v \tan^2\left(45° + \frac{\phi_m}{2}\right) + 2c_m \tan\left(45° + \frac{\phi_m}{2}\right) \tag{10-15}$$

式中　σ_v——岩体自重应力，其平均值等于$\frac{\gamma g h}{2}$，MPa；

γ——岩石的密度，g/cm^3；

ϕ_m——内摩擦角，(°)；

c_m——岩体的黏聚力，MPa。

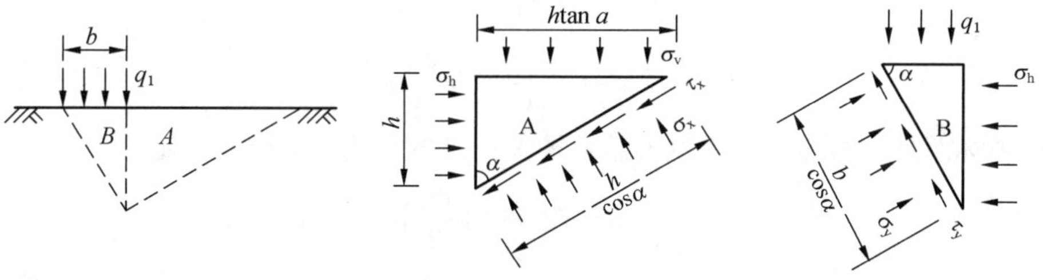

(a) 弹性岩体　(b) A 楔体受力图　(c) B 楔体受力图

图 10－9　极限承载力的楔体分析图

对于图 10－9c 所示的 B 楔体来说，水平应力 σ_h 为最小主应力，而最大主应力为

$$q_1 + \frac{\gamma g h}{2} = \sigma_h \tan^2\left(45° + \frac{\phi_m}{2}\right) + 2c_m \tan\left(45° + \frac{\phi_m}{2}\right) \tag{10-16}$$

把式（10－15）代入式（10－16）可得：

$$q_1 + \frac{\gamma g h}{2} = \sigma_v \tan^4\left(45° + \frac{\phi_m}{2}\right) + 2c_m \tan\left(45° + \frac{\phi_m}{2}\right)\left[1 + \tan^2\left(45° + \frac{\phi_m}{2}\right)\right] \tag{10-17}$$

而 $\sigma_v = \frac{\gamma g h}{2}$，$h = b\tan\left(45° + \frac{\phi_m}{2}\right)$，则有：

$$q_1=\frac{\gamma gb}{2}\tan^5\left(45°+\frac{\phi_m}{2}\right)+2c_m\tan\left(45°+\frac{\phi_m}{2}\right)\left[1+\tan^2\left(45°+\frac{\phi_m}{2}\right)\right]-\frac{\gamma gb}{2}\tan\left(45°+\frac{\phi_m}{2}\right)$$

上式中，最后一项的数值与前两项相比非常小，因此可以忽略，则有：

$$q_1=\frac{\gamma gb}{2}\tan^5\left(45°+\frac{\phi_m}{2}\right)+2c_m\tan\left(45°+\frac{\phi_m}{2}\right)\left[1+\tan^2\left(45°+\frac{\phi_m}{2}\right)\right] \quad (10-18)$$

上式正是岩体地基处于极限平衡状态时的应力关系，因此式（10－18）计算得出的 q_1 即为地基岩体的极限承载力 q_f，即：

$$q_f=\frac{\gamma gb}{2}\tan^5\left(45°+\frac{\phi_m}{2}\right)+2c_m\tan\left(45°+\frac{\phi_m}{2}\right)\left[1+\tan^2\left(45°+\frac{\phi_m}{2}\right)\right]$$

如果在荷载 q_1 附近基岩表面还作用有一附加压力 q，即在图 10－9 所示 A 楔体上作用的 σ_v 为 $\frac{\gamma gh}{2}+q$，将 $\frac{\gamma gh}{2}+q$ 代入式（10－17），则基岩极限承载力 q_f 为

$$q_f=\frac{\gamma gb}{2}\tan^5\left(45°+\frac{\phi_m}{2}\right)+2c_m\cdot\tan\left(45°+\frac{\phi_m}{2}\right)\left[1+\tan^2\left(45°+\frac{\phi_m}{2}\right)\right]+q\tan^4\left(45°+\frac{\phi_m}{2}\right)$$

这就是基岩极限承载力的精确解，可简写成：

$$q_f=0.5\gamma gbN_p+c_mN_c+qN_q \quad (10-19)$$

式中　N_p、N_c、N_q——承载力系数，无量纲。

其中：

$$N_p=\tan^5\left(45°+\frac{\phi_m}{2}\right)$$

$$N_c=2\tan\left(45°+\frac{\phi_m}{2}\right)\left[1+\tan^2\left(45°+\frac{\phi_m}{2}\right)\right]$$

$$N_q=\tan^4\left(45°+\frac{\phi_m}{2}\right)$$

如果破坏面是一曲面，则承载力系数较大，可按下面三个公式确定：

$$\begin{cases}N_p=\tan^6\left(45°+\frac{\phi_m}{2}\right)-1\\ N_c=5\tan^4\left(45°+\frac{\phi_m}{2}\right)\\ N_q=\tan^6\left(45°+\frac{\phi_m}{2}\right)\end{cases} \quad (10-20)$$

式中　ϕ_m——内摩擦角，（°）。

二、规范方法

1. 岩基荷载试验

荷载试验是准确确定地基承载力的有效方法。荷载试验方法是：对于浅基础采用直径为 30 cm 的圆形刚性承压板，当岩体埋深较大时，可采用钢筋混凝土桩，但桩周需采取措施以消除桩身与土之间的摩擦力。在试验过程中，荷载分级施加，同时量测测点岩体的沉降变形量 W，施加的试验荷载最大值应不小于设计要求的两倍。由试验结果绘制荷载与沉

降变形曲线（$P-W$）确定比例极限和极限荷载，$P-W$ 曲线开始直线段的终点为比例极限，符合终止加载条件的前一级荷载即为极限荷载。

承载力的取值分两种情况，对微风化岩及强风化岩，将极限荷载除以安全系数（安全系数取3）作为承载力取值；对于中等风化岩，需根据岩体节理裂隙发育状况来确定，并与比例极限荷载作比较，取二者中的低值，参加统计的试验点应不少于3个，取最小值作为岩体地基承载力的标准值。由于岩体地基的破坏机理与土体地基不同，故除强风化岩外，岩体地基承载力不需要进行深度和宽度修正，标准值即为设计值。

2. 按室内单轴饱和抗压强度计算

按《建筑地基基础设计规范》（GB 50007—2011），对完整、较完整和较破碎的岩体地基承载力特征值（f_a），可根据室内饱和单轴抗压强度按下式进行计算：

$$f_a = \psi_r \cdot f_{rk} \tag{10-21}$$

式中　f_{rk}——岩石饱和单轴抗压强度标准值，kPa；

ψ_r——折减系数；根据岩体完整程度以及结构面的间距、宽度、产状和组合，由地方经验确定。无经验时，对完整岩体可取0.5；对较完整岩体可取0.2～0.5；对较破碎岩体可取0.1～0.2。

对于岩石饱和单轴抗压强度标准值f_{rk}，由下式确定：

$$f_{rk} = \psi \cdot f_{rm} \tag{10-22}$$

$$\psi = 1 - \left(\frac{1.704}{\sqrt{n}} + \frac{4.678}{n^2}\right)\delta \tag{10-23}$$

$$\delta = \frac{n\sqrt{\dfrac{\sum_{i=0}^{n}\sigma_{ci}^2 - n\mu^2}{n-1}}}{\sum_{i=1}^{n}\sigma_{ci}}$$

式中　f_{rm}——岩石饱和单轴抗压强度平均值，MPa；

ψ——统计修正系数，无量纲；

n——试样个数，无量纲；

δ——变异系数，无量纲；

σ_{ci}——试样的饱和单轴抗压强度，MPa。

第四节　地基岩体的抗滑稳定性分析

地基岩体的破坏往往受到岩体中各种软弱结构面的空间方位及其相互间组合形态的控制。因此，在评价地基岩体稳定性时，首先要通过工程地质工作查清地基岩体中各种结构面的位置、方向、延伸情况、性质以及在滑移过程中可能起到的作用，然后根据地基应力特征和结构面组合情况，确定出可能的滑动体，按极限平衡分析方法验算其稳定性。由于地基岩体的抗滑稳定性问题常出现在受水压较大的水库大坝基础中，因此本节以坝基为例来说明岩基的稳定性验算。

在水利水电工程中建造的混凝土重力坝，不仅坝体自重巨大，而且还承受库水巨大的水压力，作为大坝的地基必须具有足够的强度和稳定性。因此，一般大型水工建筑物都以岩体作为地基。坝基岩体承受的荷载不仅包括坝体的自重，还包括库水的水平荷载，这种荷载作用使坝体和坝基产生向下游滑移的趋势。因此，在水利水电工程建设中坝基岩体抗滑稳定性问题是一项重要的研究内容。

研究表明，基岩坝基的失稳破坏形式不同于软弱地基，前者的破坏主要是受坝基岩体中各种软弱结构面的控制，沿软弱结构面发生滑动破坏，而并不取决于岩石块体的强度。坝基的失稳破坏存在表层滑动、深层滑动和混合滑动三种可能的模式。

（1）表层滑动。如图 10－10 所示，当坝基岩体强度较大，坝体坚固完整，坝基内无控制滑动的软弱结构面时，坝体与坝基之间的接触面是潜在的软弱破坏面，破坏沿大坝与坝基接触面发生。

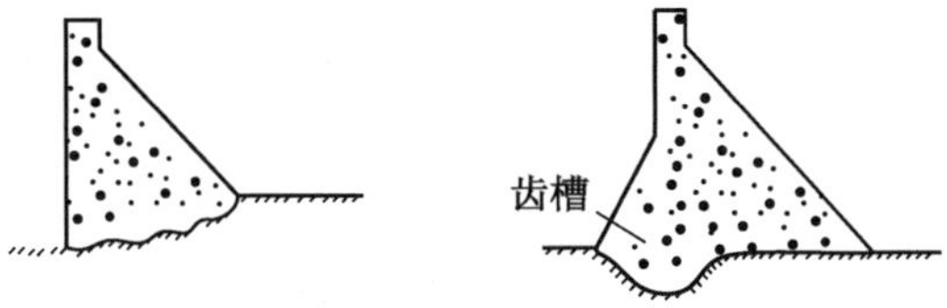

图 10－10　表层滑动

（2）深层滑动。如图 10－11 所示，坝基岩体内存在软弱结构面，且其组合构成了潜在的危险滑动体时，产生深层滑动。岩基中的软弱结构面与临空面组合构成深部滑移的边界条件。临空面除地形表面外，还可以是深潭、深槽、冲刷坑、下游厂房建筑物等的基坑以及较宽的断层破碎带等。

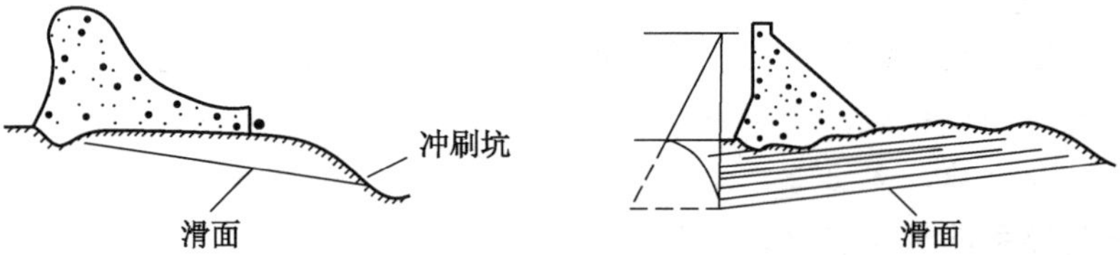

图 10－11　深层滑动

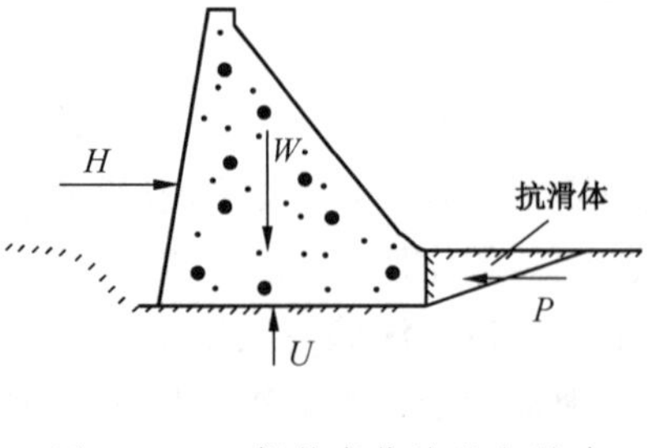

图 10－12　坝基岩体的混合滑动

（3）混合滑动。如图 10－12 所示，其破坏形式是一部分沿大坝与坝基的接触面，另一部分沿下游岩体中的不利结构面产生的滑动。

一、表层滑动的稳定性分析

当坝体具有潜在的表层滑动时（图 10－10），其抗滑稳定性计算式为

（1）摩擦公式：

$$K=\frac{\left(\sum P_{\mathrm{V}}-W_{\mathrm{f}}\right)\cdot\tan\phi}{\sum P_{\mathrm{H}}} \tag{10-24}$$

（2）剪切公式：

$$K'=\frac{\left(\sum P_{\mathrm{V}}-W_{\mathrm{f}}\right)\cdot\tan\phi'+cl}{\sum P_{\mathrm{H}}} \tag{10-25}$$

式中　ϕ——坝体混凝土与坝基接触面的抗切摩擦角，（°）；

ϕ'——坝体混凝土与坝基接触面的抗剪断摩擦角，（°）；

c——坝体混凝土与坝基接触面的抗剪断黏聚力，MPa；

l——滑动面的长度，m；

W_{f}——作用于滑动面上的扬压力（浮托力+渗透压力），kN；

$\sum P_{\mathrm{V}}$——作用于坝体上的全部荷载（如坝体重力、库水静水压力、泥砂压力、浪压力、地震力等）对滑动面的法向分力，kN；

$\sum P_{\mathrm{H}}$——作用于坝体上的全部荷载对滑动面的切向分力，kN；

K、K'——按抗剪摩擦强度和抗剪断强度校核时的稳定性系数，其值应大于规范所给的稳定性系数允许值，无量纲。

二、深层滑动的稳定性分析

在进行深层滑动的稳定性计算时，首先应判断岩基中潜在滑动面的形状、位置及其性质。往往潜在的滑动面不止一个，应对每个潜在的滑动面分别进行验算，其中稳定性系数最小的滑动面为最危险的滑动面。在计算抗滑稳定性系数时，由于滑动面的形状不同，分析过程中所采用的方法也有所不同。

1. 单斜滑移面倾向上游的情况

当坝基中存在倾向上游的结构面，同时还存在走向垂直或近于垂直坝轴线的高角度结构面时，坝基受力情况如图10－13a所示。作用在坝体上的水平方向的合力以P_{H}表示，潜在滑移体的重量以P_{V}表示，滑动面上的抗滑力F和滑动力T分别按式（10－26）和式（10－27）计算。滑体的抗滑稳定性系数K由式（10－28）计算。

$$F=\tan\phi(P_{\mathrm{V}}\cos\alpha-W_{\mathrm{f}}+P_{\mathrm{H}}\sin\alpha)+cl \tag{10-26}$$

$$T=P_{\mathrm{H}}\cos\alpha-P_{\mathrm{V}}\sin\alpha \tag{10-27}$$

$$K=\frac{\tan\phi(P_{\mathrm{V}}\cos\alpha-W_{\mathrm{f}}+P_{\mathrm{H}}\sin\alpha)+cl}{P_{\mathrm{H}}\cos\alpha-P_{\mathrm{V}}\sin\alpha} \tag{10-28}$$

式中　c——滑动面上的黏聚力，MPa；

ϕ——滑动面上的内摩擦角，（°）；

l——滑动面AB的长度，m。

2. 单斜滑移面倾向下游的情况

若坝基内存在倾向下游的软弱结构面时，在坝体重量和水平力的作用下将形成如图

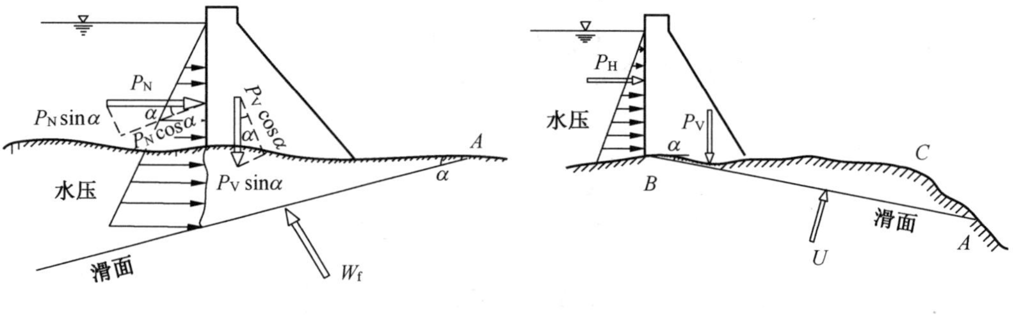

(a) 滑面倾向上游　　(b) 滑面倾向下游

图 10－13　沿单斜滑移面深层滑动时力的分析

10－13b 所示的潜在滑体 *ABC*。其抗滑稳定性计算式为

$$K=\frac{\tan\phi(P_{V}\cos\alpha-W_{f}-P_{H}\sin\alpha)+cl}{P_{H}\cos\alpha+P_{V}\sin\alpha} \tag{10-29}$$

式中　K——稳定性系数，无量纲；

ϕ——坝体混凝土与坝基接触面的抗切摩擦角，(°)；

c——坝体混凝土与坝基接触面的抗剪断内聚力，MPa；

l——滑动面的长度，m；

W_f——作用于滑动面上的扬压力（浮托力＋渗透压力），kN；

P_V——作用于坝体上的荷载对滑动面的法向分力，kN；

P_H——作用于坝体上的荷载对滑动面的切向分力，kN。

3. 双斜滑动面的情况

在实际工程中，坝基岩体中常存在多组结构面，从而坝基岩体滑动的形式会比较复杂。例如当坝基内存在倾向上游和倾向下游两组结构面时，其滑动面的组合常如图 10－14 所示，考虑图中滑动体 *ABC* 的抗滑稳定性。稳定性计算时将滑动体 *ABC* 分成 *ABD* 和 *BCD* 两个块体。由于 *BCD* 所起的作用是阻止 *ABD* 向前滑移，故把 *BCD* 称为抗力体。

抗力体作用在 *ABD* 的力 *P* 称为抗力，对抗力 *P* 的作用方向可以做三种假设：①*P* 与滑移面 *AB* 平行；②*P* 的方向垂直于分割面 *BD*；③*P* 与 *BD* 面的法线相交成 ϕ 角，ϕ 为岩体的内摩擦角。无论采用哪种假设，其具体计算方法均相同。

对于复杂的潜在深层滑动块体的稳定性，同样可采用不平衡推力法进行分析。

令滑动体 *ABC* 处于极限状态。这种方法是将滑动体 *ABC* 分成两个部分考虑，*BD* 面上作用力的方向假设为平行于 *AB* 面。对于 *ABD* 和 *BCD* 而言，根据图 10－14 的受力情况，按极限平衡条件可分别列出它们的稳定性计算式为

$$K_{ABD}=\frac{(P_{V1}\cos\alpha-W_{f1}-P_{H}\sin\alpha)\tan\phi_{1}+c_{1}l_{1}+P}{P_{V1}\sin\alpha+P_{H}\cos\alpha} \tag{10-30}$$

$$K_{BCD}=\frac{[P_{V2}\cos\beta+P\sin(\alpha+\beta)-W_{f2}]\tan\phi_{2}+c_{2}l_{2}}{P\cos(\alpha+\beta)-P_{V2}\sin\beta} \tag{10-31}$$

式中　ϕ_1、ϕ_2——结构面 AB 和 BC 的抗剪强度指标，(°)；

l_1、l_2——滑移面 AB 及 BC 的长度，m；

K_{BCD}——表征坝基抗滑稳定程度的稳定性系数，无量纲。

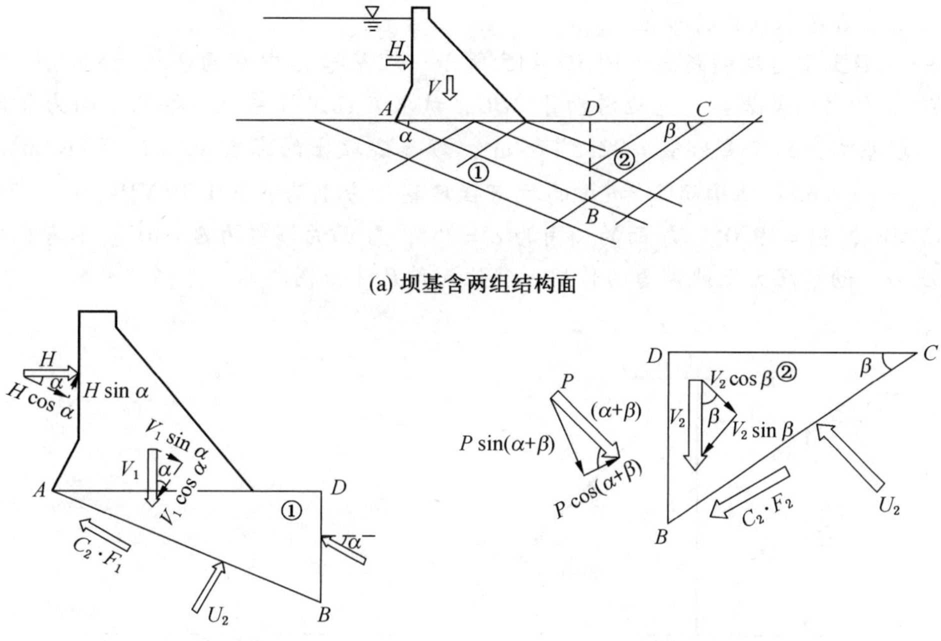

(b) 左侧块体受力图　　(c) 右侧抗力体受力图

图 10－14　两组结构面组成的滑动体稳定性计算

若令 $K_{ABD}=1$，则由式（10－30）可得：

$$P=P_{V1}\sin\alpha+P_{H}\cos\alpha-\tan\phi_1(P_{V1}\cos\alpha-W_{f1}-P_{H}\sin\alpha)-c_1l_1 \tag{10-32}$$

将由上式所求得的 P 代入式（10－31），求得 K_{BCD} 即为该深层滑动体的稳定性系数。

三、混合滑动形式的稳定性分析

如图 10－12 所示，混合滑动形式的抗滑稳定性系数，可按上述双斜面的深层滑动方法计算。当坝基的抗滑稳定性不能满足要求时，可采用扩大坝体断面、增加抗滑齿、抗滑楔等抗滑措施。

以上所述为重力坝坝基岩体的抗滑稳定性分析示例。拱坝的抗滑稳定性问题常常发生在坝肩部位，当坝肩岩体内有潜在的滑动面时，坝肩岩体抗滑稳定性分析方法与重力坝坝基抗滑稳定性分析方法相似，在此不再赘述。

练习题

1. 岩基工程有哪些特点？岩基上常用的基础形式有哪几种？

2. 岩基破坏模式有哪几种？如何确定岩基承载力？

3. 重力坝坝基破坏模式有哪些？如何计算不同破坏模式下坝基的稳定性？

4. 某建筑场地地基为紫红色泥岩，在同一岩层（中风化）取样，测得其饱和单轴抗压强度值为 3. 6 MPa、4. 7 MPa、5. 8 MPa、6. 2 MPa、4. 5 MPa 和 8. 1 MPa，取折减系数 = 0. 20，试求该岩基承载力特征值。

5. 一混凝土重力坝横断面如图 10 – 15 所示，坝基岩体中有两条软弱结构面 $J_1 = AB$ 和 $J_2 = BC$，构成坝基岩体的危险滑动体 ABC，试求其稳定性系数。按照平面力学问题处理。已知坝基岩体的容重为 $\gamma_1 = 22.5\ \mathrm{kN/m^3}$，坝体混凝土的容重 $\gamma_2 = 21.5\ \mathrm{kN/m^3}$，水的密度取 $\rho_w = 1\ \mathrm{g/cm^3}$；结构面 J_1 和 J_2 的抗剪强度指标分别为 $c_1 = 0.34$ MPa，$\phi_1 = 21.5°$和 $c_2 = 0.32$ MPa，$\phi_2 = 19.0°$。J_1 面的倾角为 $\alpha = 25°$，J_2 面的倾角为 $\beta = 40°$。不考虑地下水的静水压力、动水压力及地震力的作用，其他几何尺寸如图所示。

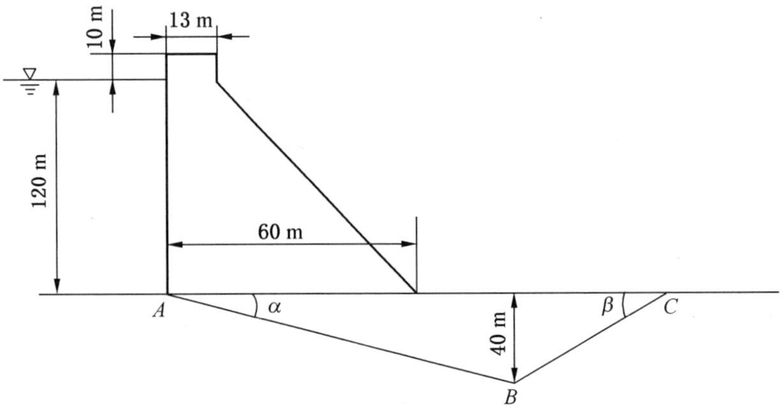

图 10 – 15　题 5 图

参 考 文 献

[1] 蔡美峰. 岩石力学与工程［M］. 北京：科学出版社，2004.

[2] 刘佑荣，唐辉明. 岩体力学［M］. 北京：化学工业出版社，2018.

[3] 晏长根，许江波. 岩体力学［M］. 北京：人民交通出版社，2017.

[4] 吴顺川，李利平，张晓平. 岩石力学［M］. 北京：高等教育出版社，2021.

[5] 凌贤长，蔡德. 岩体力学［M］. 哈尔滨：哈尔滨工业大学出版社，2002.

[6] 沈明荣，陈建峰. 岩体力学［M］. 上海：同济大学出版社，2006.

[7] 肖树芳，杨淑碧，佴磊，等. 岩体力学［M］. 北京：地质出版社，2016.

[8] 张向东，马芹永. 岩体力学［M］. 北京：人民交通出版社，2017.

[9] 张耀，曹小平，王春芬，等. 材料力学［M］. 北京：清华大学出版社，2015.

[10] Barton，N. R. Application of Q－system and index tests to estimate shear，strength and deformability of rock masses［C］. Portugal：engineering geology and underground construction，1983.

[11] Zang，A.，O. Stephansson. Stress Field of the Earth's Crust［M］. Germany：Springer，2010.

[12] 谢和平，李存宝，高明忠，等. 深部原位岩石力学构想与初步探索［J］. 岩石力学与工程学报，2021，40（2）：217－232.

[13] 田家勇，陈群策，李宏，等. 地壳应力场评估技术与应用研究进展［R］//中国岩石力学与工程学会. 2020—2021岩石力学与岩石工程学科发展报告. 北京：中国科学技术出版社，2022：264－279.

[14] 佴磊，徐燕，代树林. 边坡工程［M］. 北京：中国科学技术出版社，2010.

[15] Sjöberg，J.，et al. ISRM suggested methods for rock stress estimation—Part 2：overcoring methods［J］. International Journal of Rock Mechanics and Mining Sciences，2003，40（7－8）：999－1010.

[16] Bch A.，Fhc B. ISRM suggested methods for rock stress estimation—Part 3：hydraulic fracturing（HF）and/or hydraulic testing of pre－existing fractures（HTPF）［J］. International Journal of Rock Mechanics and Mining Sciences，2003，40（7－8）：1011－1020.

[17] Stephansson，O.，A. Zang. ISRM suggested methods for rock stress estimation—Part 5：establishing a model for the in situ stress at a given site［J］. Rock Mechanics & Rock Engineering，2012，45（6）：955－969.

[18] 佘诗刚，林鹏. 中国岩石工程若干进展与挑战［J］. 岩石力学与工程学报，2014，33（3）：433－457.

[19] 郑颖人，邱陈瑜. 普氏压力拱理论的局限性［J］. 现代隧道技术，2016，53（2）：1－8.

[20] 张咸恭，王思敬，张体元. 中国工程地质学［M］. 北京：科学出版社，2000.

图书在版编目（CIP）数据

岩体力学/苏占东，孙进忠，张明磊编著．－－北京：应急管理出版社，2023

防灾减灾系列教材

ISBN 978－7－5020－9405－8

Ⅰ．①岩…　Ⅱ．①苏…　②孙…　③张…　Ⅲ．①岩石力学—教材　Ⅳ．①TU45

中国国家版本馆CIP数据核字（2023）第140006号

岩体力学（防灾减灾系列教材）

编　　著　苏占东　孙进忠　张明磊
责任编辑　郭玉娟
责任校对　李新荣
封面设计　千　沃

出版发行　应急管理出版社（北京市朝阳区芍药居35号　100029）
电　　话　010－84657898（总编室）　010－84657880（读者服务部）
网　　址　www. cciph. com. cn
印　　刷　北京地大彩印有限公司
经　　销　全国新华书店

开　　本　787mm×1092mm $^{1}/_{16}$　**印张**　$16^{3}/_{4}$　**字数**　394千字
版　　次　2023年9月第1版　2023年9月第1次印刷
社内编号　20221585　　　　**定价**　56.00元